重点大学计算机专业系列教材

计算机硬件技术基础实验教程

方恺晴 主编

张洪杰 刘三一 副主编

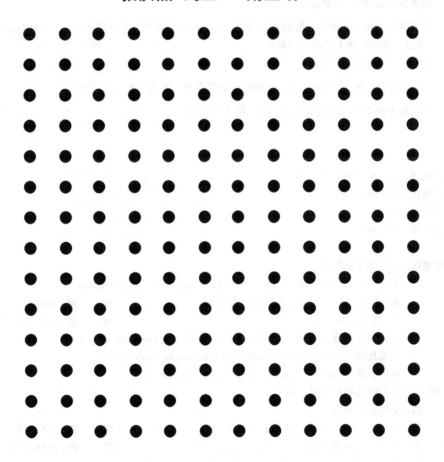

清华大学出版社

北京

内 容 简 介

本书是大学信息类专业硬件技术基础实验教材，内容包括教材的编写背景、硬件技术基础系列实验间关系和教学实施方案；基础电路实验、实习、常用电子仪器与仪表的使用；从自制数字系统设计实验平台以及相关软件的知识入手，全面介绍 FPGA 开发与应用技术（硬件逻辑关系的 VHDL 描述、逻辑分析、软硬件调试、性能测试等）；计算机组成的逻辑设计、体系结构、指令和复杂数字系统设计；基于 PFGA 的 USB 通信实例等。

本书由浅入深地设计实验内容，可作为高等院校、高职院校的计算机、电子、通信等信息类专业实践环节的硬件技术基础实验教材。

图书在版编目(CIP)数据

计算机硬件技术基础实验教程/方恺晴主编. —北京：清华大学出版社，2012.3(2016.3 重印)
(重点大学计算机专业系列教材)
ISBN 978-7-302-27613-5

Ⅰ. ①计…　Ⅱ. ①方…　Ⅲ. ①硬件—高等学校—教材　Ⅳ. ①TP303

中国版本图书馆 CIP 数据核字(2011)第 271230 号

责任编辑：索　梅　越晓宁
封面设计：常雪影
责任校对：梁　毅
责任印制：宋　林

出版发行：清华大学出版社
网　　址：http://www.tup.com.cn，http://www.wqbook.com
地　　址：北京清华大学学研大厦 A 座　　**邮　　编**：100084
社 总 机：010-62770175　　**邮　　购**：010-62786544
投稿与读者服务：010-62776969，c-service@tup.tsinghua.edu.cn
质量反馈：010-62772015，zhiliang@tup.tsinghua.edu.cn
课件下载：http://www.tup.com.cn，010-62795954
印 装 者：虎彩印艺股份有限公司
经　　销：全国新华书店
开　　本：185mm×260mm　**印　张**：20.5　　**字　　数**：509 千字
版　　次：2012 年 3 月第 1 版　　**印　　次**：2016 年 3 月第2 次印刷
印　　数：3001～3400
定　　价：39.00 元

产品编号：037784-02

INTRODUCTION

出版说明

随着国家信息化步伐的加快和高等教育规模的扩大，社会对计算机专业人才的需求不仅体现在数量的增加上，而且体现在质量要求的提高上，培养具有研究和实践能力的高层次的计算机专业人才已成为许多重点大学计算机专业教育的主要目标。目前，我国共有16个国家重点学科、20个博士点一级学科、28个博士点二级学科集中在教育部部属重点大学，这些高校在计算机教学和科研方面具有一定优势，并且大多以国际著名大学计算机教育为参照系，具有系统完善的教学课程体系、教学实验体系、教学质量保证体系和人才培养评估体系等综合体系，形成了培养一流人才的教学和科研环境。

重点大学计算机学科的教学与科研氛围是培养一流计算机人才的基础，其中专业教材的使用和建设则是这种氛围的重要组成部分，一批具有学科方向特色优势的计算机专业教材作为各重点大学的重点建设项目成果得到肯定。为了展示和发扬各重点大学在计算机专业教育上的优势，特别是专业教材建设上的优势，同时配合各重点大学的计算机学科建设和专业课程教学需要，在教育部相关教学指导委员会专家的建议和各重点大学的大力支持下，清华大学出版社规划并出版本系列教材。本系列教材的建设旨在"汇聚学科精英、引领学科建设、培育专业英才"，同时以教材示范各重点大学的优秀教学理念、教学方法、教学手段和教学内容等。

本系列教材在规划过程中体现了如下一些基本组织原则和特点。

(1) 面向学科发展的前沿，适应当前社会对计算机专业高级人才的培养需求。教材内容以基本理论为基础，反映基本理论和原理的综合应用，重视实践和应用环节。

(2) 反映教学需要，促进教学发展。教材要能适应多样化的教学需要，正确把握教学内容和课程体系的改革方向。在选择教材内容和编写体系时注意体现素质教育、创新能力与实践能力的培养，为学生知识、能力、素质协调发展创造条件。

(3) 实施精品战略，突出重点，保证质量。规划教材建设的重点依然是专业基础课和专业主干课；特别注意选择并安排了一部分原来基础比较好的优秀教材或讲义修订再版，逐步形成精品教材；提倡并鼓励编写体现重点大学计算机专业教学内容和课程体系改革成果的教材。

(4) 主张一纲多本,合理配套。专业基础课和专业主干课教材要配套,同一门课程可以有多本具有不同内容特点的教材。处理好教材统一性与多样化的关系;基本教材与辅助教材以及教学参考书的关系;文字教材与软件教材的关系,实现教材系列资源配套。

(5) 依靠专家,择优落实。在制订教材规划时要依靠各课程专家在调查研究本课程教材建设现状的基础上提出规划选题。在落实主编人选时,要引入竞争机制,通过申报、评审确定主编。书稿完成后要认真实行审稿程序,确保出书质量。

繁荣教材出版事业,提高教材质量的关键是教师。建立一支高水平的以老带新的教材编写队伍才能保证教材的编写质量,希望有志于教材建设的教师能够加入到我们的编写队伍中来。

教材编委会

FOREWORD

前言

计算机硬件技术基础系列实验是信息类专业配套开设的必修实验课。此类实验课能够帮助学生从物理芯片层、数字逻辑层、体系结构层了解数字系统硬件逻辑设计，有利于进一步学习计算机接口技术、嵌入式技术等高级应用，也有利于提升学生的实践能力。

1999年，在以培养具有创新精神和实践能力的高级专门人才的学院教育指导思想的指引下，以提高学生的综合能力、培养创新人才为主线，结合课程自身的特点和技术发展趋势，实验室开展了一系列的硬件技术基础实验教学改革。历经10年，探索出一条适合信息专业学生加强综合能力的硬件实验教学链条式教育培养模式，获得了广大教师和学生的认可。借此我们把多年的教学研究总结归纳并重新整合，编写出实验教材与广大教师和学生分享。

全书共5章，简单介绍如下：

第1章主要从硬件技术基础实验教学中存在的问题及解决思路入手，阐述了硬件实验教学模式、实验设备研发、实验内容系统化设定，实验教学方法研究，综合考核与测试制度的制定等方面的教学实施方案。

第2章分3个层次介绍了基础电路的相关实验及综合设计内容，让学生掌握物理层面的相关知识(元器件、集成电路的认识、基本原理、性能测试、性能分析)，掌握常用电子仪器与仪表的使用技能。

第3章结合介绍自制硬件数字系统设计平台以及相关软件的使用，将FPGA开发与应用的相关知识循序渐进地融合到实验项目以及综合设计项目中，使学生初步掌握逻辑层面的相关知识(数字部件、组件的认识、基本原理、性能测试、性能分析)，使其初步学会数字系统设计的方法和初步的FPGA开发与应用技术：用硬件描述语言VHDL描述硬件内部的逻辑关系；数字系统性能测试与逻辑分析技能；软件工具使用中的技巧，软硬件调试的方法与技巧等。

第4章以CPU为典型案例，分7大部分(总线、运算器、存储器、数据通路、时序电路、微程序控制器、模型机与程序运行)设定实验内容，且每个模块又分别设计了几个小实验，并可依据原理框图用图形法或硬件描述语言等方法实现，让学生掌握复杂数字系统的结构原理、设计原理、性能测试、性能分析，进一步掌握 FPGA 开发与应用技术。

第 5 章通过展示自制数字系统实验箱的通信功能，介绍基于 FT245BM 和 FPGA 的 USB 接口设计实例。

该教材是我们 11 年改革的归纳总结，现有的课程内容安排、教学组织、教学方法以及考核模式极大地调动了学生对硬件知识以及硬件实验的学习积极性，实验内容的精心设计解决了硬件实验课程教学缺乏系统性的问题，同时，教师在实验教学过程中应用摸索总结的多种适用的实验教学方法，结合综合考核与测试制度，通过链条式教育，强化学生做中学并掌握相关知识与技能，更深层次、更大范围地激发和挖掘学生的潜能，培养具有创新意识、创造性思维和创新能力的人才。

在本书的编写及实验教学中，湖南大学信息科学与工程学院的李仁发教授、徐成教授及信息技术实验室的老师们给予了极大的帮助和支持。李仁发教授任院长期间大力支持硬件技术实验教学改革。徐成教授设计了 DDA 系列数字系统实验平台并提供了实验平台资料。刘三一老师设计了 HBE 硬件基础电路实验箱并提供了实验平台资料。在审稿过程中清华大学出版社的索梅、赵晓宁老师提出了宝贵意见和建议。在此，编者对他们表示衷心的感谢。

限于编者水平，书中内容难免有疏忽、不恰当甚至错误之处，恳请各位老师和同学指正，E-mail：fangkq601@sina.com。

方恺晴

2011 年 4 月

CONTENTS

目录

CHAPTER 1

第1章 绪论

1.1 教材编写背景

数字逻辑、计算机组成原理是信息类专业必开的硬件核心课程。计算机硬件技术基础系列实验是配套开设的必修实验课，长期以来，硬件实验教学方面存在一些问题：硬件实验教学与创新人才培养模式不匹配；硬件技术更新快，建设资金投入大；教学方案方法性、系统性、规范性不足；学生普遍重软轻硬。基于上述问题我们以提高学生的综合能力、培养创新人才为主线，结合课程自身的特点和技术发展趋势，从实际出发，开展硬件技术基础实验教学改革。改革历经10年，现已得到老师们和学生们的认可，我们把多年的教学研究总结归纳并重新整合，编写了实验教材与广大教师和学生分享。

1.2 实施方案

笔者依据硬件技术基础实验教学研究的总构架来完成本教材编写，如图1-2-1所示。围绕教学研究总框架，特提出以下5条解决措施。

1.2.1 构建硬件实验教学链条式教育的创新人才培养模式

培养具有创新精神和实践能力的高级专门人才是高等教育的任务。在创新人才培养的众多途径中，加强对实践性教育环节和学生动手能力的培养是最基本的途径。计算机硬件系列课程都是实践性很强的课程，学生必须具备足够的动手实践能力才能满足社会的需要。因此，硬件技术基础课程教学宜采取“理论教学的‘精讲多练’(课程实验)→实验教学的‘做中学’(实验课程)→创新综合(工程设计)训练”的链条式教学模式。

课程实验是利用仿真软件培养学生基本专业软件应用能力、搭建基本概念模型的能力，从而达到理解基本概念，促进理论学习的目的。实验课程则

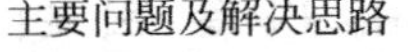

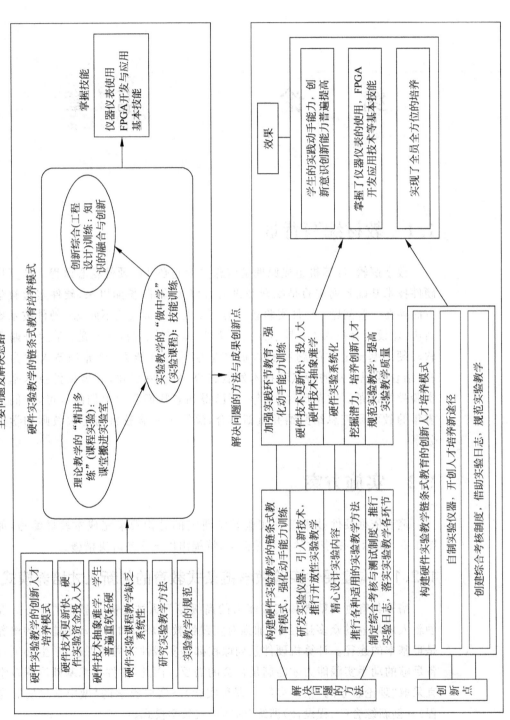

图 1-2-1　硬件技术基础实验教学研究的总构架

以技能训练、仪器使用为主要目标，培养学生的综合实验技能。工程设计训练是利用最新的平台和工具进行实际工程设计训练，注重专业知识的融合，诱导并培养创新意识。链条式教学模式中的"做中学"是指在实践中摸索学习进而启发创造思维的过程。该模式的应用促进了学生主动学习，通过实践训练将知识融会贯通，提高了自身工程素质和能力。该模式采用由单项到综合，由基础到系统的框架结构，具有鲜明的层次性，实现了基础、提高与创新的教学目标，使实践教学递进化推进，培养了创新思维。

1.2.2 自制实验仪器，开创人才培养新途径

计算机硬件是个复杂的数字系统，随着电子系统日益数字化和复杂化，电子设计自动化(Electronic Design Automation，EDA)已逐步取代了传统电路设计方法。为适应教学需求，我们在传统实验平台基础上根据多年的实验教学经验，利用教师的科研成果，研发制作了一系列的硬件实验平台(相应配套实验、实验指导书、实验教材)，运用于基础电路实验、数字逻辑实验、计算机组成原理实验等硬件实验教学中。

自制实验仪器不但解决了经费紧张和硬件技术更新快的问题，而且具有低功耗、接口丰富、系统构架良好、适合电子信息类多项课程实验要求等特点。新硬件实验仪器既可帮助学生直观地接触数字系统的硬件芯片，又充分发挥了计算机辅助软件的硬件快速检测和复杂逻辑处理的优点。

实验教学过程中，实验室实行了灵活的开放管理制度。实验室全天开放，除课表排定的实验课程时间外，学生可在课余时间随时到实验室进行自主性实验和设计，同时学生还可将实验箱借出，以便在宿舍进行实验。实验室有自己的网站，丰富的教学资源，便捷的沟通渠道，面向老师和学生提供多功能交互平台，满足了教学、管理、自由开放运作的需求。

新仪器、新技术、优良的开放性实验条件使得学生实验的积极性普遍增强，学生积极参与教师组织的实验项目开发以及大学生创新训练计划(Student Innovation Training Program，SIT)的活动，教师将学生所做的这些创新开发成果反过来应用于实践教学，彻底扭转了硬件技术抽象难学，学生重软轻硬的局面，大大促进了教学改革。

1.2.3 依托自制实验仪器，精心设计实验内容，实现实验教学系统化

计算机硬件是一个庞大的复杂数字系统。目前硬件实验教学中各实验项目之间、各课程之间缺乏衔接，导致学生的知识体系不系统，结构不健全。我们经过多年的探索，依托自制实验仪器，构建硬件实验教学链条式教育的创新人才培养模式，理顺系列基础实验训练之间的关系(见图1-2-2)，精心设计实验内容，突出3个层次：

① 物理层：元器件、集成电路的认识、基本原理、性能测试、性能分析。

② 逻辑层：数字部件、组件的认识、基本原理、性能测试、性能分析。

③ 系统层：复杂数字系统的结构原理、设计原理、性能测试、性能分析。

实验内容的选择以连贯性、系统性、整体性、综合性和创新性为原则，在强调基本测试技能和仪器仪表使用技能的同时加入大量现代电子设计自动化辅助设计内容，让学生循序渐进地掌握常用电子仪器与仪表的使用技能；基础的FPGA(Field Programmable Gate Array)开发应用技能(数字电路与数字系统性能测试与逻辑分析、硬件描述语言运

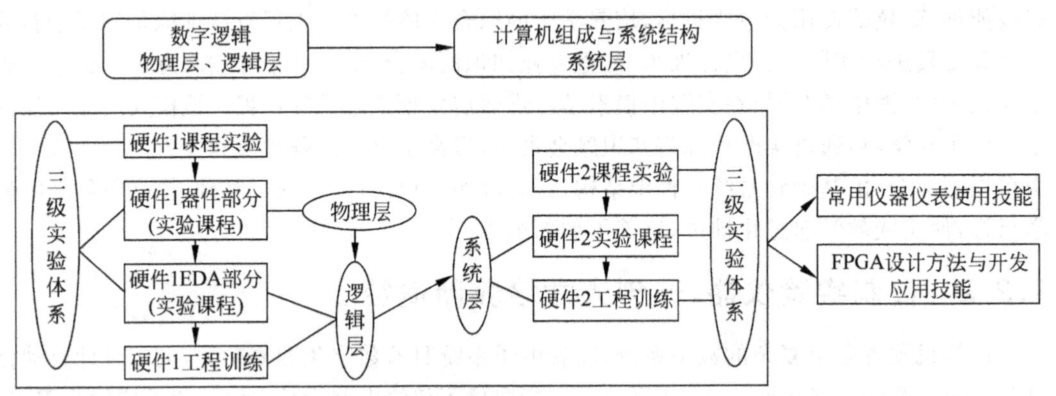

图 1-2-2 硬件技术基础实验训练之间的关系图

用和典型数字系统设计)，能够运用硬件描述语言进行专用集成电路的设计，适应市场的需求。

1. 硬件技术基础实验 1

硬件技术基础实验 1 通过三级实验体系让学生掌握物理及逻辑层面的相关知识，掌握常用电子仪器与仪表的使用技能；初步掌握数字系统设计的方法：FPGA(Field Programmable Gate Array)开发与应用技术。项目见表 1-2-1。

表 1-2-1 硬件 1 三级体系实验内容(基础电路与逻辑设计)

课程	性质	目 的	项 目	知识点与技能掌握
数字逻辑课程实验	课程实验	通过简单验证型实验，学习平台工具软件 MaxplusⅡ及简单 VHDL 语言代码编写帮助理解理论知识	软件的基本操作；三态门，OC 门的设计与仿真；加法器、译码器与编码器、多路复用器与比较器、触发器的仿真	软件的基本操作；学习 VHDL 代码编写相关理论知识点
硬件实验 1(器件实物部分)	实验课程	1. 掌握基本电路的设计、测量与调试方法 2. 仪器仪表的熟练使用	仪器仪表的使用	数字万用表、示波器、实验仪的使用
			元器件识别和参数测试	元器件参数的测量方法
			门电路测试与应用	认识门电路的参数指标
			组合逻辑电路设计	基电路的设计与测量
			组合逻辑电路芯片测试	常用的组合逻辑芯片逻辑功能和设计流程
			触发器的功能测试	熟练使用示波器来观看触发器的时序图
			计数器和移位寄存器	常用计数器和移位寄存器逻辑功能和用法
			脉冲信号发生器的设计	基本电路设计、测量、调试技能综合运用

续表

课程	性质	目的	项目	知识点与技能掌握
硬件实验1(EDA部分)	实验课程	1. 掌握用硬件描述语言来描述硬件内部的逻辑关系 2. 掌握芯片现场编程、配置来实现数字系统的设计方法	软硬件平台使用(QuartusⅡ)	FGPA特性及设计流程;开发工具QuartusⅡ以及硬件平台的使用;常用的画图技巧及注意事项
			组合电路设计	元件定制过程;LPM宏功能模块的工程设计;基本元件的寄存器传输级(Register Transfer Lever,RTL)可综合代码;电路设计的验证方法
			触发器的应用	基本时序电路的代码编写;如何自制LPM;消抖电路的应用;波形仿真的规范;VHDL语言中元件例化的使用
			移位寄存器的设计	多输入信号的电路仿真技巧;LPM元件应用;层次设计法的使用
			计数器的设计与应用	数码管扫描电路的运用;LPM元件应用;层次设计法的使用
			序列检测器的设计	基于状态机的VHDL代码编写;基于状态机的工程设计
硬件实验1(综合实习部分)	工程训练	掌握数字系统设计或专用集成电路设计的方法	数字系统设计	VHDL语言的编程思想与调试方法;层次设计法在数字系统设计中的综合运用;基于混合模块的工程设计;各种方法的综合运用

1) 数字逻辑课程实验——课程实验

数字逻辑课程实验以模拟、仿真或虚拟为手段,通过简单验证型实验,学习平台入门工具软件及硬件描述语言的简单代码编写,帮助理解与消化理论知识。

2) 硬件1实验——实验课程

(1) 硬件实验1(器件实物部分)。

计算机、通信、信息安全等专业的最低层技术仍是以电路为主,因此经典电路理论,实验及工程方法不能丢,保留了部分传统的实验方法和内容,使学生掌握物理层面的相关知识。要求学生掌握电路测量基本知识、测量方法、基本实验方法,具备一定的实验能力;能根据设计的电路模型实现具体电路;能独立操作和完成电路实验;能准确读取实验数据,测绘波形曲线,分析实验结果,编写整洁合格的实验报告(包括对测试结果数据的基本分析)。掌握正确熟练使用常用的电子仪器仪表和常用电器设备(万用表、示波器及交/直流信号源等);掌握基本电参数(电流、电压、频率、相位差等)的测量方法及技巧;掌握常用基础电路的原理及特性,常用电子元器件的性能和参数;了解电路的设计、安装、调试和故障排除方法。

(2) 硬件实验 1(EDA 部分)。

配合自制 PDA 系列数字系统实验平台学习数字系统设计方法：FPGA 开发与应用技术。该部分是将一小系统设计划分为各功能模块让学生分别设计完成，模块与模块结合紧密，结合实验平台的运用，使其进一步掌握用硬件描述语言来描述硬件内部的逻辑关系；掌握数字系统性能测试与逻辑分析技能；以及软件工具使用中的技巧，软硬件调试的方法与技巧等。内容设计是将 FPGA 开发与应用的相关知识循序渐进地融合到每个实验项目中，并要求学生将这些知识点应用到相关的项目模块设计中，各模块又是多次嵌套运用。

组合电路设计：要求学生利用参数化模块库(Library Parameterized Modules，LPM)元件定制、VHDL 语言、图形等多种方法完成设计。

触发器应用：要求学生使用单脉冲信号，促使学生解决按键消抖的问题。

移位寄存器：利用该实验控制信号多的特点使其掌握仿真的规范与技巧，同时学习层次设计法。

计数器：要求学生设计的输出结果用数码管显示，这样大大增加了设计难度，数码管的显示电路需要用到前面的译码及移位寄存电路，促使其进一步掌握层次设计法。

序列检测器：要求学生采用两种方式下载到硬件平台观察结果，难度大大增强，几乎用到前面所有模块，实则相当于一个综合设计，让学生掌握基于混合模块的工程设计以及常规的调试方法。

这样的安排给了学生更大的思考和想象的空间，能够更深层次、更大范围地挖掘学生潜在的研究与创新潜力。

3) 硬件实验 1——工程训练

硬件实验 1 的工程训练是将前面实验中所学的 FPGA 开发设计知识综合应用，利用前面的模块实现一个特定功能(由学生结合实际生活中的应用选题)的设计。使其进一步掌握用硬件描述语言 VHDL 描述硬件内部的逻辑关系，以及对芯片现场编程、配置来实现数字系统的设计方法，同时学习如何撰写报告，并自己设计小系统的完整文档。

(1) 开题报告：研究目的(需求分析)、研究现状及发展趋势、设计的重点、难点及设计手段、设计进度、参考文献等。

(2) 设计报告：题目、摘要、关键词、目录、设计报告正文、设计总结。

(3) 设计日志：设计过程中出现的问题及解决方法记录。

2. 硬件技术基础实验 2

硬件技术基础实验 2 通过三级实验体系，以中央处理器(Central Processing Unit，CPU)为典型案例，让学生掌握复杂数字系统的结构原理、设计原理、性能测试、性能分析，进一步掌握 FPGA 开发与应用技术。项目见表 1-2-2。

1) 计算机组成课程实验——课程实验

课程实验部分围绕理论课教学，以仿真和虚拟实验为主要平台，让学生通过计算机模拟验证课堂所学的理论。

2) 硬件实验 2(计算机组成原理实验)——实验课程

该环节让学生通过设计、实验、调试出一台简单的教学模型机，从而掌握计算机组成部件的工作原理和复杂数字系统设计方法。让学生通过实验来学习理论知识，使其自主获取

表 1-2-2　硬件 2 三级体系实验内容(计算机组成原理)

课程	性质	目　　的	项　　目	知识点掌握
计算机组成原理课程实验	课程实验	通过简单验证型实验,帮助学生理解相关理论知识	指令、寄存器、内存单元;找出 8086/8088 指令系统所有指令的操作码的编码;简单 CPU 的模拟器;简单 CPU 的数据通路	汇编语言 指令系统 指令模拟执行过程 数据通路
硬件 2(计算机组成原理实验)	实验课程	让学生通过实验环节,设计、实验、调试出一台简单的教学模型机,从而掌握计算机组成部件的工作原理,建立整机概念; 利用 EDA 进行 CPU 设计的方法; 熟练使用 VHDL 语言	总线传输实验(1、2)	总线数据传输特性、HDL 寄存器初值设定;EDA 进行电路设计和调试的基本方法
			8 位运算器组成及复合运算实验(1、2)	算术逻辑运算推定符、LPM 元件运算单元,根据指令集设计算术逻辑单元(Arithmetic Logic Unit,ALU);用 EDA 进行电路设计和调试的基本方法
			存储器实验(1、2)	LPM 元件存储器(数据总线双向、双读写端口),内存初始文件编写;读写传输;软件与硬件结合的调试方法
			时序电路的组成与控制原理实验(1、2)	一般结构图,模块介绍;状态机思路设计,RTL 代码,波形图
			数据通路实验(1、2)	单总线数据通路框图及功能说明;根据指令和时序,设计微操作(一周期内完成为原则)
			微程序控制器实验(1、2)	一般微控结构图,模块介绍,微指令解释执行原理与状态机编译器将 C 程序翻译出本地字节码;微程序控制器的设计方法
			模型机的组成与指令执行实验(1、2)	书写代码、子模块集成、顶层例化 实验:时序模块+微处理 RTL+显示模块,电路调试的基本能力
CPU 设计实习	工程训练	熟练运用知识进行系统设计	模型机设计	芯片到系统的整体概念;硬件与软件的结合上处理问题的思维方式;具有初步的系统设计、实际动手能力、工程实践能力、创新思维能力和自我学习能力

知识，有效地提高学生综合分析问题和解决问题的能力。教学中进一步将 FPGA 设计方法与技巧融合在各个项目中，进一步强化训练，使得学生熟练掌握 FPGA 设计方法。为达到教学目的，我们利用 EDA 工具 QuartusⅡ软件平台以及自制 PDA 系列数字系统实验平台设计了一套系统的实验：将一个模型机经拆分、整合而设计的共 14 个实验项目。分为 7 大部分（总线、运算器、存储器、数据通路、时序电路、微程序控制器、模型机与程序运行），每个模块分为软件设计和硬件调试。内容安排由浅入深，由部分到整体，各模块环环相扣，便于引导初学者扎根于基础。

3）CPU 设计实习——工程训练

在上述实验的基础中，让学生各自设计并实现有特定功能的一台模型机，要求逻辑图与 VHDL 语言结合的方法实现，综合运用各种调试方法与技巧，掌握 FPGA 的设计技能，并写出完整的实验文档。

（1）设计方案：模型机功能需求分析、设计重点、难点、设计进度、参考文献等。

（2）设计报告：题目、摘要；关键词、目录、设计报告正文、设计总结。

（3）设计日志：设计过程中出现的问题及解决方法记录、小论文。

硬件实验内容的精心设计解决了硬件实验课程教学缺乏系统性的问题。同时，教师在实验教学过程中，依据做中学的教学理念，通过链条式教育，强化学生做中去学并掌握相关知识与技能，更深层次、更大范围地激发和挖掘学生的潜能，培养具有创新意识、创造性思维和创新能力的人才。

1.2.4 研究并推行多种实用的教学指导方法，培养创新人才

实验教学指导方法在整个实验教学过程中至关重要，不同的指导方法会导致不同的结果。实验教学目的是要强调学生在掌握基本知识的同时，挖掘其研究与创新潜力。基于以上考虑，我们在具体实验教学过程中以教师为主导，学生为主体，对不同层次的学生提出不同要求，给通才定规则，给天才留空间。第一次实验课堂上教师会把实验课的相关事宜（内容、组织方法、要求、考核等）告知学生，并针对教学内容要求学生分为基本、较高、更高等三个层次掌握。同时制定相应鼓励机制（免测试、最后实验成绩加分、推荐参加 SIT、竞赛等），鼓励学生提前完成基本内容并依据自己能力实现较高或更高要求，以此带动全班同学对该门实验课程学习的气氛。如此安排，为学生提供了宽松的实验条件，并以“做中学”为平台，实施链条式教育，推行交互式、启发式、讨论式、个性化以及开放与半开放多种教学方法相结合的模式，能让各层次的学生依据各自的兴趣与能力完成实验，让每个学生都有成就感，树立学生的信心，激发和挖掘学生的潜能。教学中摸索出适用的实验教学指导方法归纳如表 1-2-3 所示。

1.2.5 制定综合考核制度，落实实验教学各环节，规范实验教学，培养创新人才

实验教学是个多环节的过程，在创新人才培养途径中，加强对实践教学环节以及学生动手能力的培养是最基本的途径。在实践教学环节中如何落实并规范实验教学是硬件实验改革的一项重要内容，它直接关系到实验教学质量。理念、体系、内容、方案制订只是前提，而落实到位才能达到预期效果。具体实施如下：

表 1-2-3 实验教学指导方法

教学方法	指导思想	实施方案
做中学式教学法	通过做中学，着重培养学生工程基础知识、工程系统能力以及综合分析问题和解决问题的能力	在硬件2(计算机组成原理实验)、"CPU设计实习"和"硬件1(EDA部分)"课程教学中开始推广应用实验日志。要求学生按时间顺序主要记录从预习到实验结束整个过程中遇到的问题、分析及解决方法，促使学生在主动做实验中学习新知识
启发讨论式教学法	贯彻"启发式"和"因材施教"教学原则，充分发挥学生主体作用	1. 实验中有意设置障碍，给出有问题的电路，让学生自己去改 2. 学生以小组讨论的方式开展项目研究工作
个性化教学法	给通才定规则，给天才留空间，实验教学中挖掘学生的潜在能力，开展个性化培养	通过实验教学发现并挑选优秀学生参加SIT，并在经费、场地、实验仪器等方面给予积极的支持，以此推动"个性化"教育全面开展，在这个过程中再选拔更优秀的学生推荐给院里的教授们，跟着他们做课题
任务驱动式教学法	以任务要求学生自己用心发现问题、分析问题，并主动思考解决问题，吸引学生主动进入实验室	1. 各实验模块教师提供的思考题 2. 要求预习报告包含三内容：①查阅资料了解芯片的功能；②原理简述(要求通过思考，对知识点理解消化，写出简明扼要的原理说明)；③提出自己对本实验的疑问 3. 要求记录日志：记录实验整过程(含课上、课下)遇到的问题，对问题的分析以及解决方案
开放与半开放结合教学法	提高实验教学质量，顾及各层面的学生，让所有同学通过实验课程的学习，各自的实践与动手能力都有所提高	1. 对动手能力强的同学提出更高要求，采用全开放教学模式，让其用新软件、新实验箱提前并高质量地完成实验(实验室开放8:00—23:00) 2. 分层次对学生提出要求，能力差的同学半开放教学，课堂上教师稍稍讲解实验原理的基本点以及实验中的关键点，使其有能力完成实验任务

1. 教学资源信息化管理，保障落实实验教学各环节

每期实验课开课前，教师精心准备，考虑教学的各个环节，制订详尽的教学组织方案并建立相应文档资料库，内容包括教学大纲、课程运行图、项目一览表、课表、实验组织管理办法、考核方式、各模块的讲稿(含Flash演示案例、PPT等)、实验中学生遇到的问题(每次实验及时记录并整理)、实验总结(各实验完后及时总结)、测试安排、学生反馈意见调查表(听取学生意见以便改进)、教学总结。教师在实施过程中，依据课前准备的资料库依次落实各个环节，并在课程结束后及时将教学资料归档、整理、总结。

2. 制定综合考核与技能测试制度，培养创新人才

实验教学规范化是提高教学质量的重要内容，是培养创新人才的保障。而考核是检查和评价教学质量的重要手段，采取何种考核方式是我们实验教学改革一个重要组成部分。

相对理论教学,实验课的评价有其特殊性。对实验成绩的考核,单纯的操作考试与单纯的笔试(口试)都有片面性。前者尽管能直接检测学生的实际操作能力,但毕竟考试只能涉及某一个实验内容,考核评分很难把握,主观因素的影响不可避免;后者考试内容虽然广泛,但有可能导致学生死记硬背实验原理及相关内容,达不到实验目的,不考试则会让学生产生侥幸心理而敷衍实验应付检查。综上所述,为了对教学质量和学生学习成绩有一个真实的评价,要根据不同实验课程的特点以及教学目的建立综合考核制度。同时因硬件技术基础实验要求人人过关,人人掌握常用仪器仪表的使用技能,掌握基本的 FPGA 开发与应用技能,因此,制定了人人过关的技能测试。

1) 多元化的综合考核

多元化的综合考核不只关注学生能否把实验结果做出,更重要的是注重学生的综合素质与能力。学得好与坏,不能单从卷面成绩来判断,也不应该仅从是否做出了实验(设计)结果来判断;否则会带有片面性,给学生成绩错误的评判。硬件实验很难在课堂给定的两小时内完成,需要学生花费很多业余时间去查资料、设计、调试,课堂的两小时基本只能用来讲解并解决一些学生常犯的错误与实验验收。综上考虑,我们在实验教学中引入“实验日志”,采用“预习—日志—报告”三环相接的方法来综合考核学生。

(1) 实验预习是实验顺利完成的前提条件。预习工作包括:实验原理的叙述,要求用自己的语言简要说明原理知识的关键点,学生必须多花时间认真思考,才能对书本上的知识点进行加工处理,写出简明扼要的原理说明。

(2) 实验日志是实行的新举措。要求学生按时间顺序记录:实验进行中发现的问题、遇到的问题、解决方法(必做);回答实验教材中以及教师课堂上提出的思考题(必做);学生由实验中的某部分引申,结合背景知识,提出的一些看法形成的小论文(选做,老师视情况给予加分);最后是实验感受和体会(必做)。实验日志贯穿于整个实验阶段,体现学生实际实验的情况,是学生独立实验的一项重要证明,要求学生认真对待。一方面,学生课内课外动手做实验,就会主动去发现问题,主动去解决问题,并经过思考,及时记录,有利于实验特别是大型设计的顺利完成;另一方面,也让教师更多地了解每位同学的真实实验情况,给出更加真实的考核成绩。这一举措吸引了学生主动走入实验室,并带动了同学之间相互讨论问题的浓厚的学习气氛。

(3) 实验报告则要求学生简明扼要地记录实验目的、器材、原理、步骤、数据记录与处理、误差分析及结论等。

“预习—日志—报告”三环相接的方法便于让学生对实验理解更加透彻,同时杜绝了学生的惰性行为;很大程度上减少了实验抄袭现象。考核成绩由每个实验项目的课堂训练(电路的软件设计及仿真)、硬件调试、实验文档(预习报告、实验日志、实验报告)、平时开放时间的实验情况和两次测试等部分组成。

2) 技能测试

硬件技术基础实验要求人人过关,掌握常用仪器仪表的使用技能,掌握基本的 FPGA 设计与开发技能。仪器仪表使用与测量知识测试安排在硬件 1 实验结束的学期末进行,FPGA 设计与开发技能测试安排在硬件 2 实验结束的学期末进行。测试未过的学生,第二学期实验室再次安排测试,直至通过为止。

(1) 仪器仪表使用与测量知识的技能测试。

测试内容：

在电路设计、安装、调试和故障排除过程中，根据给定的条件，设计测试方案；选择仪器，说明实验仪器的作用。要求熟练操作使用万用表、信号源、示波器；能准确读取测试数据，测绘波形曲线，分析检测结果；用万用表测量电阻、二极管、三极管参数，测量直流、交流电压、电流；示波器测量信号的波型、电信号的幅度、周期频率、相位差等。

测试方案：

① 测试题给定设计电路目标，设计测试条件；学生根据要求设计电路及其测试方案。

② 测试题有多套，临考时由监考老师选择分配，学生在规定时间内完成设计、安装、调试及其测试，并提交报告。

③ 测试线路、测试方法、测试数据和波形须申请检查，经监考人确认签字方有效。

④ 评分根据答案的正确性和监考老师给定的操作熟练程度进行。

⑤ 测试分批进行，每批一个班(8 套测试题、2 小时)安排 6 位教师全程监督并测试验收。

(2) FPGA 设计与开发技能测试。

测试内容：

本测试主要考查学生的 FPGA 设计方法、相关硬件开发技能是否掌握以及实验过程是否熟练。具体内容：学生自作小作品(内容自定)，作品涵盖计数器、译码、移位寄存器、序列检测、存储、状态机控制等模块，要求采用层次设计法设计，利用原理图和 VHDL 语言描述结合的方法实现，波形仿真及实验箱下载验证结果，并提交报告。

测试方案：

① 测试以分批动手实验的形式来进行。每批一个班，安排 6 位教师全程监督并测试验收。

② 设计小作品内容自选，但要求涵盖考核内容。设计文档、程序等学生可在家提前完成，测试时再重新实验一遍，所有 VHDL 程序及设计原理图，仿真验证、下载验证要求在测试时间内完成，禁止使用 U 盘，禁止带任何电子版的文档、程序和可执行文件。监考教师由实验中心指派，两小时内完成，要求看到验证结果。

测试流程：学生签到，统一时间开始实验→学生实验，在机器上完成设计；编译通过，仿真验证，硬件验证，完成报告→监考老师验收。

CHAPTER 2

第2章 基础电路篇

本篇以电路为主，依托自制硬件基础电路实验箱，从经典电路入手帮助学生从物理芯片层上认识逻辑系统，训练使其具备典型基础电路的设计、安装及测试技能，实验现象分析和实验故障排除的技能，了解部分重要芯片的性能、参数，并能熟练使用测试仪器仪表等。

2.1 常用元器件的识别与简单测试

2.1.1 基本知识点

(1) 元器件的基本知识，识别不同元器件的种类、规格及用途。

(2) 运用万用表测量电阻、电容；判别二极管的极性，测量二极管的正向压降；判别三极管的类型和 e、b、c 三个管脚。

(3) 电阻串联分压电路、电阻并联分流电路的特性以及测量电压、电流的测试方法。

(4) 元器件的伏安特性的测试方法，替代法测量回路电流的测试方法。

2.1.2 实验仪器与元器件

(1) 自制硬件基础电路箱、数字万用表、直流稳压电源、直流电流表、直流电压表等。

(2) 元器件：电阻、电容、二极管、三极管等。

2.1.3 实验概述

1. 预习

明确实验原理、内容、步骤和注意事项，根据实验内容制表以备实验时填入实验数据。

预习有关电阻、电容、二极管和三极管的内容。元器件是组成电路的基本部件，电阻、电容是最常用、最基本的电子元件，半导体二极管和三极管是组成分立元件电子电路的核心器件。

弄清数字万用表，直流电流表、直流电压表、直流稳压电源的作用和使用方法。万用表分模拟式和数字式两大类。数字万用表采用先进的集成电路、模数转换器和数显技术，将被测量的数值以清晰直观的数字形式显示，读数准确，除具有模拟万用表的测量功能外，还可直接测量显示电容值、二极管的正向压降、晶体管直流放大系数，检查线路短路告警等。

2. 常用元器件的识别与简单测试

1）电阻

电阻在电路中的主要用途：分压、限流和充当负载。常见的有绕线电阻、薄膜电阻、敏感电阻，其中金属膜电阻体积小、稳定性好。

电阻最主要的参数是阻值和额定功率。用文字或不同颜色的色环在电阻表面标示出来的阻值，称为标称阻值，单位为 Ω。电阻的实际阻值可用万用表欧姆挡测量，用模拟万用表测量前要调好零点，并选择合适的档位，尽量使读数值靠近中间位置。精确测量则通常用电桥。

2）电容

电容是一种储能元件，在电路中可用于隔直流、通交流，滤波、旁路或与电感线圈组成振荡回路。根据介质的不同，分为陶瓷、云母、纸质、薄膜、电解电容几种。其中电解电容容量大，但稳定性较差。选用电容时，应考虑使用频率、耐压和极性。

电容的主要参数是容量和耐压值。有的电容表面直接标示了特性参数，如电解电容上经常按如下方法标示：4.7μF/16V，表示电容的标称值容量为 4.7μF，耐压为 16V。有的表面不标注单位，识别时应遵循一定的规则，当数字小于 1 时，默认单位为微法，当数字大于等于 1 时，默认单位为皮法。

用万用表能检查电容是否失效或漏电等多种情况，有些数字万用表还可以测量电容值，精确测量则应借助专门的测试仪器。

3）二极管

半导体器件是电子元器件中功能复杂和品种最多的一类器件，各国对其功能分类及命名方法各不相同。其参数可根据半导体器件的型号查阅手册、用测试仪表测量或通过简单的实验电路测试获得。

二极管具有单向导电性，可用于整流、检波、稳压、混频电路，主要技术参数有最大允许电流和最高反向工作电压。普通二极管的外壳上一般印有型号和标记，标记箭头所指方向为阴极。

用数字万用表可判别二极管的正负极、所用材料以及好坏：当红表笔接“正”，黑表笔接“负”时，二极管正向导通，显示 PN 结压降（硅：0.5～0.7V）（锗：0.2～0.3V）；反之二极管截止，首位显示为“1”。严禁把显示的正向压降（如 0.623V）看成正向电阻。数字万用表的红表笔带正电，黑表笔带负电，指针式万用表则相反。指针式万用表测量二极管的极性应采用 $R\times100$、$R\times1\text{k}$ 档。

发光二极管（LED）和普通二极管同样具有单向导电性，正向导通时发光。正向工作电压一般在 1.5～3V，允许通过的电流为 2～20mA，电流的大小决定发光的亮度。

稳压管在电路中一般是反向连接，能使稳压管所接电路两端的电压稳定在规定的电压范围内，此电压值称为稳压值。稳压管的外形与普通二极管相似。

4）三极管

三极管对信号具有放大和开关作用。依工作频率分为低频和高频三极管；依工作功率分为小功率、中功率和大功率三极管；依封装形式分为金属封装、玻璃封装、塑料封装；依导电特性分为 PNP 型、NPN 型。三极管的管壳上都印有规格和型号。其主要技术参数：电流放大系数、极间反向电流、集电极最大允许电流 ICM、集电极及发射极间的最大允许反向电压 BV_{CEO}、集电极最大允许功耗 PCM。

用万用表可确定三极管的好坏及类型(NPN 型、PNP 型)，还可辨别 e、b、c 三个电极：

(1) 判断基极 b 和三极管类型：将三极管分解为两个相连的二极管，用二极管档找到公共相连的基极；当二极管正向导通时，红表笔接基极的三极管是 NPN 型三极管，黑表笔接基极的三极管是 PNP 型三极管。

(2) 判别 c 和 e，测量放大倍数：数字表一般都有测量三极管的 hFE 功能。将万用表量程置于 hFE 档，将 PNP 型或 NPN 型晶体管对号插入对应的测试孔中，基极 b 插入 B 孔中，其余两个管脚随意插入，若放大倍数较大时，则 c 和 e 极插入正确。

3. 电阻的串联电路与并联电路

电阻的串联是将若干只电阻头尾依次连接，每个电阻中均通过同一电流，各电阻分得的电压与该电阻阻值成正比，电阻串联后的等效电阻值为各电阻阻值之和。如两个电阻 R_1、R_2 串联(如图 2-1-1 所示)：

$$V_1=\frac{R_1}{R_1+R_2}V;\ V_2=\frac{R_2}{R_1+R_2}V;\ R=R_1+R_2$$

电阻的并联是将若干只电阻头和头，尾和尾连接，每个电阻均处于同一电压作用下，各电阻分得的电流与该电阻阻值成反比。电阻并联后的等效电阻值的倒数为各电阻阻值倒数之和。如两个电阻 R_1、R_2 并联(如图 2-1-2 所示)：

$$I_1=\frac{R_2}{R_1+R_2}I;\ I_2=\frac{R_1}{R_1+R_2}I;\ \frac{1}{R}=\frac{1}{R_1}+\frac{1}{R_2}$$

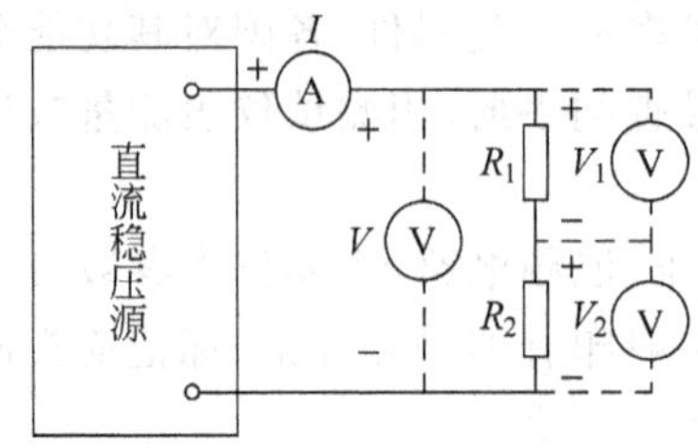

图 2-1-1　电阻的串联测试电路

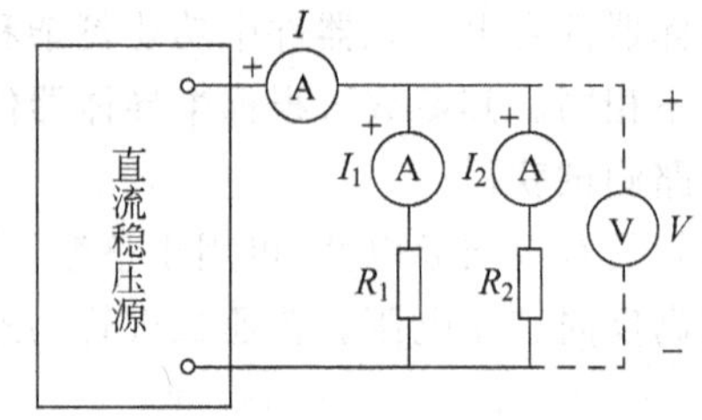

图 2-1-2　电阻的并联测试电路

4. 元器件的伏安特性的测试

电路元件两端所加电压与流过该元件的电流之间的关系，称为该元件的伏安特性。描写该关系的曲线称为伏安特性曲线。若元件两端电压与通过元件的电流成正比，则相应伏安特性曲线为一条直线，此元件称为线性元件；否则为非线性元件。

1）测量给定电阻的伏安特性

测试电路如图 2-1-3 所示，图中 R_X 为被测电阻，r 为取样电阻，电压 V 由稳压电源供给，改变电压 V，测量对应的 V_r，计算出被测器件上的电压 V_{RX} 和电流 I_{RX}。

$$V_{RX}=V-V_r;\ I_{RX}=I_r=\frac{V_r}{r}$$

2）测量给定二极管的伏安特性

正向伏安特性的测试电路如图 2-1-4 所示，按图连接电路测试。记录各 V、V_r 值，求出被测二极管上的电压 V_{DX} 和电流 I_{DX}。

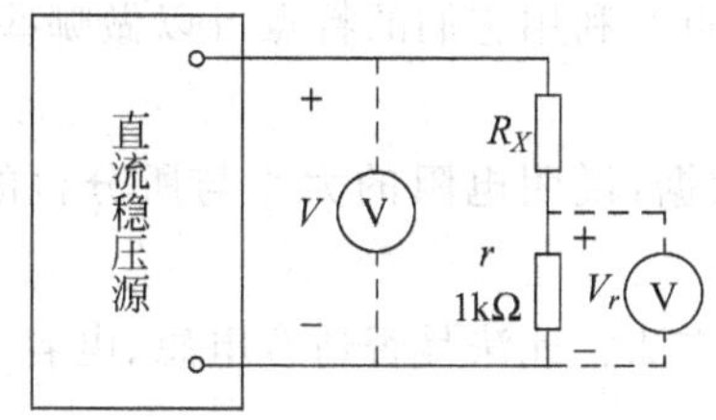

图 2-1-3　电阻器伏安特性测试电路

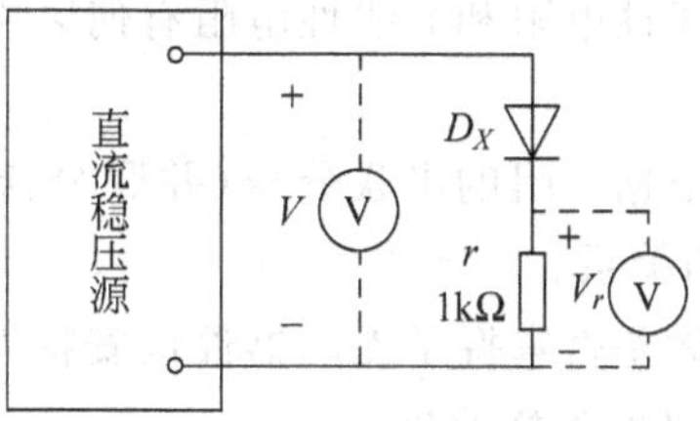

图 2-1-4　二极管伏安特性测试电路

反向伏安特性的测试时将实验图 2-1-4 的二极管两极颠倒后连接。记录各 V、V_r 值，求出被测二极管上的电压 V_{DX} 和电流 I_{DX}。

2.1.4　实验内容

1. 用万用表对晶体二极管、三极管、电阻、电容等进行检测，记录参数值，检测方法和步骤

（1）读出给定电阻器的标称值和误差，用万用表测量实际电阻值，计算相对误差（以测量值为真值）。

（2）读出给定电容器的标称值，用万用表检测电容器、电感器的质量。

（3）用万用表判断给定二极管的好坏；检测二极管的正负极、正向压降。

（4）用万用表判断给定三极管的好坏；检测三极管的类型、极性、放大倍数。

2. 电阻的串联分压与并联分流测试

（1）按图 2-1-1 连接实验电路，调节稳压电源分别输出两组不同的电压，测量电路中的电流和电压。

（2）按图 2-1-2 连接实验电路，调节稳压电源分别输出两组不同的电压，测量电路中的电流和电压。

3. 测试元器件伏安特性

1）测试电阻器伏安特性

按图 2-1-3 连接实验电路，电压 V 的取值分别为 0V，0.5V，1V，1.5V，2V，2.5V，3V。列表记录测试数据，绘出被测电阻的伏安特性曲线。

2）测试二极管伏安特性

按图 2-1-4 连接实验电路，正向伏安特性的测试时，电压 V 的取值分别为 0V，0.5V，0.7V，0.9V，1V，2V，3V，4V，5V，6V。

反向伏安特性的测试时，电压 V 的取值分别为 0V，1V，3V，5V，6V，8V，10V，15V，20V，30V。

列表记录测试数据,绘出被测二极管的伏安特性曲线。

2.1.5 思考题

(1) 选用电阻器时应注意哪些指标?

(2) 测量电阻器的阻值,能否用双手同时接触表笔两端?为什么?

(3) 选用电容器时,应考虑哪些因素?

(4) 线性电阻和非线性电阻有何区别及共同点?利用它们的特点可以做哪些事情?请举例说明。

(5) 根据电阻的串联分压(并联分流)测试数据,说明电阻的大小与所分得的电压(电流)之间的关系。

(6) 你是否掌握了无源器件伏安特性的测量方法?此法是否适合电感、电容?为什么?应如何定义?怎样改进?

2.2 常用电子仪器的正确使用

2.2.1 基本知识点

(1) 常用电子仪器:示波器、函数信号发生器、直流稳压电源、交流毫伏表等的主要技术指标、性能及正确使用方法。

(2) 双踪示波器观测周期信号波形和读取波形参数的方法。

2.2.2 实验仪器

双踪示波器、函数信号发生器、交流毫伏表,直流稳压电源、数字万用表。

2.2.3 实验概述

1. 预习

认真阅读本实验和附录中的相关内容,弄清实验中有关仪器的作用和使用方法,明确实验内容、步骤和注意事项。根据实验内容制定表格,实验时将实验数据填入其中。

2. 常用电子仪器

常用电子仪器有示波器、函数信号发生器、直流稳压电源、交流毫伏表及频率计等。

1) 函数信号发生器

函数信号发生器作为信号源,可输出正弦波、方波、三角波 3 种信号波形。通过输出衰减开关和输出幅度调节旋钮,可使输出电压在毫伏级至伏级范围内连续调节。通过频率分档开关可调节输出信号频率,也可以调节输出信号的其他参数,如占空比、直流分量。函数信号发生器的输出端不允许短路。

2) 交流毫伏表

交流毫伏表能直接测出正弦信号的有效值,表盘以 V 和 dB 值为刻度,可测量交流信号的电压值或电平值。毫伏表的表盘是按正弦信号的有效值来刻度的,测量其他波形的信号时,其读数没有直接意义,需进行换算。毫伏表的频率、电压测量范围较宽,为防止过载而损坏，测量前一般先把量程开关置于量程较大位置，然后在测量中逐档减小量程。

3）示波器

示波器是最常用的测试仪器之一，既能直观地显示电信号波形，又能对电信号进行各种参数的测量。利用示波器可测量信号的幅值、瞬时值、频率、周期、相位和脉冲信号的宽度、上升时间、下降时间等参量。示波器内部包括水平系统、垂直系统、触发（Trigger）、显示及电源等部分。

（1）用示波器显示周期信号波形。

① 寻找扫描光迹。

将示波器 Y 轴显示方式置 Y1 或 Y2，输入耦合方式置 GND，开机预热，若其显示屏不出现光点和扫描基线，可按下列操作去找到扫描线：适当调节亮度旋钮；触发方式开关置“自动”；适当调节垂直、水平“位移”旋钮，使扫描光迹位于屏幕中央。若示波器设有“寻迹”按键，可按下“寻迹”按键，判断光迹偏移基线的方向。

② 双踪示波器一般有 5 种显示方式，即 Y1、Y2、Y1＋Y2 三种单踪显示方式和“交替”、“断续”两种双踪显示方式。“交替”显示一般在输入信号频率较高时使用；“断续”显示一般在输入信号频率较低时使用。

③ 为了显示稳定的被测信号波形，“触发源选择”开关一般选为“内”触发，使扫描触发信号取自示波器内部的 Y 通道。

④ 触发方式开关通常先置于“自动”，调出波形后，若被显示的波形不稳定，可置触发方式开关于“常态”。通过调节“触发电平”旋钮找到合适的触发电压，使被测试的波形稳定地显示在示波器显示屏上。若选择了较慢的扫描速率，显示屏上将会出现闪烁的光迹，但被测信号的波形不在 X 轴方向左右移动，这样的现象仍属于稳定显示。

⑤ 适当调节“扫描速率”开关及“Y 轴灵敏度”开关，让屏幕上显示 1、2 个周期的被测信号波形。

（2）用示波器测量信号的周期和幅度。

在测量周期时，应注意将“扫速微调”旋钮置于“校准”位置，即顺时针旋到底，且听到关的声音。另外需要注意“扩展”旋钮的位置。根据被测信号波形一个周期在屏幕坐标刻度水平方向所占的格数（DIV 或 cm）与“扫描速率”开关指示值（T/DIV）的乘积，即可算出信号频率的实测值。

在测量幅值时，应注意将“Y 轴灵敏度微调”旋钮置于“校准”位置，即顺时针旋到底，且听到关的声音。根据被测波形在屏幕坐标刻度上垂直方向所占的格数（DIV 或 cm）与“Y 轴灵敏度”开关指示值（V/DIV）的乘积，即可算出信号幅值的实测值。

2.2.4 实验内容

1. 用机内校正信号对示波器进行自检

1）扫描基线调节

将示波器的显示方式开关置于“单踪”显示 Y1（或 Y2），输入耦合方式开关置 GND，触发方式开关置“自动”。开启电源开关，调节“辉度”、“聚焦”、“辅助聚焦”等旋钮，使荧光屏上显示一条细而且亮度适中的扫描基线。再调节“X 轴位移”和“Y 轴位移”旋钮，使扫描线位于屏幕中央。

2) 测试“校正信号”波形的幅度、频率

将示波器的校正信号通过专用电缆线引入选定的 Y 通道 Y1(或 Y2),将 Y 轴输入耦合方式开关置 AC 或 DC,触发源选择开关置“内”,内触发源选择开关置 Y1(或 Y2)。调节 X 轴“扫描速率”开关(T/DIV)和 Y 轴“输入灵敏度”开关(V/DIV),使示波器显示屏上显示出一个或数个周期稳定的方波波形。

(1) 校准“校正信号”幅度。将“Y 轴灵敏度微调”旋钮置“校准”位置,“Y 轴灵敏度”开关置适当位置,读取校正信号幅度,如表 2-2-1 所示。

表 2-2-1 测试“校正信号”波形的幅度、频率数据记录表

	标准值	实测值
幅度 V_{p-p}(V)		
频率 f/kHz		
上升沿时间 μs		
下降沿时间 μs		

注:不同型号示波器标准值有所不同,请按所用示波器将其标准值填入表格中。

(2) 校准“校正信号”频率。将“扫速微调”旋钮置“校准”位置,“扫速”开关置适当位置,读取校正信号周期,记入表 2-2-1。

(3) 测量“校正信号”的上升时间和下降时间。调节“Y 轴灵敏度”开关及微调旋钮,并移动波形,使方波波形在垂直方向上正好占据中心轴上,且上、下对称,便于阅读。通过扫速开关逐级提高扫描速度,使波形在 X 轴方向扩展(必要时可利用“扫速扩展”开关将波形再扩展 10 倍),同时调节触发电平旋钮,从显示屏上清楚地读出上升时间和下降时间,记入表 2-2-1。

2. 用示波器及万用表测量直流电压

按图 2-2-2 接线。将示波器 Y 输入耦合方式开关置 GND,使屏幕上出现一条扫描基线。将“Y 轴灵敏度”开关(V/DIV)置适当位置,将“Y 轴灵敏度微调”旋钮置“校准”位置。再调节“Y 轴位移”旋钮,使扫描基线位于屏幕下部某一水平刻度线上。基线定位后切不可再调“Y 轴位移”旋钮。

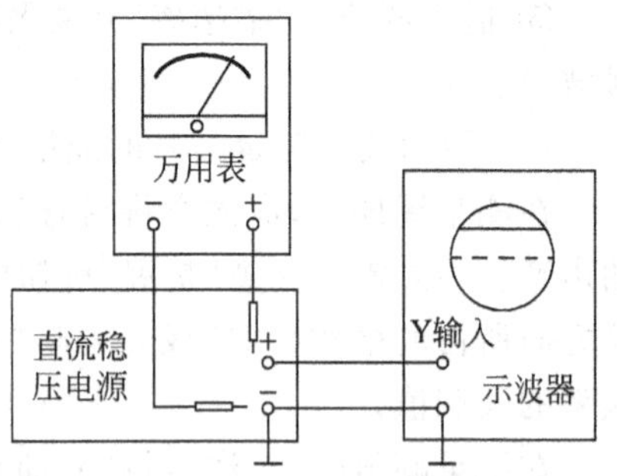

图 2-2-1 示波器、万用表测量直流电压

将耦合开关改置于 DC 位置,再将被测直流信号经探头输入示波器的 Y 轴,扫描线将移位,读出扫描线的位移值为 B;“Y 轴灵敏度”开关标称值为 Ku,则被测直流电压为:$V=\text{Ku}\times\text{B}\times\text{K}$,其中 K 为探头衰减系数。将稳压电源的输出分别调到 ±8V 的直流电压,然后用万用表及示波器测量其实际值并记录。

3. 用示波器和交流毫伏表测量信号参数

由函数发生器输出频率 1kHz、峰-峰值 150mV 的正弦信号,用示波器测量此信号的频率和峰-峰值,并用毫伏表测量其有效值,以函数发生器指示为“真值”,计算测试量的相对误差。

4. 万用表、晶体管毫伏表、示波器频率特性比较

(1) 万用表置于交流最小档,函数发生器输出正弦信号,输出电压值保持不变,改变信号的频率分别为 20Hz、30Hz、40Hz、50Hz、100Hz、300Hz、500Hz、800Hz、1kHz、3kHz、10kHz、50kHz,用万用表测量各个频率点的电压值,测量时用晶体管毫伏表监测函数发生器在各个频率点的输出电压值不变,记录万用表的读数。以万用表的读数为纵轴,频率为横轴,做出万用表交流电压最小档的频率特性曲线。

(2) 使函数发生器输出峰-峰值为 1V 的正弦信号,改变信号的频率分别为 10Hz、20Hz、50Hz、100Hz、500Hz、1kHz、5kHz、10kHz、100kHz、500kHz、1MHz、2MHz、5MHz、10MHz,用晶体管毫伏表测量各个频率点的电压值;保持示波器监测函数发生器的输出峰-峰值为 1V 不变,记录毫伏表的测量值;并以频率为横轴、毫伏表的读数为纵轴,做出毫伏表的频率特性曲线。

2.2.5 思考题

(1) 用交流毫伏表分别测量正弦、方波、三角波信号,其读数是否为各波形的有效值?

(2) 测正弦信号的频率为 5kHz,现有模拟万用表、数字万用表和晶体管毫伏表各一块,应选用哪一种仪表进行测量?

(3) 如何操纵示波器有关旋钮,以便从示波器显示屏上观察到稳定、清晰的波形?

(4) 用示波器测量周期信号的周期和电压时,垂直微调和扫描微调应放在什么位置?

(5) 说出万用表、毫伏表、示波器的用途,并比较它们的优缺点。

2.3 集成门电路功能测试

2.3.1 基本知识点

(1) 逻辑值与电压值的关系。

(2) 常用逻辑门电路的逻辑功能及测试方法。

(3) HBE 硬件基础电路实验箱的结构、基本功能和使用方法。

2.3.2 实验仪器与元器件

(1) HBE 硬件基础电路实验箱、双踪示波器、数字万用表。

(2) 元器件:74LS00、74LS04、74LS08、74LS32、74LS86 等。

2.3.3 实验概述

1. 预习

预习本次实验的全部内容,了解各门电路的外部引脚排列及功能验证方法;了解数字电路实验装置;画出实验电路原理图。

2. 逻辑值与电压值

数字电路中逻辑 1 与逻辑 0 可表示两种不同电平的取值,根据实际取值的不同,有正、负逻辑之分。正逻辑中高电平用逻辑 1 表示,低电平用逻辑 0 表示;负逻辑中高电平用逻辑 0 表示，低电平用逻辑 1 表示。

逻辑电路的输入与输出仅表示某种逻辑状态(1 或 0)，而不表示具体的数值。数字电路中需关注的是信号的有无，即电位的相对高低，何为高电平，何为低电平，不同情况规定有所不同。

3. 门电路的基本功能

集成门电路是组成各种数字电路的基本单元，是一种条件开关电路，其输出信号与输入信号之间存在着一定逻辑关系。基本逻辑关系是与、或、非三种。与、或、非、与非、或非和异或等基本逻辑门电路为常用的门电路，表达其逻辑关系用真值表、逻辑表达式和逻辑符号。图 2-3-1 是 TTL 与非门 74LS00 的逻辑符号及逻辑电路。A，B 为逻辑门的输入端，Y 为输出端，当 A，B 中有一个端接低电平 0.2V 时，多发射极三极管 T_1 中必有一个发射结导通，并将 T_1 的基级电位箝位在 $V_{IL}+0.7\ V=0.9V$ 上。此时 T_2、T_5 截止，T_3、T_4 导通，输出为高电平 V_{OH}。当 A、B 同时接高电平 V_{IH} 时，T_2、T_5 导通，T_3、T_4 截止，T_1 的基级电位箝位在 2.1 V，输出为低电平 V_{OL}。输出与输入的逻辑关系为 $Y=\overline{AB}$。

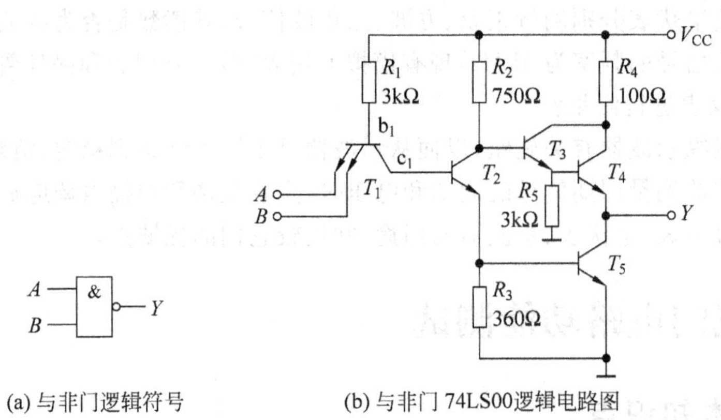

(a) 与非门逻辑符号　　(b) 与非门 74LS00逻辑电路图

图 2-3-1　74LS00 的逻辑符号及逻辑电路图

4. 数字集成电路的引脚识别及型号识别

集成电路的每个引脚分别对应一个脚码，每个脚码所表示的阿拉伯数字(如 1,2,3…)是该集成电路物理引脚的排列次序。使用器件时，应先查阅手册，了解各引脚的作用以及其物理位置，确保正确地使用和连线。图 2-3-2 所示是双列直插式集成与非门电路 CT74LS00。

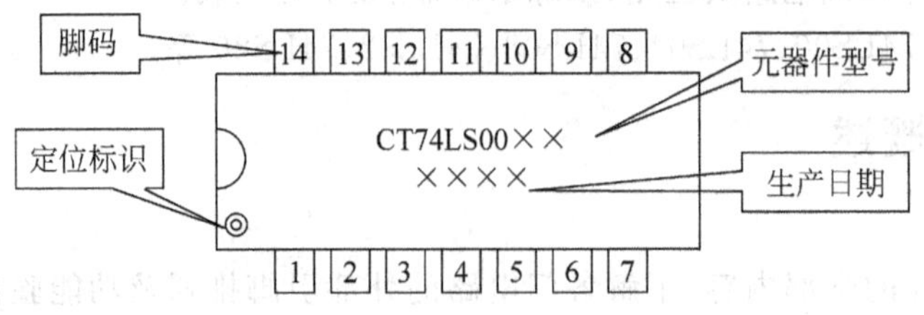

图 2-3-2　数字集成电路的脚码及型号

集成电路有定位标识，能帮助使用者确定脚码为 1 的引脚。定位标识有半圆和圆点两种表达形式，最靠近定位标识的引脚规定为物理引脚的第 1 脚，脚码为 1，其他引脚的排列次序及脚码按逆时针方向依次加 1 递增。

器件的型号说明：CT74LS00 C(或 M) J (或 D 或 P 或 F)。

① C 表示中国；

② T 表示 TTL 集成电路；

③ 74 表示国际通用 74 系列(54 则表示国际通用 54 系列)；LS 表示低功耗肖特基电路；00 表示器件序号为四 2 输与非门；

④ C 表示商用级(工作温度 0～70℃)；M 表示－55～125℃ (只出现在 54 系列)；

⑤ J 表示黑瓷低熔玻璃双列直插封装；D 表示多层陶瓷双列直插封装；P 表示塑料双列直插封装；F 表示多层陶瓷扁平封装。

型号中的 CT 换为国外厂商缩写字母，则表示该器件为国外相应产品的同类型号。例如，SN 表示美国得克萨斯公司，DM 表示美国半导体公司，MC 表示美国摩托罗拉公司，HD 表示日本日立公司。集成电路元件型号的下方有一组表示年、周数生产日期的阿拉伯数字，注意不要将元件型号与生产日期混淆。

5. 数字电路的测试

对组合数字电路进行的测试有静态和动态测试。静态测试是在输入端加固定的电平信号，测试输出状态，验证输入输出的逻辑关系。动态测试是在输入端加周期性信号，测试输入输出波形，测量电路的频率响应。时序电路的测试则分为单拍和连续工作测试，验证其状态的转换是否正确。本实验是验证集成门电路输入输出的逻辑关系，在 HBE 硬件基础电路实验箱和相关的测试仪器组成的物理平台上完成。

HBE 硬件基础电路实验箱应用于以集成电路为主要器件的数字电路实验中，其主要组成部分有：

(1) 直流电源：提供固定直流电源(＋5V，－5V)和可调电源(＋3～15V，－3～15V)。

(2) 信号源：单脉冲源(正负两种脉冲)；连续脉冲。

(3) 逻辑电平输出电路：通过改变逻辑电平开关状态输出两个电平信号，高电平“1”和低电平“0”。

(4) 逻辑电平显示电路：由发光二极管及其驱动电路组成，用来指示测试点的逻辑电平。

(5) 数码显示电路：分为动态数码显示电路和静态数码显示电路，静态数码显示电路由七段 LED 数码管及其译码器组成。

(6) 元件库：元件库装有电位器、电阻、电容、二极管、按键开关等器件。

(7) 插座区与管座区：可插入集成电路，分立元件。

6. 集成门电路的功能验证方法

选定器件型号，查阅该器件手册或该器件外部引脚排列图，根据器件的封装，连接好实验电路，以测试 74LS00 与非门的功能为例，74LS00 的封装图如图 2-3-3 所示。

(1) 正确连接好器件工作电源：74LS00 的 14 脚和 7 脚分别接实验平台的 5V 直流电源的“＋5V”和 GND 端，TTL 数字集成电路的工作电压为 5V(实验允许 ±5% 的误差)。

(2) 连接被测门电路的输入信号：74LS00 有 4 个二输入与非门，可选择其中 1 个二输

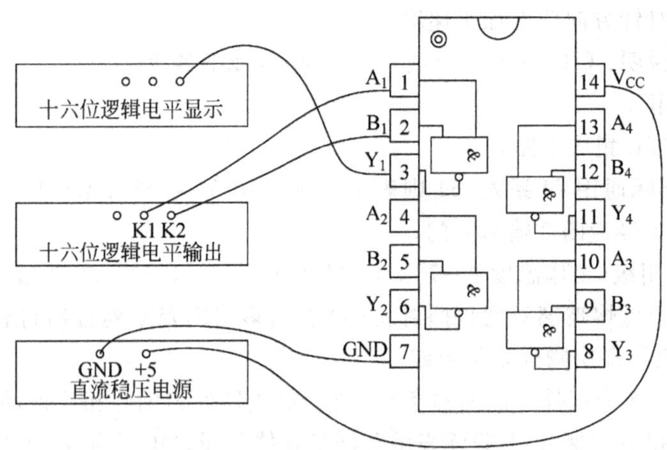

图 2-3-3　74LS00 的封装及功能验证

入与非门进行实验，将输入端 A、B 分别连接到实验平台的“十六位逻辑电平输出”电路的其中两个输出端（如 K1、K2 对应的输出端）。

(3) 连接被测门电路的输出端：将与非门的输出端 Y 连接到“十六位逻辑电平显示”电路的其中一个输入端。

(4) 确定连线无误后上电实验，记录实验数据，分析结果。

(5) 开关改变被测与非门输入端 A、B 的逻辑值，对应输入端的 LED 指示灯亮时为 1，不亮时为 0。

(6) 观测输出端的逻辑值，对应输出端的指示灯 LED 亮红色时为 1，亮绿色时为 0。不亮表示输出端不是标准的 TTL 电平。

K1、K2 共有 4 种开关位置的组合，对应被测电路的 4 种输入逻辑状态 00、01、10、11，可通过改变 K1、K2 开关的不同组合值，观察电平显示 LED 的亮、灭情况，以真值表的形式记录被测门电路的输入和输出逻辑状态。

(7) 观测逻辑值时，用万用表测量出对应的电压值，验证 TTL 电路逻辑值与电压值的关系。

(8) 比较实测值与理论值，比较结果一致，说明被测逻辑门的功能正确，门电路完好。如果实测值与理论值不一致，应检查集成电路的工作电压是否正常，实验连线是否正确，判断门电路是否损坏。

7. 故障排除方法

门电路组成的组合电路中，若输入一组固定不变的逻辑状态，则电路的输出端应按照电路的逻辑关系输出一组正确结果。若存在输出状态与理论值不符的情况，则必须查错并排除故障，方法如下：

(1) 用万用表（直流电压挡）测量所用的集成电路的工作电压，确定工作电压是否为正常的电源电压（TTL 集成电路的工作电压为 5V，实验中 4.75～5.25V 为正常），工作电压确定正常后再进行下一步工作。

(2) 根据电路输入变量的个数，给定一组固定不变的输入状态，判断此时该电路的输出状态，并用万用表逐一测量输入输出各点的电压。逻辑 1 或逻辑 0 的电平必须在规定的逻辑电平范围内，如果不符，则可判断故障所在。常见故障有集成电路无工作电压，连线接错位置，连接短路、断路等。

8. TTL 集成电路使用的注意事项

(1) 接插集成块时，认清定位标识，不允许插错。

(2) 工作电压为 5V，电源极性禁止反接。

(3) 闲置输入端处理：

① 悬空：相当于正逻辑 1，TTL 门电路的闲置端允许悬空处理。中规模以上电路和 CMOS 电路不允许悬空。

② 根据对输入闲置端的状态要求，可以在 V_{CC} 与闲置端之间串入一个 1～10kΩ 电阻或直接接 V_{CC}，此时相当于接逻辑 1。也可以直接接地，此时相当于接逻辑 0。

③ 输入端通过电阻接地，电阻值的大小直接影响电路所处的状态。当 $R \leqslant 680\Omega$（关门电阻）时，输入端相当于接逻辑 0；当 $R \geqslant 4.7\text{k}\Omega$（开门电阻）时，输入端相当于接逻辑 1。对于不同系列器件，其开门电阻 R_{ON} 与关门电阻 R_{OFF} 的阻值是不同的。

(4) 除三态门（TS）和集电极开路（OC）门之外，输出端不允许并联使用。

(5) 输出不允许直接接地和接电源，但允许经过一个电阻 R 后，再接到直流 +5V，R 取 3～5.1kΩ。

2.3.4　实验内容

1. 基本门电路的逻辑功能测试

测试 74LS08（与门）、74LS32（或门）、74LS04（非门）、74LS00（与非门）、74LS86（异或门）的功能。将被测芯片插入实验区的空插座，连接好测试线路，拨动开关，改变输入信号，观测输入输出端的逻辑值，并用万用表测量出输出端对应的电压值，验证 TTL 电路的逻辑功能，记录实验数据于表 2-3-1 中。

表 2-3-1　基本门电路的逻辑功能

输入		输出 Y									
		74LS08		74LS32		74LS04		74LS00		74LS86	
A	B	Y	V	Y	V	Y	V	Y	V	Y	V
0	0										
0	1										
1	0										
1	1										

2. 逻辑门的转换

试用 74S00 与非门组成非门、2 输入与门、2 输入或门电路，并画出实验电路图，测试其逻辑功能，验证结果。

3. 门电路的基本应用

用异或门和与非门组成半加器，测试其逻辑功能。

根据半加器的逻辑表达式可知，半加器输出的和数 S 是输入 A、B（二进制数）的“异或”，而其输出的进位数 C 是 A、B 的相“与”，故半加器可用一个集成异或门和两个与非门组成，如图 2-3-4 所示。

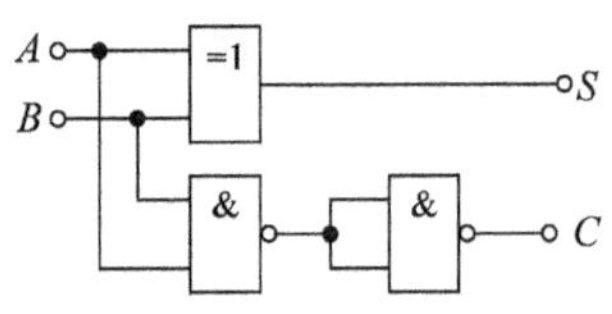

图 2-3-4 半加器的逻辑电路

(1) 在实验箱上用异或门(74LS86)和与非门连接如图 2-3-4 所示的逻辑电路。输入端 A、B 接“逻辑电平”开关，输出端 S、C 接“电平显示”发光二极管。

(2) 通过电平开关改变输入 A、B 的逻辑状态置位，观测输出端的逻辑状态，列表记录。

2.3.5 思考题

(1) 如何用 74LS32 实现 4 输入或门功能？如何用 74LS08 实现 4 输入与门功能？

(2) A、B 各是一个 1 位数据，用最简单的方法判断 A 和 B 是否相等，画出逻辑图并说明原理。

2.4 集电极开路门与三态输出门的应用

2.4.1 基本知识点

(1) TTL 集电极开路(OC)门的逻辑功能。

(2) TTL 三态(TS)输出门的逻辑功能及应用。

2.4.2 实验仪器与元器件

(1) HBE 硬件基础电路实验箱、双踪示波器、数字万用表。

(2) 元器件：74LS00、74LS03、74LS06、74LS125 等。

2.4.3 实验概述

1. 预习

学习 OC 门、三态门的工作原理和使用方法；完成实验中的设计内容，画出实验电路图，列记录表。

2. TTL 集电极开路门

普通的 TTL 门由于输出级采用了推拉式输出电路，不允许把两个或两个以上的输出端直接并接在一起，否则，将烧坏电路。

集电极开路门(Open-Collector TTL Gate，简称 OC 门)和三态门(Tristate TTL Gate)是两种特殊的门电路，允许把它们的输出端直接并接在一起使用。

图 2-4-1 所示是一个 TTL 二输入集电极开路与非门的逻辑符号和内部电路图。其中，OC 门的输出管 T_3 的集电极是悬空的。当 A、B 中有一端接低电平时，T_3 截止，输出端的电平由外部所接电路决定，通常输出端外接一个上拉电阻 R_L，电阻的另一端与电源 V_{CC} 相连接，这时输出端为高电平，电平电压取决于 V_{CC} 的电压；当 A、B 同时接高电平时，T_3 导通，输出为低电平。输出与输入的逻辑关系为 $Y=\overline{AB}$。

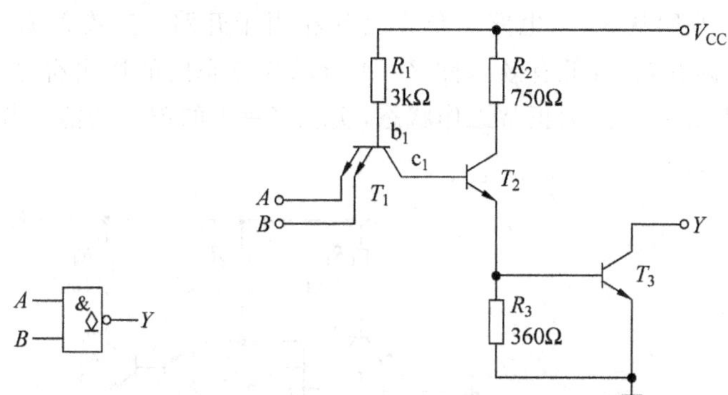

图 2-4-1　集电极开路与非门的逻辑符号和内部电路

外接上拉电阻 R_L 的选取应保证门电路的输出电平和驱动电流能符合所接负载的设计要求，输出高电平时，不低于输出高电平的最小值；输出低电平时，不高于输出低电平的最大值。

OC 门上拉电阻外接，减小了内部电路功耗，电路的驱动电流较大，应用 OC 门可使电路设计更灵活。

OC 门的使用方法如下：

1）利用 OC 门"线与"特性完成特定逻辑功能

OC 门的输出端可以直接并接，如图 2-4-2 所示。若有一个门的输出为低电平，则 F 输出为低，当所有门的输出为高电平，F 输出为高，即在输出端实现了线与的逻辑功能：

$$F=\overline{AB}\cdot\overline{CD}=\overline{AB+CD}$$

2）利用 OC 门可实现逻辑电平的转换

改变上拉电阻 R_L 的电源 V_2 的电压，输出端的逻辑电平会随 V_2 而改变。不同电平的逻辑电路可以用 OC 门连接。

3）OC 门用于驱动

OC 门的输出电流较大，可驱动工作电流较大的电子器件。图 2-4-3 所示是用 OC 门驱动发光二极管的低电平驱动电路。当门电路输出为高电平时，发光二极管 LED 截止，当门电路输出为低电平时，发光二极管 LED 导通。

图 2-4-2　OC 门"线与"电路　　　图 2-4-3　OC 门的 LED 驱动电路

3. TTL 三态门（TS 门）

TTL 三态门的输出端除了通常输出高电平、低电平两种状态外，还有第三种输出状态——高阻态。在高阻状态下，电路与负载之间相当于开路。三态门有一个控制端 E（或 $\overline{E}$），其控制方式为高有效（或低有效），图 2-4-4 所示为三态门的逻辑符号和内部结构图，控制端为低有效。当 $\overline{E}=0$ 时，为正常工作状态，实现 $Y=A$ 的逻辑功能；当 $E=1$ 时，为禁止状态，输出为高阻态。

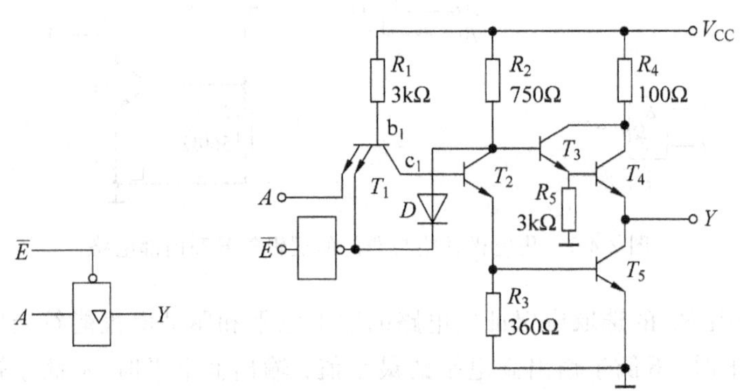

图 2-4-4　三态门的逻辑符号和内部结构

利用三态门的高阻态特性可实现总线传输或总线双向传输功能，三态门的输出端连在一起构成总线传输结构，任意时刻只能有一个控制端处于使能状态，不允许同时有两个以上三态门的控制端处于使能状态；否则输出会产生信号短路，或信号混乱而导致电路故障。图 2-4-5 所示是用 74LS125 两个三态门输出构成一条总线。使两个控制端一个为低电平；另一个为高电平，74LS125 的封装如图 2-4-6 所示。

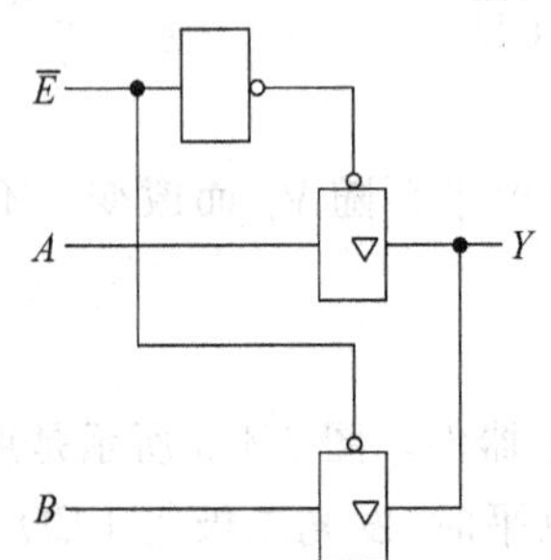

图 2-4-5　三态门实现的总线传输电路

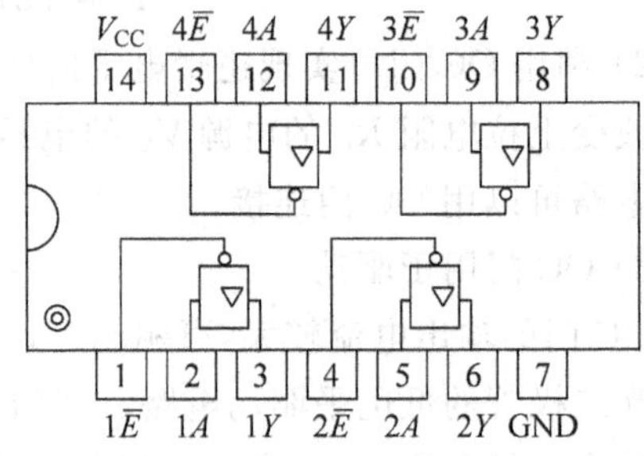

图 2-4-6　74LS125 的封装图

2.4.4　实验内容

1. OC 门的特性及其应用

(1) 用 OC 门 74LS03 验证 OC 门的"线与"功能。参考图 2-4-2，R_L 为 1kΩ 时，写出输出 F 的表达式，观测输出与输入信号的逻辑关系，将数据填入自制表格中。

(2) 测试 OC 门 74LS03 的输出电压，参考图 2-4-7，输入 A、B 接逻辑电平输出信号，输出端 Y 接直流电压表。V_L 接＋5V，电阻 R_L 为 4.7kΩ，观测输出与输入信号的逻辑关系，如果去掉 R_L，观测输出信号的变化。V_L 改接＋15V，检测输出信号的高电平和低电平电压。

(3) 测试上拉电阻参考图 2-4-8，V_L 接＋5V，调节电位器 R_w，观察上拉电阻的取值对输

出 Y 端电平的影响。要求输出信号 Y 的高电平不小于 3.5V，低电平不大于 0.3V，实验求出上拉电阻的取值范围。

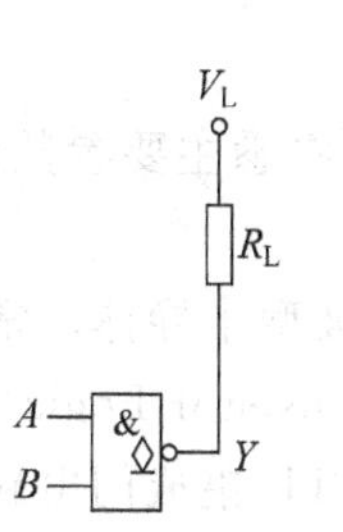

图 2-4-7 OC 门电路

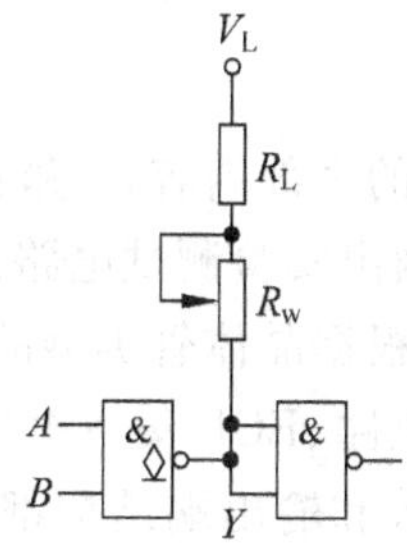

图 2-4-8 OC 门 74LS03 驱动与非门 CD4011

(4) 利用 OC 门 74LS06 驱动发光二极管，参考图 2-4-3，设发光二极管的工作电压 U_D 为 2V，发光二极管的工作电流 I_D 为 8mA，门电路输出低电平的值 V_{OL} 为 0.3V，求限流电阻 R_L，然后，通过实验检测。

2. 三态门的特性及其应用

(1) 验证三态门 74LS125 的逻辑功能。参考图 2-4-9，控制端 $\bar{E}$、三态门的输入 A 接逻辑电平输出信号，输出端 Y 接逻辑电平显示电路，通过开关 K 可使电阻接＋5V 或地，当 $\bar{E}$ 无效为高电平，三态门输出为高阻态时，输出 Y 对应开关 K 的状态(接＋5V 或地)为高电平或低电平；当 $\bar{E}$ 有效为低电平时，$Y=A$。

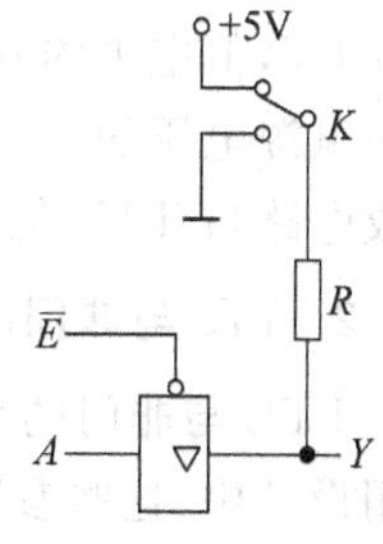

图 2-4-9 三态门的逻辑功能

(2) 用 74LS125 两个三态门输出构成一条总线。参考图 2-4-5，控制端 $\bar{E}$、三态门的输入 A、B 接逻辑电平输出信号，输出端 Y 接逻辑电平显示电路，观测输出与输入及控制信号的逻辑关系，控制端 $\bar{E}$ 接 1kHz 信号，一个三态门的输入 A 接 100kHz 信号，另一个三态门 B 的输入接 10kHz 信号，用示波器观察输出 Y 与控制端 $\bar{E}$ 的波形。

2.4.5 思考题

(1) 对 74LS03，若上拉电阻的电源为＋15V 时，输出能否接到实验箱的指示灯上？

(2) 如何利用三态门实现双向传输，画图说明。

2.5 集成与非门电路参数的测试

2.5.1 基本知识点

(1) TTL 和 CMOS 非门的主要参数及测试方法。

(2) TTL 和 CMOS 与非门的电压传输特性的测试。

2.5.2 实验仪器与元器件

(1) HBE 硬件基础电路实验箱、双踪示波器、数字万用表。

(2) 元器件：74LS00、CD4011。

2.5.3 实验概述

1. 预习

预习本次实验的全部内容，了解门电路主要参数的含义，熟悉主要参数的测试方法，根据实验任务要求，画出实验测试电路。

数字集成电路根据晶体管类型的不同，分为双极型和单极型半导体。常用的双极型半导体有 TTL 集成电路、ECL 集成电路。TTL(Transistor-Transistor Logic)是指晶体管-晶体管逻辑电路，输入和输出端结构都采用了半导体晶体管，TTL 集成门电路具有工作速度快、工作电压低和带负载能力强的特点。ECL 是指射极耦合集成电路，其特点是高速。单极型半导体常见的有 NMOS、PMOS、CMOS 集成电路，多采用"金属—氧化物—半导体"的绝缘栅场效应管，简称 MOS 场效应管。CMOS 电路功耗小、可靠性好、电源电压范围宽、容易与其他电路接口并易于实现大规模集成，因而 CMOS 集成门电路虽然工作速度比 TTL 电路低，但其应用广泛。TTL 集成门电路的电源电压为 5V，阈值电压约 1.3V，输出高电平约 3.6V，低电平约 0.3V。CMOS 集成门电路的工作电压通常在 3～18V 之间，阈值电压近似为电源电压的一半，即 $V_{CC}/2$。TTL 门电路的输入端若不接信号，则视为高电平，COMS 集成电路与 TTL 集成电路不同，输入端必须接信号，或者固定电平。

2. TTL 与非门的特性参数及测试方法

TTL 与非门的特性参数包括输入输出特性、动态特性、电源特性参数等。在数字电路应用设计中，这些参数有着非常重要的参考价值。这些参数可通过实验的方法、计算的方法或数据手册获得，及其实验的测试方法，下面介绍部分参数：

1) 电压传输特性

电压传输特性是指门电路输出电压 V_o 随输入电压 V_i 而变化的关系，通过门电路的电压传输特性曲线可求得门电路的一些重要参数，如输出高电平 V_{OH}、输出低电平 V_{OL}、关门电平 V_{OFF}、开门电平 V_{ON}、阈值电平 V_{TH}(转折区中点所对应的输入电压)、高电平抗干扰容限 V_{NH} 及低电平抗干扰容限 V_{NL} 等值。测试电路如图 2-5-2 所示，采用逐点测试法，即调节 R_w，逐点测得 V_i 及 V_o 的值，并绘成传输特性曲线(如图 2-5-1 所示)，求出相关参数。

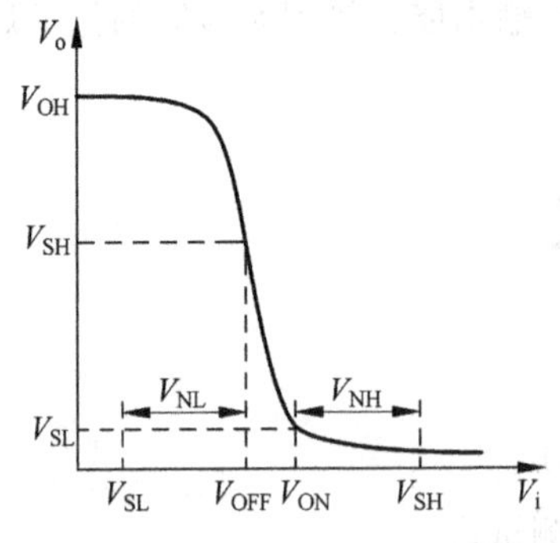

图 2-5-1 传输特性曲线

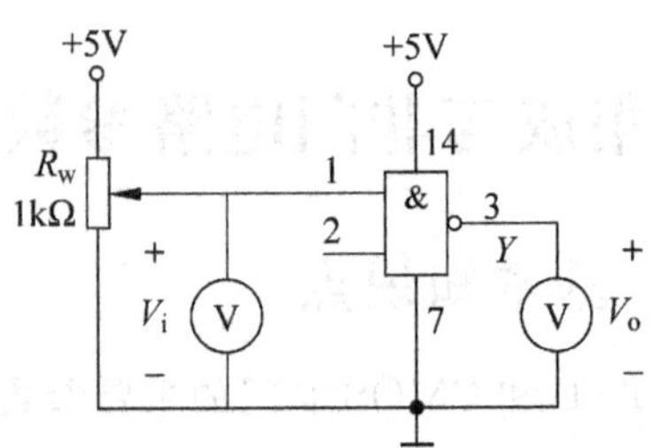

图 2-5-2 电压传输特性测试电路图

(1) 输出高电平 V_{OH} 是指电压传输特性截止区的输出电压，输出低电平 V_{OL} 是指饱和区的输出电压。一般产品规定 $V_{OH}\geqslant 2.4V$、$V_{OL}<0.4V$ 时即为合格。

(2) 阈值电压也称门槛电压。电压传输特性上转折区中点所对应的输入电压 $V_{TH} \approx 1.3V$，可以将 V_{TH} 看成与非门导通(输出低电平)和截止(输出高电平)的分界线。

(3) 开门电平 V_{ON} 是保证输出电平达到额定低电平(0.3V)时，所允许输入高电平的最低值，即当 $V_i > V_{ON}$ 时，输出才为低电平。通常 $V_{ON}=1.4V$，一般产品规定 $V_{ON} \leqslant 1.8V$。

关门电平 V_{OFF} 是保证输出电平为额定高电平(2.7V 左右)时，允许输入低电平的最大值，即当 $V_i \leqslant V_{OFF}$ 时，输出才是高电平。通常 $V_{OFF} \approx 1V$，一般产品要求 $V_{OFF} \geqslant 0.8V$。

(4) 在实际应用中，因外界干扰、电源波动等原因，致使输入电平 V_i 偏离规定值。为保证电路可靠工作，应对干扰的幅度有一定限制，称为噪声容限。

低电平噪声容限是指在保证输出高电平的前提下，允许叠加在输入低电平上的最大噪声电压(正向干扰)，用 V_{NL} 表示。$V_{NL}=V_{OFF}-V_{IL}$，若 $V_{OFF}=0.8V$，$V_{IL}=0.3V$，则 $V_{NL}=0.5V$。高电平噪声容限是指在保证输出低电平的前提下，允许叠加在输入高电平上的最大噪声电压(负向干扰)，用 V_{NH} 表示：$V_{NH}=V_{IH}-V_{ON}$，若 $V_{ON}=1.8V$，$V_{IH}=3V$，则 $V_{NH}=1.2V$。

2) 输入短路电流 I_{IS} 和高电平输入电流 I_{IH}

图 2-5-3 为输入短路电流 I_{IS} 的实验测试电路。I_{IS} 是门电路输入端接地时(其他输入端悬空或接电源)，从输入端流向地的电流，高电平输入电流 I_{IH} 是门电路输入端接高电平时(其他输入接地)，高电平流向输入端的电流。

3) 门电路的扇出系数

输出特性参数扇出系数 N_o 是指门电路能够驱动同类门的个数，是衡量门电路带负载能力的一个参数，该项指标参数反映了门电路在保证正确输出高、低逻辑电平情况下带负载的能力。

门电路输出高电平时，如果后面所接的负载过多，就会出现过大的负载电流，从而导致输出高电平下降到规定的输出高电平最小值以下，造成逻辑状态的不确定。同理，门电路输出低电平时，若负载电流过大，同样会导致输出低电平增高的情况。当高出规定的输出低电平最大值时，也会造成逻辑状态的不确定。

TTL 门电路有两种不同性质的负载，即灌电流负载和拉电流负载，因此也有两种扇出系数，即低电平扇出系数 N_{OL} 和高电平扇出系数 N_{OH}，通常 $I_{IL} > I_{IH}$，$N_{OH} > N_{OL}$，故常以 N_{OL} 作为门的扇出系数。通常 $N_{OL} \geqslant 8$，测试电路见图 2-5-4，调整 R_w 值，使 $V_o=0.35V$，测出此时的最大灌电流 I_{LM} 的值，则低电平输出时的扇出系数为

$$N_{OL}=\frac{I_{LM}}{I_{IS}}$$

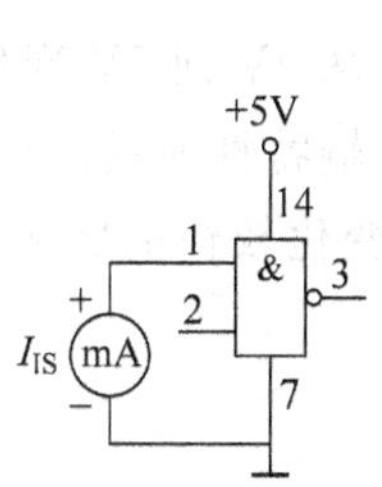

图 2-5-3　输入短路电流测试

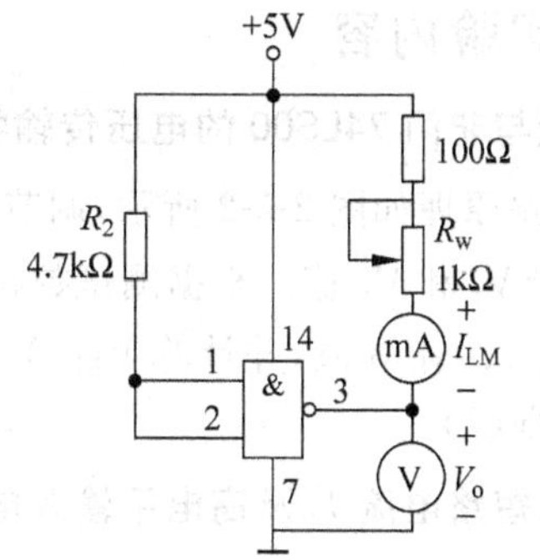

图 2-5-4　低电平输出电流测试

4）动态特性参数平均传输延迟时间 t_{pd}

传输延迟时间指与非门的输出信号的延时，如图 t_{rd} 为导通延迟时间，t_{fd} 为截止延迟时间，t_{rd} 和 t_{fd} 的平均值称为与非门的平均延迟时间：$t_{pd}=(t_{rd}+t_{fd})/2$。

测量与非门的平均传输延迟时间 t_{pd}，利用门电路的延迟效应，用三级与非门组成环形振荡器，产生矩形波，环形振荡器电路见图 2-5-5，一个周期的振荡必须经过六级门的延迟时间 $T=6t_{pd}$，测量与非门的平均传输延迟时间 $t_{pd}=T/6$。

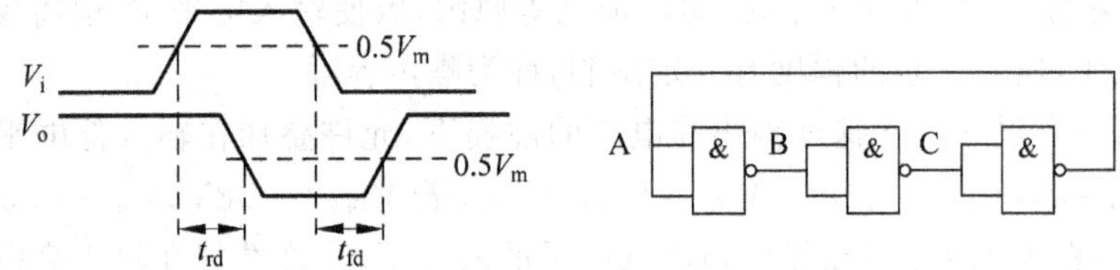

图 2-5-5　平均传输延迟时间测试

3. CMOS 与非门的电压传输特性及其主要参数

CMOS 与非门电压传输特性曲线与 TTL 与非门电压传输特性曲线测试方法基本一样。只是将不用的输入端接到电源 $+V_{DD}$ 上即可，不得悬空。图 2-5-6 为用示波器 X-Y 方式的测试电路，输入信号电压 V_I 应满足 $V_{SS}\leqslant V_I\leqslant V_{DD}$。图 2-5-7 为电压传输特性曲线，这个特性曲线很接近理想的电压传输特性曲线，输出高电平 V_{OH} 接近电源电压 V_{DD}，输出低电平 V_{OL} 接近 0V，阈值电压 $V_T\approx 0.5V_{DD}$。

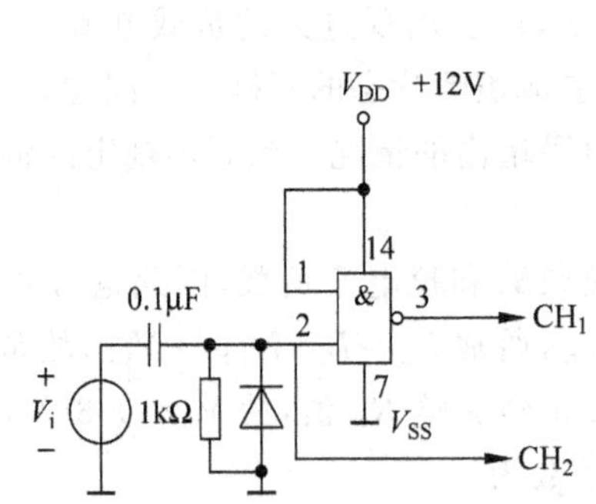

图 2-5-6　CMOS 与非门电压传输特性测试

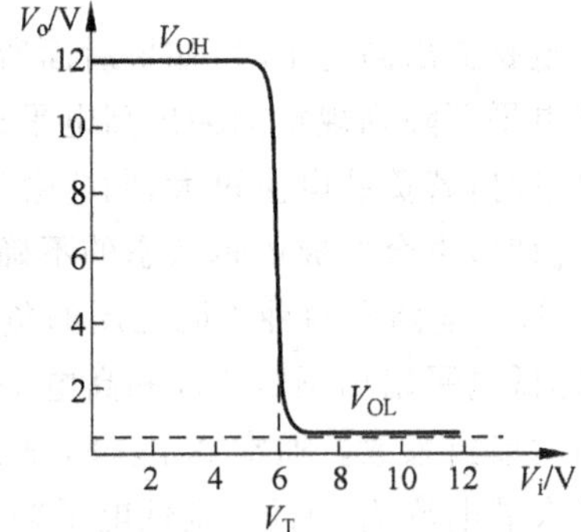

图 2-5-7　CMOS 与非门电压传输特性曲线

2.5.4　实验内容

1. 测量与非门 74LS00 的电压传输特性

测量电路原理如图 2-5-2 所示，调节电位器 R_w，使 V_i 从 0V 向 5V 变化，逐点测试 V_i 和 V_o，列表记录 V_i 和 V_o 值。根据测试数据画出门电路的传输特性曲线。从曲线上得出 V_{OH}、V_{OL}、V_{ON}、V_{OFF}、V_{TH} 等值，并计算 V_{NL}、V_{NH}（提示：在 V_o 变化较快的区域应多测几点，有利于绘制特性曲线）。

2. 输入短路电流 I_{IS} 及高电平输入电流 I_{IH} 的测试

估算输入短路电流 I_{IS} 的值。实测输入短路电流 I_{IS} 和高电平输入电流 I_{IH}。

3. 实测与非门电路的低电平扇出系数 N_{OL}

参照图 2-5-4，测量与非门 74LS00 的低电平输出电流 I_{LM}，记录测试过程，根据 I_{IS} 和 I_{LM} 计算出低电平扇出系数 N_{OL}。

4. 测试与非门的平均传输延迟时间 t_{pd}

参照图 2-5-5，测量与非门 74LS00 的平均传输延迟时间 t_{pd}。

5. 测试 CMOS 与非门的电压传输特性曲线

参照图 2-5-5，用示波器 X-Y 方式观测和记录 COMS 与非门 CD4011 的电压传输特性曲线。

以上各项均要求画实验线路图，记录实验数据，写明被测元件的型号、电压表和电流表的型号、量程、档位等测试条件。

2.5.5　思考题

(1) 用示波器测量并显示 TTL 门电路电压传输特性曲线。

(2) 测试 TTL 门电路输入负载特性，当输入端与地之间接入电阻 R_i 时，因有输入电流 I_i 流过 R_i，会使 V_{IL} 提高，从而削弱了电路的抗干扰能力。当 R_i 增大到某一值时，V_i 会变成高电平，使输出逻辑状态发生变化。自行设计电路用实验验证。

(3) 比较 TTL 电路与 CMOS 电路的主要参数。

2.6　编码器、译码器及数码管显示实验

2.6.1　基本知识点

(1) 组合逻辑电路的分析测试、设计方法和步骤。

(2) 编码器、译码器等常用中规模集成电路(Medium-Scale Integration，MSI)的性能及使用方法。

(3) 数码显示、译码器的应用。

2.6.2　实验仪器与元器件

(1) HBE 硬件基础电路实验箱、双踪示波器、数字万用表。

(2) 元器件：74LS00、74LS04、74LS48、74LS138、74LS148。

(3) NI Multisim 10 仿真实验平台。

2.6.3　实验概述

1. 预习

预习组合逻辑电路的分析与设计方法；总结组合逻辑电路分析与设计的步骤。在仿真实验平台上完成实验内容中的电路仿真部分。

2. 数字电路的分类

数字电路分为组合逻辑电路和时序逻辑电路两大类。由门电路可构成各种逻辑功能的

组合逻辑电路，如半加器、全加器、编码器、译码器、数据选择器等。其特点如下：

(1) 功能与时间因素无关，即输出状态只取决于当时的输入状态，而与以前的(输出)状态无关。

(2) 无记忆性元件，即没有记忆功能。

(3) 无反馈支路，输出为输入的单值函数。

3. 组合逻辑电路的分析

分析组合逻辑电路是为了确定已知电路的逻辑功能，其步骤如下：

(1) 根据逻辑图写出各输出端的逻辑表达式。

(2) 化简和变换各逻辑表达式。

(3) 列出真值表。

(4) 根据真值表和逻辑表达式对逻辑电路进行分析，最后确定其功能。

针对简单的组合逻辑电路，有时也可用画波形图的方法进行分析。为避免出错，通常是根据输入波形，逐级画出输出波形，最后根据逻辑图的输出端与输入端波形之间的关系确定其功能。

4. 组合逻辑电路的设计

组合逻辑电路的设计步骤如下：

(1) 设定输入输出量，并依据逻辑关系列出真值表。

(2) 根据真值表写出最小项表达式，并进行卡诺图化简，得出最简逻辑表达式。

(3) 根据选择的器件把逻辑函数表达式转换为所需的形式。

(4) 画出逻辑图。

(5) 根据逻辑图连线，实现其逻辑功能。

组合逻辑电路的设计，通常以电路简单、所用器件最少为目标。因此，对一般的逻辑表达式都要用代数法或卡诺图法进行化简，以获得最简的逻辑表达式，并能用最少的门电路来实现。在数字电路的设计中普遍采用中、小规模集成电路(一片包括数个门至数十个门)产品，应依据具体情况，尽可能减少所用器件的数目和种类，以达到组装后的电路结构紧凑，工作可靠的目的。

5. 组合逻辑电路的测试

在组合逻辑电路的输入端加上信号(加入的信号应覆盖所有输入的组合)，然后记录输出结果。如果输出结果与输入逻辑满足该电路的设计要求，则该电路的设计是正确的；否则根据得出的结果分析故障所在，并进一步改进。

常用组合电路有加法器、译码器、编码器、数据选择器、数据分配器等。本次实验要完成的是编码器译码器实验。

6. 编码

编码是指赋予选定的一系列二进制代码以固定的含义。74LS148(8-3 编码器)为 8-3 线优先编码器，8 个输入端为 $D_0 \sim D_7$，8 种状态，与之对应的输出为 A_0、A_1、A_2，共 3 位二进制数。

7. 译码

译码是编码的逆过程，即将某二进制翻译成电路的某种状态。在数字电路中译码器是一种应用广泛的多输入、多输出的组合逻辑电路。它是把给定的代码进行“翻译”，变成相应的状态，使输出通道中相应的一路有信号输出。译码器在数字系统中用途广泛，不仅用于代码的转换、终端的数字显示，还用于数据分配，存储器寻址和组合信号的控制等。不同的功能可选用不同种类的译码器。

通常译码器可分为通用译码器和显示译码器两大类。前者又分为变量译码器和代码变换译码器。

(1) 变量译码器（又称二进制译码器），用于表示输入变量的状态，如 2-4 线、3-8 线和 4-16 线译码器。若有 n 个输入变量，则有 2^n 个不同的组合状态，即有 2^n 个输出端。每一个输出所代表的函数对应于 n 个输入变量的最小项。

二进制译码器也可用做负脉冲输出的脉冲分配器。若利用使能端中的一个输入端输入数据信息，器件就成为数据分配器（又称多路分配器），如图 2-6-1(a)所示。若在 S_1 输入端输入数据信息，$\bar{S}_2=\bar{S}_3=0$，地址码所对应的输出是 S_1 数据信息的反码；若从 $\bar{S}_2$ 端输入数据信息，令 $S_1=1$、$\bar{S}_3=0$，地址码所对应的输出就是 $\bar{S}_2$ 端数据信息的原码。若数据信息是时钟脉冲，则数据分配器便成为时钟脉冲分配器。

根据输入地址的不同组合译出唯一地址，故可用作地址译码器。接成多路分配器，可将一个信号源的数据信息传输到不同的地点。二进制译码器还能实现逻辑函数，如图 2-6-1(b)所示，实现的逻辑函数是 $Z=\overline{A}\overline{B}\overline{C}+\overline{A}B\overline{C}+AB\overline{C}+ABC$。

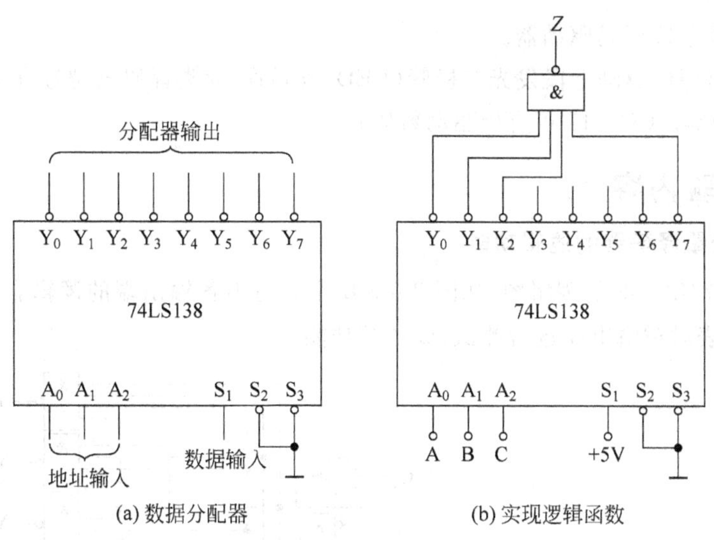

(a) 数据分配器　　(b) 实现逻辑函数

图 2-6-1　译码器 74LS138 的应用

(2) 数码显示译码器。

① 七段发光二极管(LED)数码管。

LED 数码管是目前最常用的数字显示器，图 2-6-2(a)和图 2-6-2(b)所示为共阴管和共阳管的电路，图 2-6-2(c)所示为两种不同出线形式的引出脚功能图。

一个 LED 数码管可用来显示一位 0～9 十进制数和一个小数点。小型数码管(0.5 寸和 0.36 寸)每段发光二极管的正向压降，随显示光(通常为红、绿、黄、橙色)的颜色不同略有差别，通常约为 2～2.5V，每个发光二极管的点亮电流在 5～10mA。LED 数码管显示 BCD

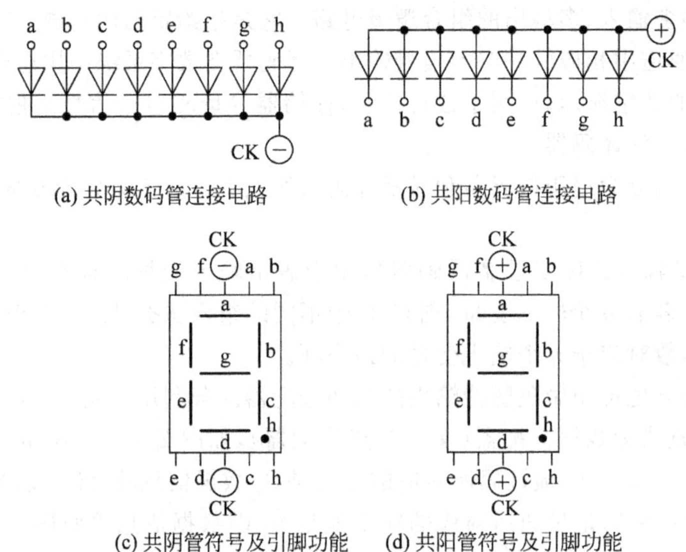

图 2-6-2 LED 数码管

码所表示的十进制数字需要一个专门的译码器，该译码器不但要完成译码功能，还要有相当的驱动能力。

② BCD 码七段译码驱动器。

74LS48 可译码驱动七段发光二极管(LED)数码管，此类译码器型号有 74LS47(共阳)，CC4511(共阴)等。CC4511 可直接驱动数码管。

2.6.4 实验内容

1. 测试变量译码器的逻辑功能

(1) 根据 74LS138 的逻辑图(如图 2-6-3 所示)，写出各输出端的逻辑表达式，列出真值表；根据真值表对逻辑电路进行测试，验证其功能。

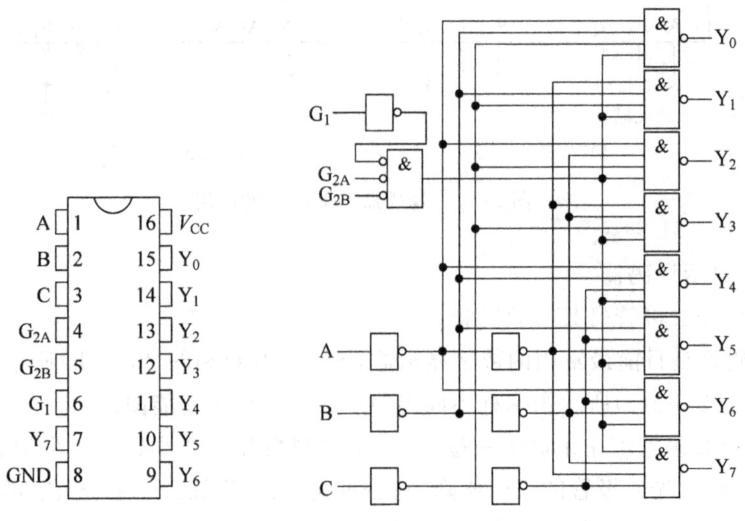

图 2-6-3 3-8 线译码器 74LS138 逻辑图

(2) 如图 2-6-4 所示，测试 LS74138 逻辑功能，通过开关 K1、K2、K3 设置成不同的逻辑状态，测量 Y0～Y7 的逻辑状态，列表记录。

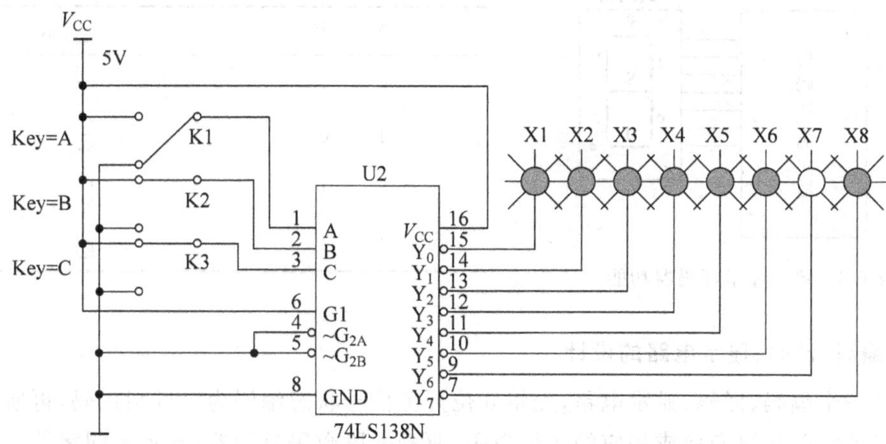

图 2-6-4 3-8 线译码器 LS74138 逻辑功能测试

2. 变量译码器的应用

用 74LS138 作函数发生器，实现函数 $F=\overline{XY}\bar{Z}+\bar{X}Y\bar{Z}+X\,\overline{YZ}+XYZ$。

要求：

(1) 自行设计实验方案和实验步骤，画出逻辑原理图。

(2) 按图接线，验证实验结果，填入自行设计的表格中。

3. 测试数码显示译码器的逻辑功能

参考图 2-6-5，测试数码管显示译码器 74LS48 的逻辑功能，列出 74LS48 的真值表。74LS48 的输出接共阴数码管。

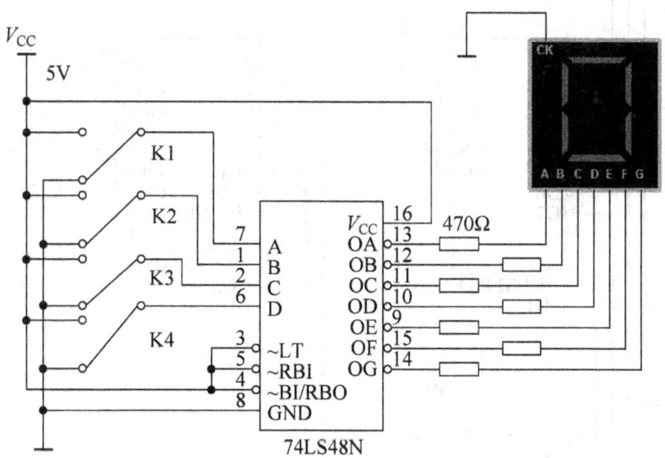

图 2-6-5 数码显示译码器 74LS48 逻辑功能测试

4. 数码显示译码器设计

用与非门和非门设计一个七段数码译码驱动电路(如图 2-6-6 所示)，输入为 A、B，输出端接共阴数码管，按表 2-6-1 的要求显示。设计逻辑原理图，验证设计结果。

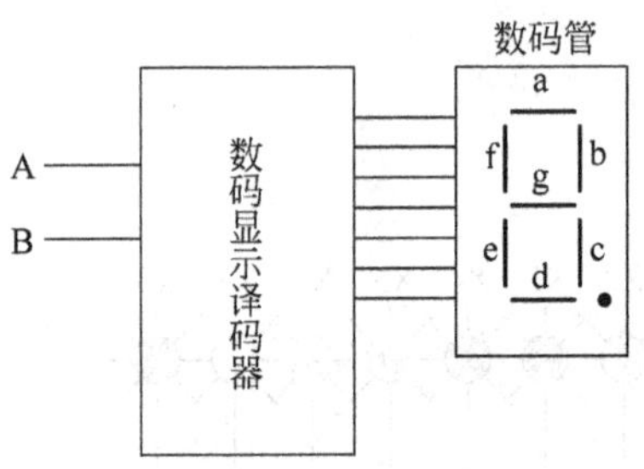

图 2-6-6　数码显示译码器功能

表 2-6-1　数码显示字符表

A	B	显　示
0	0	A
1	0	b
0	1	C
1	1	d

5. 编码、译码、显示电路的设计

设计一个编码、译码、显示电路，先将 8 位开关信号状态编码为二进制代码，再通过数码显示译码器将此代码变换成相应的 7 位数码，驱动七段数码显示器，显示不同字符。

参考图 2-6-7，该电路由 8-3 线优先编码器 74LS148、4 线-七段共阴数码显示译码器（驱动器）74LS48 和共阴七段数码显示器组成。表 2-6-2 为 74LS148 的真值表。

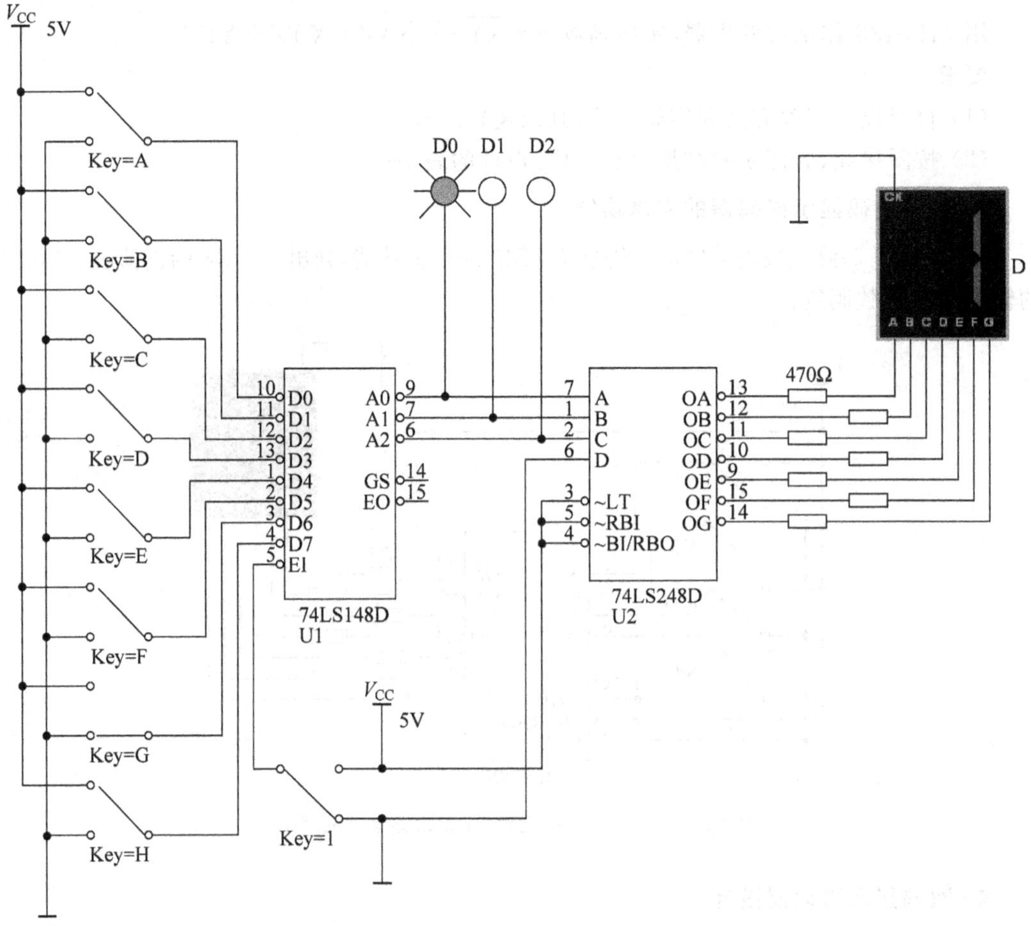

图 2-6-7　编码、译码、显示电路图

先将所有开关 K 合向＋5V 输入高电平，然后分别打开一个开关输入低电平，观测数码显示字符。自行列表记录。

表 2-6-2　74LS148 的真值表

输入									输出				
EI	0	1	2	3	4	5	6	7	A2	A1	A0	GS	EO
H	×	×	×	×	×	×	×	×	H	H	H	H	H
L	H	H	H	H	H	H	H	H	H	H	H	H	L
L	×	×	×	×	×	×	×	L	L	L	L	L	H
L	×	×	×	×	×	×	L	H	L	L	H	L	H
L	×	×	×	×	×	L	H	H	L	H	L	L	H
L	×	×	×	×	L	H	H	H	L	H	H	L	H
L	×	×	×	L	H	H	H	H	H	L	L	L	H
L	×	×	L	H	H	H	H	H	H	L	H	L	H
L	×	L	H	H	H	H	H	H	H	H	L	L	H
L	L	H	H	H	H	H	H	H	H	H	H	L	H

注：H＝高电平，L＝低电平，×＝不定。

2.6.5　思考题

(1) 结合实验，总结组合逻辑电路设计的步骤和方法。

(2) 怎样判定七段数码管各引脚和显式字段的对应关系？

(3) 3-8 线译码器在实际应用中的作用有哪些？

2.7　双稳态触发器

2.7.1　基本知识点

(1) 集成与非门组成基本 *RS* 触发器的原理。

(2) 正确使用触发器集成芯片。

(3) *RS*、*JK*、*D* 触发器的工作原理、逻辑功能和测试方法。

(4) 触发器逻辑功能相互转换的方法。

2.7.2　实验仪器与元器件

(1) HBE 硬件基础电路实验箱、双踪示波器、数字万用表。

(2) 元器件：74LS00、74LS112、(74LS76)、74LS74。

2.7.3　实验概述

1. 预习

熟悉 *RS*、*JK*、*D* 触发器的工作原理及其逻辑功能。

数字电路中除逻辑门外，经常用到另一种具有记忆功能的单元电路：触发器。触发器是构成时序逻辑电路的基本单元，其特点是电路在某一时刻的输出状态，不仅取决于该时刻输入信号的状态(1 或 0)，还与其在输入信号作用之前的状态有关，即具有记忆(或存储)功能。触发器的种类很多，按稳定工作状态可分为双稳态触发器、单稳态触发器、无稳态触发器(多谐振荡器)等。

双稳态触发器按其逻辑功能可分为 RS 触发器、JK 触发器、D 触发器、T 和 T' 触发器等；按其结构可分为主从型触发器和维持阻塞型触发器等。作为一种具有记忆功能的单元电路，双稳态触发器有以下 3 个明显特征：

(1) 具有两个稳定状态，分别为 0 态和 1 态。

(2) 在加输入信号前，可预先置为 0 态，也可置为 1 态。

(3) 没有输入信号时，电路的状态保持不变。

2. *RS* 触发器

(1) 基本 RS 触发器。

基本 RS 触发器由两个"与非"门交叉连接而成，如图 2-7-1 所示，属于低电平触发有效的触发器。其输出端 Q 和 $\bar{Q}$ 端的电平在正常情况下总是相反的，可直接置位或复位，并具有存储和记忆功能。直接在置位端加负脉冲($\bar{S}_D=0$)即可置位；直接在复位端加负脉冲($\bar{R}_D=0$)即可复位。负脉冲除去后，置位端和复位端都处于"1"态高电平(平时固定接高电平)，此时触发器保持原状态不变，实现存储或记忆功能。注意两个输入端不允许同时加低电平触发信号。

根据基本 RS 触发器的逻辑电路图，其输出与输入的逻辑关系式为

$$\begin{cases} Q=\overline{\bar{S}_D \cdot \bar{Q}} \\ \bar{Q}=\overline{\bar{R}_D \cdot Q} \end{cases}$$

其逻辑功能用输出 Q 与输入 $\bar{S}_D$、$\bar{R}_D$ 之间的特性方程(状态方程)表示为

$$\begin{cases} Q^{n+1}=S_D+\bar{R}_D Q^n \\ \bar{R}_D+\bar{S}_D=1 \quad (\text{约束条件}) \end{cases}$$

基本 RS 触发器是构成各种具有时序功能的触发器的基础，如同步(可控)RS 触发器、JK 触发器、D 触发器和 T 触发器等。这些触发器的输出状态不直接受输入信号的控制，而是能按照一定的时间节拍(时钟脉冲)进行翻转，以使系统协调工作。

(2) 同步(可控)RS 触发器。

在时钟脉冲控制下，有节拍的将输入信号反映到输出端的 RS 触发器称为同步(可控)RS 触发器。它是由基本 RS 触发器在输入端增加两个用时钟脉冲控制的"与非"门所构成的，如图 2-7-2 所示。

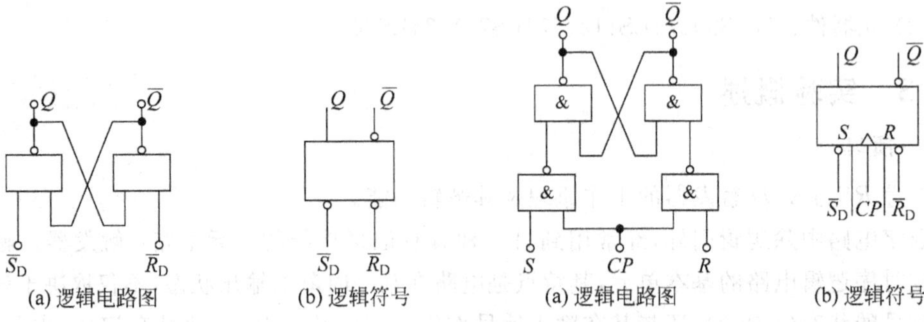

(a) 逻辑电路图　(b) 逻辑符号

图 2-7-1　基本 RS 触发器

(a) 逻辑电路图　(b) 逻辑符号

图 2-7-2　同步 RS 触发器

图中 $\overline{S}_D$ 是直接置位端；$\overline{R}_D$ 是直接复位端。同步 RS 触发器的逻辑功能可用输出 Q 与输入 S、R 之间的特性方程表示为

$$\begin{cases} Q^{n+1} = S + \overline{R}Q^n \\ R \cdot S = 0 \quad (\text{约束条件}) \end{cases}$$

同步 RS 触发器通常要求作用在输入控制端 S、R 上的输入信号在时钟脉冲作用期间保持不变。本实验选用 74LS00（二输入端四"与非"门）集成电路芯片，组合成基本 RS 触发器。

3. JK 触发器

JK 触发器具有 4 种功能：计数、置 1、置 0 和记忆功能，是逻辑功能最完善的一种触发器。它有多种构成方式，常用的是主从型 JK 触发器，是 TTL 集成电路的一种。JK 触发器是在输入时钟脉冲的下降沿翻转，不受任何条件约束，输入控制端 J、K 上可施加任意形式的输入信号。

主从型 JK 触发器的逻辑符号如图 2-7-3 所示。其中，$\overline{S}_D$ 是直接置位端；$\overline{R}_D$ 是直接复位端。其逻辑功能可用输出 Q 与输入 J、K 之间的特性方程表示为

$$Q^{n+1} = J\overline{Q^n} + \overline{K}Q^n$$

JK 触发器是一种性能优良、用途广泛的触发器。实用的主从型 JK 触发器常做成单 JK 或双 JK 集成组件。

4. D 触发器

JK 触发器的逻辑功能完善，抗干扰能力较强，是应用较多的一种触发器，但其缺点是存在两个输入控制端（J 和 K）。D 触发器则只有一个输入端，有时利用此单元电路进行逻辑设计可使电路简化。其构成方式也多，现在应用较广的是维持阻塞型 D 触发器。其在输入时钟脉冲的上升沿翻转。

逻辑符号如图 2-7-4 所示（注意上升沿触发和下降沿触发的触发器逻辑符号的区别）。其中，$\overline{S}_D$ 是直接置位端；$\overline{R}_D$ 是直接复位端。其逻辑功能用输出 Q 与输入 D 之间的特性方程表示为

$$Q^{n+1} = D^n$$

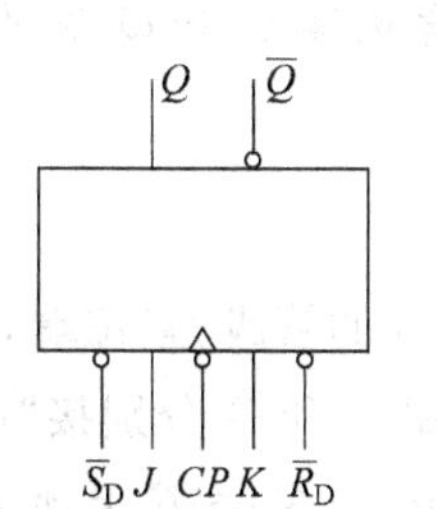

图 2-7-3　主从型 JK 触发器

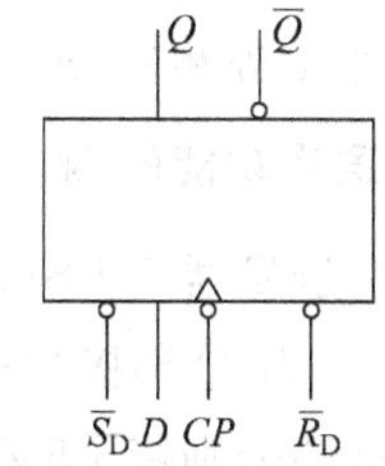

图 2-7-4　维持阻塞型 D 触发器

5. 触发器逻辑功能的转换

目前使用的触发器还有 T 触发器和 T' 触发器。T 触发器只有一个输入端 T，当 $T=0$ 时，CP 脉冲作用后，触发器保持原态，即 $Q^{n+1}=Q^n$；$T=1$ 时，触发器翻转，即 $Q^{n+1}=\overline{Q^n}$。

T'触发器是在时钟脉冲CP作用下，只具有翻转的功能(计数功能)的触发器。

实际应用中，经常会利用触发器进行逻辑功能的转换。对触发器只需进行简单的连线或附加一些门电路简单改接后，就可构成其他类型的触发器。例如，将 JK 触发器的 J 端通过一个"非"门与 K 端相连，连接点定为 D 端，就构成 D 触发器；将 JK 触发器的 J 端与 K 端连在一起作为输入端 T，就构成 T 触发器；将 JK 触发器的 J、K 端悬空即接高电平(或使 T 触发器 $T=1$)，就构成 T' 触发器；将 D 触发器的 $\bar{Q}$ 端接到 D 端，便构成 T' 触发器。

本实验选用的双 JD 触发器(下降沿触发)74LS112 或 74LS76，双 D 触发器(上升沿触发)74LS74，其外引线排列如图 2-7-5 所示。

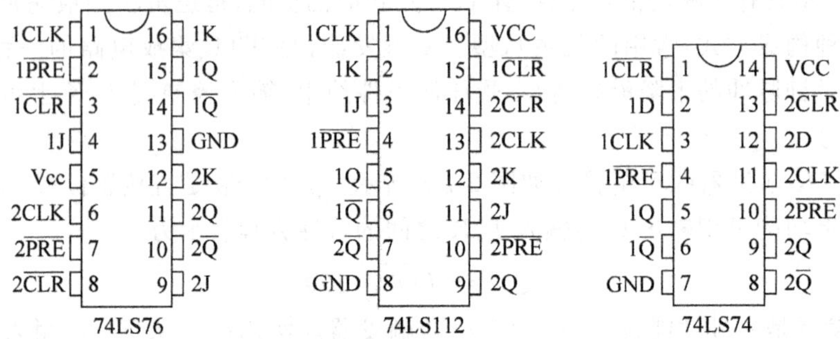

图 2-7-5　74LS76、74LS112、74LS74 的外引线排列

2.7.4　实验内容

1. 基本 *RS* 触发器逻辑功能的测试

(1) 将一片两输入端四"与非"门电路 74LS00，插入实验箱，按图 2-7-1 所示的逻辑电路接线。置位端$\bar{S}_D$ 和复位端 $\bar{R}_D$ 分别接"逻辑电平"开关，输出端 Q 和 $\bar{Q}$ 分别接"电平显示"发光二极管。

(2) 按图连接好线路，改变开关输入状态，测试输出状态，列表记录。

注意：如果两个输入状态都为 0，输出状态不确定，当$\bar{S}_D$、$\bar{R}_D$ 都接低电平时，观察 Q 和 $\bar{Q}$ 端的状态；将$\bar{S}_D$、$\bar{R}_D$ 同时由低电平跳为高电平，注意观察 Q 和 $\bar{Q}$ 端的状态，重复 3～5 次，看 Q、$\bar{Q}$ 端的状态是否相同，说明现象。

2. *JK* 触发器逻辑功能的测试

(1) 熟悉双 JK 触发器 74LS112 或 74LS76 集成芯片的管脚，置位端 $\bar{S}_D(\overline{PRE})$、复位端 $\bar{R}_D(\overline{CLR})$及输入端 J、K 分别接"逻辑电平"开关，输出端 Q 和 $\bar{Q}$ 分别接"电平显示"发光二极管，V_{CC}端和 GND 端分别接+5V 电源的正负两极，CP(CLK)端接手动单脉冲源。

(2) 检查电路无误后接通电源，按表 2-7-1 中给的要求(表中×指任意状态)完成测试，观察手动脉冲 CP 变化后触发器的状态，将测试结果记入表中，并说明各种输入状态下，逻辑电路执行的功能。

(3) JK 触发器计数功能的测试。

J、K 分别接"逻辑电平"开关，CP 端接连续脉冲信号，用示波器观测 CP 和 Q 的波形。

表 2-7-1　*JK* 触发器逻辑功能测试表

输　入　端					输　出　端		逻辑功能
$\overline{S}_D$	$\overline{R}_D$	*CP*	*J*	*K*	Q^n	Q^{n+1}	
0	1	×	×	×	×		
1	0	×	×	×	×		
1	1	0	×	×	×		
1	1	1	×	×	×		
1	1	↑	×	×	0 1		
1	1	↓	0	0	0 1		
1	1	↓	0	1	0 1		
1	1	↓	1	0	0 1		
1	1	↓	1	1	0 1		

3. *D* 触发器逻辑功能的测试

(1) 熟悉双 *D* 触发器 74LS74 集成芯片的管脚，置位端$\overline{S}_D$($\overline{PRE}$)、复位端 $\overline{R}_D$($\overline{CLR}$)及输入端 *J*、*K* 别接电平开关，输出端 *Q* 和$\overline{Q}$分别接电平显示，V_{CC}端和 GND 端接+5V 电源的正负两极，CP(CLK)端接手动单脉冲源。

(2) 检查电路无误后接通电源，按表 2-7-2 中给出的要求进行测试，将测试结果记入表 2-7-2 中，并说明在各种输入状态下电路执行的逻辑功能。

表 2-7-2　*D* 触发器逻辑功能的测试表

输　入　端				输　出　端		逻辑功能
$\overline{S}_D$	$\overline{R}_D$	CP	*D*	Q^n	Q^{n+1}	
0	1	×	×	×		
1	0	×	×	×		
1	1	0	×	×		
1	1	1	×	×		
1	1	↓	×	0 1		
1	1	↑	0	0 1		
1	1	↑	1	0 1		

(3) 用 *D* 触发器构成分频器。

按图 2-7-6 连接电路，构成 2 分频和 4 分频器，在 CP 端加入 1kHz 的连续方波，并用示波器观察 CP、Q_1、Q_2 各端的波形。

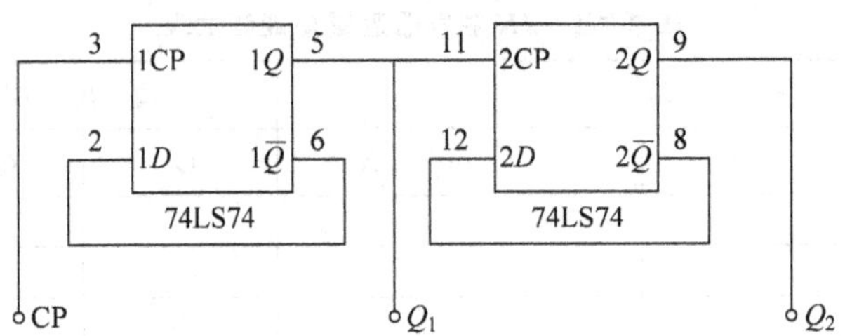

图 2-7-6　D 触发器构成分频器

4. 触发器逻辑功能的转换

（1）将 D 触发器转换成 T' 触发器，即将 D 端与 $\overline{Q}$ 端相连。自行连接电路，使 $\overline{S}_D=\overline{R}_D=1$，CP 端加连续脉冲，用双踪示波器观察并记录 Q 相对于 CP 的波形。

（2）将 JK 触发器转换成 T' 触发器，即让 $J=K=1$。自行连接电路，使 $\overline{S}_D=\overline{R}_D=1$，$CP$ 端加连续脉冲，用双踪示波器观察并记录 Q 相对于 CP 的波形。与(1)中观察到的 Q 端波形相比较，有何异同点？

2.7.5　思考题

（1）基本 RS 触发器与同步 RS 触发器的区别是什么？

（2）触发器的共同特点是什么？

（3）主从型触发器与维持阻塞型触发器对触发脉冲各有什么要求？

（4）触发器的输入控制端在应用时有哪些约束条件？

2.8　计数器及寄存器实验

2.8.1　基本知识点

（1）常用时序逻辑电路的分析及测试方法。

（2）用 JK、D 触发器构成的计数器、寄存器的工作原理及逻辑功能测试。

（3）MSI 集成计数器(74LS192)、寄存器(74LS194)的测试与使用方法。

2.8.2　实验仪器与元器件

（1）HBE 硬件基础电路实验箱、双踪示波器。

（2）元器件：74LS00、74LS112、74LS175、74LS192、74LS194。

2.8.3　实验概述

1. 预习

预习二进制计数器、二-十进制计数器及移位寄存器的工作原理，了解异步和同步工作方式的区别，熟悉时序逻辑电路的分析方法。预习 MSI 集成计数器(74LS192)、寄存器(74LS194)等芯片的使用方法，绘制测试接线图，用 Multisim 软件仿真各部分内容。时序逻辑电路具有记忆功能，由触发器以及相应的门电路组合而成。本实验研究并测试的是应用较多的计数器和寄存器。

2. 计数器

计数器是用来累计并寄存输入脉冲数目的时序逻辑部件，不仅用于计数，而且还用作定时、分频和程序控制等，用途极为广泛。

计数器按其计数功能可分为加法计数器、减法计数器和可逆计数器；按其计数动作方式可分为同步计数器和异步计数器，前者比后者的工作速度快。在同步计数器中，所有触发器共用一个时钟脉冲，各触发器的翻转是同步的；在异步计数器中，各触发器的翻转并非共用一个时钟脉冲来控制，有些是依靠其他触发器的输出信号触发的，翻转时刻是非同步的。按计数制式可分为二进制计数器、二-十进制计数器等。二进制计数器是各种计数器的基础，能累计的最大数码为 2^{N-1}(N 为计数器的最大输出位数或所用触发器的个数)。二-十进制计数器是用二进制数表示十进制数的一种计数器，它能累计的最大数码为 $(1001)_2=(9)_{10}$。

由于使用的触发器不同、工作方式不同等原因致使计数器的种类很多。同一种计数器，其内部线路的形式也不同。本实验主要研究用 JK 触发器构成的二进制计数器，包括同步计数器和异步计数器、五进制(加法)计数器，以及集成计数器 74LS192 的应用。

3. 寄存器

在数字系统中经常需要一种逻辑部件，用于暂时存放参与运算的数码或运算结果，这种用来存放数码或数据的逻辑部件称为寄存器。计算机中的存储器是由很多单元寄存器组成的，容量大，可存储指令、程序、运算数据和资料等。寄存器由具有记忆功能的触发器构成，每个触发器可存储一位二进制数码，寄存 N 位二进制数码需使用 N 个触发器组成的寄存器，常用寄存器存四位、八位、十六位等。

寄存器存放数码的方式分为并行和串行。前者是数码的各位从各对应位输入端同时输入到寄存器中；后者是数码从一个输入端逐位输入到寄存器中。

寄存器取数码的方式也分为并行和串行。并行方式中，被取出的数码各位在对应输出端上同时输出；而在串行方式中，被取出的数码则在一个输出端逐位输出。

寄存器常分为数码寄存器和移位寄存器。其区别在于有无移位功能。移位寄存器的电路特点是触发器作链式连接，每级触发器的输出端接到下一级触发器的输入端。每当到来一个移位脉冲，触发器的状态便向右或向左移一位，即存储在寄存器中的数码可以在移位脉冲的控制下，依此向右或向左进行移位。

由于使用的触发器不同、工作方式不同等原因致使计数器的种类很多。同一种计数器，其内部线路的形式也不同。本实验主要研究用 JK 触发器构成二进制计数器，包括同步计数器和异步计数器、五进制(加法)计数器以及集成计数器 74LS192 的应用。

本实验是利用一片双 D 触发器 74LS175 构成移位寄存器，以及介绍集成寄存器 74LS194 的应用。

本实验选用 74LS175、74LS192、74LS194 的外引线排列如图 2-8-1 所示。

2.8.4　实验内容

1. 异步二进制加法计数器

(1) 将两片双 JK 触发器 74LS76 集成电路芯片插入实验箱，按如图 2-8-2 所示的三位

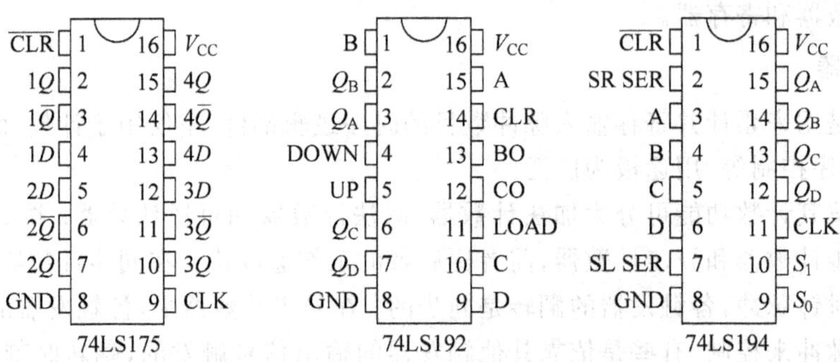

图 2-8-1 74LS175、74LS192、74LS194 的外引线排列

二进制加法计数器接线。三个触发器的输出端 Q_1、Q_2、Q_3 分别接电平显示，J、K 端悬空，置位端$\overline{S}_D$ 和复位端$\overline{R}_D$ 接逻辑电平开关，CP 端接手动单脉冲源，V_{CC}和 GND 端分别接+5V 电源的正、负极。

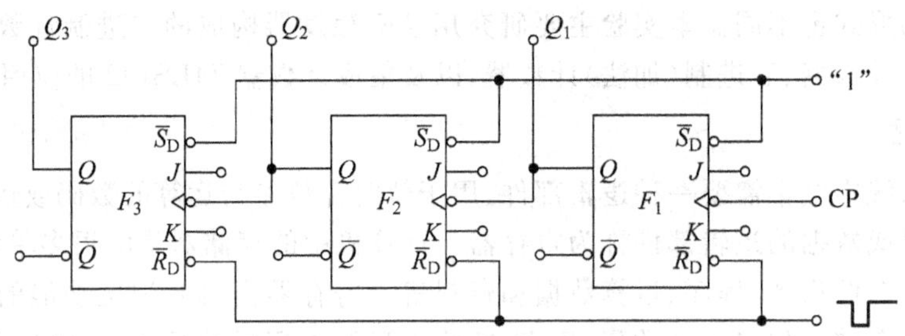

图 2-8-2 异步二进制加法计数器

(2) 线路检查无误后，接通电源。$\overline{S}_D$ 端置于电平开关的 1 态，使用$\overline{R}_D$ 端先清零（接低电平），然后回到 1 态。

(3) 由 CP 端输入单脉冲，按表 2-8-1 中的要求观察并记录 Q_1～Q_3 端的状态，写出对应的十进制数。

表 2-8-1 异步二进制加法计数器数据记录表

CP	输出（二进制码）			十进制数
	Q_3	Q_2	Q_1	
0	0	0	0	0
1				
2				
3				
4				
5				
6				
7				
8				

(4) 由 CP 端输入 1kHz 的连续脉冲,用双踪示波器观察并记录 CP 分别与 Q_1、Q_2、Q_3 端的波形。

2. 异步二进制减法计数器

参照图 2-8-2,将后一 $\overline{Q}$ 连接至前一触发器的 CP 端,构成异步二进制减法计数器,分析并测试其逻辑功能。

3. 同步五进制加法计数器

(1) 利用两片 74LS76 双 J-K 触发器和一片 74LS00"与非"门在实验箱上构成图 2-8-3 所示的五进制加法计数器电路。同上,三个触发器的输出端 Q_1、Q_2、Q_3 分别接电平显示,置位端 $\overline{S}_D$ 和复位端 $\overline{R}_D$ 接逻辑电平开关,CP 端接手动单脉冲源,V_{CC} 和 GND 端分别接 +5V 电源的正、负极。

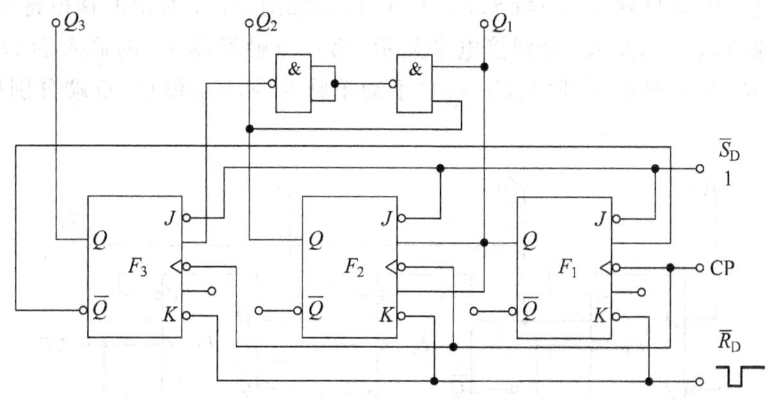

图 2-8-3　同步五进制加法计数器

(2) 接好线路并接通电源,先清零,然后按表 2-8-2 中的要求观察并记录 Q_1～Q_3 端的状态,并写出对应的十进制数。

表 2-8-2　同步五进制加法计数器数据记录表

CP	输出(二进制码)			十进制数
	Q_3	Q_2	Q_1	
0	0	0	0	0
1				
2				
3				
4				
5				

4. 集成十进制计数器(74LS192 或 CD40192)

74LS192 为四位十进制同步可逆计数器:同步操作,各触发器有单独的预置端,完全独立的清零输入端,内部有级联电路。逻辑功能见表 2-8-3,CLR 是异步清零端,UP 是加计数端,$DOWN$ 是减计数端,$\overline{LOAD}$ 是同步置数端,A、B、C、D 是计数器并行输入端,Q_A、Q_B、Q_C、Q_D 是数据输出端。

表 2-8-3 74LS192 逻辑功能表

输入								输出			
CLR	$\overline{LOAD}$	*UP*	*DOWN*	*D*	*C*	*B*	*A*	Q_D	Q_C	Q_B	Q_A
1	×	×	×	×	×	×	×	0	0	0	0
0	0	×	×	a	c	d	b	a	c	d	b
0	1	↑	1	×	×	×	×	加计数			
0	1	1	↑	×	×	×	×	减计数			

(1) 设计实验电路,验证 74LS192 的逻辑功能。

(2) 用 74LS192 实现五进制计数器。

5. 移位寄存器

(1) 利用一片双 *D* 触发器 74LS175(上升沿)构成图 2-8-4 所示的移位寄存器电路。三个触发器的输出端 Q_1、Q_2、Q_3 分别接电平显示,第一级触发器 F_1 的输入端 *D* 以及置位端 $\overline{S}_D$ 和复位端 $\overline{R}_D$ 接逻辑电平开关,*CP* 端接手动单脉冲源,V_{CC}和 GND 端分别接+5V 电源的正、负极。

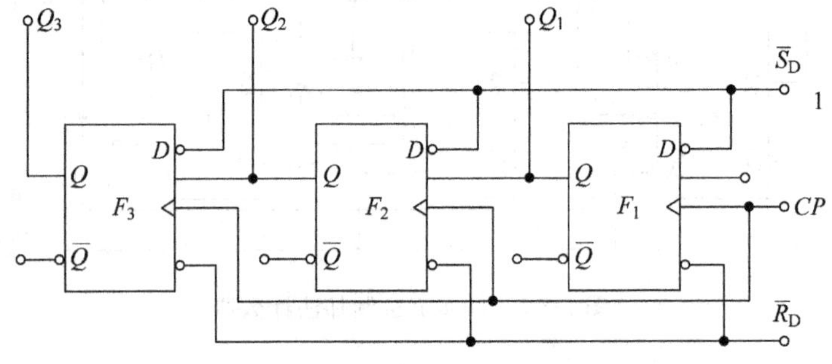

图 2-8-4 三位移位寄存器

(2) 接好线路并接通电源,先清零,然后在每一个手动 *CP* 单脉冲作用下,由 *D* 端分别输入高低电平"100",注意此时为上升沿触发。观察各触发器的输出状态,并记入表 2-8-4 中。

表 2-8-4 移位寄存器数据记录表

CP	寄存器中的数码			移位过程
	Q_3	Q_2	Q_1	
0	0	0	0	清零
1				
2				
3				

(3) 把第一触发器 F_1 的 *D* 端与 Q_3 端连在一起,将 Q_1~Q_3 置为 001。由 *CP* 端输入连续脉冲,观察Q_1~Q_3 的状态变化情况,解释看到的现象。

6. 集成移位寄存器(74LS194 或 CC40194)

74LS194 为四位双向通用移位寄存器,并行输入,并行输出,正沿时钟触发,无条件直接清零，有 5 种不同的操作模式：并行送寄存器、右移（方向由 $Q_0 \rightarrow Q_3$）、左移（方向由 $Q_3 \rightarrow Q_0$）、保持及清零。$\overline{CLR}$为异步清零端；在$\overline{CLR}$无效时，两个工作方式输入端 $S_1 S_0$ 决定 74LS194 工作方式：$S_1 S_0 = 11$ 时，时钟上升沿时刻，将并行输入数据 DCBA 预置到并行输出端；$S_1 S_0 = 10$ 时，左移寄存，左移输入端 D_{SL} 输入数据寄存到 Q_0，各位数据向高位移动；$S_1 S_0 = 01$ 时，右移寄存，右移输入端 D_{SR} 输入数据寄存到 Q_3，各位数据向低位移动；$S_1 S_0 = 00$ 时，寄存器处于保持工作方式，寄存器状态不变。

测试 74LS194 逻辑功能：参考图 2-8-5，设计实验电路，验证 74LS194 的逻辑功能，在表 2-8-5 中记录其输出结果。

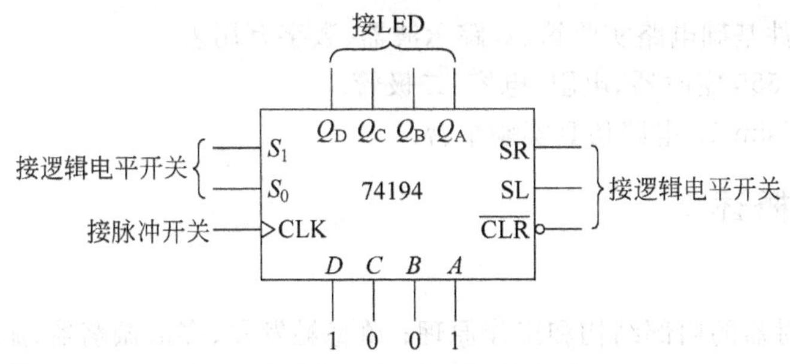

图 2-8-5　74LS194 测试接线图

表 2-8-5　74LS194 测试表

$\overline{CLR}$	S_1	S_0	SL	SR	CLK	Q_D	Q_C	Q_B	Q_A
1	1	1	1	1	1				
0	1	1	1	1	0				
1	1	1	1	0	0				
1	1	1	1	0	1				
1	1	0	1	0	0				
1	1	0	1	0	1				
1	1	0	0	1	1				
1	0	1	0	1	0				
1	0	1	0	1	1				
1	0	1	1	0	1				
1	0	0	1	0	0				
1	0	0	1	0	1				
0	1	0	1	0	0				

注：表中 CLK＝0 表示不按按钮，CP＝1 表示开关设定逻辑电平开关后按脉冲按钮。

2.8.5　思考题

(1) 组合逻辑电路与时序逻辑电路有何不同？

(2) 同步计数器和异步计数器的区别是什么？

(3) 数码寄存器和移位寄存器的区别是什么？

2.9 555 集成定时器及其应用

2.9.1 基本知识点

(1) 555 型集成定时器的电路结构、工作原理及其特点。

(2) 555 定时器电路的典型应用和使用方法。

2.9.2 实验仪器与元器件

(1) HBE 硬件基础电路实验箱、双踪示波器、数字万用表。

(2) 元器件：555 定时器、电阻、电容、二极管。

(3) NI Multisim 10 电路仿真实验平台。

2.9.3 实验概述

1. 预习

预习 555 定时器的内部结构和工作原理；单稳触发器、多谐振荡器、施密特触发器的工作原理。使用 Multisim 10 电路仿真软件，分别完成硬件实验内容。

2. 555 集成定时器

555 定时器是一种模拟电路和数字电路相结合的中规模集成电路。其结构简单，使用灵活，配合适当的 R、C 元件可以组成不同功能的电路，如定时或延时电路、单稳态触发器、多谐振荡器、施密特触发器等，在定时、检测、控制和报警等多方面有着广泛的应用。555 定时器的电源电压范围较广，可在＋3～＋18V 之间选用。最大输出电流为 200mA，可直接驱动继电器、发光二极管指示灯、蜂鸣器等。

常用的 555 定时器有双极型 TTL 定时器（如 5G555）和单极型 CMOS 定时器（如 CC7555）两类。双极型具有较大的带负载能力，单极型则具有功耗低，输入阻抗大，电源范围广等特点。这两类定时器的型号有多种，但其结构、工作原理基本相似，且功能和外引线编号几乎一致。

555 定时器（以 5G555 为例）的内部电路结构和外引线排列如图 2-9-1 所示。整个电路由分压器、电压比较器、基本 *RS* 触发器和放电开关 4 部分组成。电路结构的说明及相应的各引线端的名称和用途如下：

1) 分压器

在图 2-9-1 中，3 个 5kΩ 电阻串联组成分压器，其上端（8 脚）接电源（V_{CC}）；下端（1 脚）接地（GND）。分压器为两个比较器 A_1、A_2 提供基准电平。5 脚（CO）为电压控制端，如果要改变基准电平，可在电压控制端外加控制电压。不用外加控制电压时，5 脚可接 0.01μF 的滤波电容，以旁路高频干扰。

2) 比较器

A_1、A_2 是两个比较器，其中比较器 A_1 的参考电压为 $\frac{2}{3}V_{CC}$，加在同相输入端；A_2 的参考电压为 $\frac{1}{3}V_{CC}$，加在反相输入端，两者均由分压器上取得。由于比较器的灵敏度很高，当

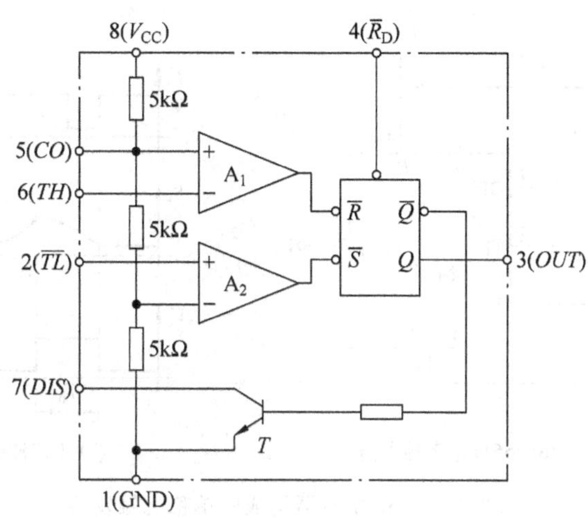

图 2-9-1　5G555 定时器电路

同相端电平略大于反相端电平时，其输出为高电平；反之，为低电平。因此，当高电平触发端 6 脚(TH)输入的触发脉冲的电压略大于$\frac{2}{3}V_{CC}$时，A_1 的输出为低电平 0(使基本 RS 触发器置 0)；反之，A_1 输出为高电平 1。当低电平触发端 2 脚($\overline{TR}$)输入的触发脉冲的电压略小于$\frac{1}{3}V_{CC}$时，A_2 的输出为 0(使触发器置 1)；反之，A_2 输出为 1。

3) 基本 RS 触发器

用比较器 A_1 和 A_2 的输出端与基本 RS 触发器的输入端 $\overline{R}$ 和 $\overline{S}$ 相接。因此，基本 RS 触发器的输出端 3 脚(OUT)的状态受 6 脚(TH)和 2 脚($\overline{TL}$)的输入电平控制。其中，4 脚($\overline{R}_D$)为低电平复位端，由此端输入负脉冲(或使其电位低于 0.7V)，可使触发器直接复位(置 0)。

4) 放电开关

图 2-9-1 中晶体管 T 构成放电开关，7 脚(DIS)为放电端，基极接基本 RS 触发器的 $\overline{Q}$ 端。当 $\overline{Q}=0$ 时，T 截止；当 $\overline{Q}=1$ 时，T 饱和导通。可见晶体管 T 作为放电开关，其通断状态由触发器的状态决定。

3. 555 定时器的典型应用

1) 555 定时器构成的单稳态触发器

由 555 定时器构成的单稳态触发器(只有一种稳定的输出状态)的原理图及工作波形如图 2-9-2 所示。R、C 是外接元件，触发信号 $V_i$$\left(其高电平大于\frac{1}{3}V_{CC}，低电平小于\frac{1}{3}V_{CC}\right)$由低电平触发端(2 脚)输入。可以看到：电源接通后，V_{CC} 经 R 给 C 充电。当 V_c 上升到$\frac{2}{3}V_{CC}$时，比较器 A_1 输出低电平，基本 RS 触发器置 0，输出端 Q 为低电平(稳态)，同时(因 $\overline{Q}=1$) C 会通过 T 放电，Q 端仍然会保持低电平。在 t_1 时刻，当低电平触发脉冲到来时，因 $V_i<\frac{1}{3}V_{CC}$，比较器 A_2 输出低电平，将触发器置 1，输出端 Q 为高电平(暂态)。因为此时 $\overline{Q}=0$，

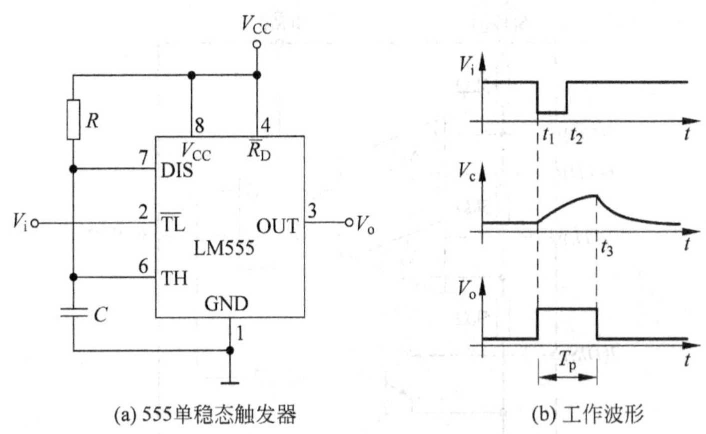

(a) 555单稳态触发器　　(b) 工作波形

图 2-9-2　555 定时器构成的单稳态触发器

放电管 T 截止，电源 V_{CC} 又通过 R 给 C 充电。虽然在 t_2 时刻触发脉冲已消失，A_2 的输出变为 1，但充电继续进行。当 V_c 上升到 $\frac{2}{3}V_{CC}$ 时，比较器 A_1 输出低电平，又将触发器置 0。电路自动地由暂态返回到原来的稳态，输出端 Q 恢复为低电平，并且一直保持到再次受到触发为止。输出的矩形脉冲的宽度为 $T_p = RC_{ln} = 1.1RC$。

单稳态触发器常用于脉冲整形、定时和延时等。

2）555 定时器构成的多谐振荡器

由 555 定时器构成的多谐振荡器（无稳态触发器）的原理及工作波形如图 2-9-3 所示。R_1、R_2、C 系外接元件。可以看到，电源接通后，利用外接 RC 电路的充放电作用，不断改变高电平触发端和低电平触发端的电平，使 RS 触发器置 0、置 1，从而在输出端得到一系列矩形脉冲波。输出矩形脉冲波的振荡周期为 $T = T_1 + T_2 \approx 0.7(R_1 + R_2)C + 0.7R_2C = 0.7(R_1 + 2R_2)C$。

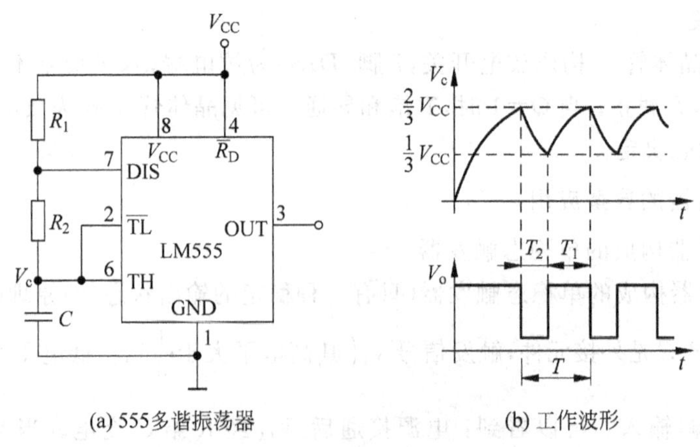

(a) 555多谐振荡器　　(b) 工作波形

图 2-9-3　555 定时器构成的多谐振荡器

利用多谐振荡器可以组成各种脉冲发生器（可产生方波、三角波、锯齿波等）、门铃电路、报警电路等。

3) 555 定时器构成的施密特触发器

由 555 定时器构成的施密特触发器的原理及工作波形如图 2-9-4 所示，电路在 V_i 上升和下降时，输出电压 V_o，翻转时所对应的输入电压值是不同的，一个为 $V_+\left(\frac{2}{3}V_{CC}\right)$，另一个为 $V_-\left(\frac{1}{3}V_{CC}\right)$。这是施密特电路所具有的滞后特性，称为回差。电路的电压传输特性如图 2-9-4(c)所示。改变电压控制端 V_{CO}(5 脚)的电压值便可改变回差电压，一般 V_{CO} 越高，ΔV 越大，抗干扰能力越强，但灵敏度相应降低。

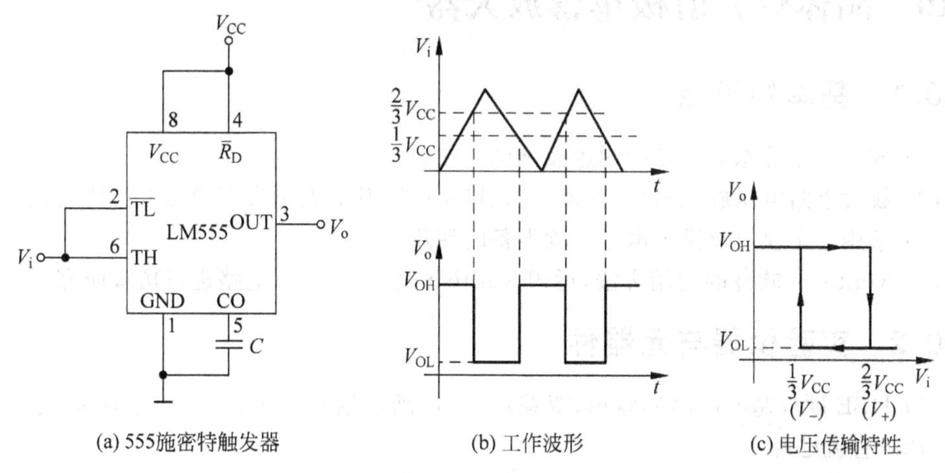

(a) 555施密特触发器 (b) 工作波形 (c) 电压传输特性

图 2-9-4 555 定时器构成的施密特触发器

施密特触发器应用很广，可将边沿变化缓慢的周期性信号变换成矩形脉冲；将不规则的电压波形整形为矩形波；对幅度可进行鉴别，将一系列幅度不同的脉冲信号加到施密特触发器输入端的波形，只有那些幅度大于上触发电平 V_+ 的脉冲才在输出端产生输出信号；可以构成多谐振荡器等。

2.9.4 实验内容

1. 单稳态触发器

(1) 按图 2-9-2 所示的 555 单稳态触发器电路接线，外接元件参数为 $R=100\text{k}\Omega$，$C=47\mu\text{F}$，输入端加单次负脉冲信号，测定输出信号幅度和暂稳时间。

(2) 将 R 改为 $1\text{k}\Omega$，C 改为 $0.1\mu\text{F}$，输入端加 10kHz 左右的连续脉冲信号，用示波器观察 V_i、V_c、V_o 的波形，并测量出输出脉冲的宽度 T_p。

(3) 若想使 $T_p=10\mu\text{s}$，怎样调整电路？测出此时各有关量的参数值。

2. 多谐振荡器

(1) 按图 2-9-3 所示的 555 多谐振荡器电路接线，图中外接元件参数为 $R_1=1\text{k}\Omega$，$R_2=10\text{k}\Omega$，$C=0.1\mu\text{F}$，用示波器观察 V_c、V_o 的波形，并测量输出波形的频率、占控比。和理论估算值进行比较，算出频率的相对误差。

(2) 分别改变 555 多谐振荡器的电阻 R_1、R_2，电容 C，输出波形的频率、占空比如何变化？

3. 施密特触发器

按图 2-9-4 所示的 555 施密特触发器电路接线，输入端加 1kHz 的三角波信号，逐渐加大输入信号幅度，观测输出的波形，测绘电压传输特性，并算出回差电压。

2.9.5 思考题

(1) 用555定时器组成占空比连续可调及频率可调的多谐振荡器。

(2) 试用两片555定时器组成变音信号发生器。

(3) 若将图改成的占空比可调的多谐振荡器，应如何设计，在Multisim中验证。

2.10 晶体管共射极单管放大器

2.10.1 基本知识点

(1) 放大电路静态工作点的测量及调试方法。

(2) 放大电路电压放大倍数、输入电阻、输出电阻及最大不失真输出电压的测试方法。

(3) 常用电子仪器及模拟电路实验设备的使用。

(4) Multisim软件的使用方法，运用Multisim软件对实验电路进行仿真研究。

2.10.2 实验仪器与元器件

(1) HBE硬件基础电路实验箱、双踪示波器、函数信号发生器、交流毫伏表、数字万用表、+12V直流电源。

(2) 元器件：晶体三极管3DG6、电阻器、电容器等。

(3) NI Multisim 10仿真实验平台。

2.10.3 实验概述

1. 预习

预习共射极单管放大器电路的结构、工作原理、性能指标的特点以及实验仪器设备的使用方法；根据实验内容的要求，分别列出各项测试的步骤、测试原理图、需测试的数据及其表格；在Multisim软件平台上进行放大器电路仿真，测试和分析放大电路的静态工作点及其他性能指标。

2. 实例电路分析

图2-10-1所示为电阻分压式工作点稳定单管放大器实验电路。其偏置电路采用R_{B2}(R_W+R_B)和R_{B1}组成的分压电路，并在发射极中接有电阻R_E，以稳定放大器的静态工作点。当在放大器的输入端加入输入信号V_i后，在放大器的输出端便可得到一个与V_i相位相反，幅值被放大了的输出信号V_o，从而实现电压放大。

在图2-10-1中，当流过偏置电阻R_{B1}和R_{B2}的电流远大于晶体管T的基极电流I_B时(一般5～10倍)，则它的静态工作点可用下式估算：

$$V_B \approx \frac{R_{B1}}{R_{B1}+R_{B2}}V_{CC}\text{；}\ I_E \approx \frac{V_B - V_{BE}}{R_E} \approx I_C\text{；}\ V_{CE} = V_{CC} - I_C(R_C + R_E)$$

电压放大倍数：

$$A_V = -\beta\frac{R_C /\!/ R_L}{r_{be}}$$

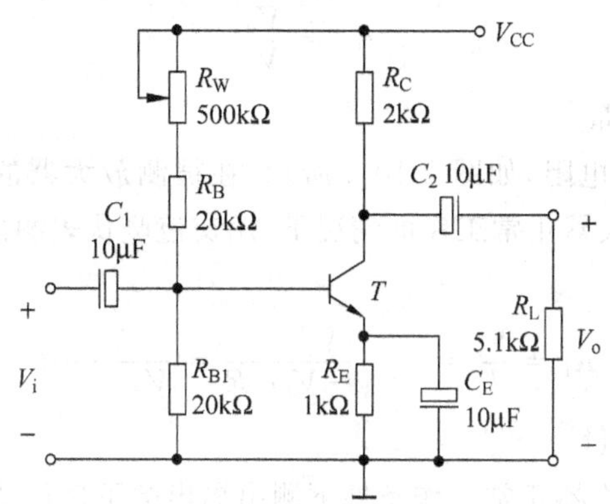

图 2-10-1　共射极单管放大器实验电路

输入电阻：$R_i = R_{B1} // R_{B2} // r_{be}$。

输出电阻：$R_O \approx R_C$。

电子器件性能的分散性较大，在设计和制作晶体管放大电路时，还需掌握必要的测量和调试技术。设计前应测量所用元器件的参数，为电路设计提供必要的依据，完成设计和装配后，还需测量和调试放大器的静态工作点和各项性能指标。一个优质放大器，必定是理论设计与实验调整相结合的产物。

放大器的测量和调试一般包括放大器静态工作点的测量与调试，消除干扰与自激振荡及放大器各项动态参数的测量与调试等。

3. 放大器静态工作点的测量与调试

1）静态工作点的测量

测量放大器的静态工作点，应在输入信号 $V_i = 0$ 的情况下进行，即将放大器输入端与地端短接，然后选用量程合适的直流毫安表和直流电压表，分别测量晶体管的集电极电流 I_C 以及各电极对地的电位 V_B、V_C 和 V_E。实验中为避免断开集电极，应采用测量电压 V_E 或 V_C，然后算出 I_C 的方法。

2）静态工作点的调试

放大器静态工作点的调试是指对管子集电极电流 I_C（或 V_{CE}）的调整与测试。

静态工作点对放大器的性能和输出波形有很大影响。工作点偏高，放大器在加入交流信号后易产生饱和失真，此时 V_o 的负半周将被削底；工作点偏低则易产生截止失真，即 V_o 的正半周被缩顶（截止失真不如饱和失真明显）。通常采用调节偏置电阻 R_{B2} 的方法来改变静态工作点，如减小 R_{B2}，则可使静态工作点提高等。如需满足较大信号幅度的要求，静态工作点则应尽量靠近交流负载线的中点。

4. 放大器动态指标测试

放大器动态指标包括电压放大倍数、输入电阻、输出电阻、最大不失真输出电压（动态范围）和通频带等。

1）电压放大倍数 A_V 的测量

调整放大器到合适的静态工作点，然后加入输入电压 V_i，在输出电压 V_o 不失真的情况下，用交流毫伏表测出 V_i 和 V_o 的有效值，则：

$$A_V = \frac{V_o}{V_i}$$

2）输入电阻 R_i 的测量

为测量放大器的输入电阻，如图 2-10-2 所示，在被测放大器的输入端与信号源之间串入一个已知电阻 R，在放大器正常工作的情况下，用交流毫伏表测出 V_S 和 V_i，则根据输入电阻的定义可得

$$R_i = \frac{V_i}{I_i} = \frac{V_i}{(V_S - V_i)/R} = \frac{V_i}{V_S - V_i}R$$

3）输出电阻 R_0 的测量

在图 2-10-2 中，在放大器正常工作条件下测出输出端不接负载 R_L 的输出电压 V_o 和接入负载后的输出电压 V_L，即可求出

$$R_o = \left(\frac{V_o}{V_{OL}} - 1\right)R_L$$

在测试中应注意保持 R_L 接入前后输入信号的大小不变。

4）最大不失真输出电压 V_{opp} 的测量（最大动态范围）

为得到最大动态范围，应将静态工作点调在交流负载线的中点。在放大器正常工作情况下，逐步增大输入信号的幅度，并同时调节 R_W（改变静态工作点），用示波器观察 V_o，当输出波形同时出现削底和缩顶现象，说明静态工作点已调在交流负载线的中点。然后反复调整输入信号，使波形输出幅度最大，且无明显失真时，用示波器直接读出 V_{opp}。

5）放大器幅频特性的测量

放大器的幅频特性是指放大器的电压放大倍数 A_V 与输入信号频率 f 之间的关系曲线。单管阻容耦合放大电路的幅频特性曲线如图 2-10-3 所示，A_{VM} 为中频电压放大倍数，通常规定电压放大倍数随频率变化下降到中频放大倍数的 0.707 倍，所对应的频率分别称为下限频率 f_L 和上限频率 f_H，通频带 $f_{BW} = f_H - f_L$。

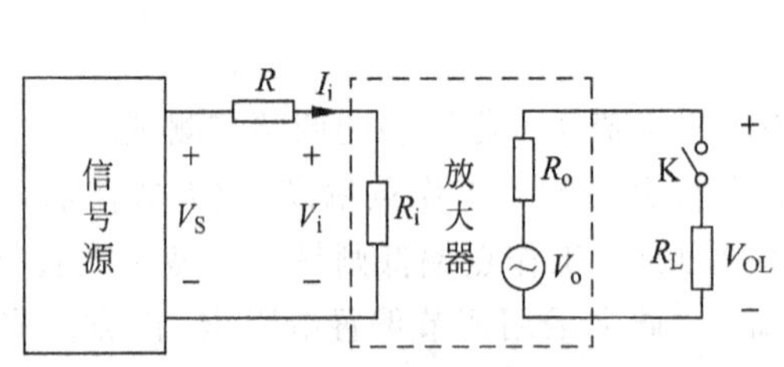

图 2-10-2 输入输出电阻测量电路

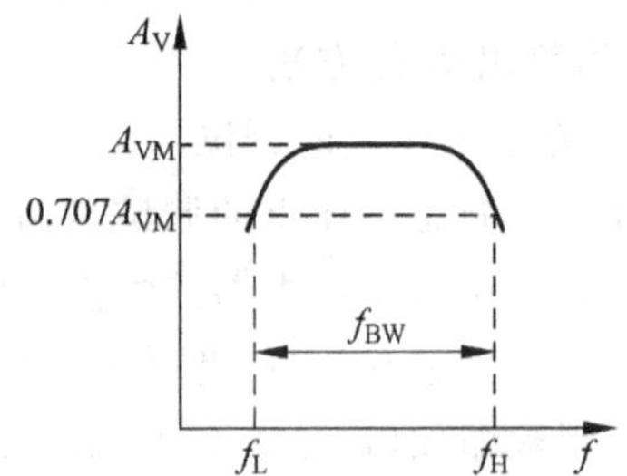

图 2-10-3 幅频特性曲线

放大器的幅率特性就是测量不同频率信号时的电压放大倍数 A_V，在保持输入信号的幅度不变，且输出波形不失真时，改变频率，测量其相应的电压放大倍数。

2.10.4 实验内容

1. 连接单级放大实验电路

检测实验电路元器件，记录元器件型号及主要参数，按要求连接好实验电路。

2. 放大器静态工作点的测量与调整

用万用表测量静态工作点 V_C 和 V_E，计算 V_{CE} 和 I_E。判断放大电路是否处于放大状态，若未处于放大状态，调节 R_{B2} 使放大电路工作在放大状态。

3. 电压放大倍数 A_V 的测量

(1) 在放大器输入端加入频率为 1kHz 的正弦信号 V_S，用示波器观察放大器输出电压 V_o 波形，在波形不失真的条件下用交流毫伏表测量输入信号 V_i 和输出信号 V_o 的值，计算放大电路的电压放大倍数，并用双踪示波器观测 V_o 和 V_i 的相位关系。

(2) 改变 R_C 值，重新测量放大电路的电压放大倍数。

4. 观测截止和饱和失真波形，测量动态范围

调节 R_{B2}，使放大电路工作在靠近截止或饱和状态，观测输出波形；调节 R_{B2}，使静态工作点处于最佳运用状态，测量放大电路最大不失真动态范围。

5. 输入电阻和输出电阻的测量

(1) 输入 $f=1\text{kHz}$ 的正弦信号，在输出电压 V_o 不失真的情况下，用交流毫伏表测出 V_S，V_i 和 V_L，保持 V_S 不变，断开 R_L，测量输出电压 V_o，计算输入电阻 R_i 输出电阻 R_0。

(2) 改变 R_C 值，重新测量输出电阻 R_0。

6. 放大器幅频特性的测量

(1) 保持输入信号 V_i 的幅度不变，改变信号源频率 f，逐点测出相应的输出电压 V_o，先粗测一下，找出中频范围，测出 V_{om}。

(2) 降低 f，使 $V_o=0.707V_{om}$，测得 f_L。

(3) 升高 f，使 $V_o=0.707V_{om}$，测得 f_H。

2.10.5　思考题

(1) 放大器动态和静态测试有何区别?

(2) 将实验结果与理论计算值比较，分析差异原因。

(3) 负载电阻的变化对静态工作点有无影响? 对电压放大倍数有无影响?

2.11　集成运算放大器的应用

2.11.1　基本知识点

(1) 集成运算放大器的特点、基本组态、性能参数。

(2) 集成运算放大器的正确使用方法和基本应用电路。

(3) 集成运算放大器组成比例、加法、减法、积分等电路的特点。

(4) 运用集成运算放大器设计波形发生器的方法。

2.11.2　实验仪器与元器件

(1) HBE 硬件基础电路实验箱、函数信号发生器、双踪示波器、数字万用表。

(2) 元器件：集成运算放大器 μA741、电阻、电容等。

2.11.3 实验概述

1. 预习

预习运算放大器的基本原理，比例运算电路、积分、微分电路的特点及性能。估算各实验所要测量的数据。

2. 集成运算放大器

集成运算放大器(简称运放)是目前产量最大的线性集成电路。在其输出端与输入端间加上不同的反馈网络，可实现多种不同的电路功能。近年来其应用范围不断拓宽，可完成放大、振荡、调制和解调，模拟信号的相乘、相除、相减和相比较等功能，此外还广泛地用于脉冲电路。本实验仅简要分析其基本应用。

实验所用运放采用 μA741 型通用集成运放。μA741 是单片高性能内补偿运算放大器，具有较宽的共模电压范围。该器件的主要特点是：不需外部频率补偿，具有短路保护功能，失调电压调到零的能力，较宽的共模和差模电压范围，功耗低。实验所用运放采用 8 引脚双列直插式封装技术(Dual In-Line Package，DIP)，图 2-11-1 所示为其电路符号和顶视封装，各管脚功能如下：

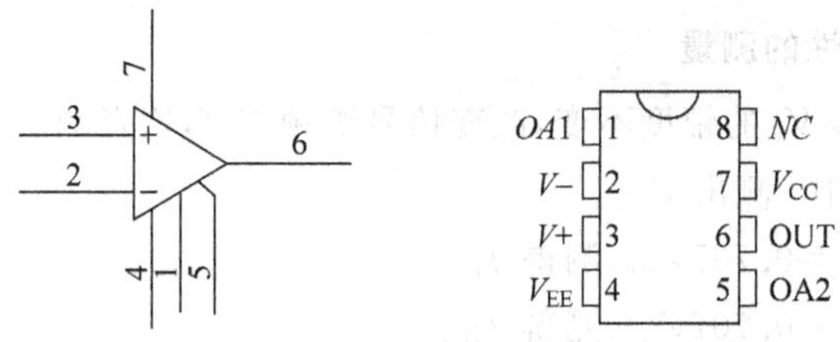

(a) 集成运算放大器电路符号　(b) 集成运算放大器顶视封装图

图 2-11-1　集成运算放大器

(1) 1、5 脚：失调调零端，通常可在 1 脚和 5 脚之间接入一个几千欧姆的电位器，并将其滑动触头接到负电源端，调节调零电位器；使输出电压为 0V(输入为 0V)。

(2) 2：反相输入端(V_-)。

(3) 3：同相输入端(V_+)。

(4) 4：负电源端($-V_{EE}$)。

(5) 6：输出(OUT)。

(6) 7：正电源端($+V_{CC}$)。

(7) 8：空。

通常将运放视为理想运放，即将运放的各项技术指标理想化，满足下列条件的运算放大器称为理想运放：

- 开环电压增益 $A_{vo}=\infty$；
- 输入阻抗 $r_i=\infty$；
- 输出阻抗 $r_o=0$；
- 带宽 $f_{BW}=\infty$；

• 失调与漂移均为零等。

理想运放在线性应用时的两个重要特性：

(1) 理想运算放大器的两个输入端流进运放的电流为零，称为“虚断”。

(2) 理想运算放大器的两个输入端间的电压差为零，称为“虚短路”。

运算放大器在线性应用中，必须用外接负反馈网络构成闭环，以实现各种模拟运算。根据电路结构不同可构成同相输入、反相输入和差分输入 3 种方式。

2.11.4　实验内容

1. 同相比例放大电路

(1) 按图 2-11-2(a)在实验箱上接线路，输入信号 V_i 加在运算放大器的同相输入端($+V_{CC}$正电源端接+12V，$-V_{EE}$负电源端接-12V，输入信号 V_i 应使 V_o 在±12V 以内，否则运算放大器进入饱和状态)，适当改变其值并测得相对应的输出电压 V_o，计算电压放大倍数。按表 2-11-1 中要求测量并计算。

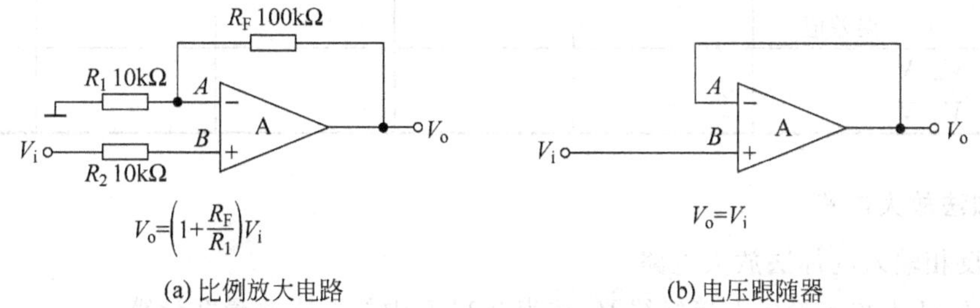

(a) 比例放大电路　　(b) 电压跟随器

图 2-11-2　同相比例放大电路

表 2-11-1　同相比例放大电路测量

V_i/V		0.05	0.1	0.5	1	2
V_o(V)	测量值					
	理论值					
	误差值					
V_A/V						
V_B/V						

(2) 电压跟随器按图 2-11-2(b)在实验箱上接好线路，按表 2-11-2 中的要求测量并计算。

表 2-11-2　电压跟随器输出值测量

V_i/V		-1	-0.5	0	0.5	1
V_o/V	测量值					
	理论值					

(3) 用交流法测量同相比例放大电路电压传输特性，先将 100Hz 的低频信号接到电路输入端，幅度由零开始增加，使输出电压为最大不失真。然后，在示波器 X 轴输入端接低频输入信号作为 X 轴扫描电压，在示波器 Y 轴输入端接电路输出信号。当输入电压幅度逐渐

加大时观察电压传输特性，绘制在表 2-11-3 中。

表 2-11-3　同相比例放大电路输出最大不失真值测量

输入电压 V_i/V		最大不失真输出电压 V_o/V			电压传输特性曲线
有效值	波形	有效值	峰值	波形	

2. 反相比例放大电路

按图 2-11-3 在实验板上接好线路，按表 2-11-4 中的要求测量并计算。

表 2-11-4　反相比例放大电路输出值测量

V_i/V		0.05	0.1	0.5	1	2
V_o/V	测量值					
	理论值					
	误差值					
V_A/V						
V_B/V						

3. 加法放大电路

(1) 反相输入的加法放大电路。

按图 2-11-4 在实验板上接好线路，按表 2-11-5 中的要求测量并计算。

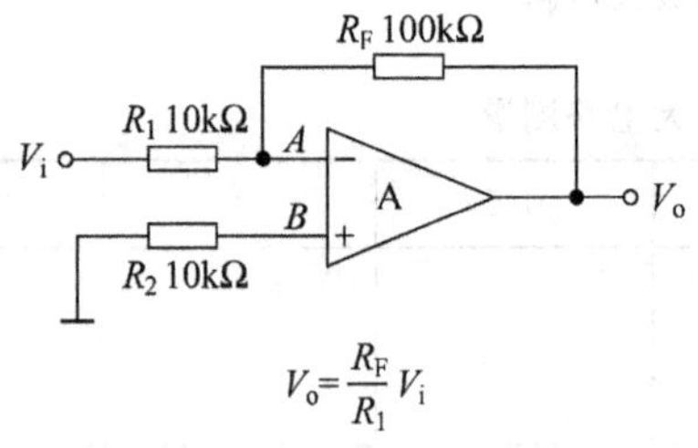

图 2-11-3　反相比例放大电路

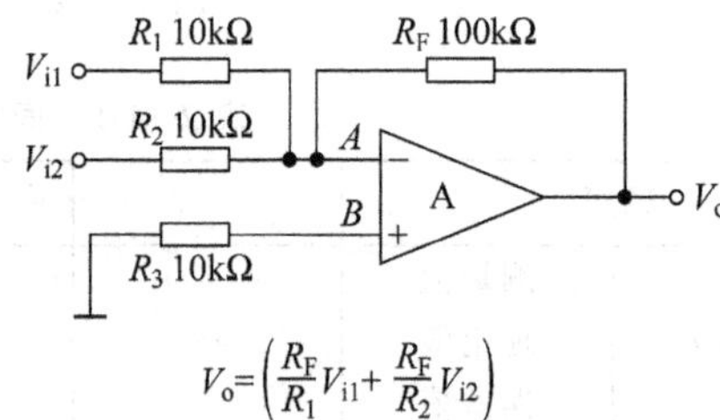

图 2-11-4　反相输入的加法放大电路

表 2-11-5　反相输入加法放大电路测量

V_{i1}/V		0.5	−0.5
V_{i2}/V		0.2	−0.2
V_o/(V)	测量值		
	理论值		
V_A/V			
V_B/V			

(2) 双端输入的加法放大电路。

按图 2-11-5 在实验板上接好线路，按表 2-11-6 中的要求测量并计算。

表 2-11-6　双端输入加法放大电路测量

V_{i1}/V		1	2	0.2
V_{i2}/V		0.5	1.8	−0.2
V_o/(V)	测量值			
	理论值			
V_A/V				
V_B/V				

4. 积分电路

按图 2-11-6 在实验箱上接好线路。

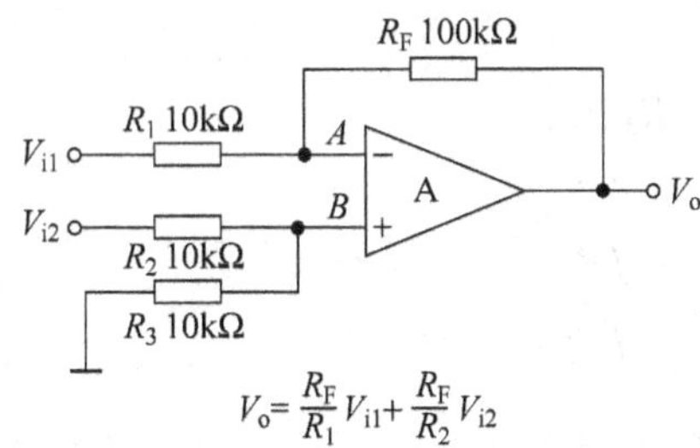

图 2-11-5　双端输入的加法放大电路

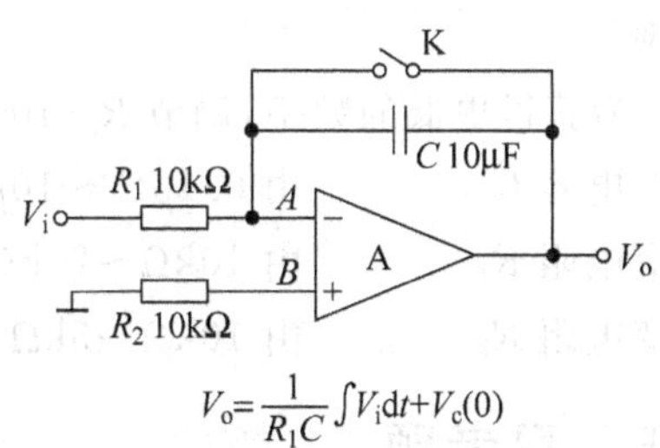

图 2-11-6　积分电路

(1) $V_i=-1$V，断开开关（开关 K 用一连线代替，拔出连线一端作为断开），用示波器观察波形。

(2) 电容改为 0.1μF，断开 K，V_i 分别输入 $f=200$Hz 的方波和正弦波信号，观察 V_i 和 V_o 的大小及相位关系，并记录波形。

(3) 改变电路的频率（100Hz ～300Hz），观察 V_i 与 V_o 的相位及幅值的变化。

(4) 记录 V_i 与 V_o 的波形、幅值。

5. 微分电路

按图 2-11-7 在实验箱上接好线路。

(1) 输入正弦波交流信号，$f=200$Hz，幅值为 1V，用示波器观察波形。

(2) 改变正弦波频率（100Hz～500Hz），观察 V_i 与 V_o 的相位及幅值的变化。

(3) 输入方波，$f=200$Hz，幅值为±5V，用示波器观察波形。

(4) 记录 V_i 与 V_o 的波形、幅值。

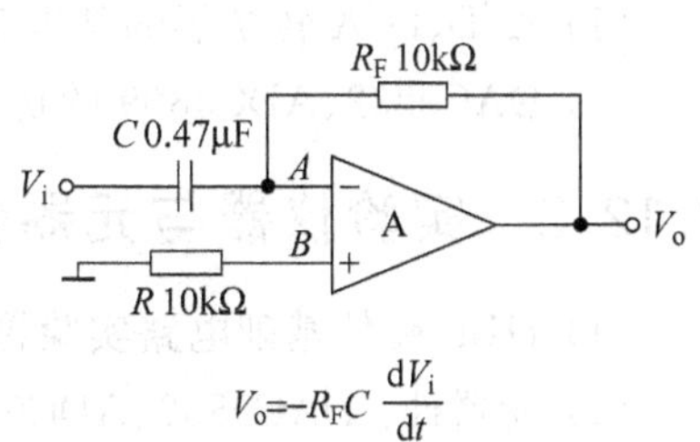

图 2-11-7　微分电路

6. 方波发生电路

方波发生器常将脉冲和数字系统作为信号源用，其电路如图 2-11-8 所示，也称张弛振荡器。图中运算放大器以迟滞比较方式工作，利用电容两端电压 V_c（等于 V_-）和 V_+ 相比较，来决定输出是正还是负。不难得到方波的周期：

$$T=2RC\ln\left(\frac{2R_1}{R_2}+1\right);\ R=R_p+R_3$$

按图 2-11-8 在实验板上接好线路。

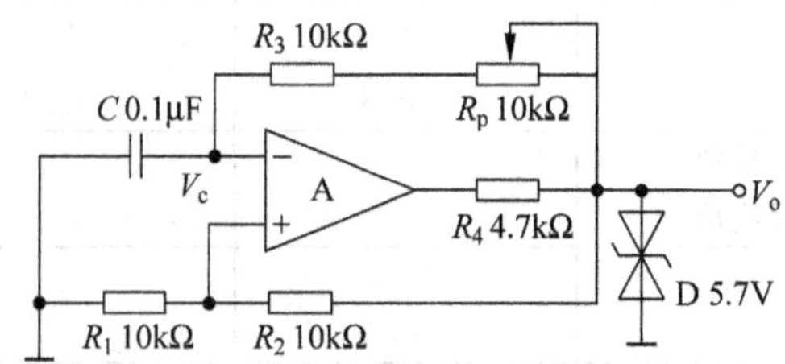

图 2-11-8　方波发生电路

(1) 观测 V_c 和 V_o 的波形及频率，调节 R_p，测量并记录 $R_p=10\text{k}\Omega$，$R_p=100\text{k}\Omega$ 时的波形及频率。

(2) 为获得更低的频率，调节 R_p(100kΩ)、R_1、R_2、C。

改变电容 C　　由 0.1μF ～10μF　　$f=$　　～

改变电阻 R_1　　由 10kΩ～20kΩ　　$f=$　　～

改变电阻 R_2　　由 10kΩ～5kΩ　　$f=$　　～

2.11.5　思考题

(1) 比较交流法和直流法测量电压传输特性的异同。

(2) 应用运算电路产生正三角波、锯齿波和正弦波。

2.12　AD/DA 转换器实验

2.12.1　基本知识点

(1) A/D、D/A 转换器的基本工作原理和基本结构。

(2) DAC0832、ADC0809 的功能及典型应用。

2.12.2　实验仪器与元器件

(1) HBE 硬件基础电路实验箱、双踪示波器、数字万用表。

(2) 元器件：DAC0832、ADC0809、μA741、电阻、电容、电位器等。

2.12.3　实验概述

1. 预习

预习 A/D、D/A 转换的原理，了解 DAC0832、ADC0809 的功能及引脚排列。

2. A/D、D/A 简介

数-模转换器(D/A 转换器，简称 DAC)是用来将数字量转换成模拟量；输入为 n 位二进制数，输出为模拟电压(或电流)；模-数转换器(A/D 转换器，简称 ADC)是将模拟量转换成数字量。

D/A 转换电路较多，图 2-12-1 为常采用的倒置 R-2R 梯形网络组成的 4 位二进制数

D/A 转换器电路原理图。电路是由电阻分流网络、双掷开关、运算放大器组成的加法器。其中双掷开关由二进制数码控制，输入数码为 1，开关接通左边触点，输入数码为 0，则开关接通右边触点。二进制数码值不同，运放输出电压值不同。

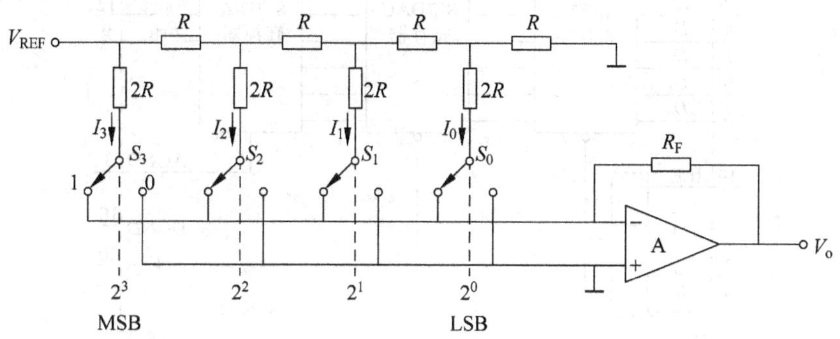

图 2-12-1 倒置 R-2R 梯形网络 D/A 转换电路原理图

设 S_0、S_1、S_2、S_3 分别为各位数码的变量，则输出电压：$V_0=-(S_3I_3+S_2I_2+S_1I_1+S_0I_0)R_F$。

运算放大器的输入端间的电压差为零，双掷开关接通任一边，对电阻网络来说，都可看作接地，因此

$$I_3 = V_{REF}/2R, I_2 = I_3/2, I_1 = I_2/2, I_0 = I_1/2$$

$$V_0 = -V_{REF}R_F/R(S_3/2 + S_2/4 + S_1/8 + S_0/16)$$

如有 n 位数码，则输出电压：

$$V_0 = -\frac{V_{REF}R_F}{2^nR}(S_{n-1}\times 2^{n-1} + S_{n-2}\times 2^{n-2} + \cdots + S_0\times 2^0)$$

D/A 转换的技术指标有分辨率、线性度、绝对精度、转换时间。分辨率指二进制数码最低位确定的输出电压最小增量，8 位 D/A 转换器的分辨率为 1/256，即 0.39%。

目前 A/D、D/A 转换器较多，本实验选用大规模集成电路 DAC0832 和 ADC0809 来分别实现 D/A 转换和 A/D 转换。

3. DAC0832 的功能及其典型应用

DAC0832 是一个 8 位的 D/A 转换器，其内部框图如图 2-12-2 所示，由 8 位输入寄存器、8 位 DAC 寄存器、8 位 D/A 转换器及逻辑控制单元等功能电路构成。其引脚功能如下：

$D_0 \sim D_7$：数字信号输入端；

ILE：输入寄存器允许，高电平有效；

$\overline{CS}$：片选信号，低电平有效；

$\overline{WR_1}$：写信号 1，低电平有效；

$\overline{XFER}$：传送控制信号，低电平有效；

$\overline{WR_2}$：写信号 2，低电平有效；

I_{OUT1}，I_{OUT2}：DAC 电流输出端；

R_{FB}：反馈电阻，是集成在片内的外接运放的反馈电阻；

V_{REF}：基准电压（$-10\sim+10$）V；

V_{CC}：电源电压（$+5\sim+15$）V；

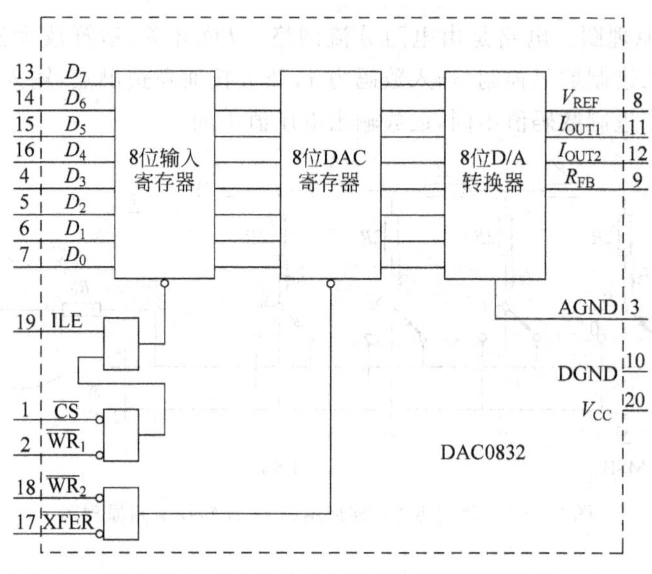

图 2-12-2　DAC0832 内部电路图及引脚排列

AGND 是模拟地，*DGND* 是数字地，两者可接在一起使用。

DAC0832 输出的是电流，要转换成电压还需外接运算放大器。D/A 转换实验电路如图 2-12-3 所示。

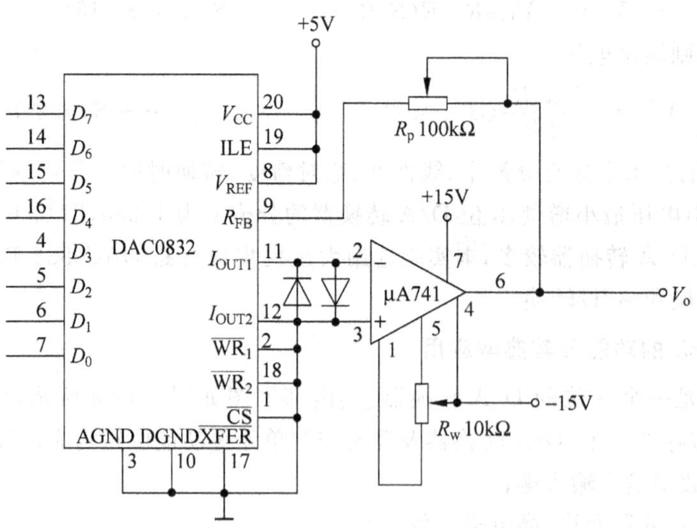

图 2-12-3　DAC0832 实验电路

4. ADC0809 的功能及其典型应用

A/D 转换的种类很多，根据转换原理可分为逐次逼近式和双积分式。ADC0809 的 A/D 转换采用逐次逼近法实现，取一数字量加到内部的 D/A 转换上得到一个对应的模拟电压；将此电压与输入的未知电压比较；两者不相等，则调整所取的数字量，直至两个电压相等，最后所取的数字量即 A/D 转换器输出的数字量。

ADC0809 是采用 CMOS 工艺制成的 8 位 8 通道逐次逼近型 A/D 转换器，转换时间约为 100 微秒。ADC0809 有 8 个模拟量输入端，单极性模拟电压的输入范围为 0～5V。3 条地址线选择 8 个模拟量，地址线 A_2、A_1、A_0，分别对应 8 条输入线，即对应 $IN_0 \sim IN_7$。其引脚功能如下：

$IN_0 \sim IN_7$：8 路模拟信号输入端；

A_2、A_1、A_0：地址输入端；

ALE：地址锁存允许输入信号上升沿有效；

$START$：启动信号输入端，当上升沿到达时，内部逐次逼近寄存器复位，在下降沿到达后，开始 A/D 转换过程；

EOC：转换结束标志，高电平有效；

OE：输入允许信号，高电平有效；

$CLOCK(CP)$：时钟，外接时钟频率一般为 640kHz；

V_{CC}：+5V 单电源供电；

$V_{REF(+)}$、$V_{REF(-)}$：基准电压，通常 $V_{REF(+)}$ 接+5V、$V_{REF(-)}$ 接 0V；

$D_0 \sim D_7$：数字信号输出端。

A/D 转换实验电路如图 2-12-4 所示。

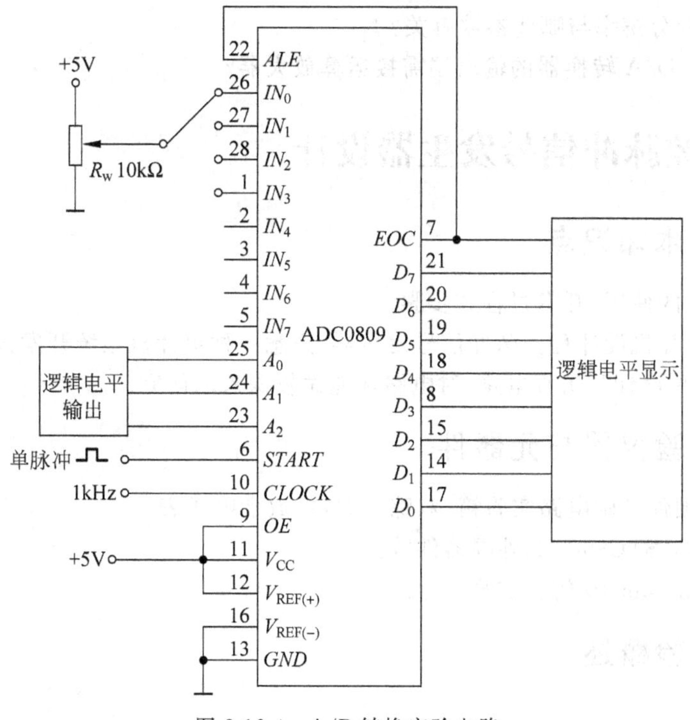

图 2-12-4　A/D 转换实验电路

2.12.4　实验内容

1. 测试 DAC0832 的转换特性

按图 2-12-3 连接电路，$D_0 \sim D_7$ 接实验箱上电平开关的输出端，输出端 V_o 接数字电压表。

(1) 若 $D_0 \sim D_7$ 均为 0，对 μA 741 调零，调节调零电位器 R_w，使 $V_o = 0V$。

(2) 若 $D_0 \sim D_7$ 均为 1，调节电位器 R_p，使 $V_o = V_M$，满刻度输出电压。

(3) 在 $D_0 \sim D_7$ 输入端依次输入数字信号，用数字电压表测量输出电压 V_o，并列表记录。

2. 测试 ADC0809 的转换特性

按图 2-12-4 连接电路，基准电压 $V_{REF(+)}$ 接 +5V，CP 由信号源提供 1kHz 的脉冲信号。$D_7 \sim D_0$ 接逻辑电平显示端，A_0、A_1、A_2 接逻辑电平输出端，经电位器分压输出的模拟信号接到模拟输入端。

(1) 设定 $A_0A_1A_2$ 为 000，连接电位器输出到 IN_0，调节 R_w 使 IN_0 端的电压值分别为 4.5V、4V、3.5V……0.5V、0V，用数字万用表测量出 IN_0 端的电压值，在启动端(START)加一单次脉冲，下降沿开始 A/D 转换，然后记录对应的输出数据。

(2) 依次设定 A_0、A_1、A_2，选择模拟量输入通道，设定对应输入端的电压；观测对应的数字量 $D_0 \sim D_7$，并列表记录。

3. A/D 转换应用电路设计

参考有关资料，设计一个 A/D 转换电路，应用 PC 通过软件处理数字信号，进行 A/D 转换。

2.12.5 思考题

(1) 用 CC40161 和 DAC0832 构成阶梯波发生器。

(2) DAC 的分辨率与哪些参数有关?

(3) 为什么 D/A 转换器的输出端需接运算放大器?

2.13 程控脉冲信号发生器设计

2.13.1 基本知识点

(1) 单片机的使用、开发过程和步骤。

(2) 应用单片机设计程控脉冲信号发生器，熟悉一种单片机系统开发方法。

(3) 用 EDA 设计和仿真电路，对电路性能做较深入的研究。

2.13.2 实验仪器与元器件

(1) HBE 硬件基础电路实验箱、双踪示波器、数字电压表。

(2) 元器件：STC89C52、外围器件等。

(3) NI Multisim 10 仿真实验平台。

2.13.3 实验概述

1. 预习

学习单片机开发流程，用 STC89C52 产生输出频率稳定的脉冲信号；完成系统设计仿真，程序代码固化，电路连接，系统验证。

2. 单片机开发概述

单片机微控制器应用在很多电路中，常用的单片机有 MCS-51，PIC，68HC08 等系列。单片机系统的研制步骤和方法，一般为总体设计、硬件电路的构思设计、软件的编制、仿真调试、印制板设计及焊接等阶段。

(1) 根据确立的功能特性指标，选定单片机的型号，开发平台环境，编程语言(高级语言、汇编语言)，明确软硬件各承担的工作。

(2) 根据功能特性要求，设计出应用系统的电路原理图，包括单片机、外围扩展芯片、存储器、I/O 电路、驱动电路、A/D 和 D/A 转换电路以及其他外围电路。

(3) 软件设计程序编写前，合理规划主程序及子程序完成的任务，使软件程序结构合理、紧凑和高效，绘制一份程序流程图。

(4) 将设计的程序汇编成机器语言后，与硬件电路进行仿真调试，仿真调试可采用通用或专用仿真器、软件仿真平台。

(5) 用烧录器将程序固化到单片机或外部 ROM 中，有的单片机内部固化有 ISP 系统引导固件，可进行在系统编程。STC89C52 与 MCS-51 兼容，具有串口 ISP 下载功能。

2.13.4　实验内容

用单片机设计一个程控脉冲信号发生器，步骤参考如下：

1. 确定系统功能，设计电路原理图和源程序

根据要求，明确系统功能后，设计出系统原理框图和源程序流程图，然后设计具体电路并编写应用程序。

程控脉冲信号发生器的基本功能是根据输入参数而输出对应频率的稳定连续脉冲信号，其原理是应用单片机 STC89C52 的程序控制脉冲信号的脉冲宽度，可通过定时器中断，或者调用延时子程序；本系统包括单片机基本应用电路、脉冲频率输入按键电路、脉冲输出信号幅度控制及驱动电路、脉冲频率指示电路。

系统设计自行完成，本节就其单片机电路部分进行实验：采用 LED 指示脉冲信号的单片机参考电路如图 2-13-1 所示。

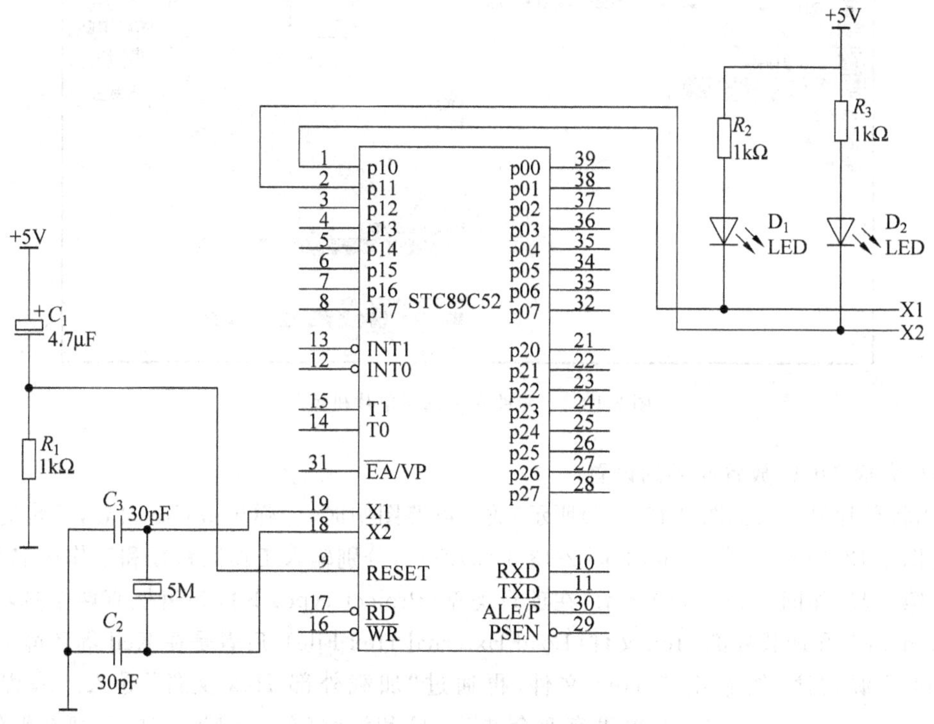

图 2-13-1　LED 指示脉冲信号的单片机参考电路原理图

采用延时子程序控制脉冲宽度的汇编语言程序：

```
org 000h
    CLR a
loop:MOV p1, a
    INC a
    ACALL delay
    AJMP loop
delay: MOV r4, #2
    DJNZ r4, $
    RET
END
```

2. 系统仿真

仿真调试采用 Multisim 软件仿真平台，Multisim MCU 可用于单片机电路的仿真和分析。

(1) 输入电路原理图。根据图 2-13-1 电路原理图，放置元器件并设置好参数，连接元器件，连接测试仪器，完成电路原理图的输入。

放置单片机时，可利用 MCU 向导，根据提示设置相关参数，输入源程序文件，其方法如下。

① 在元件库中选择单片机型号，如图 2-13-2 所示。

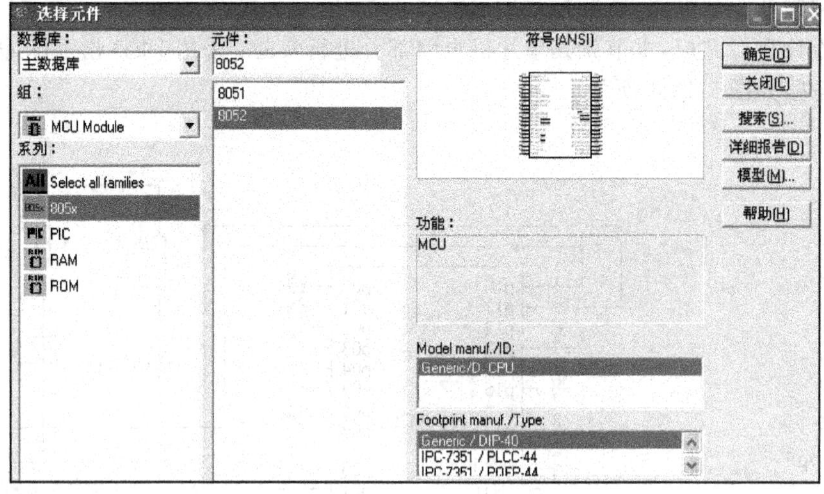

图 2-13-2　元件库中选择单片机型号

② 完成 MCU 放置向导的设置。

当将单片机 U_1(如图 2-13-3(d)所示)放入电路图中时，会弹出 MCU 向导，逐步完成设置，如图 2-13-3 所示。第一步，如图 2-13-3 (a)所示，分别输入工作区路径和工作区名称(任意)。第二步，如图 2-13-3 (b)所示，在项目类型(Project type)下拉列表框有两个选项：标准(Standard)和加载外部 Hex 文件(Load External Hex File)，后者是在 Keil 等环境下编写汇编和 C 源程序，然后生成 Hex 文件，再通过“加载外部 Hex 文件”导入。编程语言(Programming language)下拉框里有两个选项：C 和汇编(Assembly)，选 C，则在汇编器/

编译器工具(Assembler/compiler tool)下拉列表框中出现 Hi-Tech C51-Lite compiler,选择汇编(Assembly),则出现“8051/8052 Metalink assembler”。项目名称(Project name)栏中输入项目名称。第三步,如图 2-13-3 (c)所示,对话框中有两个选项:创建空项目(Create empty project)和添加源文件(Add source file)。选择添加源文件,单击“完成”按钮。

打开源程序文件输入界面,输入源程序文本。

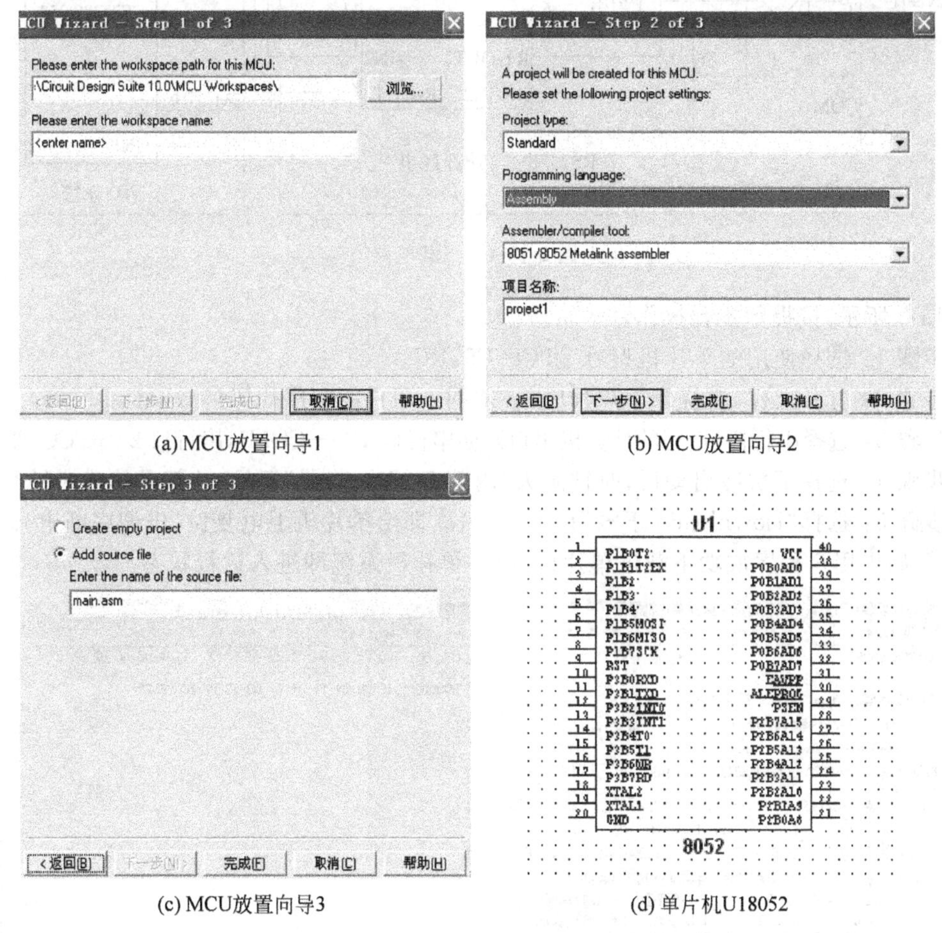

(a) MCU放置向导1 (b) MCU放置向导2

(c) MCU放置向导3 (d) 单片机U18052

图 2-13-3 MCU 放置向导的设置

(2) 进行仿真调试,验证系统设计,用 Multisim 软件仿真平台的仪器进行测试。调试通过,则得到正确的原理图和程序代码文件(*.bin, *.hex)。

3. 电路安装调试与系统验证

为验证电路仿真设计的正确,在实验箱上搭接电路,验证系统功能,测试电路特性。

(1) 根据原理图和组件的管脚图,在实验箱上连接好电路。

(2) 将程序代码(文件 *.bin、*.hex)下载并烧录到单片机。

① 在实验箱上连接好下载电路。下载电路如图 2-13-4 所示,PC 的串口经电平转换电路(12V 的 RS232 电平转换为 TTL 电平),连接到单片机的下载接口。

② 运行 PC 上的在系统编程程序 STC-ISP(可从 www.MCU-Memory.com 下载),如

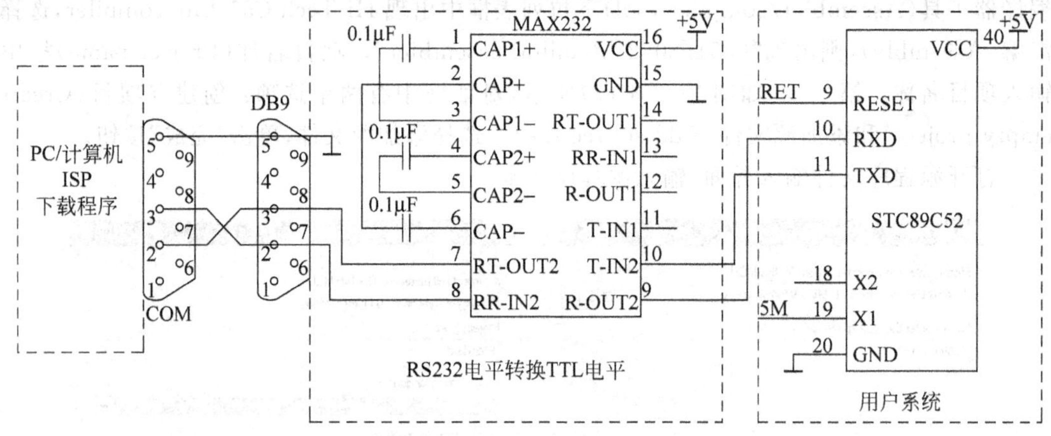

图 2-13-4　下载电路

图 2-13-5 所示，按提示步骤操作：

步骤 1：选择使用的单片机型号 STC89C52RC。

步骤 2：打开文件，要烧录用户程序，必须调入用户的程序代码(＊.bin、＊.hex)。

步骤 3：选择串行口(使用的计算机串口)，如串行口 1——COM1，串行口 2——COM2……

步骤 4：选择下次冷启动后，时钟源为"内部 R/C 振荡器"还是"外部晶体或时钟"。

步骤 5：选择"Download/ 下载"按钮，然后立即给单片机上电复位(先彻底断电)。

③ 如果用户程序成功下载进单片机内部，单片机系统即进入运行状态。

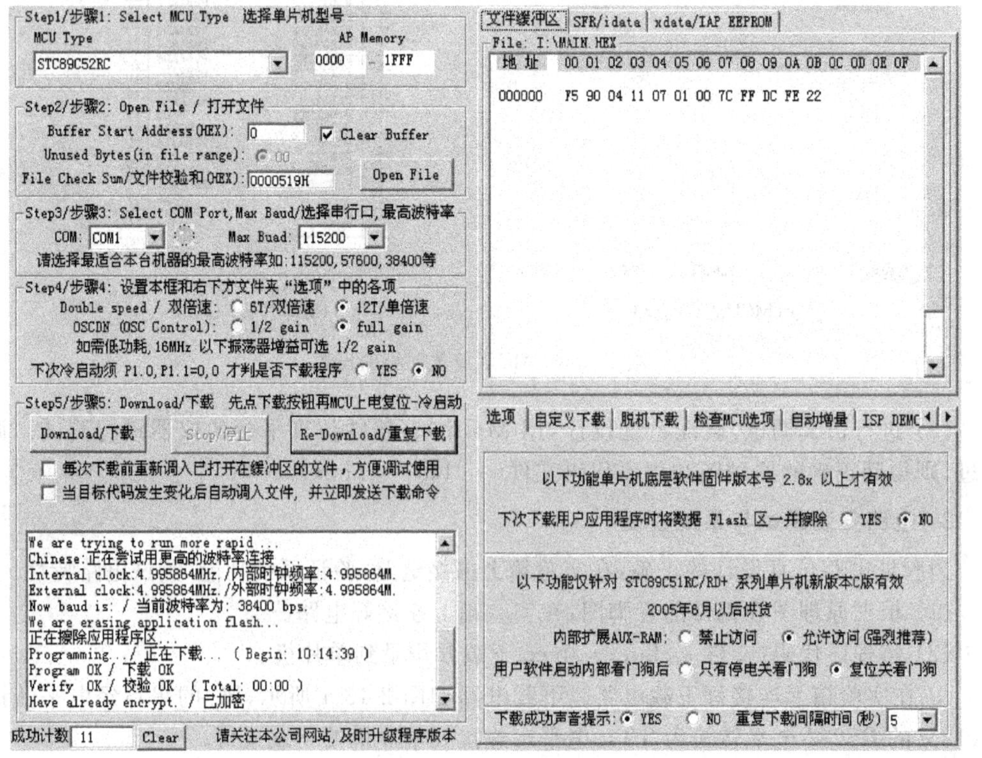

图 2-13-5　下载操作

(3) 观测运行结果,验证系统。

改变设置频率,用示波器观测输出波信号,比较计算值和测量值,并列表记录。

分析测试结果是否达到设计要求。

设计出印制电路板,然后焊接安装调试。

2.13.5　思考题

(1) 常用的单片机系统开发方法,总结开发过程和步骤。

(2) 计算设置频率的范围,分析频率误差。

2.14　直流稳压电源

2.14.1　基本知识点

(1) 单相桥式整流、电容滤波和三端集成稳压器组成直流稳压电源的基本原理。

(2) 直流稳压电源技术指标的测量方法。

2.14.2　实验仪器与元器件

(1) HBE 硬件基础电路实验箱、双踪示波器、数字万用表、直流电压表、交流毫伏表。

(2) 元器件:整流二极管、电阻器、三端稳压器 7805、开关稳压集成电路 LM2575T-5.0。

(3) NI Multisim 10 仿真实验平台。

2.14.3　实验概述

1. 预习

了解直流稳压电源的组成、工作原理、技术指标及其测量方法。熟悉由三端集成稳压器组成的串联型直流稳压电源的特点;根据实验内容的要求,列出实验步骤、测试原理图、需测试的数据及其表格;在 Multisim 软件平台上设计由三端集成稳压器组成的直流稳压电源并进行仿真分析,观测波形和电压,测试技术指标。

2. 直流稳压电源的组成及其工作原理

直流电源是将电网的交流电压经过整流、滤波、稳压后而获得。图 2-14-1 所示为把电网交流电压变成直流稳压电源的框图。

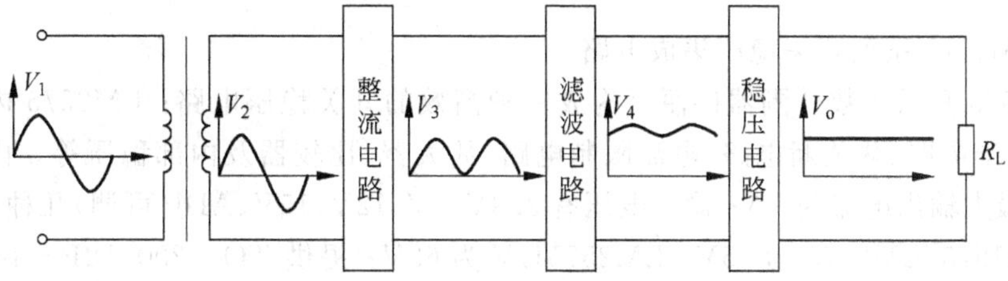

图 2-14-1　直流电源组成框图

(1) 交流变压器的作用是把电网交流电压变换成符合电路需要的交流电压。

(2) 整流电路的作用是利用二极管的单相导电性将交流电压变为单向脉动的直流电压。

半波整流电路输出电压的平均值 $V_3=0.45V_2$。

桥式整流电路输出电压的平均值 $V_3=0.9V_2$。

(3) 滤波电路的作用是利用电容存储能量和释放能量的特性将脉动的直流电压变为平滑的直流电。

桥式整流电容滤波电路输出电压的平均值,即直流输出电压 $V_4=(1.1-1.4)V_2$,此直流输出电压受电网电压波动影响较大,带负载能力差,具体数值要视负载 R_L、滤波电容 C 的大小而定。当 R_L 开路时,$V_4\approx1.4V_2$,工程上一般在有负载的情况下,选取电容 C,使$V_4\approx1.2V_2$。

(4) 稳压电路的作用是使输出直流电压基本不受电网电压波动和负载电阻变化的影响,使输出电压稳定,其基本原理是利用稳压二极管的稳压特性来达到稳定输出电压的目的,其基本组成部分包含调整管、基准电压、取样电路、误差放大和保护电路。集成稳压器采用集成工艺将稳压电路和保护电路集成在一块芯片上,使用简单可靠。稳压器按工作方式可分为并联型、串联型和开关型;按输出电压可分为固定式和可调式两种。

1) 三端集成稳压器组成的直流稳压电源

三端固定输出集成稳压器有三个引出端:输入端、输出端和公共端。78 系列三端稳压器输出正极性电压,79 系列三端稳压器输出负极性电压。输出电流的大小最大可达 3A(78H××型电流为 3A、78××型电流为 1.5A,78M××型电流为 0.5A,78L××型电流为 0.1A 型,后面两位数字××表示输出电压的数值)。输出电压一般有 5V、6V、9V、12V、15V、18V、24V。利用固定输出集成稳压器可组成各种应用电路,78 系列集成稳压器的基本应用电路如图 2-14-2 所示。

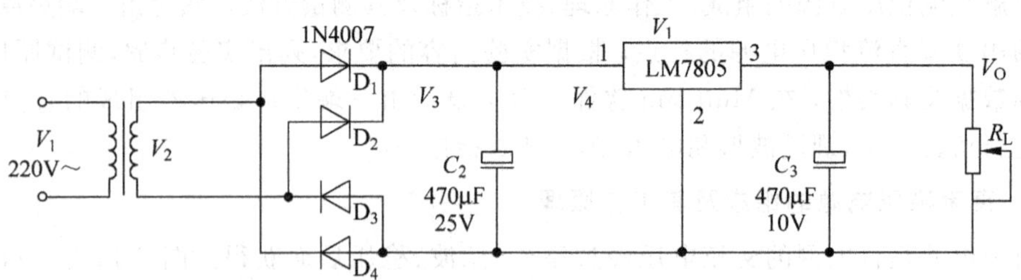

图 2-14-2　三端集成稳压器直流稳压电源

2) LM2575 系列开关稳压集成电路

LM2575 只需少数外围器件便可构成一种高效的开关稳压电路;LM2575 内含 52kHz 振荡器、基准电路、热关断电路、电流限制电路、放大器、比较器及内部稳压等。内部保护电路完善;最大输出电流为 1A;输出电压有 3.3V、5V、12V、15V、ADJ(可调)几种;最大输入电压:LM1575/LM2575 为 45V;LM2575HV 为 63V;提供 TO－200、DIP－16 脚等多种封装形式,是传统三端式稳压集成电路的理想替代产品。

图 2-14-3 为 LM2575T-5.0 的典型应用电路,电路具有稳定的电压输出,如果需要负电压输出,可将其输出反接。

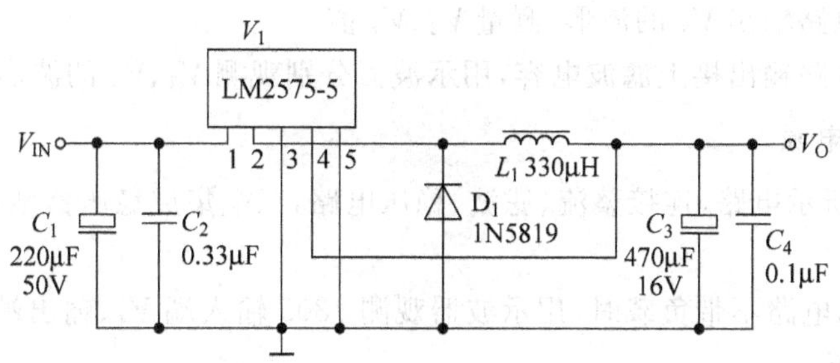

图 2-14-3　LM2575T-5.0 的典型应用电路

3. 直流稳压电源的主要性能指标

直流稳压电源的技术指标主要有输入电压、输出电压、输出电压范围、输出电流等性能指标，稳压系数、输出电阻、纹波电压等质量指标。

输出电压 V_O：稳压电源正常工作的输出电压，可调稳压电源的输出电压在一定的范围内可改变设定。

输出电流 I_{omax}：稳压电源正常工作时能输出的最大电流，要求工作电流 I_O 小于 I_{omax}。

稳压系数 S_V：负载电流和环境温度不变时，输入电压的相对变化与由它所引起的输出电压相对变化的比值。

$$S_V = \frac{\Delta V_O}{V_O} / \frac{\Delta V_i}{V_i}$$

输出电阻：输入电压和环境温度不变时，负载电流的变化所引起的输出电压变化的比值。

$$R_O = \Delta V_O / \Delta I_O$$

纹波电压：稳压电源输出电压 V_O 上所叠加的交流分量，常测量其峰峰值 ΔV_{OPP}。

本实验选用的三端集成稳压器 LM7805、开关稳压集成电路 LM2575 的封装及其引脚说明如图 2-14-4 所示。

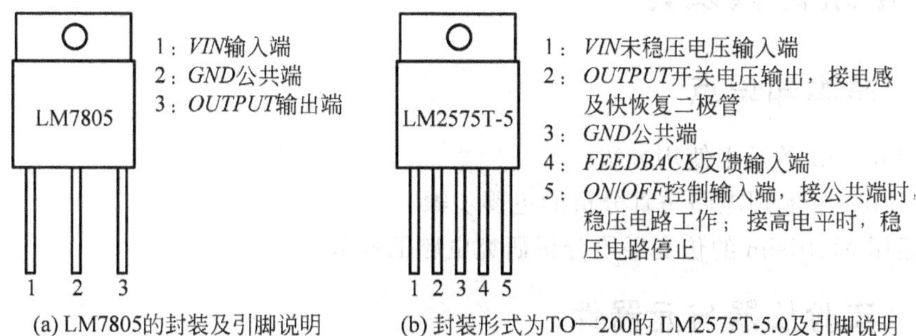

图 2-14-4　集成稳压器 LM7805，LM2575T-5.0

2.14.4　实验内容

1. 整流滤波电路

(1) 对图 2-14-2 所示电路，分别连接半波整流和桥式整流两种电路，用示波器观测变压

器输出 V_2、整流电路输出 V_3 的波形，测量 V_2、V_3 值。

(2) 在整流电路输出接上滤波电容，用示波器分别观测 V_2、V_3 的波形，测量 V_2、V_3 值。

2. 直流稳压电源

按图 2-14-2 所示电路，连接整流、滤波、稳压电路，三端集成稳压器型号为 7805，负载电阻 R_L 为 50Ω。

(1) 断开 R_L，电路不带负载时，用示波器观测 7805 输入端 V_4、输出端 V_O 的波形，用直流电压表测量电压。

接上 R_L 负载时，用示波器观测 7805 输入端 V_4、输出端 V_O 的波形，用直流电压表测量电压。输出电压 V_O 下降不大。

(2) 减小 R_L，使输出电压 V_O 下降 5%，测量出输出电流。

(3) 当接上 R_L 负载时，用示波器观测输出端的纹波电压。

(4) 在仿真平台上，将电源的交流输入调整为 198V 和 242V，分别测出输出电压，计算稳压系数 S_v。

(5) 参照图 2-14-4 所示，用 LM2575T-5.0 及外围器件组成开关稳压电源，与用 7805 组成的直流稳压电源的主要性能指标进行比较。

2.14.5 思考题

(1) 根据实验数据分析桥式整流电路和电容滤波电路中，输出电压与输入电压间的关系，并与理论值相比较。

(2) 改变滤波电路的电容，负载上的直流电压怎样变化？

(3) 用集成稳压器 7805 设计正负双电源输出电路。

(4) 用开关稳压集成芯片 LM2575-05 设计正负双电源输出电路。

(5) 能否用示波器同时观测桥式整流电路中 V_2 和 V_3 的波形，为什么？

2.15 电路仿真设计

2.15.1 基本知识点

(1) Multisim 的基本使用方法。

(2) Multisim 实现电路仿真分析的主要步骤。

(3) 运用 Multisim 的仿真手段分析研究电路的性能。

2.15.2 实验仪器与元器件

(1) NI Multisim 10 仿真实验平台。

(2) 虚拟实验仪器仪表：双踪示波器、信号发生器、交流毫伏表、数字万用表等。

2.15.3 实验概述

1. 预习

预习 Multisim 10 的功能和使用方法(参见附录 B)。

应用 EDA 进行的计算机仿真设计与虚拟实验将设计、实验、调试融为一体；所使用的虚拟元器件及测试仪器仪表种类齐全、数量不受限制，不消耗实际的元器件，实验成本低、速度快，效率高；可方便地对电路参数进行测试和分析，直接打印输出实验数据、测试参数、曲线和电路原理图；设计和实验成功的电路可以直接进入工程化生产。

电路仿真软件 PSpice 和虚拟电子工作台（Electronics Workbench）及其升级版软件 Multisim 是我们常用的电路仿真软件，本实验应用 Multisim 10 进行电路仿真设计和分析。

2. 电路仿真设计的主要步骤

仿真实验需先绘制电路图，再进行仿真测试与分析。主要步骤如下：

(1) 启动 Multisim，设置环境参数。

(2) 放置实验电路元器件。

(3) 调整器件姿态并移动到合适的位置。

(4) 设置或修改元器件参数。

(5) 将元器件连线成电路，并连接所需要的测试仪器仪表。

(6) 对绘制好的电路进行仿真和测试，单击仿真开关，通过仪器仪表测试电路的参数和信号波形，查看电路的工作情况。

(7) 对电路进行深入的研究，设置仿真分析类型和参数，进行电路仿真分析。

具体操作过程通过下面两个仿真设计实例进行说明。

2.15.4　实验内容

1. 共射放大电路的仿真设计

通常经过理论设计出来的模拟电路，还必须进行实验调试和测量，在 Multisim 仿真平台上完成共射放大电路的设计、测量、调试、分析过程。

(1) 绘制电路原理图，连接测试仪器仪表。

① 启动 Multisim，设置环境参数。如图 2-15-1 所示，选择 Options→Sheet Properties 命令，打开 Sheet Properties 对话框，设置电路图属性。

② 放置元件。选择 Place→Component 命令，打开 Select a Component 对话框，在该对话框的 Group 下拉列表中选择 Basic 选项，在 Basic 的 Family 列表栏选择 RESISTOR，此时在右边的 Component 列表中选中 1kΩ 的电阻，单击 OK 按钮，此时该电阻随鼠标一起移动，在工作区适当位置单击鼠标左键，即完成该电阻的放置；同样放置其他电阻、电容、滑动变阻器、三极管、信号源、直流电源等。

③ 调整元件。选中元件不放，可移动元件的位置；单击元件，右击弹出的快捷菜单，可剪贴、复制、删除、旋转元件。放置好的元件如图 2-15-2 所示。

④ 连接线路。将光标靠近元件的管脚，出现一个小圆点时单击，拉住导线并指向另一个元件的管脚，出现小圆点单击，便可连接线路。选择 Options→Sheet Properties 命令，在弹出的对话框 Net Names 栏中选取 Show all 项，电路中每条线路上便出现编号，以便于后续的仿真。把所有元件连接成如图 2-15-3 所示电路。

⑤ 修改电路，放置仪表。双击虚拟元件，在弹出的元件特性对话框中，更改元件参数值。也可选用新元件替换现有元件，如把 R_3 从 5.1kΩ 更改为 20kΩ，选中 R_3 电阻，右击，在

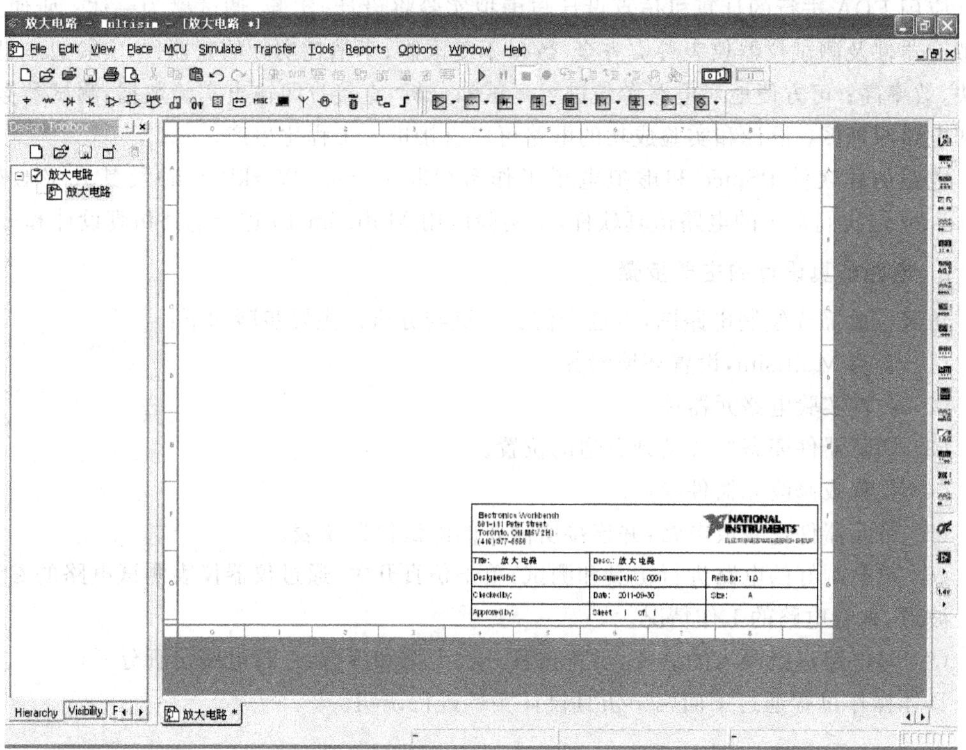

图 2-15-1　启动后的 Multisim

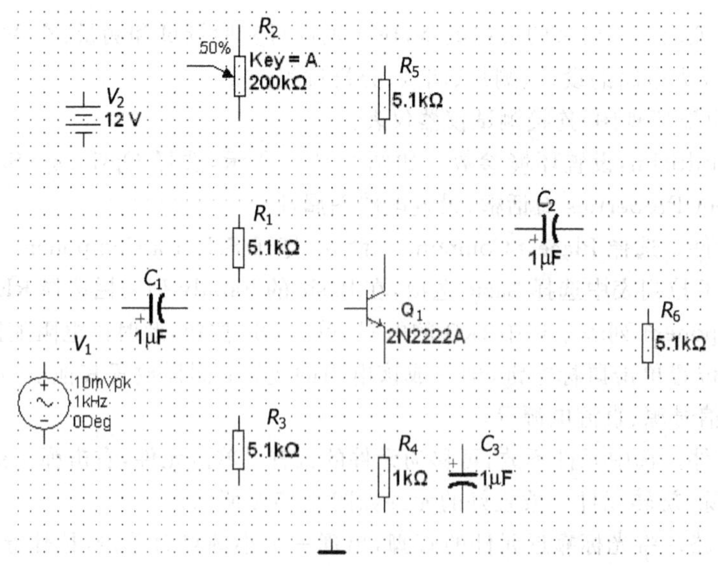

图 2-15-2　放置并调整好的元件

浮动菜单中选择 Replace Components 替换元件，之后，重新选取 20kΩ 电阻便会自动更换。从仪器仪表工具栏选择 Multimeter 数字万用表，Oscilloscope 示波器，放置到电路图，并且连接电路，如图 2-15-4 所示。

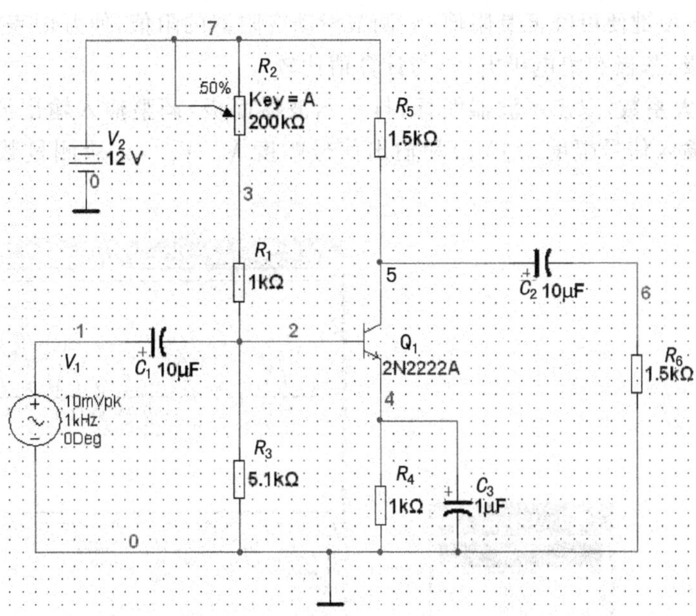

图 2-15-3　元件连线图

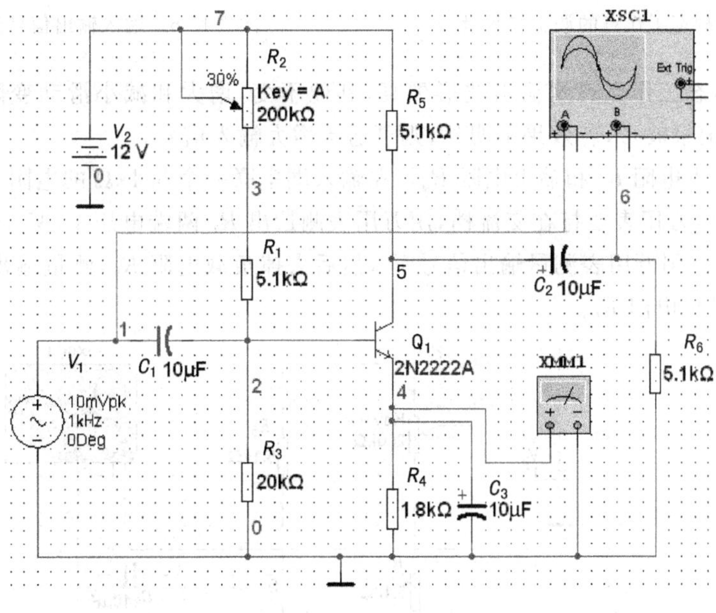

图 2-15-4　绘制电路原理图

(2) 仿真测试电路参数。单击电路工作窗口上方的“启动/停止”开关或“暂停/恢复”按钮可方便地控制实验的进程。双击测试仪器仪表图标，打开仪器仪表面板，可观测电路信号波形和参数。

① 调整静态工作点，将输入信号调到 0，双击万用表图标，打开仪器面板，就可以观察三极管 e 端对地的直流电压。如图 2-15-5 所示，调节可调电阻(R_2 的值，等于滑动变阻器的最大阻值乘上百分比)可改变放大电路的静态工作点(单击滑动变阻器，按 A 键，可增加 R_2 的

阻值，按 Shift+A 键便可降低其阻值）。调节滑动变阻器的阻值，使万用表的数据为 2V，测量并记录发射级、基极和集电极电压，与计算值比较。

② 测量放大系数，双击示波器图标，打开示波器面板，调整输入输出波形，如图 2-15-6 所示。测量出输入信号幅度 $V_i(V_1)$ 和输出信号幅度 $V_o(V_6)$，记录测量数据，计算放大系数 A_v。

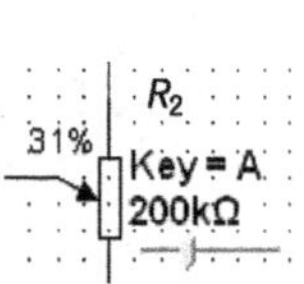

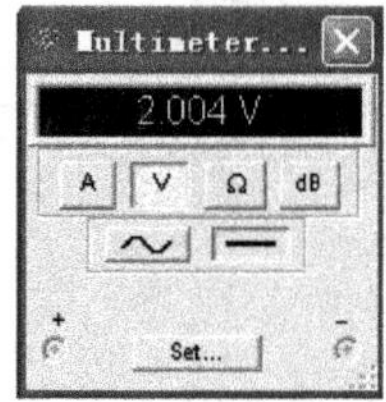

图 2-15-5　静态工作点的调整与测量

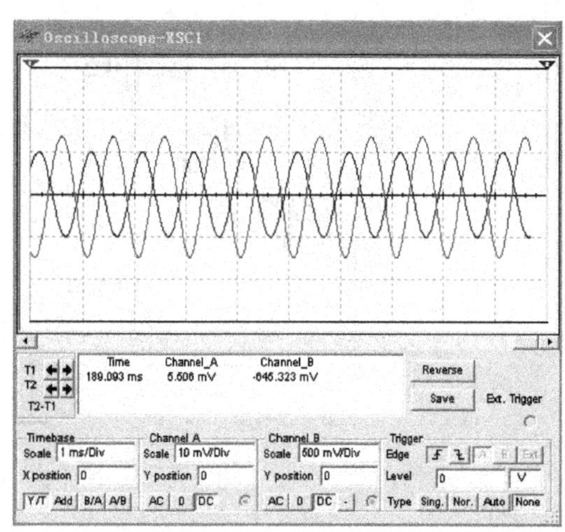

图 2-15-6　输入输出信号波形

③ 改变静态工作点观测输出波形失真，其他不变，增大和减小滑动变阻器的值，观察 V_o 的变化，并记录波形，若效果不明显，则可适当增大输入信号。

④ 测量输入电阻 R_i 和输出电阻 R_o。在输入端串联一个 5.1kΩ 的电阻 R_7，如图 2-15-7 所示，启动仿真，万用表要打在交流档，用万用表测量出 R_7 两端电压 V_8 V_1，记录数据，计算出输入电阻 R_i。用万用表测量输出信号 V_o，然后去掉负载电阻 R_6，测量输出信号 V_o，记录数据，计算出输出电阻 R_o。

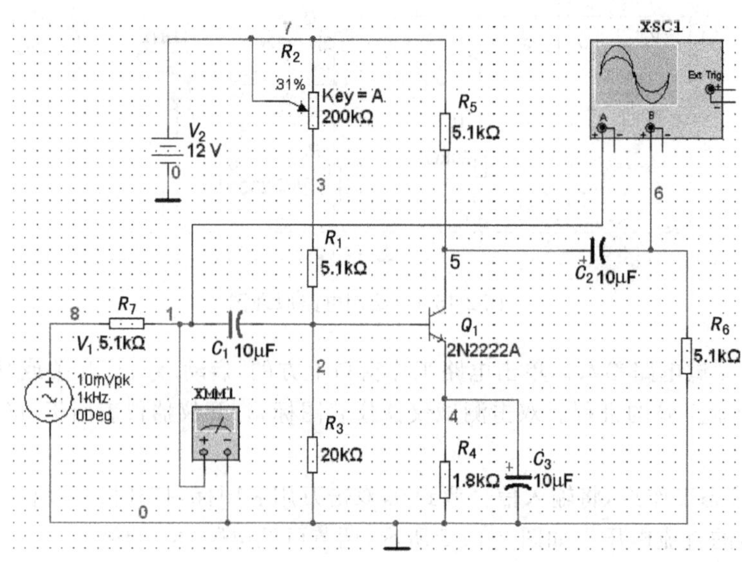

图 2-15-7　测量输入电阻 R_i 原理图

(3) 仿真分析电路特性。下面针对电路做直流工作点分析和交流分析，以此来说明仿真分析过程。

① DC Operating Point 分析。分析电路的直流静态工作点，进行分析时，电路中的交流源将被置零，电容开路，电感短路。将可调电阻调节为 31%阻值，让输出波形没有失真，执行菜单栏中 Simulate→Analyses→DC Operating Point 命令，会出现 DC Operating Point Analysis 对话框，如图 2-15-8 所示，选择分析变量，即把 $V(1)\sim V(7)$全选进去，然后按对话框下方 Simulate 按钮，仿真结果通过 Grapher View 输出窗口显示，如图 2-15-9 所示。

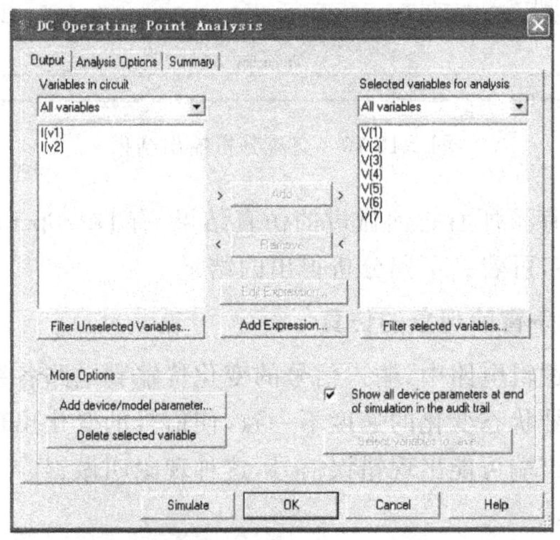

图 2-15-8　DC Operating Point Analysis 对话框

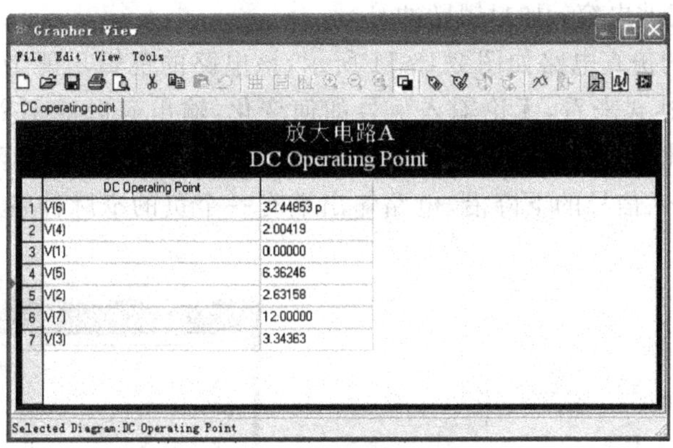

	DC Operating Point	
1	V(6)	32.44853 p
2	V(4)	2.00419
3	V(1)	0.00000
4	V(5)	6.36246
5	V(2)	2.63158
6	V(7)	12.00000
7	V(3)	3.34363

图 2-15-9　直流工作点分析输出结果

② AC Frequency Analysis 分析。分析输出电压幅值与相位随信号频率的变化情况。执行菜单栏中 Simulate→Analyses→AC Analysis 命令，出现 AC Analysis 对话框，选择分析变量 V(6)，即观察输出情况。然后单击 Simulate 按钮，在仿真输出窗口看到输出幅频特性和相频特性，如图 2-15-10 所示。

图 2-15-10 的结果和使用波特图仪在相同设置条件下产生的输出结果相同，只是输出方式不同。

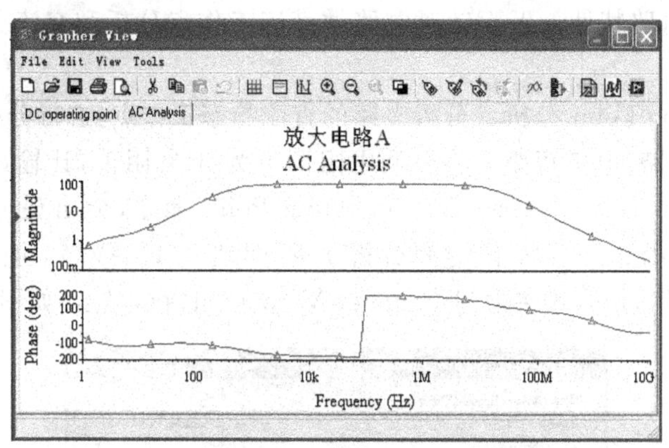

图 2-15-10　交流分析输出结果

在仿真输出窗口保存了所有之前做过的仿真结果，有 DC Operating Point、OscilloscXSCl 等标签，选择不同的标签，可看到不同分析得出的结果。

2. 组合逻辑电路竞争冒险现象的仿真

门电路组成的组合逻辑电路中，输入信号的变化传输到电路各级门电路时，由于门电路存在传输延时时间和信号状态变化的速度不一致，使信号的变化出现快慢的差异，这种时差称为竞争。竞争致使输出端可能出现错误信号，这种现象叫做冒险。有竞争不一定有冒险，但有冒险一定存在竞争。

在设计组合逻辑电路时必须分析竞争冒险现象产生的原因，解决电路设计中的缺陷，杜绝竞争冒险现象的产生。常用的消除竞争冒险的方法有加取样脉冲，修改逻辑设计，增加冗余项；在输出端接滤波电容；加封锁脉冲等。

竞争冒险现象的仿真电路如图 2-15-11 所示，该电路的逻辑功能为 $F=AB+\overline{A}C$，已知 B=C=1，从逻辑表达式来看，无论输入信号如何变化，输出应保存不变，恒为 1(高电平)。但实际情况并非如此，仿真结果如图 2-15-12 所示，从仿真的结果可以看到由于 74LS08 与门电路的延时，在输入信号的下降沿，电路输出端有一个负的窄脉冲输出，这种现象称为 0(低电平)型冒险。

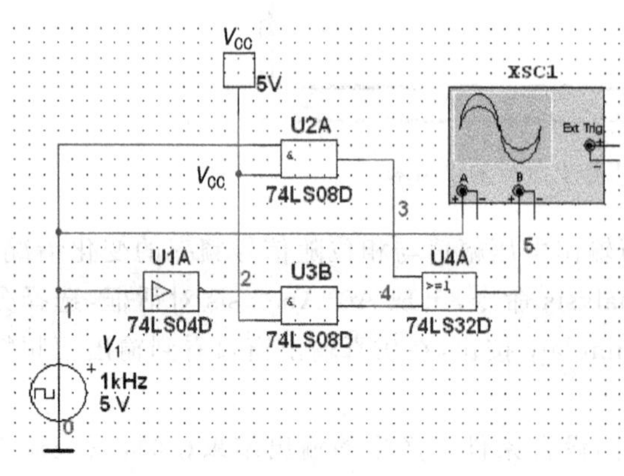

图 2-15-11　存在竞争冒险现象的电路图

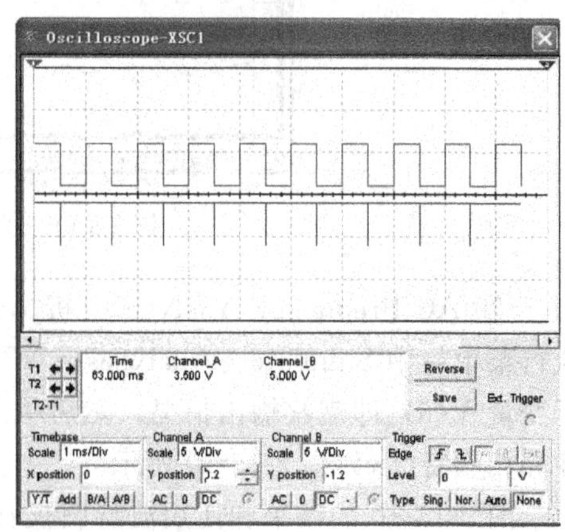

图 2-15-12　存在竞争冒险现象的电路仿真图

为消除电路的竞争冒险现象，修改逻辑设计，增加冗余项 BC，该电路的逻辑功能为 $F=AB+\overline{A}C+BC$，修改后的电路如图 2-15-13 所示，仿真结果如图 2-15-14 所示，输出保持不变，恒为 1（高电平），电路的竞争冒险现象被消除。

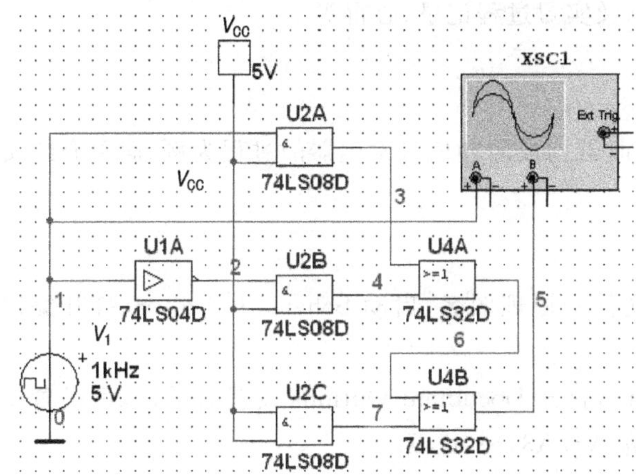

图 2-15-13　消除竞争冒险的电路图

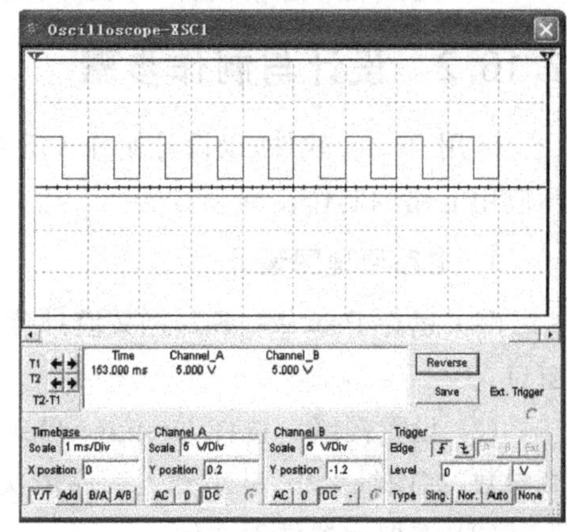

图 2-15-14　消除竞争冒险现象的电路仿真图

2.15.5　思考题

(1) 整理实验线路图，总结实现电路仿真分析的主要步骤。

(2) 根据自己的体会，比较实验室实验和软件仿真实验。

(3) 元件库中有些元件后带有 VIRTUAL，它表示什么意思？

(4) 说明共射放大电路高频和低频段放大倍数为何会下降。

2.16　电路设计与制作实习

2.16.1　实习目的与教学过程

1. 实习目的

通过对实际应用电路的制作，培养学生基本的实验制作技能，训练其实际动手能力。使学生在实践活动中具有工程意识。学会应用现代设计手段，完成实习课题的设计；进一步熟悉常用电子器件的类型和特性；进一步熟悉电子仪器仪表的正确使用方法；具备一定的电子电路的安装与调试技能。

2. 教学过程

(1) 电路原理图的设计。

学习 EDA 软件的使用，在 EDA 软件设计平台上，完成设计图纸的绘制。

(2) 印刷电路板的设计。

在 EDA 软件设计平台上，完成印刷电路板的设计。

(3) 制作印刷电路板。

利用简易制版设备制作自己设计的印刷电路板。

(4) 安装及调试。

利用制作完成的印刷电路板和必需的电子元器件，进行产品(具有实用功能的制作)的安装；对产品进行调试实现预期功能。

(5) 完成实习总结报告，含设计、数据及实习过程记录、心得等。

2.16.2 设计与制作步骤

应用 Protel 软件，以设计制作 555 定时器构成脉冲信号发生器的过程为例，简单介绍实际应用电路的制作步骤和方法。

1. 电路原理图设计

(1) 运行 Protel99 SE，定义设计库文件和原理图名，启动 Schematic Editor，打开编辑窗口。

(2) 设置图纸。选择 Design→Options，打开 Document Options 设置对话框，可设置图纸参数，如图纸大小，从小到大顺序依次为 A4，A3，…，D，E。

(3) 选取元器件库文件。

库编辑工具栏位于主编辑窗口左侧，单击 Add/Remove 按钮可执行选择元件库的操作。

(4) 放置器件

选择合适的库及相应的器件，单击 Place 按钮，即可将器放置于图纸上。

(5) 画电路图。

① 调整器件位置。

单击器件让器件处于选定状态(器件四周出现黑色虚线边框)，单击器件，可让器件粘连于鼠标的指示箭头上，再按空格键(Space)可调整器件姿态(即器件的放置方向)，在适当的位置单击，可将器件放置该位置。用同样的方法还可移动器件的标识和型号(器件周围的小字)。

② 绘图。

选择 Place→Wire 命令，放置电连接线，然后在线路交叉处放置电连接点，即可完成电路图的绘制。图 2-16-1 所示为 555 脉冲信号发生器的原理图。

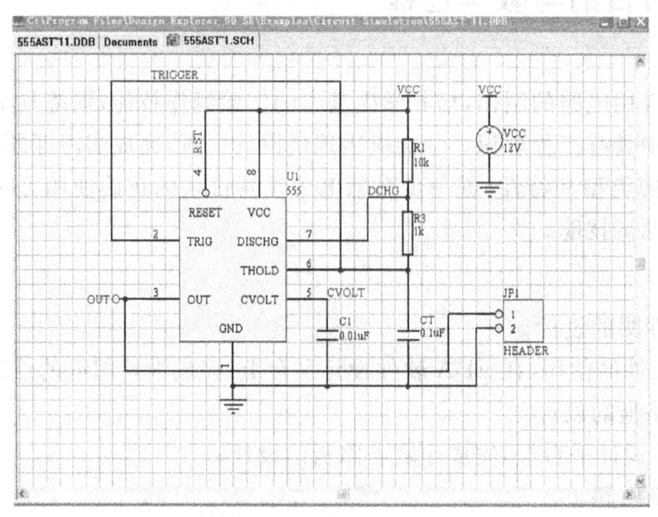

图 2-16-1　555 脉冲信号发生器的原理图

③ 编辑器件标号及参数。

双击器件可进入器件标号及参数的编辑窗口，可依据窗口中各栏目前的提示设置参数。其中要重点关注器件封装(包含器件的安装信息，如器件在电路板上所占面积，管脚间的距离等)的设置，要与印刷电路板设计软件库中的封装对应，即该库必须含有此器件，且管脚一一对应；否则数据传输中会出现器件丢失等错误。完成以上工作后，再把设计好的原理图输出成网络表，以便映射到印刷电路板设计软件中去执行自动布线。

注意：电路中的"电源"和"接地"一定要用绘图工具条中"放置电源和接地"工具放置；否则会在形成网络表时被软件自动编号成常规网络。

(6) 形成网络表。

选择 Design→Create Netlist 命令建立网络表，在弹出的窗口中选择形成 Protel 网络表，单击 OK 按钮即可在新开的窗口中看到形成的网络表，网络表结构如图 2-16-2 所示。

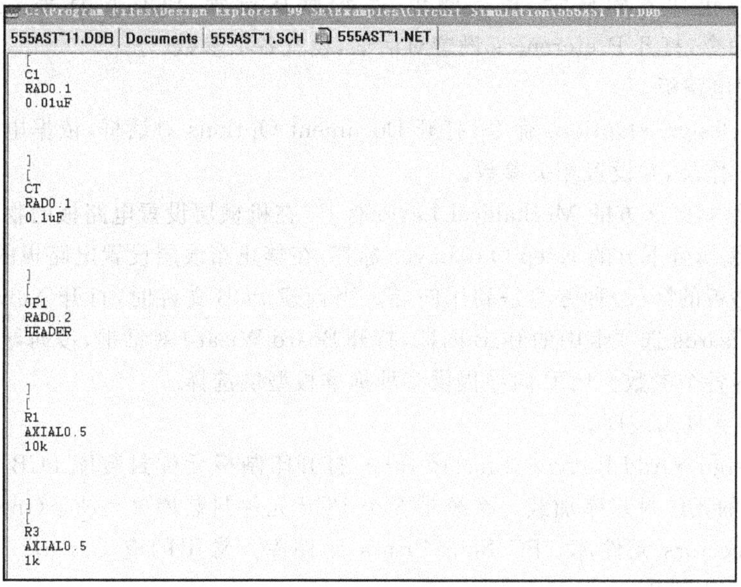

555AST~11.DDB | Documents | 555AST~1.SCH | 555AST~1.NET

```
[
C1
RAD0.1
0.01uF

]
[
CT
RAD0.1
0.1uF

]
[
JP1
RAD0.2
HEADER

]
[
R1
AXIAL0.5
10k

]
[
R3
AXIAL0.5
1k
```

图 2-16-2　网络表结构图

综上所述，网络表前部分方括号内是器件特征描述，描述的前两行编号及封装非常重要，在网络表形成后必须存在；否则印刷电路板设计软件将无法找到相关器件的安装特征，导致无法得到正确的设计结果。网络表后部分圆括号内是网络特征描述，描述原理图中各器件管脚的连接关系。

网络表形成时，若网络没有人为放置标号，软件会自动给网络加上标号，该标号无规律。若要控制网络名称，可在形成网络表之前人为给网络加上标号。

网络表是按一定格式描述电路特征的文件，可由 EDA 根据电路原理图自动生成，也可用编辑生成。

2．印制板的设计

印制电路板是以绝缘板为基础材料而加工成一定尺寸的电路板，其上至少有一个导电图形以及所有设计好的孔(元器件孔，机械安装孔及金属化孔等)，以实现元器件之间的电气互连。在印制板上可安装集成电路、电阻、电容等各种元器件,并通过板上的覆铜等导电线路和金属孔实现元器件之间的连接。

印制板上的铜膜导线用于连接各个焊点、导孔。依据电路板的导电层数可将电路板分为单面板、双面板、多面板。印制板上的焊点用于导线和元件引脚的连接。一个元件的焊点位置形状由元件封装表示。元件封装是指实际元件焊接到电路板时所指示的外观和焊点位置。元件封装有针脚式元件封装和表面粘着式(STM)元件封装两大类。另外,印制板上还有导孔,助焊膜,阻焊膜,丝印符号。

Protel 的印刷电路板设计软件可用多种方式绘制电路板,包括自动、半自动和手动等,下面简介自动布线过程。

(1) 创建 PCB 文件,定义 PCB 文件名,打开 PCB 文件,进入 PCB 编辑窗口。

(2) 设置系统参数。

系统参数包括光标显示、板层颜色、系统默认设置、PCB 设置等。选择 Tools→Preferences 命令,打开 Preferences 设置对话框,设置各项参数。

(3) 规划电路板。

① 选择 Design→Options 命令,打开 Document Options 对话框,依据电路板的特性打开电路板的工作层,并设置相关参数。

② 单击编辑区下方的 Mechanical Layer 标签,在机械层设置电路板的物理尺寸。

③ 单击编辑区下方的 Keep Out Layer 标签,在禁止布线层设置电路板的电气边界。

规划电路板的第(2)种方法是利用向导。当创建 PCB 文件时,打开 New Document 对话框,选择 Wizards 选项卡中的 PCB 图标,打开 Board Wizard 对话框,按向导分别定义 PCB 的形状大小等各个参数。PCB 向导提供多种标准板型供选择。

(4) 加载元件封装库。

选择 Design→Add Remove Library 命令,打开印制板元件封装库 PCB Libraries 对话框,选择所需的元件封装库加载。系统带 3 个 PCB 元件封装库文件夹:Gneric FootPrints 元件库、Connectors 元件库、IPC Foot Prints 元件库。常用的有 General IC. ddb、DC to DC. ddb、Advpcb. ddb。

注意:*必须加载含有前面用到器件的封装库,否则加载网络表时会出现封装丢失。*

(5) 选择菜单栏中的 Design→Load Nets 命令,打开 Load/Forward Annotate Netlist 对话框,输入网络表文件名称,单击 Execute 按钮,加载网络表与元件封装到电路板上。

此外,在原理图设计环境中,执行 Design→Update PCB 命令,设置同步器参数,也可将原理图信息装入 PCB 文件。

(6) 自动布局元件。

选择 Tools→Auto Placement/Auto Placer 命令,打开 Auto Place 对话框,选择布局方式,单击 OK 按钮,系统开始自动布局,布局结束后,系统给出提示信息。可自动生成另一个 PCB 文件 Place1. Plc。也可更新最初的 PCB 文件。

注意:*元件布局之前还需确认元件布局参数和元件布局设计规则。前者通过 Document Options 和 Preferences 对话框设置;后者通过 Design Rules 对话框 Placement 选项卡进行设置。如元件放置间距、方向等。*

（7）手工调整布局。

自动布局后，一般还需凭设计者的经验分析具体情况，用手工布局的方法优化调整部分元件的位置，即排列、移动和旋转元件等。其操作是通过执行 Edit 菜单中相应命令，或元件放置工具栏 Component Placement 中的相应按钮命令实现。

（8）自动布线。

选择 Auto Route→All 命令，打开 Auto Router Setup 对话框分别设置其选项，如走线（Router Passes），制造（Manufacturing Passes），添加测试点（Add Test Points），锁存预拉线（Look All Pro-route），布线间距（Routing Grid）等。单击 Route All 按钮，系统开始对电路板进行自动布线，并显示布线过程。布线结束后，系统会弹出一个布线信息对话框，用户可了解布线情况。用户也可进行部分布线。布线之前，可对自动布线规则及参数进行设置，如允许的安全间距（Clearance Constraint），布线拐角模式（Routing Corners），走线宽度（Width Constraint）等。图 2-16-3 所示为 555 脉冲信号发生器印制电路板 PCB 图。

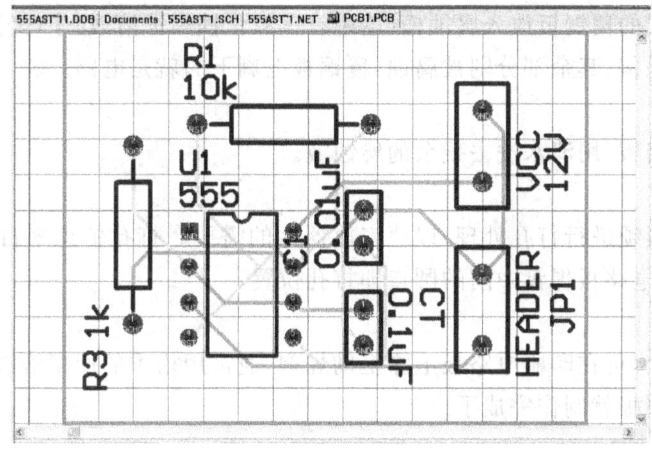

图 2-16-3　555 脉冲信号发生器印制电路板 PCB 图

（9）查看布线结果。

查看布线结果，检查有多少线未布通。单面板通常都会有布不通的线，处理这些线，可调整摆放不合理的器件，重新自动布线，若问题还无法解决，必须手工处理。手工处理有效的方法是放置跳线，跳线是放置在元件面的点对点的导通线，走线较随意，通常少数几条线未布通，都可用这个方法解决。

（10）器件标注文字大小和位置的调整。

① 调整位置：与调整器件的方法相同。

② 调整标号及参数的大小尺寸。

- 双击器件可进入编辑窗口，单击 Designator 或 Comment 按钮打开编辑窗口，在窗口中可进行字号及字体的调整。
- 成组调整。双击一个器件进入组件编号或注释文字编辑窗口，调整字号及字体，然后选择“全局”（Global）按钮，选定“修改全部匹配的”选项，单击 OK 按钮，则电路中所有与该器件具有相同特征器件（相同的字号和字体）的组件编号和注释文字都已按要求调整了。

至此，印刷电路板设计完成，即可送至工厂去加工。

3. 印制板的制作

教学实习中的印制板制作常采用刻板机技术完成。如果有一定批量，采用化学蚀刻工艺，这样可提高运行效率并减少成本。保护层的制作不用难以控制的感光印刷，而是利用热转印技术(精度相对较差)。制作过程如下：

(1) 打印。

利用计算机把绘制好的印刷电路板图，通过激光打印机打印在热转印纸上。印刷电路板的图样会以碳膜形式存在于热转印纸上。

(2) 转印。

把打印好的热转印纸贴于覆铜板上，通过热转印机的加热和滚压过程，将热转印纸上的碳膜附着在覆铜板上，即在覆铜板上把需要保留的部分加了保护层。

(3) 腐蚀。

把加了保护层的覆铜板放入腐蚀槽(槽中有三氯化铁腐蚀溶液)中，经过一段时间，覆盖有碳膜的地方被保留，其余部分则被腐蚀，覆铜板上剩下的就是电路。

(4) 清洗。

取出印刷电路板，用清水洗去残余的腐蚀液。

(5) 钻孔。

在印刷电路板须进行打孔处理，以便安放器件的需要。打孔信息来自设计好的印刷电路板图，腐蚀好的电路板焊盘中间的圆点即打孔位置。

(6) 涂助焊剂。

为了方便焊接，可在印刷电路板上涂上助焊剂，通常用松香的酒精溶液涂抹。

至此印刷电路板就制作完成了。

4. 安装调试

利用印刷电路板及配好的器件可对产品进行安装调试，下面简述安装调试的基本过程。

(1) 安装。

① 清点并查对器件。

清点器件数目，查看器件的标注是否清楚如电阻色环，器件是好是坏如二极管、三极管等。某些器件的查对需要借助仪器，如用万用表测量标注不清的电阻的阻值，二极管的极性等。

② 安插器件。

依据设计把器件安插在印刷电路板上。可将设计好的印刷电路板的元件面打印出来以便安插时对照，防止元件安插错误。

③ 焊接器件。

按工艺要求把安插好的元件焊接在电路板上，注意焊接时不要出现虚焊及短路。

(2) 调试，对于具有多个单元电路组成的设计，采用先分调后联调的方法，先把组成电路的各功能块调试好，然后进行整机调试。

① 目测。

目测常规器件的安装，观察是否有大意造成的错误安装，如用错电阻阻值、接错二极管和电解电容极性等。

② 检查电源是否正常接入，产品是否满足设计功能要求。

先用万用表检查输入是否有短路或阻抗过低问题，若无则可对产品进行通电检查。电源正常引入，又无其他器件的异常情况（如器件过热等问题），则可进行产品功能检查，查其是否满足设计要求。若出现问题，则须再做进一步检查。

③ 一般性故障检查。

根据设计原理，借助仪器仪表检查、判断并处理故障，主要注意：

- 器件是否存在安放错误。
- 焊点是否存在虚焊问题。
- 相邻焊点是否有短路的可能。
- 器件是否有损坏。

④ 技术参数测试及调整。

根据设计要求和相关标准，参考设计功能和信号流程，检测电路主要的电位值、波形及其他数据，调整电路参数或设计，反复进行测量、判断、调整、再测量使产品达到设计指标。

2.16.3　实习选题

按要求设定选题，给出设计功能、技术参数及原理说明；在 EDA 平台上设计电路原理图、印制板 PCB 图（按要求进行仿真并提供其他工程设计文档）；按给定条件制作印制板并完成安装调试；撰写设计实习报告。参考选题。

1. ±5V 输出电压稳压电源

应用 W7800 系列三端串联型稳压器设计具有±5V 两路输出的稳压电源，输出电流为 1A。用一块 W7800 正压单片稳压器和一块 W7900 负压单片稳压器连接成，这两块稳压器有一个公共接地端，并共用整流电路；为保证稳压器正常工作，最小输入输出电压差至少为 2～3V；为消除电路的高频噪声，改善负载瞬态响应，输出端一般接 0.1μF 的电容。

2. 5～10V 可调输出电压稳压电源

应用三端稳压器 7805 和运算放大器设计 5～10V 可调输出电压稳压电源，输出电流为 1A。

3. 带充电功能的可调直流稳压电源

直流稳压电源输出电压 1.5～15V，输出电流为 1A，输入 220V 交流电源，包括变压器降压电路，整流电路，滤波电路，调压电路，充电电路，保护电路。电压调节主要由 LM317 完成。充电采用恒压形式，电源直接取自整流滤波输出（LM317 前一级），为充电电池组提供约 50mA 的充电电流（电流会随充电电池组电压的建立有所下降）。

4. 正弦波、方波、三角波和锯齿波信号源波形发生器

应用集成函数发生器 8038 产生正弦波、方波、三角波和锯齿波，其频率可通过外加的直流电压进行调节。

5. 数字时钟的设计

石英晶体振荡器产生的信号经过分频器作为秒脉冲，秒脉冲送入计数器计数，计数结果通过“时”、“分”、“秒”译码器显示时间；“时”显示由二十四进制计数器、译码器、显示器构成，“分”、“秒”显示则由六十进制计数器、译码器、显示器构成。

CHAPTER 3

第3章 数字逻辑篇

该篇从数字逻辑层介绍数字系统设计，结合 DDA 系列数字系统设计平台以及 Quartus Ⅱ软件，使学生循序渐进地了解 FPGA 开发与应用技术，掌握电路内部逻辑的 VHDL 基本描述方法，熟悉软件工具使用技巧、软件调试的方法与技巧、硬件验证方法，了解数字系统时序分析与性能测试。

3.1 软硬件平台介绍

3.1.1 实验简介

(1) FPGA 开发及 Quartus Ⅱ 软件介绍。

(2) DDA 系列数字系统实验平台的介绍。

3.1.2 FPGA 开发介绍

1. FPGA 简介

现场可编程门阵列(Field Programmable Gate Array，FPGA)是 Xilinx 公司于 1985 年率先推出的一种结合门阵列通用结构和传统可编程逻辑器件的现场可编程特性于一体的新器件。

FPGA 内部采用了类似于半定制门阵列的通用结构，即由逻辑单元阵列(Logic Cell Array，LCA)组成，包括可配置逻辑模块(Configurable Logic Block，CLB)、输入输出模块(Input Output Block，IOB)和互连资源(Interconnect Resources，IR)3 个部分。

FPGA 的工作状态由存放在片内配置存储器的程序来设置。用户在专用开发环境下快速完成设计，并以构造代码的形式存于片外存储器。上电，FPGA 将构造代码读入 SRAM 构成的片内配置存储器完成资源配置后实现用户所需功能设计。

FPGA 具有集成度高、设计灵活、通用性高、产品开发成本低等多方面的优点，有利于产品的快速成型。随着高密度、高速、可重构、低功耗、混合编程等方面进一步发展，FPGA 在现代电子系统设计中将越来越重要。

2. FPGA 的设计流程

FPGA 设计大体分为设计说明、设计输入、综合、功能仿真(前仿真)、逻辑实现、时序仿真(后仿真)、配置下载等步骤，Quartus Ⅱ 版设计流程如图 3-1-1 所示。

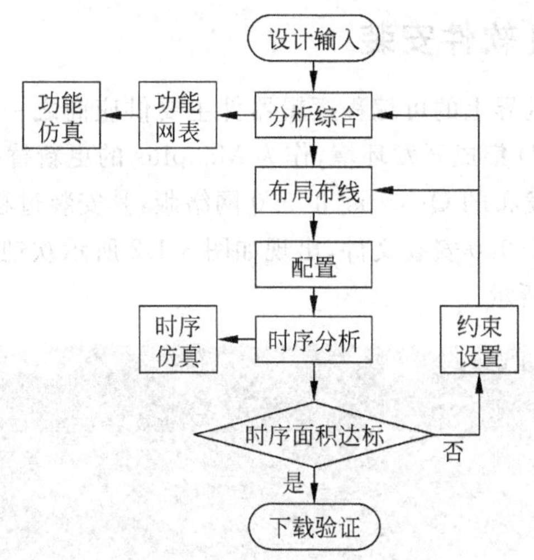

图 3-1-1　FPGA 的设计流程

1) 设计输入

用户可使用开发工具软件(如 Maxplus Ⅱ、Quartus Ⅱ 等)提供的图形编辑器、文本编辑器、状态图编辑器等输入工具将设计意图用图形方式(原理图或状态图)或文本(VHDL、VerilogHDL)等方式进行逻辑描述。

2) 分析综合

分析综合编译器执行除错验证，并依据逻辑设计的描述和各种约束条件将电路转换为综合网表，即从门级基本逻辑单元互连来描述电路结构。若编译某个环节出错，编译器会停止编译，并指示错误原因和位置。综合可划分为转化、优化和映射三个过程。转化将逻辑描述转化为门级电路模块。优化进一步化简门级电路。映射将门级电路转为工艺库中元件连接的门级网表。

3) 功能仿真与时序仿真

功能仿真是在不考虑器件延时和布线延时的理想情况下进行逻辑功能验证，也称为前仿真。时序仿真在布局布线后进行，与特定器件有关，包含器件和延时约束信息，主要验证目标器件环境下的时序关系，又称为后仿真。设计时往往先完成功能仿真验证逻辑正确性，再通过时序仿真检验时序收敛。

4) 逻辑实现

综合后的网表文件针对具体目标器件进行网表的逻辑映射操作，包括逻辑分割、逻辑优化、布局布线底层、器件配置、时序分析。软件针对逻辑实现生成的配置报告、时序报告和下载文件等多项结果辅助用户查验分析。

5) 下载验证

适配器产生的下载文件通过下载电缆植入目标芯片后，用户在硬件平台上验证电路功能。

3. FPGA 的应用

FPGA 有集成度高、编程仿真方便、速度快等优点，在通信、数据处理、网络、仪器、工业控制、军事和航空航天等众多领域得到了广泛应用。此外，FPGA 的功耗和成本进一步降低，势必促使 FPGA 进入更多的应用领域。

3.1.3 Quartus Ⅱ软件安装

Altera 公司是目前世界上的可编程逻辑器件主要供应商之一。Quartus 软件是 Altera 公司提供的 FPGA/CPLD 集成开发环境，作为 Maxplus 的更新替换产品，界面友好，使用方便。本书采用官方免费发布的 Quartus Ⅱ 9.0 网络版，其安装过程如下：

(1) 运行 Quartus Ⅱ 9.0 安装文件，出现如图 3-1-2 所示欢迎页面，单击 Next 按钮，进入下一页面，如图 3-1-3 所示。

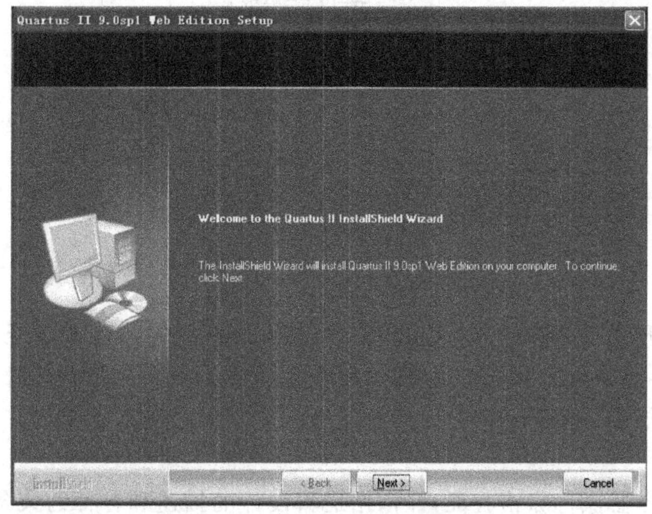

图 3-1-2 Quartus Ⅱ欢迎页面

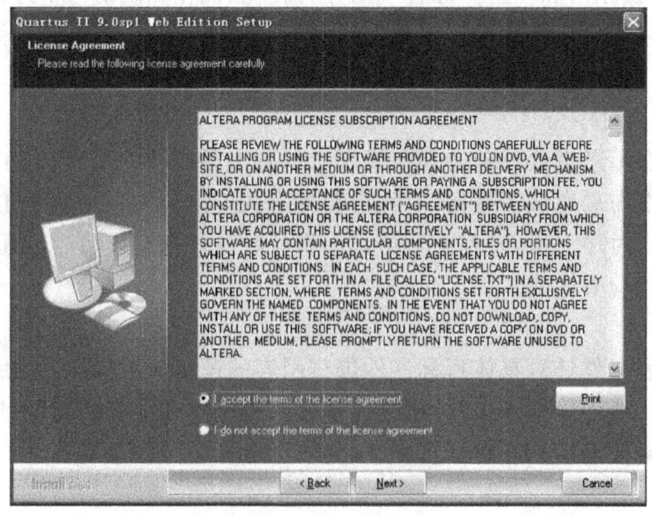

图 3-1-3 协议页面

(2) 选择接受协议，单击 Next 按钮，进入用户信息页面，如图 3-1-4 所示。

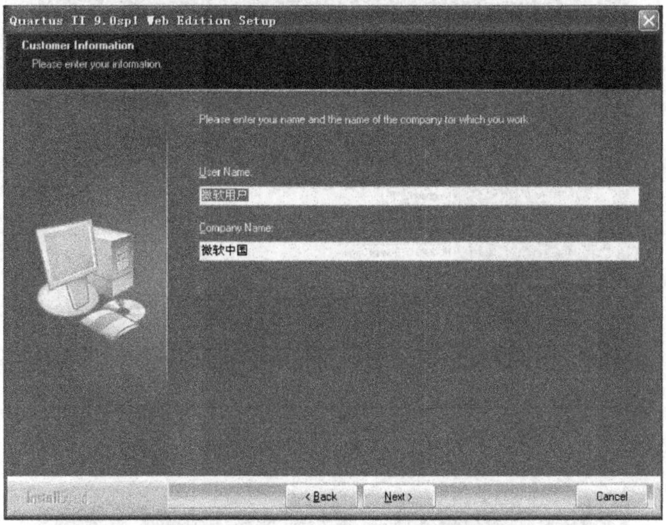

图 3-1-4　用户信息页面

(3) 填写用户名和公司名，单击 Next 按钮，进入如图 3-1-5 所示的安装路径页面。

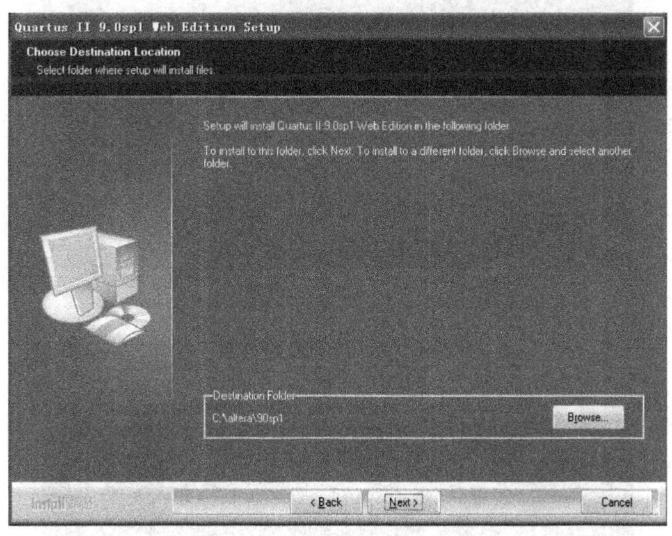

图 3-1-5　安装路径页面

(4) 选择软件安装的英文路径，然后单击 Next 按钮，进入下一页面，如图 3-1-6 所示。

(5) 选择默认程序文件名，单击 Next 按钮，进入安装类型页面，如图 3-1-7 所示。

(6) 选择完全安装(高级用户可以自行定制安装)，然后单击 Next 按钮，进入如图 3-1-8 所示的页面并核对用户设置信息。

(7) 单击 Next 按钮，进入软件安装页面如图 3-1-9 所示，安装完后进入安装完成页面，单击 Finish 按钮，结束安装，如图 3-1-10 所示。

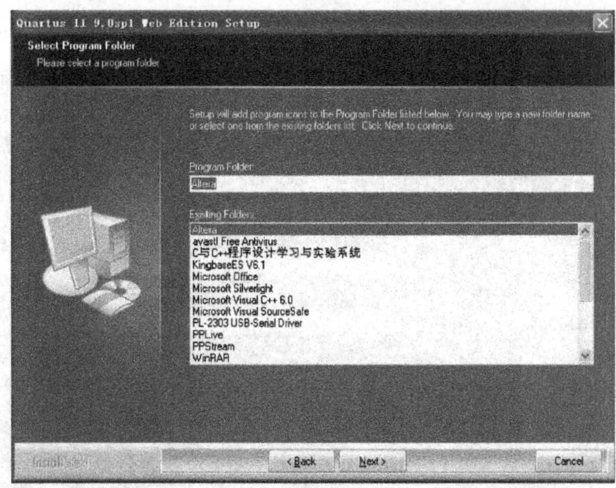

图 3-1-6　程序文件夹页面

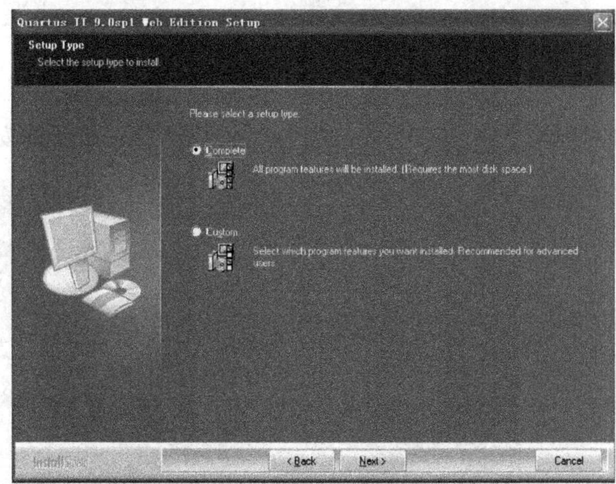

图 3-1-7　安装类型页面

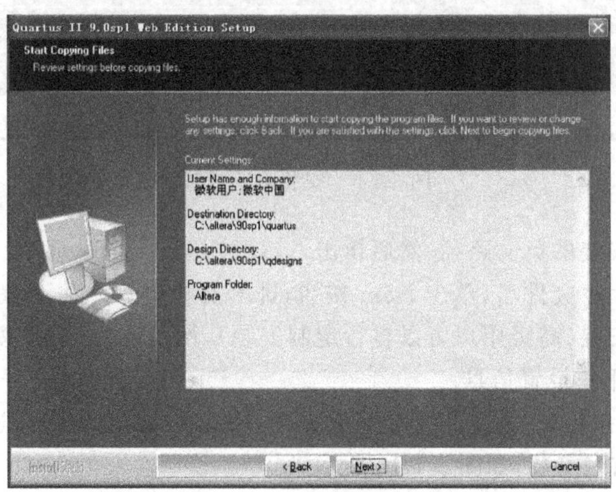

图 3-1-8　用户设置页面

图 3-1-9　安装页面

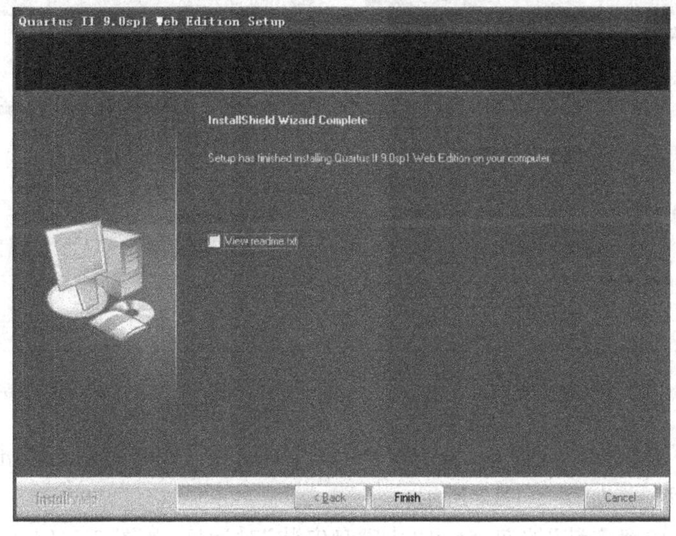

图 3-1-10　安装完成页面

3.1.4　硬件驱动安装

1. USB 下载电缆线驱动安装

(1) 运行驱动程序安装文件，进入如图 3-1-11 所示的硬件驱动安装向导欢迎页面。

(2) 单击“下一步”按钮，安装电缆驱动程序，进入如图 3-1-12 所示的页面。单击“完成”按钮，结束安装。

2. USB 通信驱动安装

(1) 根据操作系统环境和处理器结构下载 x86 版驱动程序，地址为 http://www.ftdichip.com/Drivers/VCP.htm。

(2) 实验板上的通信下载切换开关拨到通信端，并利用 USB 电缆线连接 PC。屏幕上弹出硬件安装向导 1，如图 3-1-13 所示。

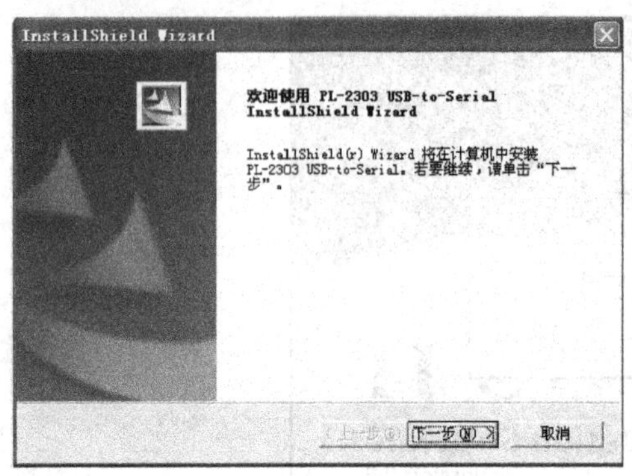

图 3-1-11　硬件驱动安装向导欢迎页面

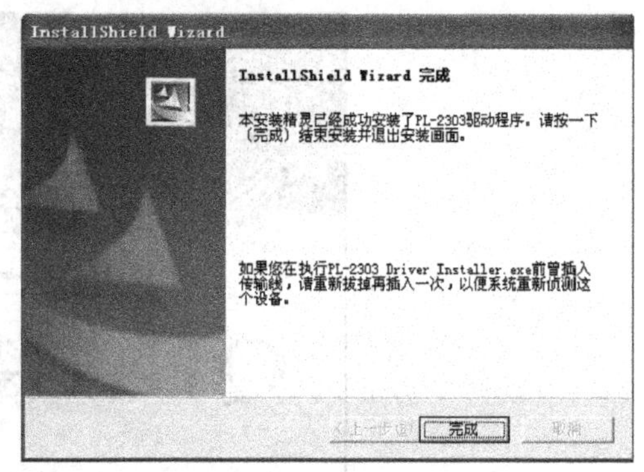

图 3-1-12　硬件驱动安装完成页面

(3) 选择"从列表或指定位置安装(高级)"单选按钮，单击"下一步"按钮，进入下一页面，如图 3-1-14 所示。

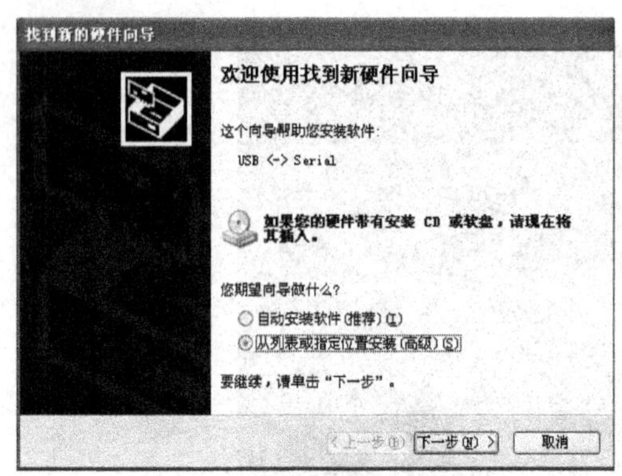

图 3-1-13　通信硬件安装向导 1

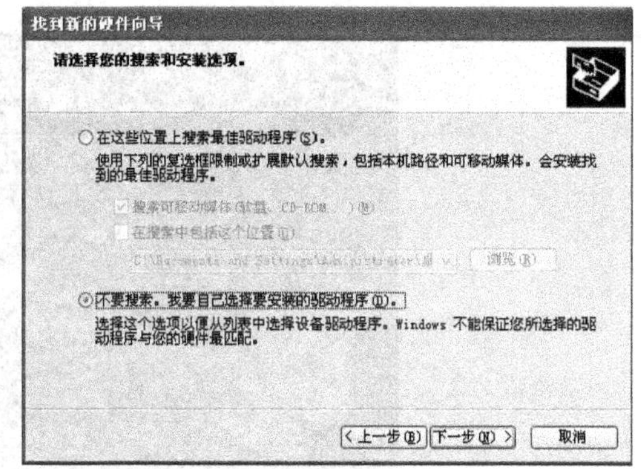

图 3-1-14　通信硬件安装向导 2

(4) 选择"不要搜索。我要自己选择要安装的驱动程序"单选按钮，单击"下一步"按钮，选定硬件厂商和型号，如图 3-1-15 所示。

(5) 单击"从磁盘安装"按钮，弹出"从磁盘安装"对话框，如图 3-1-16 所示。

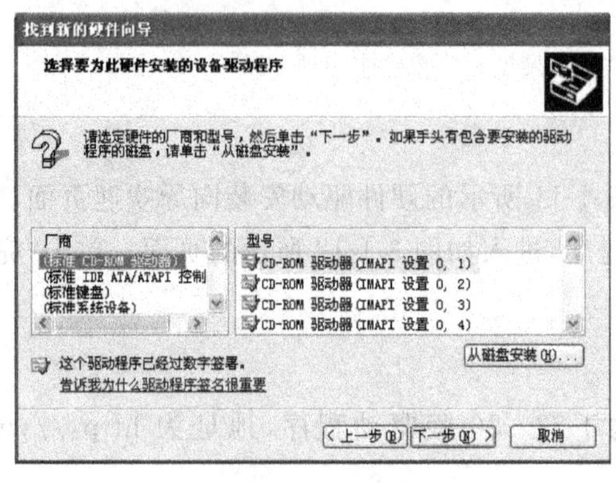

图 3-1-15　通信硬件安装向导 3

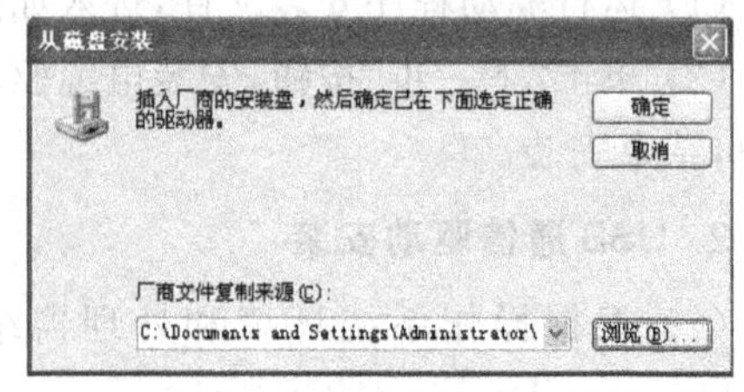

图 3-1-16　通信硬件安装向导 4

(6) 单击“浏览”按钮，选择驱动程序所在的文件夹后，单击“确定”按钮，进行安装，如图 3-1-17 所示。

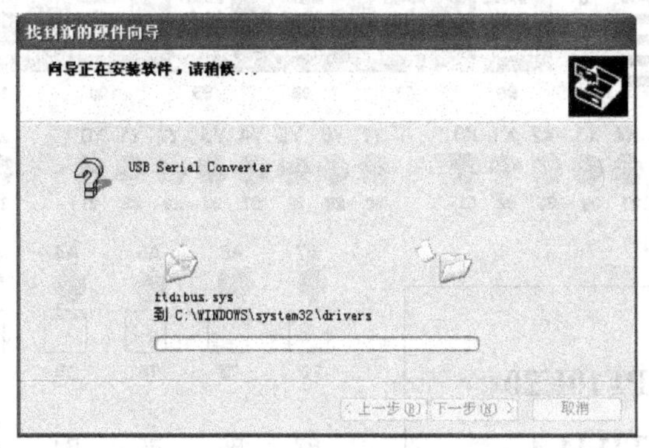

图 3-1-17　通信硬件安装向导 5

(7) 打开 Windows 设备管理器可查看到已成功安装 USB Serial Port (COM3)，如图 3-1-18 所示。

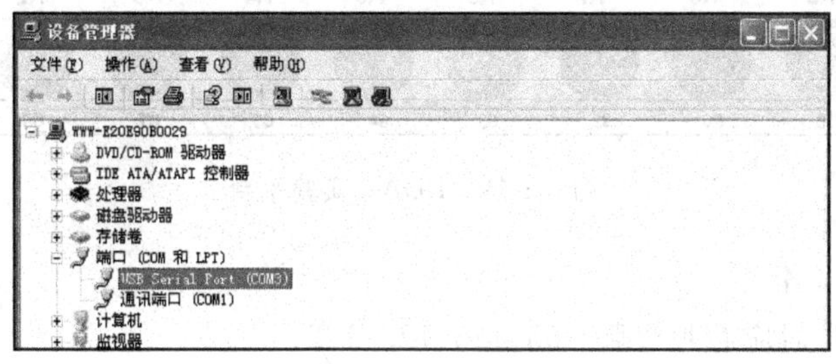

图 3-1-18　通信硬件安装成功

3.1.5　DDA-I 型实验平台

DDA-I 实验平台共设计了 24 个显示灯、8 个数码管、16 个带指示灯的电平按键、10 个脉冲按键、4 个时钟输入，如图 3-1-19 所示。

1. 具体资源及管脚分布情况

(1) 主芯片：Flex10K 系列的 EPF10K20TI144-4(EPF10K20TC144-3 适用)。芯片共有 144 个 I/O 脚，其中 102 个数据 I/O(70 个为特定的显示灯或按键，剩余 32 个满足用户扩展要求)。

(2) 脉冲按键(不能自锁，不带显示灯，初始状态为 1，按下为 0)10 个。

K9～K0，对应芯片管脚：59、60、62、63、64、65、67、68、69、70。

(3) 电平按键(自锁，带显示灯，初始状态灯灭为 0，按下则灯亮为 1)16 个。

A7～A0，对应芯片管脚：72、73、78、79、80、81、82、83。

B7～B0，对应芯片管脚：86、87、88、89、90、91、92、95。

电平按键的显示灯单独作为显示输出时，禁止将按键按下。此时，显示灯的亮灭将由设计的电路输出决定。灯亮表示输出为 1，反之为 0。

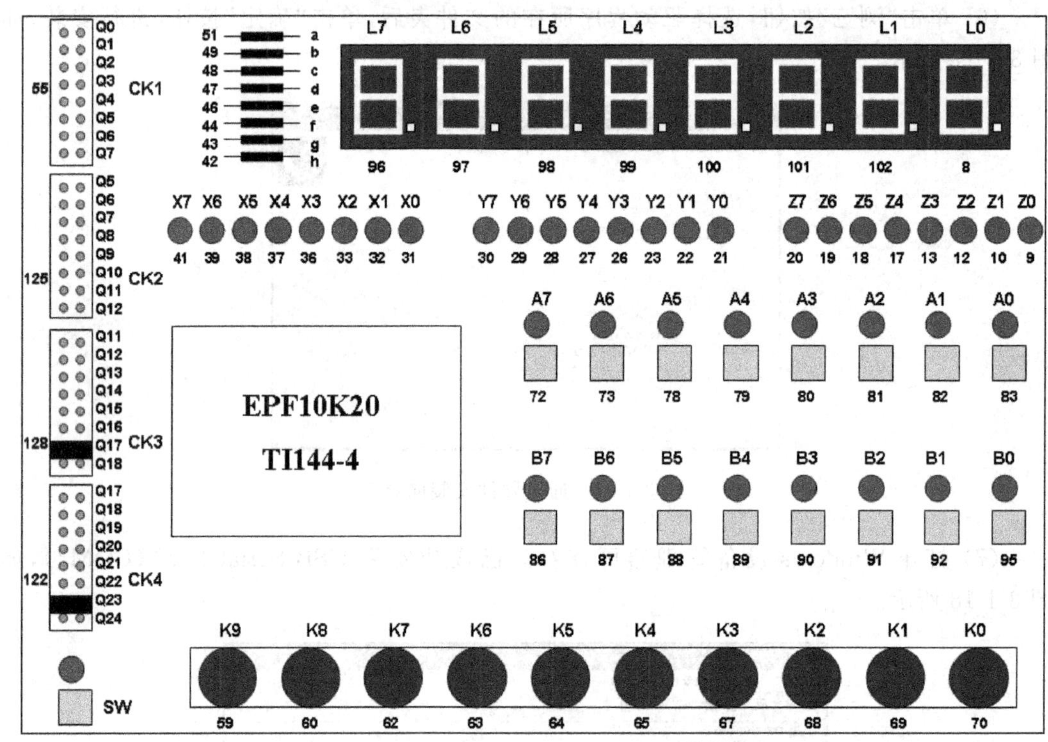

图 3-1-19　DDA-I 实验平台

(4) 时钟输入 4 个。

CLK1～CLK4,对应芯片管脚：55、125、128、122。

晶振频率 16MHz,每个时钟输入都有 8 个可选时钟频率,频率经二分频逐级降低。

(5) 显示灯(发光二极管)24 个。

X7～X0,对应芯片管脚：41、39、38、37、36、33、32、31。

Y7～Y0,对应芯片管脚：30、29、28、27、26、23、22、21。

Z7～Z0,对应芯片管脚：20、19、18、17、13、12、10、9。

(6) 七段数码管 8 个。

数码管的段选 a、b、c、d、e、f、g、h,对应芯片管脚：51、49、48、47、46、44、43、42,如图 3-1-20 所示。

数码管位选 L7～L0,对应芯片管脚：96、97、98、99、100、101、102、8,从左到右分别选中 8 个数码管。位选和段选均为高电平有效。

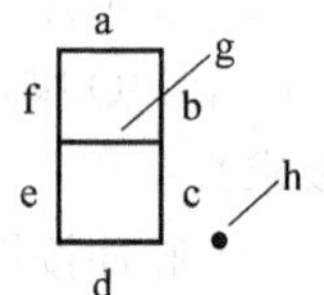

图 3-1-20　数码管段选设置

(7) JTAG 模式下载端口与 PS 模式下载端口各一个。

(8) 电源为直流 7～9V。

2. 部分电路工作原理

1) 时钟信号发生电路

如图 3-1-21 所示,CY 为晶振器件,U1 为分频器,JP 为跳线开关。晶振产生一个基准频率 16MHz Q0 输入到 U1,经过多次二分频输出为 Q1～Q12。分频的结果输出到 4 个跳线开关作为实验箱的时钟输入 CLK1～CLK4。

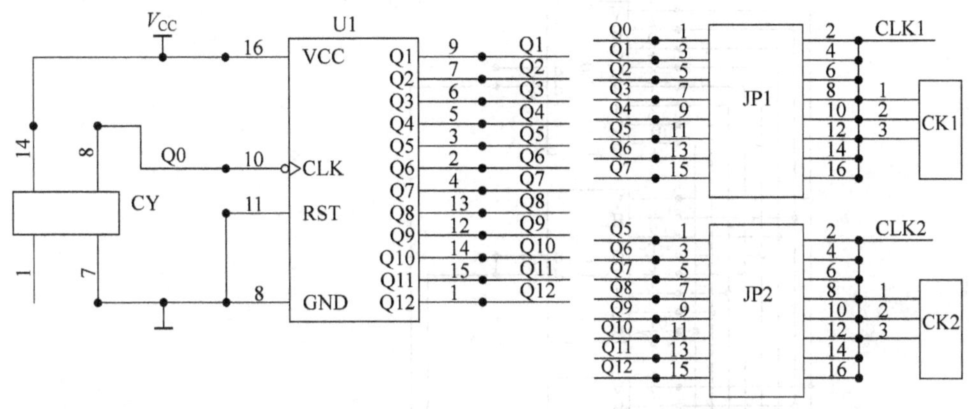

图 3-1-21　时钟信号发生电路

2) 七段数码管显示电路

8 个七段数码管电路图如图 3-1-22 所示，8 位段选 a～h 数据以总线形式连接各数码管，位选 SEL0～SEL7 经 U3 反向器分别输入到对应的数码管。每个数码管共 10 个脚，3、8 两个脚作为位选输入，低电平时有效。剩余 8 个脚作为段选输入，高电平时对应段的灯发光。

3) 电平按键电路

两排共 16 个带指示灯(LA0～LA7、LB0～LB7)的电平按键 A7～A0、B0～B7，电路图如图 3-1-23 所示。

当电平按键按下时，I/O 脚输入高电平，对应的发光二极管发光。弹起时，I/O 脚输入低电平，对应的发光二极管熄灭，此时对应的电平指示灯也可用作 I/O 脚的输出显示。

4) 脉冲按键电路

单排共 10 个脉冲按键 K9～K0，电路图如图 3-1-24 所示。按键未按下时，输入到 I/O 脚的为高电平，按下时输入到 I/O 脚的为低电平，即按下再松开一次按键将输入给 I/O 脚一个负脉冲。

5) 发光二极管显示电路

实验板上共有 X7～X0、Y7～Y0、Z7～Z0 三组发光二极管，从主芯片 I/O 脚连到发光二极管，经过排阻接到地形成回路。发光二极管接收到高电平时导通发光否则截止不发光，如图 3-1-25 所示。

6) 并口下载电缆电路

并口下载电缆 ByteBlaster 是将 PC 中的配置信息植入主芯片中必不可少的器件。图 3-1-26 所示为下载电缆的电路图，包含以下 3 个部分(值得注意的是，PCB 板必须给下载电缆提供电源 V_{CC} 和信号地)：

(1) 与 PC 并口相连的 25 针插头。

(2) 与主芯片板插座相连的 10 针插头。

(3) 74LS244 组成的数据交换电路。

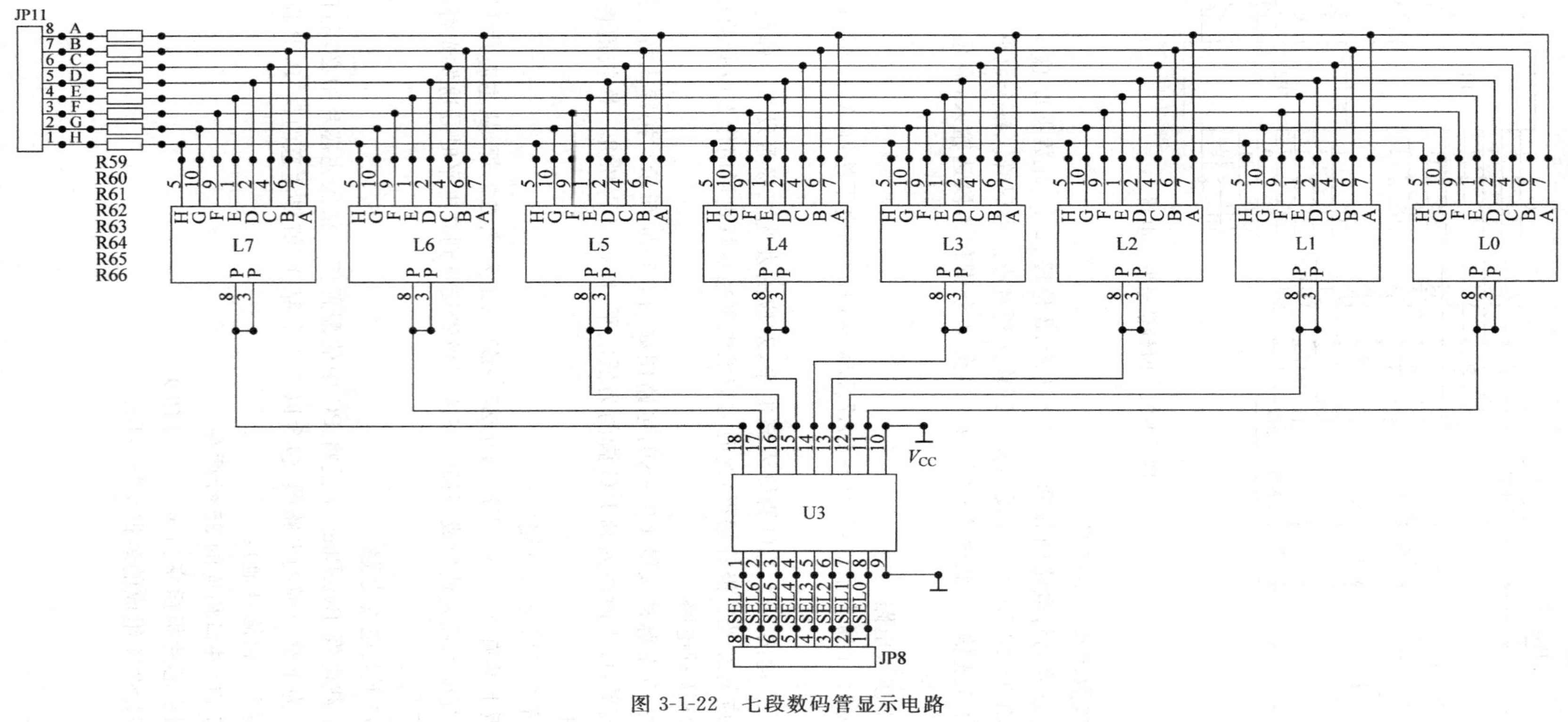

图 3-1-22　七段数码管显示电路

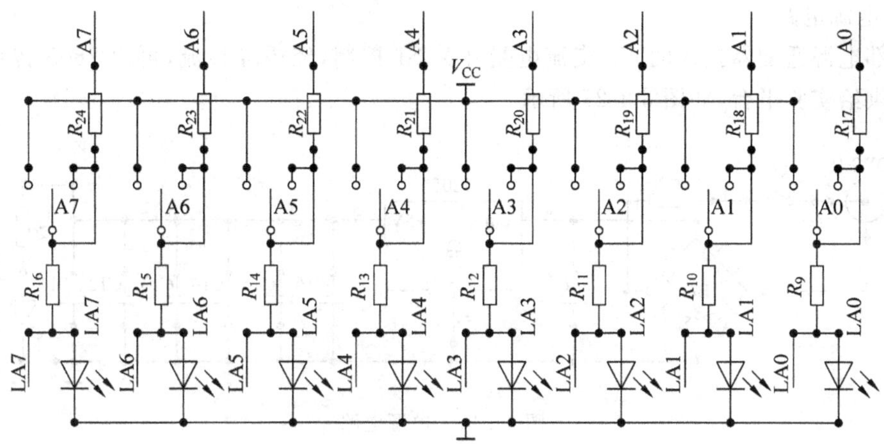

图 3-1-23　带显示灯的按键原理图

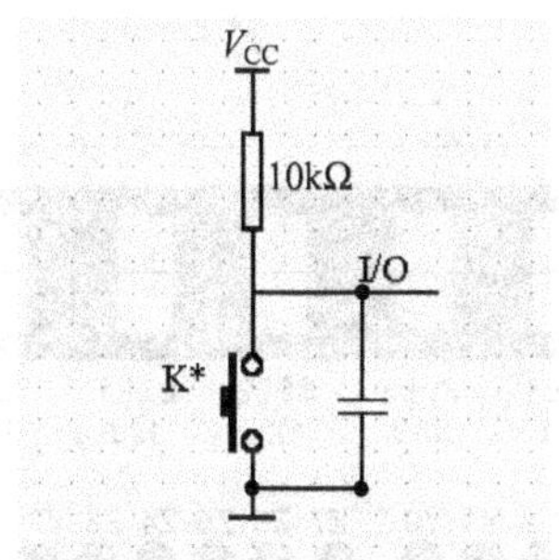

图 3-1-24　脉冲按钮电路

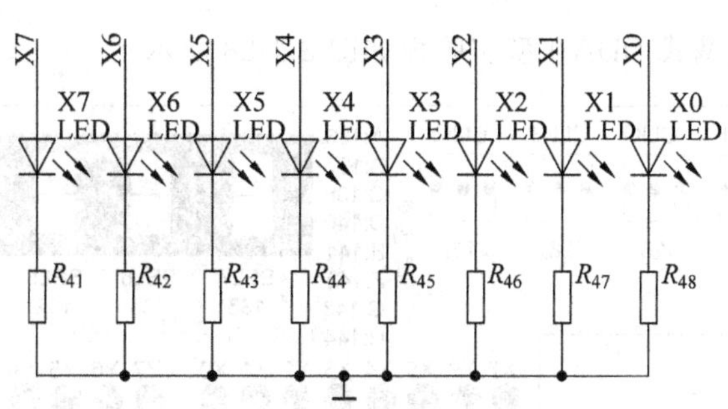

图 3-1-25　发光二极管显示电路

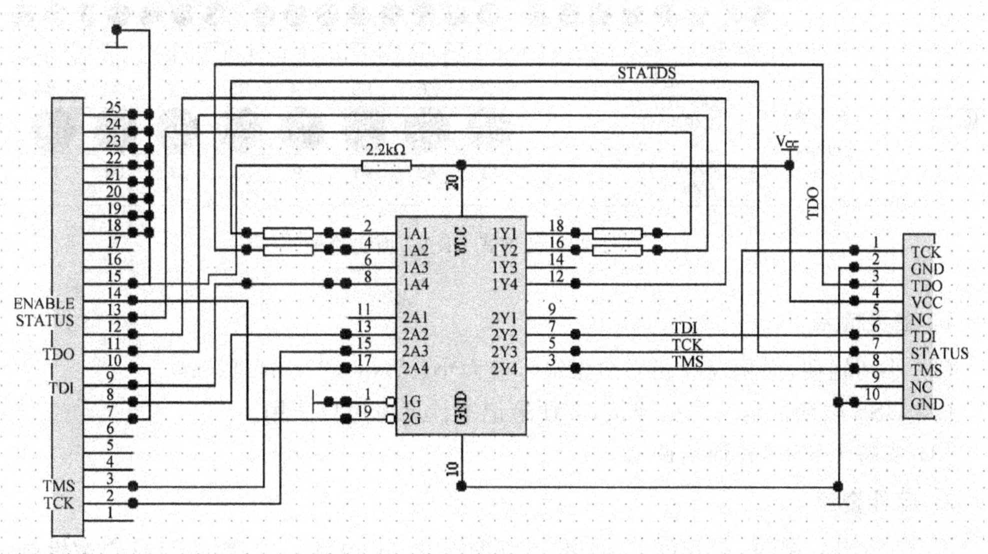

图 3-1-26　下载电缆电路

7）电源电路

外部电源适配器接入的 6V 交流电受开关 S1 控制，经桥堆整流，再由 7805 转化为 5V 直流电供给实验平台，如图 3-1-27 所示。

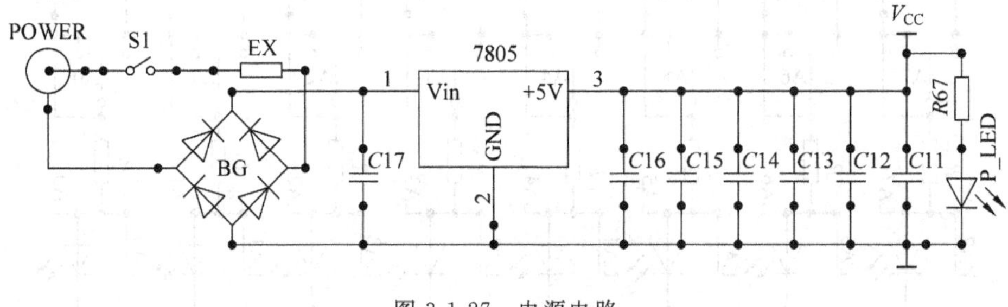

图 3-1-27 电源电路

3.1.6 便携式 DDA-I 型实验板

便携式 DDA-I 型实验板如图 3-1-28 所示。

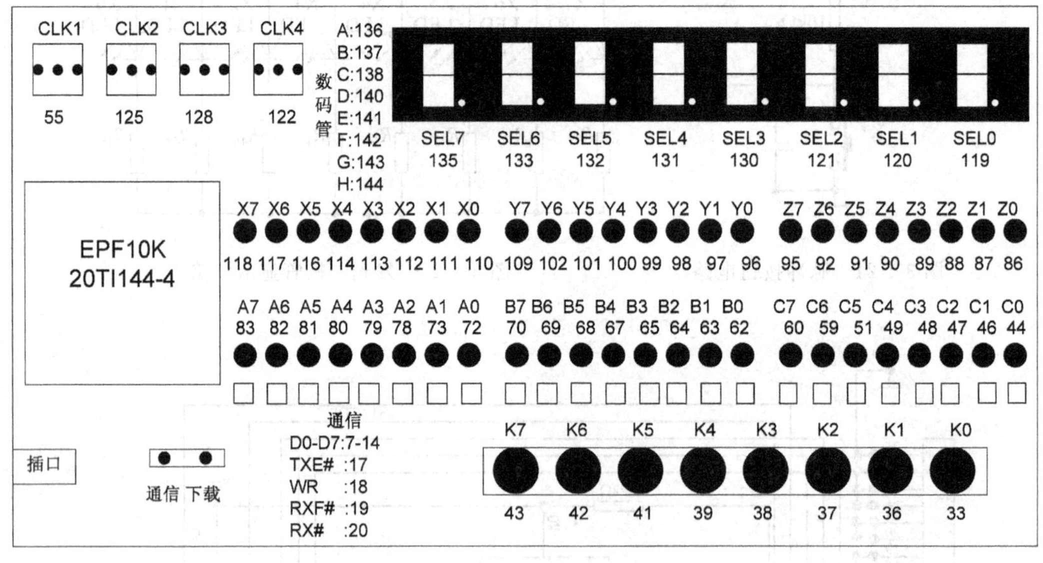

图 3-1-28 便携式 DDA-I 型实验板

1. 主要特点

(1) 小巧轻便，面积仅仅相当两张银行卡大小(37cm×27cm×12cm)。

(2) USB 电缆供电及数据连接，方便笔记本计算机用户使用。

(3) 支持 USB 串并通信调试。

2. 硬件资源

(1) 主芯片：Altera 公司的 Flex10K 系列的 EPF10K20TI144-4，提供 1152 个逻辑单元。

(2) 配置芯片：Altera 公司的 MAX Ⅱ系列 EPM240。

(3) USB 串并转换芯片：Ftdi 公司的 FT245。

(4) 通用时钟 4 组时钟频率为 0.9Hz～6MHz 可设定。

(5) 通用 LED 指示灯 24 个。

(6) 通用电平输入/LED 指示灯 24 个。

(7) 通用脉冲输入按键 8 个。

(8) 动态数码管显示 8 个。

(9) 通信下载切换开关 1 个。

3. 部分电路工作原理

1) 时钟资源

便携式 DDA-I 型实验板的 4 个时钟资源如图 3-1-29 所示，每个 CLK 都有对应的三个拨码开关控制选择时钟频率。

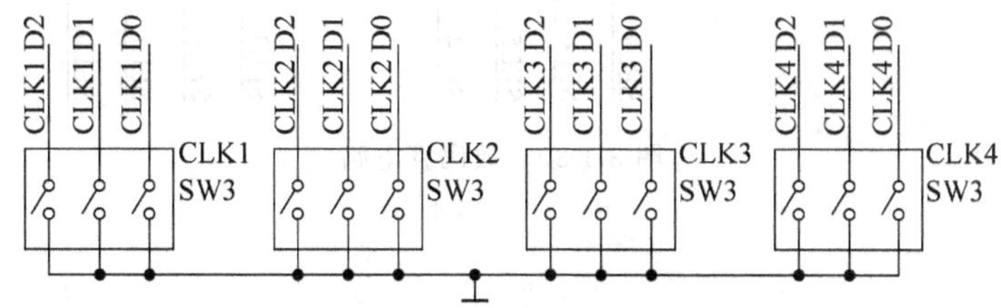

图 3-1-29　便携式 DDA-I 型实验板的时钟电路

CLK1～CLK4 基准频率依次为 6MHz、100kHz、1kHz、100Hz，并使用拨码开关调整时钟频率输入值。当开关闭合(对应拨码开关向上)，此时对应位输入为 0，开关断开(对应拨码开关向下)表示对应位输入为 1。拨码开关全部闭合(向上)时选择的时钟频率最高，全部断开(向下)选择的时钟频率最低。例如，CLK1 中当三个开关依次为闭合、断开、闭合时，即 CLK1 输入值为 010，则 CLK1 表示的时钟频率为基准频率/(2 拨码开关值)，即 $6/(2^2)$ 为 1.5MHz。

2) 数码管显示资源

实验箱上共有 8 个数码管，其中 SEL7～SEL0 作为数码管位选信号，ABCDEFGH 依次对应 8 段译码器的选通信号，均为高电平有效，如图 3-1-30 所示。

3) 脉冲输入按键资源

便携式 DDA-I 型实验板共 8 个按钮开关控制输入信号：K7～K0，当按键弹起时，输入值为 1，当按键按下时，输入值为 0，如图 3-1-31 所示。

4) LED 输出显示资源

便携式 DDA-I 型实验板共有 24 个发光二极管(XYZ)作为输出显示。当 I/O 脚输出为高电平时，发光二极管导通，产生光源；当 I/O 脚输出为低电平时，发光二极管无法导通，灯不亮。图 3-1-32 所示电路为其中一组，包括 8 个 LED。

5) 电平输入开关/输出显示复用资源

便携式 DDA-I 型实验板上共有 24 个带指示灯的电平输入开关。作为输入时，拨码开关向上，则对应位输入值为 1 且对应的发光二极管亮。拨码开关向下，则对应位输入值为 0，对应的管不亮。无输入时，指示灯可作为输出显示，输出值为 1，则发光二极管亮，电路图如图 3-1-33 所示。

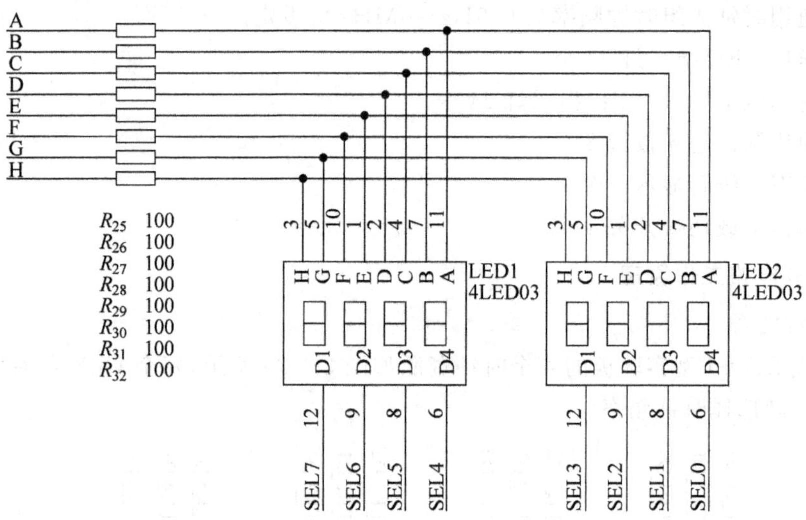

图 3-1-30　数码管电路

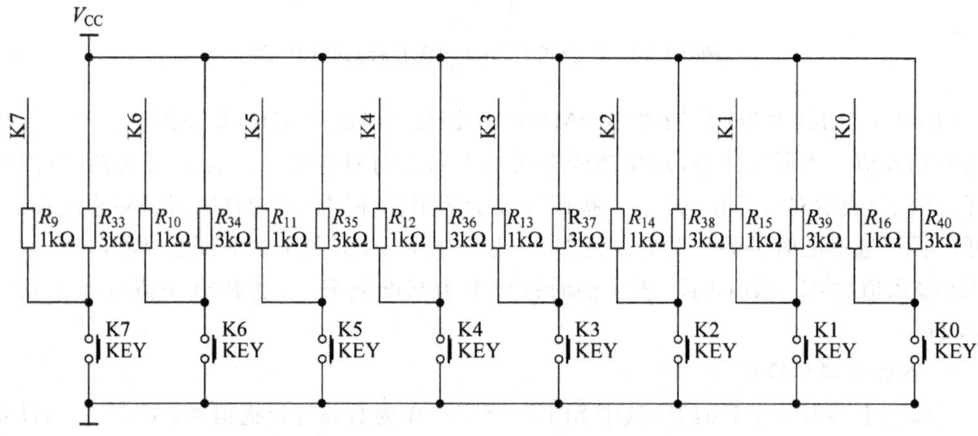

图 3-1-31　输入按键电路

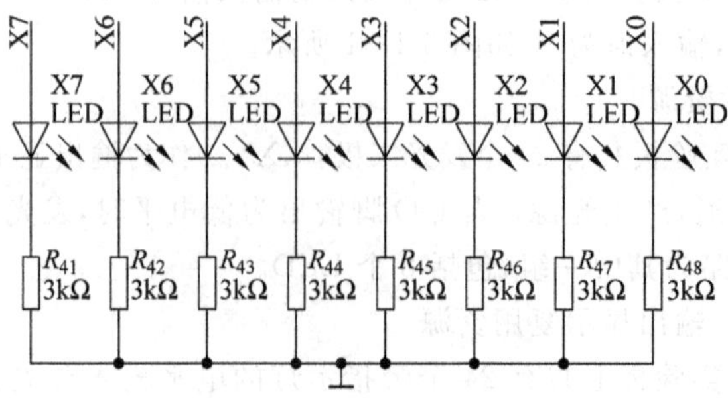

图 3-1-32　LED 输出显示电路

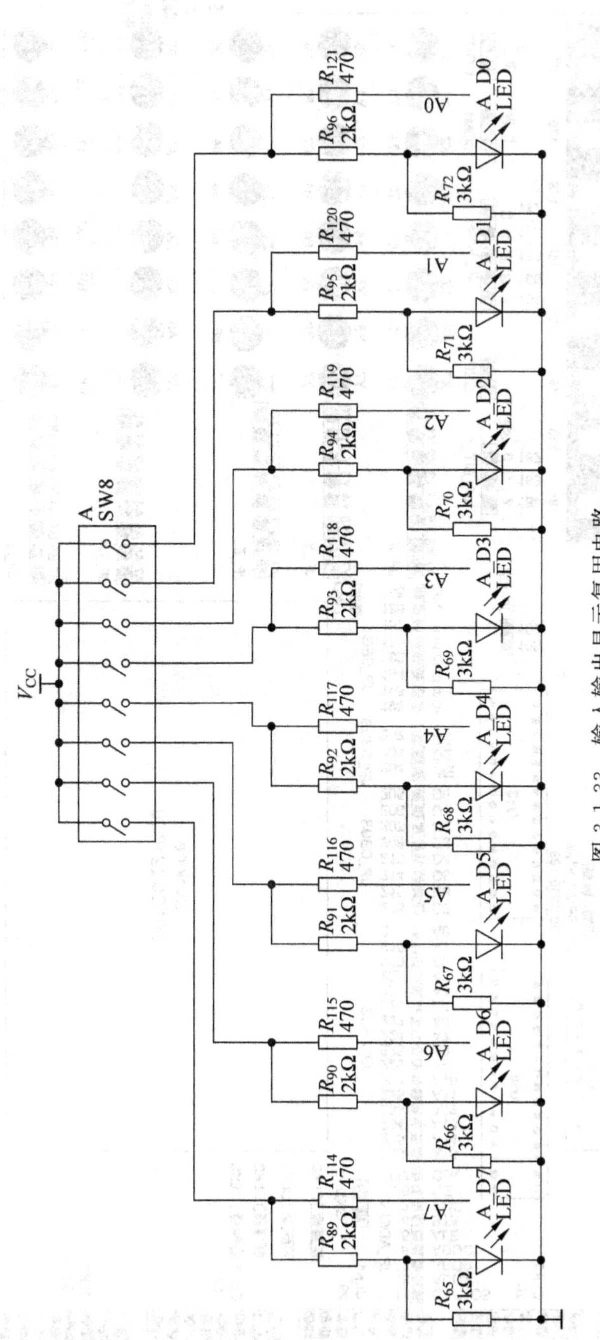

图 3-1-33　输入输出显示复用电路

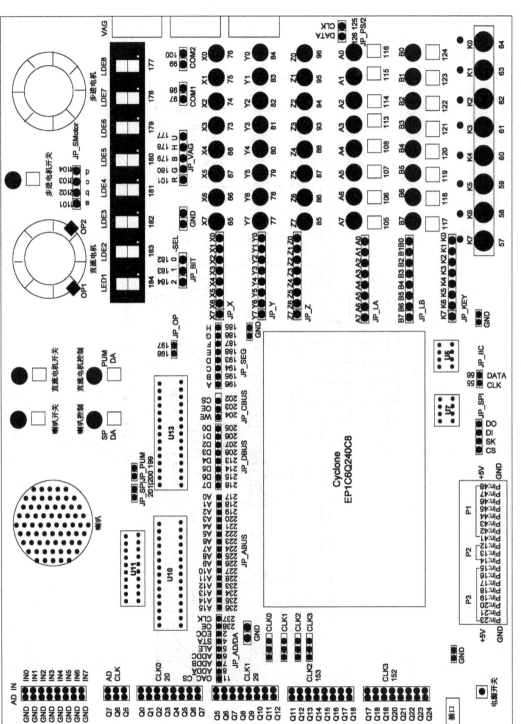

图 3-1-34 DDA-Ⅲ型实验平台

3.1.7　DDA-Ⅲ型实验平台

DDA-Ⅲ型实验平台实物图如图 3-1-34 所示。

1. 主要特点

(1) 资源丰富,含 VGA 接口、键盘接口、USB 鼠标接口、IIC 接口、SPI 接口、RS232 接口等。

(2) 支持接口电路设计,基于 IP 核的专用集成电路设计以及 32 位 Nios 微处理器的应用等。

(3) 采用 USB 电缆供电以及并口数据连接。

2. 硬件资源

(1) 主芯片为 Cyclone 系列的 EP1C6Q240,内部有 5980 个逻辑单元。

(2) FPGA 配置存储器：EPCS4 具备掉电时配置信息保存功能。

(3) 提供 JTAG 和 PS 两种配置方式与相应下载电缆。

(4) 通用 LED 指示灯 24 个。

(5) 通用电平输入/LED 指示 16 个。

(6) 通用脉冲输入按键 10 个。

(7) 动态数码管显示 8 个。

(8) 通用时钟 4 组,时钟频率为 0.5Hz～16MHz 可设定。

(9) H 型桥式 PWM 直流电机驱动器及直流电机 1 组。

(10) 步进电机驱动器及步进电机 1 组。

(11) 增量式编码器(用于直流电机转角/速度测量)1 个。

(12) 外接 SRAM：64KB。

(13) AD：8 通道/8 位。

(14) DA：单通道/8 位。

(15) MIC 输入、扬声器、IIC 接口存储器、SPI 接口存储器、PS2 接口、RS232 接口、VGA 接口。

3.2　软硬件平台的使用

3.2.1　基本知识点

(1) Quartus Ⅱ的数字系统设计流程。

(2) DDA 系列数字系统实验平台的使用。

(3) 图形输入、文本输入(硬件描述语言)、层次设计的过程。

(4) 图形输入的注意事项和画图技巧。

3.2.2　实验设备

(1) PC 一台。

(2) DDA 系列数字系统实验平台。

(3) Quartus Ⅱ配套软件。

3.2.3 实验概述

1. 数码管显示介绍

多位数码管显示电路由显示字符的段选信号和选通数码管的位选信号控制，如图 3-1-22 所示。各位数码管共用 8 位段选信号的电路结构使得同一时刻选通的所有数码管显示相同字符。通过采用动态扫描显示方式，可以“同时”显示出多位数码管的字符。动态扫描显示是指顺序循环地选通单位数码管并显示相应位的字符。只要每位数码管显示间隔足够短，再加上人眼视觉暂留效应及数码管余辉特性，人眼观察多位数码管“同时”显示本位字符。

2. Quartus Ⅱ文件

Quartus Ⅱ以工程为单位管理文件，保证了设计文件的独立性和完整性。常用的文件类型可以划分为以下 5 类：

(1) 编译必需的文件：设计文件(.gdf、.bdf、EDIF、.tdf、.v、.vqm、.vt、.vhd、.vht)、存储器初始化文件(.mif、.rif、.hex)、配置文件(.qsf、.tcl)、工程文件(.qpf)。

(2) 编译过程中生成的中间文件(.eqn 文件和 db 目录下的所有文件)。

(3) 编译结束后生成的报告文件(.rpt、.qsmg 等)。

(4) 根据个人使用习惯生成的界面配置文件(.qws 等)。

(5) 编程文件(.sof、.pof、.ttf 等)。

其中，第(1)类、第(3)类和第(5)类文件是维护一个最小工程所必需的文件，注意保留。

3.2.4 实验内容

利用 Quartus Ⅱ完成三位数码管显示电路的逻辑设计，通过仿真波形及硬件实验平台验证设计，并记录结果，完成报告。

1. 模 4 计数器

以模 4 计数器为例，详细介绍图形输入法的 Quartus Ⅱ工程设计过程：创建工程文件、电路设计、编译综合、仿真验证、管脚配置、编程下载、硬件验证测试等。

1) 创建工程文件

(1) 指定工程文件名。

在图 3-2-1 所示的界面中，选择 File→New Project Wizard 命令，打开工程向导，如图 3-2-2 所示，第 1 页中分别输入新建工程所在路径、工程名称(counter4)和顶层实体名称(counter4)。为减少用户工作量，Quartus Ⅱ要求工程文件名与顶层实体名一致。单击 Next 按钮，进入第 2 页，如图 3-2-3 所示。

(2) 添加源文件和用户库。

第 2 页新建工程向导 2 中可以添加工程所需子模块设计源文件及设置用户库。本工程直接单击 Next 按钮，进入如图 3-2-4 所示的第 3 页。

(3) 选择目标器件。

在 Family 下拉列表中选择器件系列为 Flex10K，在 Target device 选项中选中 Specific device selected in‘Available devices’list 单选按钮，确定器件型号为 EPF10K20TI 144-4 或 EPF10K20TC144-3。单击 Next 按钮，进入如图 3-2-5 所示的第 4 页。

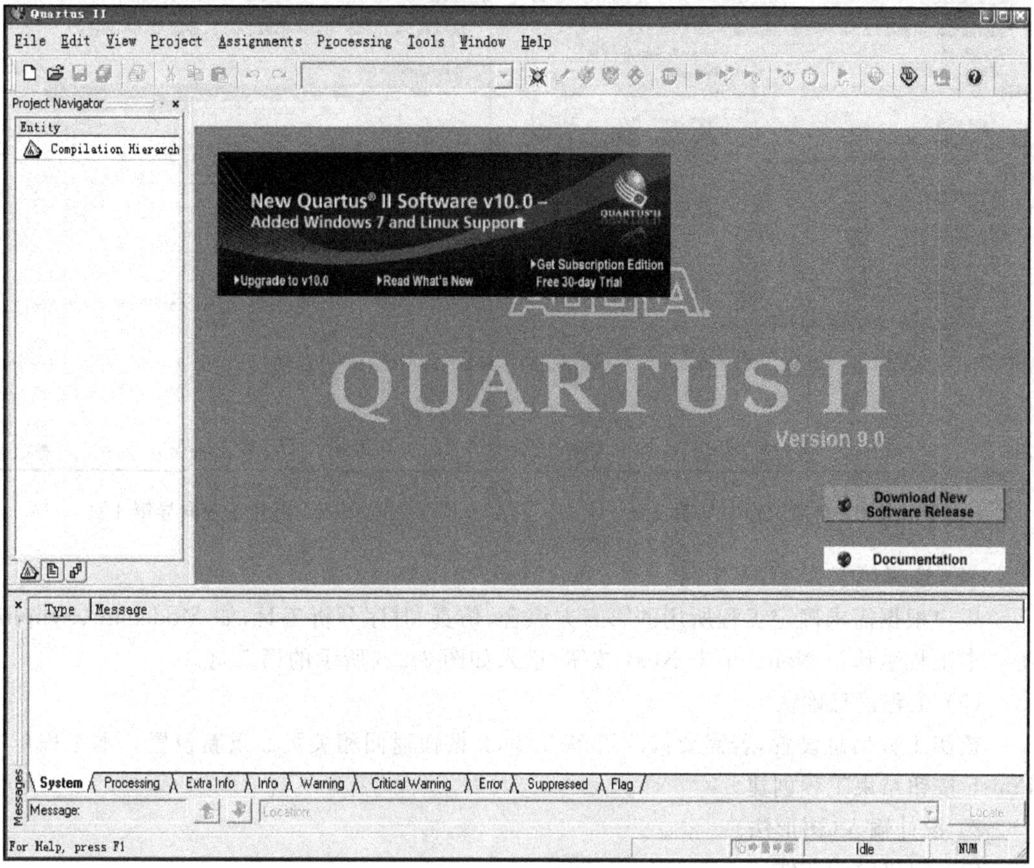

图 3-2-1　Quartus Ⅱ软件界面

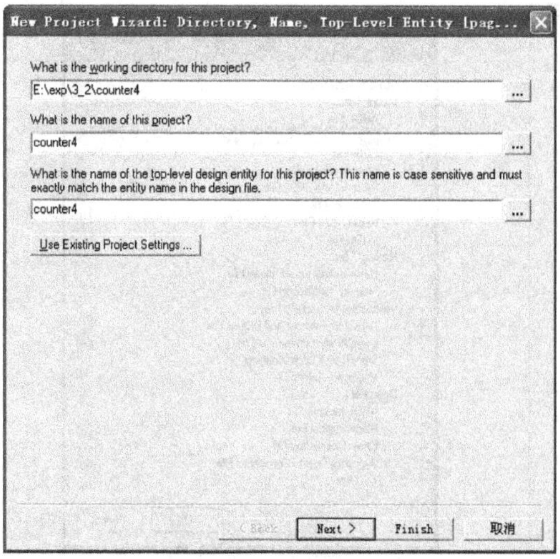

图 3-2-2　新建工程向导第 1 页

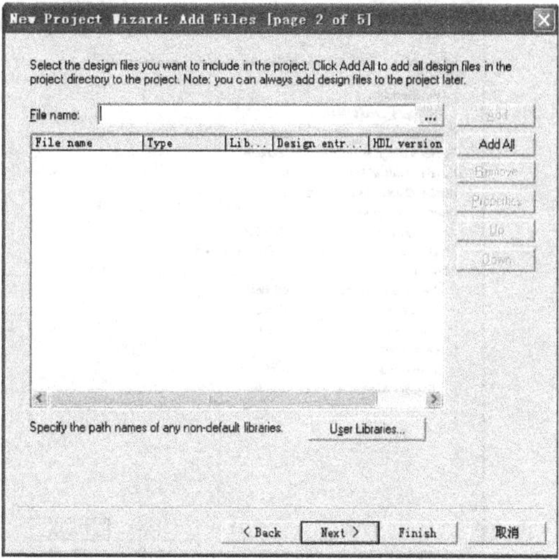

图 3-2-3　新建工程向导第 2 页

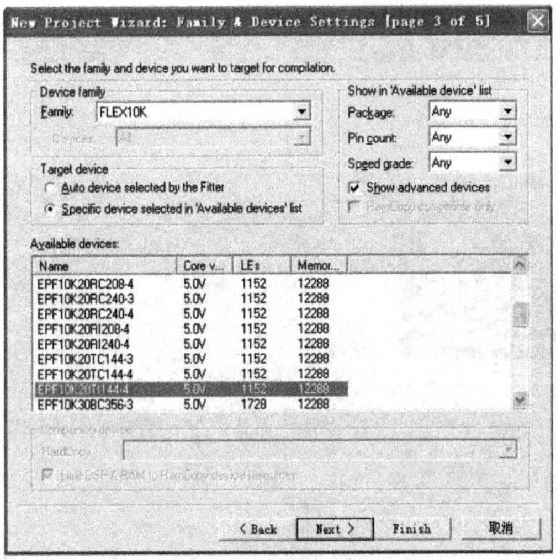

图 3-2-4　新建工程向导第 3 页

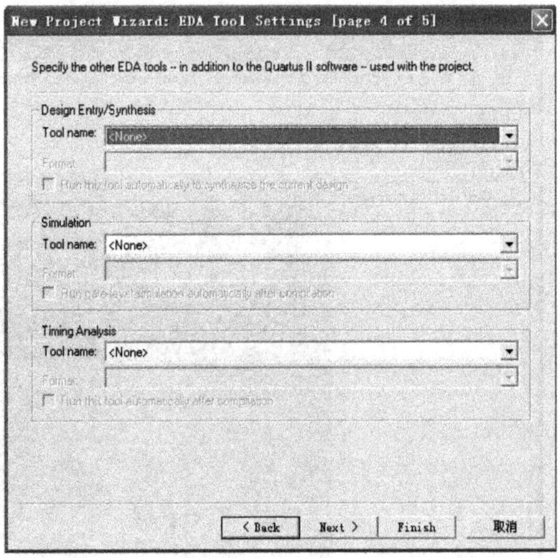

图 3-2-5　新建工程向导第 4 页

(4) 选择第三方 EDA 工具。

用户根据需求确定工程所用的第三方综合、仿真、时序分析工具，如 Modelsim、Synplify 等。本工程默认为 None，单击 Next 按钮，进入如图 3-2-6 所示的第 5 页。

(5) 工程信息确认。

核实工程信息设置，若需要修改可单击 Back 按钮返回相关页面重新设置。本工程单击 Finish 按钮结束工程创建。

2) 设计输入(图形法)

(1) 创建设计文件。

在 Quartus Ⅱ 主界面中，选择 File→New 命令，弹出如图 3-2-7 所示的新建文件对话框，选中 Block Diagram/Schematic File 选项并单击 OK 按钮，弹出空白的图形编辑器窗口。

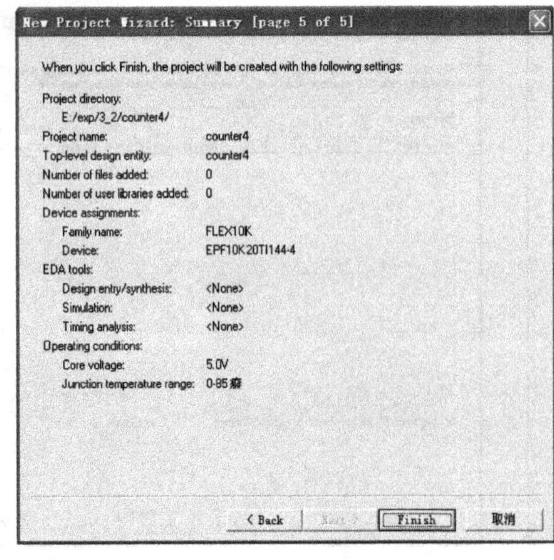

图 3-2-6　新建工程向导第 5 页

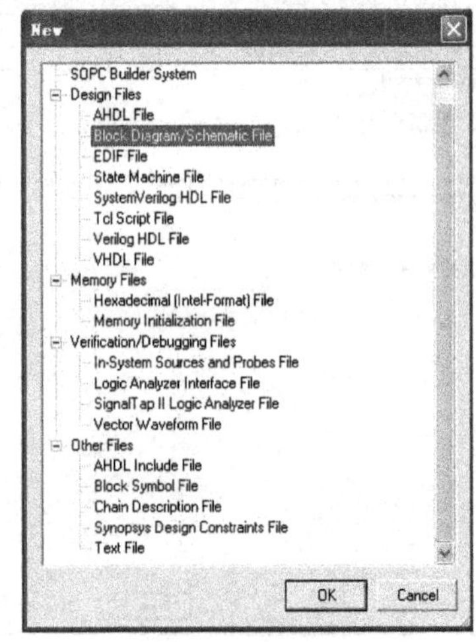

图 3-2-7　新建文件对话框

（2）元件的放置。

在图形编辑器的空白处双击，弹出如图 3-2-8 所示的电路元件对话框，在 Libraries 列表中选择 Others→Maxplus2→74161，或在 Name 框中直接输入 74161，右框显示相应元件符号。单击 OK 按钮，鼠标指针上粘着元件，鼠标移动到合适的位置，单击放置元件。

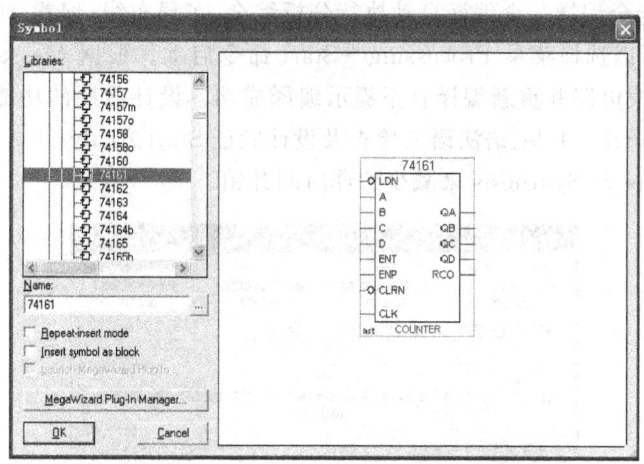

图 3-2-8　元件对话框

（3）元件命名及连接。

参考图 3-2-9 继续放置元件 V_{CC}、nand2、dff、input 和 output。元件及导线的命名可以右击选中元件或导线并在快捷菜单中选择 Properties 命令，弹出 Properties 对话框，在 Name 栏输入元件名或导线名。

连接元件的导线有两种：细线 Line 和粗线 Bus line，可以在右键快捷菜单中选择切换。粗线表示的总线命名方式采用 Name[m..n]，与总线相连的支线命名为 Name[m]，Name[m－1]，…，Name[n＋1]，Name[n]。例如，图 3-2-9 所示的电路采用了总线 q[1..0]，支线 q[1]，支线 q[0]。充分利用命名法实现逻辑连接，利于提高画图效率。

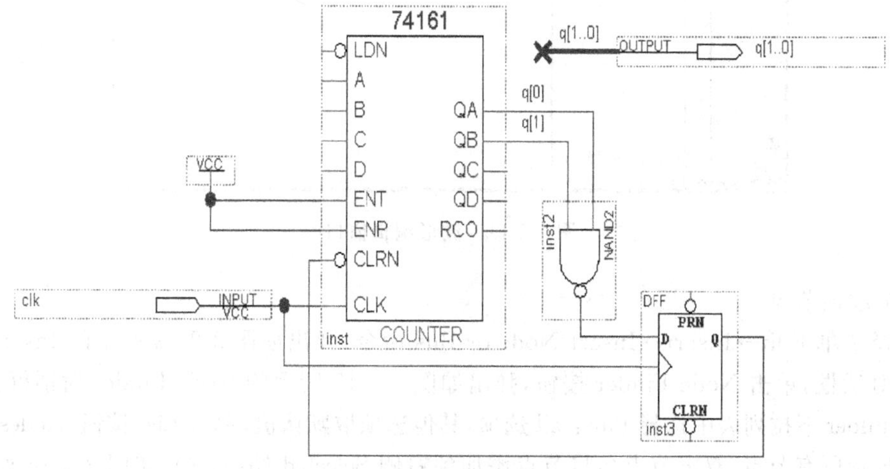

图 3-2-9　模 4 计数器电路

(4) 保存文件。

选择菜单 File→Save 命令，弹出保存对话框，默认保存工程文件名为 counter4. bdf。

3) 编译

选择菜单 Processing→Compiler Tool 命令，弹出全编译工具窗口如图 3-2-10 所示。单击 Start 按钮，执行全编译。全编译自动执行分析综合、布局布线、配置、时序分析 4 步单项编译。单项编译可以选择菜单 Processing→Start 命令启动。根据 Message 窗口中警告和错误信息提示，修改电路并重新编译直至提示编译成功。设计前期的功能验证可以选做语法检查 Analyze Current File、语法语义检查及设计验证 Start Analysis & Elaboration、分析综合 Start Analysis & Synthesis 来减少编译时间开销。

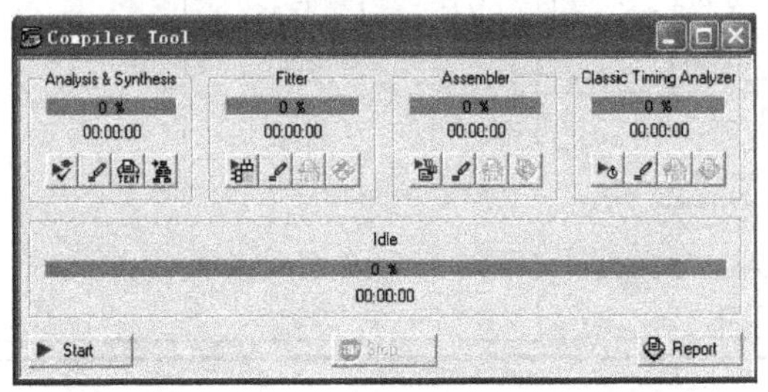

图 3-2-10 全编译工具窗口

4) 仿真功能验证

(1) 建立波形文件。

选择菜单 File→New 命令，弹出的新建文件对话框中，选择 Vector Waveform File 并单击 OK 按钮，弹出如图 3-2-11 所示的空白波形编辑窗口。

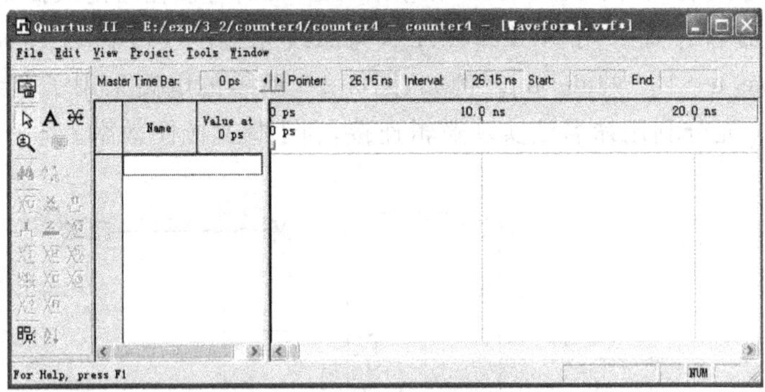

图 3-2-11 波形编辑窗口

(2) 添加节点。

选择菜单 Edit→Insert→Insert Node or Bus 命令，弹出如图 3-2-12 所示的 Insert Node or Bus 对话框，单击 Node Finder 按钮，弹出如图 3-2-13 所示的 Node Finder 对话框。

在 Filder 下拉列表中选择 Pins: all 选项，其他选项取默认值，单击 List 按钮，Nodes Found 列表中显示所有节点，双击节点名将节点添加到右侧 Selected Nodes 中，如图 3-2-14 所示，单击 OK 按钮，返回 Insert Node or Bus 对话框。QuartusⅡ仿真器可以同时仿真整个工程，即节点可选自顶层或底层子模块。

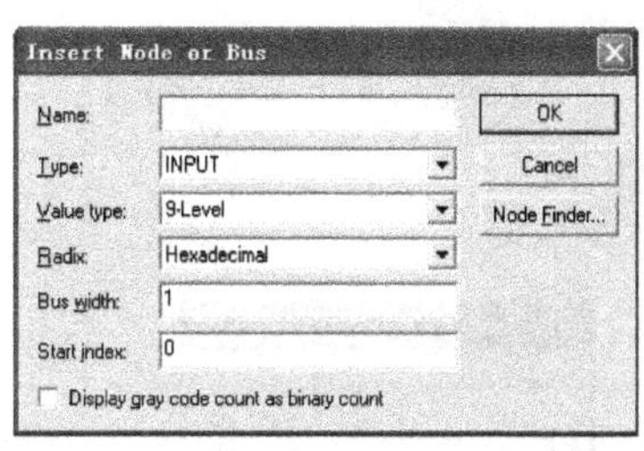

图 3-2-12　Insert Node or Bus 对话框

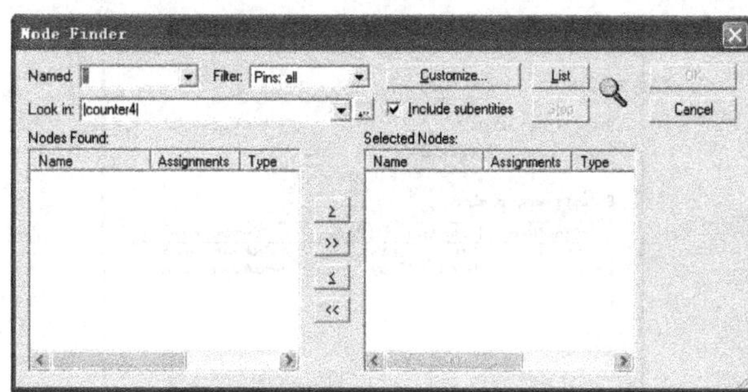

图 3-2-13　Node Finder 对话框

如图 3-2-15 所示，在 Radix 下拉列表中选择 Binary 选项，单击 OK 按钮，返回波形编辑窗口查看用户选定的输入输出节点情况，如图 3-2-16 所示。

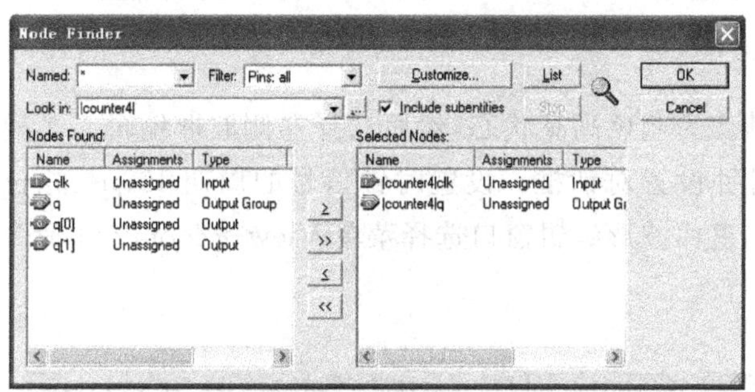

图 3-2-14　管脚选择

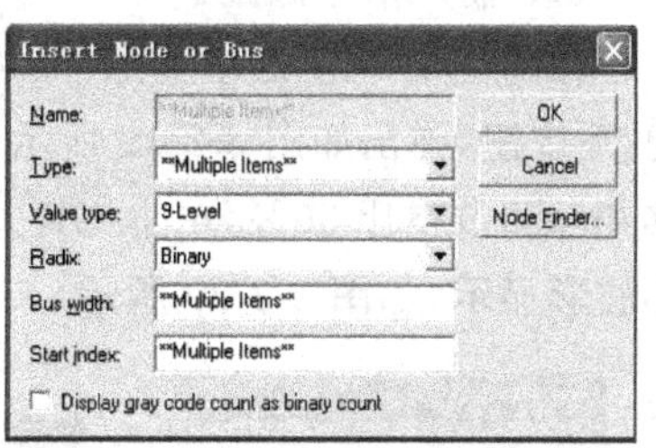

图 3-2-15　添加节点后的 Insert Node or Bus 对话框

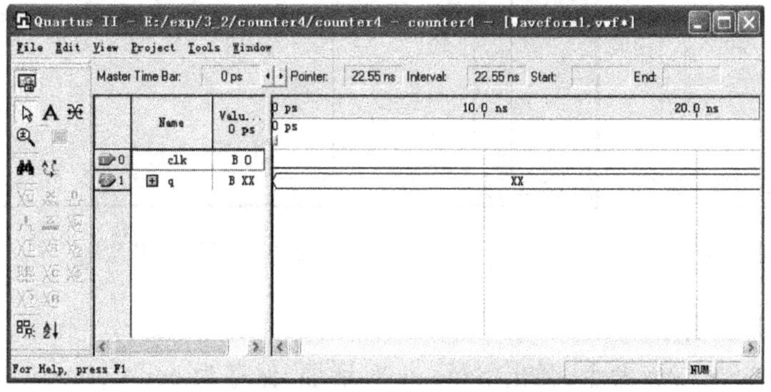

图 3-2-16　添加节点后的波形编辑窗口

(3) 参数设置。

仿真启动前，需要设置两个重要参数：End time 结束时间和 Grid size 网格大小。

① 选择菜单 Edit→End Time 命令，弹出结束时间对话框，如图 3-2-17 所示。在 Time 文本框中更改仿真的结束时间为 2μs，其他不变。

② 选择菜单 Edit→Grid Size 命令，弹出网格大小设置框，Period 文本框中设置为 100ns，如图 3-2-18 所示。

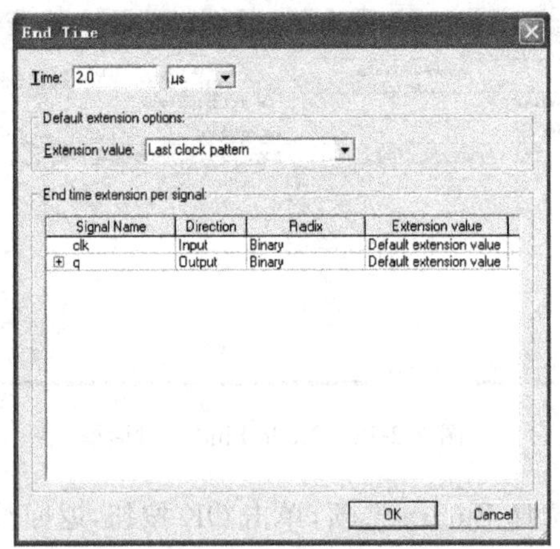

图 3-2-17 仿真结束时间对话框

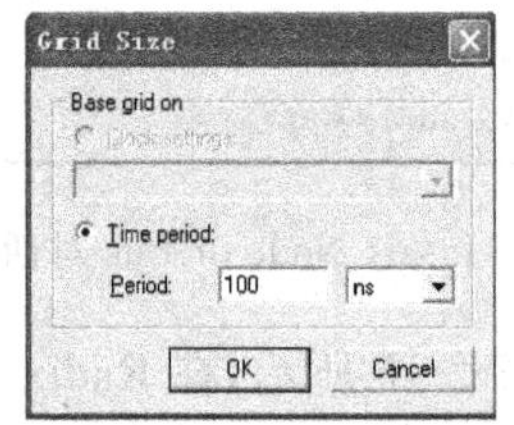

图 3-2-18 网格大小的设置

(4) 输入信号激励。

在图 3-2-16 中选中节点 clk,使其变为蓝色高亮状态,然后选择左侧波形编辑工具栏中的按钮,弹出如图 3-2-19 所示的时钟设置对话框。设置时钟信号的周期 100ns、相位偏移 0ns 和占空比 50%,单击 OK 按钮,返回波形编辑窗口选择菜单 View→Zoom out 命令缩小波形显示,如图 3-2-20 所示。

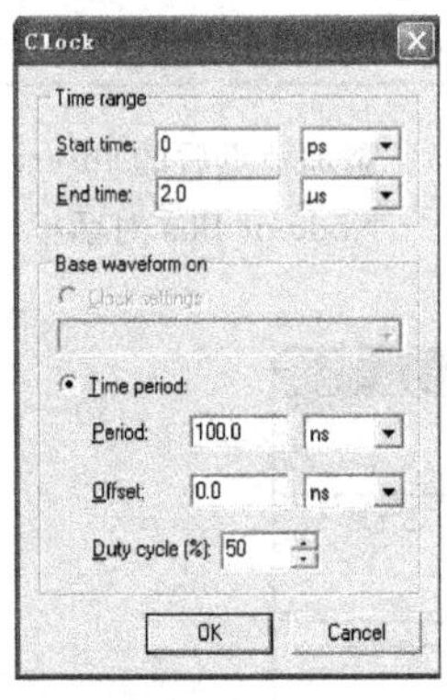

图 3-2-19 时钟设置

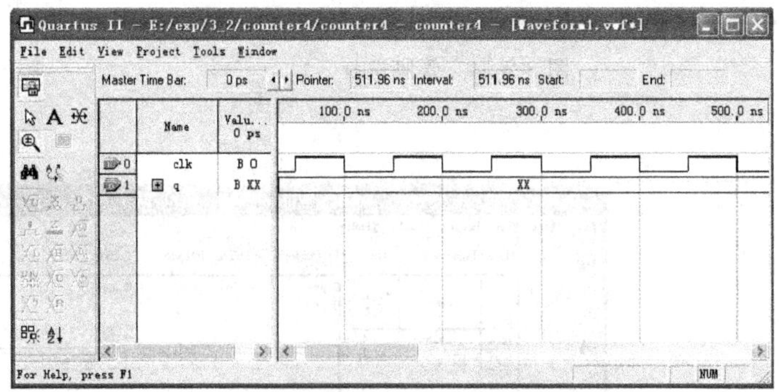

图 3-2-20 时钟信号激励

(5) 保存波形文件。

选择菜单 File→Save 命令,弹出 Save as 对话框,保存为 counter4. vwf,并选中 Add file to current project 项。单击"保存"按钮,完成文件保存。

(6) 仿真。

① 功能仿真。

选择菜单 Processing→Generate Functional Simulation Netlist 命令产生功能仿真网表。

选择菜单 Assignments→Settings 命令,弹出工程设置对话框,如图 3-2-21 所示,单击 Simulator Settings 选项,在右侧的 Simulation mode 下拉列表中选择 Functional 项,并指定 Simulation input 波形激励文件为 counter4. vwf,单击 OK 按钮完成设置。

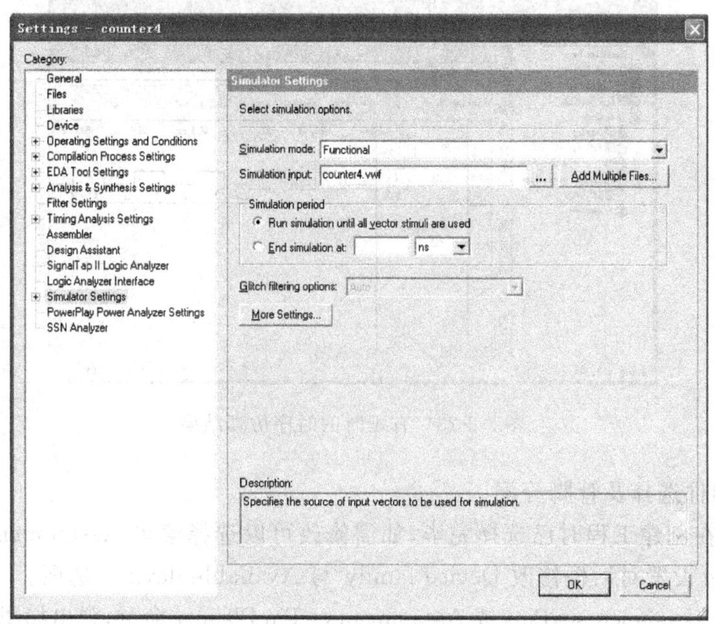

图 3-2-21　仿真设置对话框

选择菜单 Processing→Start Simulation 命令，启动功能仿真，仿真结束依据新的 Simulation Report 窗口查看结果，如图 3-2-22 所示，可以看出逻辑关系正确，功能仿真没有延时。

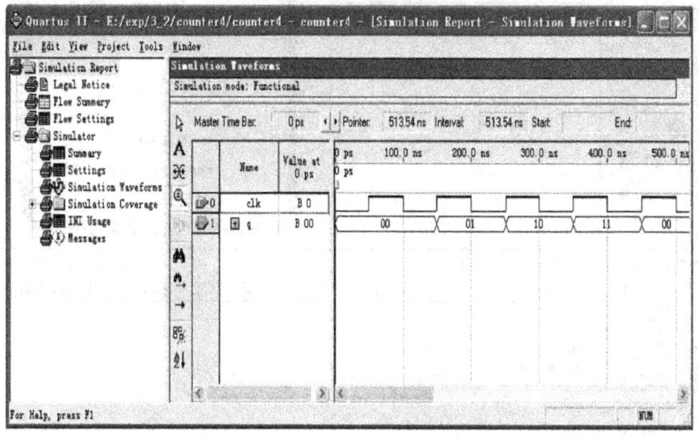

图 3-2-22　无延时的功能仿真结果

② 时序仿真。

选择菜单 Assignments→Settings 命令，弹出如图 3-2-21 所示的仿真设置对话框，单击 Simulator Settings 选项后，在右侧的 Simulation mode 下拉列表中选择 Timing，其他按默认设置，单击 OK 按钮完成设置。

参照"编译下载及硬件测试"中内容完成目标器件选择及管脚分配。

选择菜单 Processing→Compiler Tool 命令，单击 Start 按钮，执行全编译。选择菜单 Processing→Start Simulation 命令。

启动仿真器，时序仿真结果如图 3-2-23 所示，输出加入一定的延时。

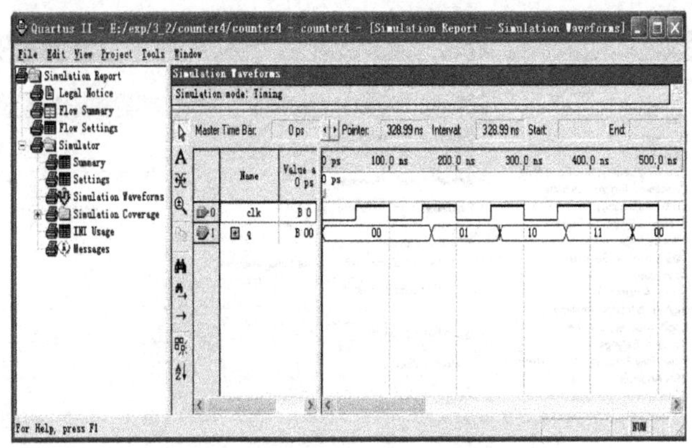

图 3-2-23　有延时的时序仿真结果

5）目标器件选择及管脚分配

目标器件在创建工程时已选择完毕，如需修改可以选择菜单 Assignments→Devices 命令，弹出 Device 设置对话框修改 Device family 与 Available devices 选项。

选择菜单 Assignments→Pins 或 Assignments→Pin Planner 命令，弹出如图 3-2-24 窗口，它包含器件顶层视图，以不同的颜色和符号表示不同类型的管脚，并以其他符号表示 I/O 块。

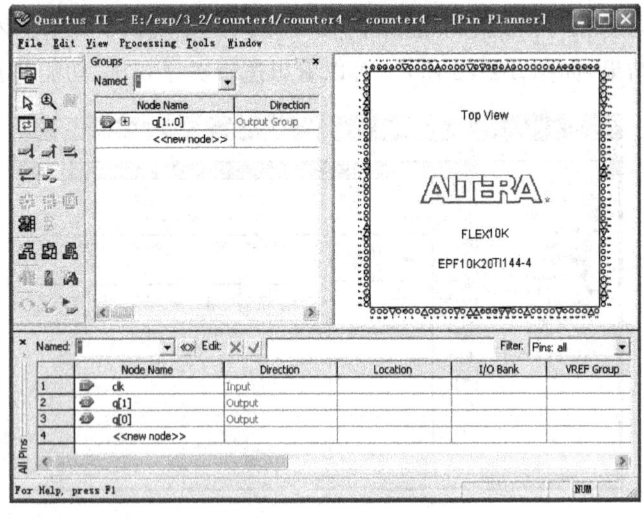

图 3-2-24　管脚分配窗口

选中第一行(clk 行)为蓝色高亮状态，双击 Location 列的空白格弹出管脚列表，选择合适的管脚资源。依据实验板上输入输出资源将该时钟信号 clk 锁定到目标管脚 P122。同理锁定其他输出信号 q[1]、q[0]在两个发光二极管灯上。

选择菜单 Processing→Compiler Tool 命令，单击 Start 按钮，执行全编译，更新. sof 下载文件。

6）编程下载及硬件测试

芯片的配置信息可由配置程序植入芯片内部 SRAM，且掉电便丢失。用户需要在每次系统上电后重新配置。DDA-I 型实验箱以及 DDA-I 便携型实验板使用 FLEX 系列，下面对其进行配置。

(1) 将下载电缆线与 PC 并口或 USB 接口(DDA_I 型便携式实验板)连接,打开实验平台电源开关。选择 Tools→Programmer 命令,进入下载窗口,如图 3-2-25 所示。

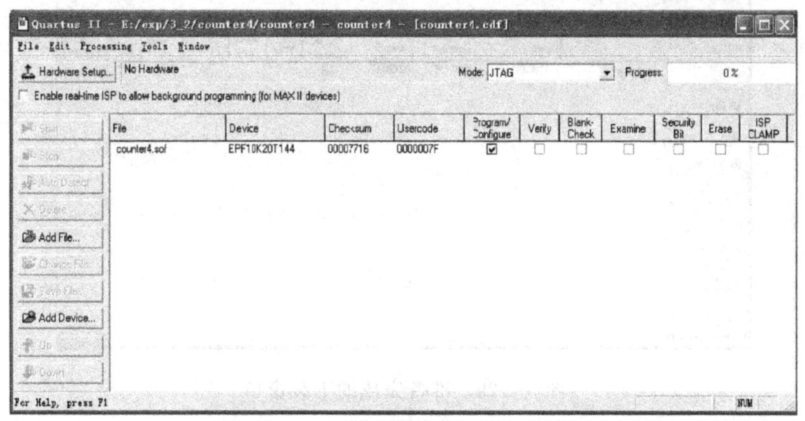

图 3-2-25　下载窗口

(2) 单击 Hardware Setup 按钮,弹出电缆配置对话框,如图 3-2-26 所示。

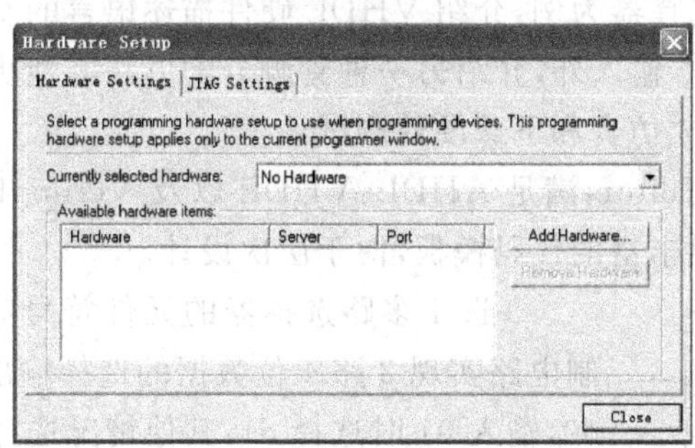

图 3-2-26　电缆配置对话框

(3) 单击 Add Hardware 按钮,弹出如图 3-2-27 所示的对话框。在 Hardware type 下拉列表中选择 ByteBlasterMV or ByteBlasterⅡ项,Port 为 LPT1。

(4) 单击 OK 按钮,返回如图 3-2-28 所示的对话框,确认设置后单击 Clse 按钮,完成电缆配置。

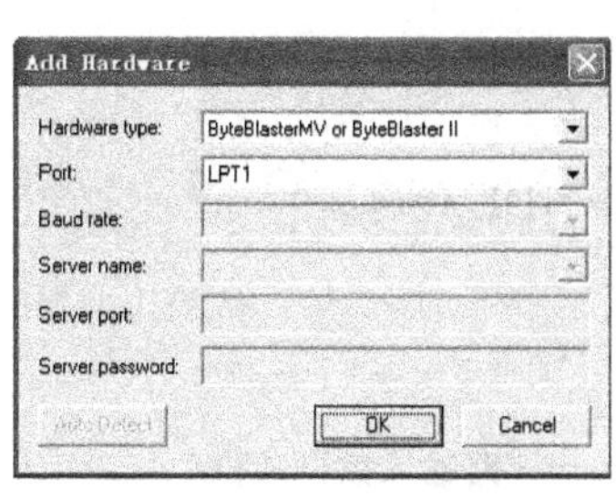

图 3-2-27　下载电缆选择

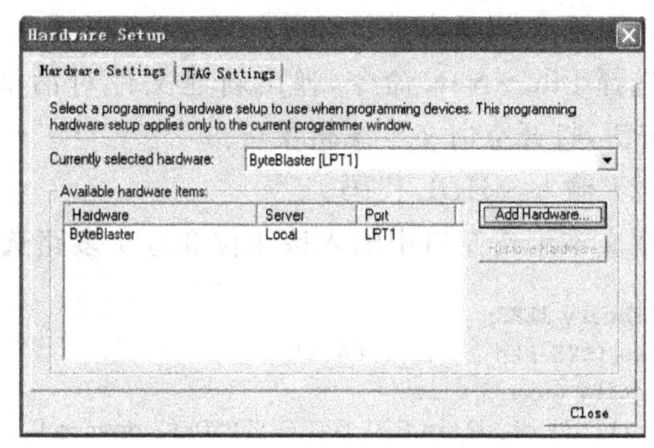

图 3-2-28　下载电缆配置完成

(5) 下载配置如图 3-2-29 所示，然后单击 Start 按钮，Progress 栏中出现 100%，下载成功。

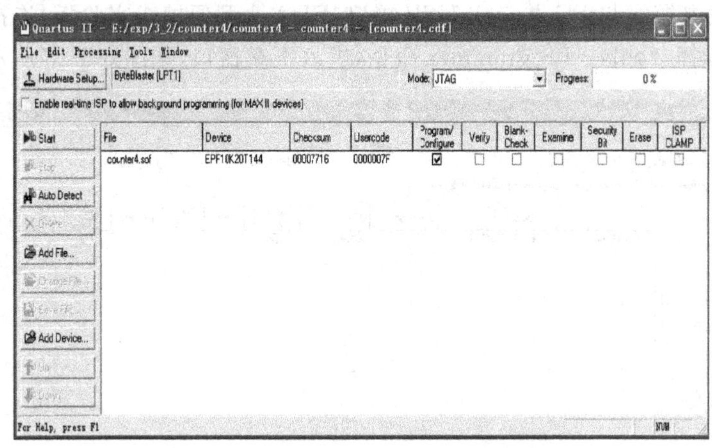

图 3-2-29　准备完成的下载窗口

(6) 初始化电路，根据前面设置好的管脚资源操作实验电路，完成计数器测试。

2. 3 选 1 多路选择器

本节以 3 选 1 多路选择器为例，介绍 VHDL 硬件描述语言的 Quartus Ⅱ工程设计。除设计输入改为 VHDL 文本输入外，介绍另一种管脚分配方法其他步骤与上述模 4 计数器的工程步骤相同，请参考完成仿真和下载硬件测试。

Quartus Ⅱ的 Text Editor，满足 AHDL、VHDL 以及 VerilogHDL 格式硬件描述语言的输入、编辑分析，也提供丰富的代码模板，便于层次设计。

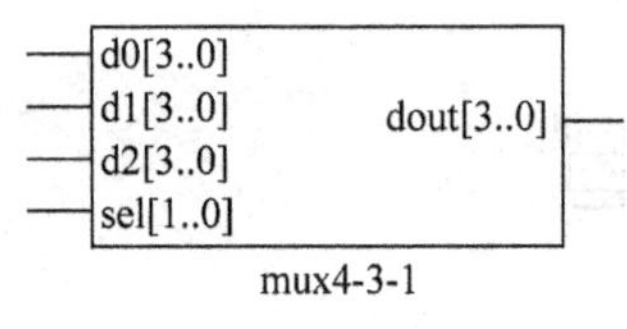

图 3-2-30　4 位的 3 选 1 多路选择器

3 选 1 多路选择器的元件符号如图 3-2-30 所示，通过控制电路实现 3 路 4 位数据的选择输出。sel 输入为 00 时选择 d0，输入 01 时选择 d1，其他情况选择 d2。

1) 创建工程文件

工程文件的建立与前面所述方法类似，包括指定工程文件名、选择添加文件、库及选择目标器件等过程。该新建工程所在的文件夹名称为 mux4_3_1，工程名称为 mux4_3_1，顶层实体名称为 mux4_3_1，选择的目标器件为 EPF10K20TI144-4。

2) 在文本编辑器中输入 VHDL 代码

(1) 新建.vhd 文件。

选择 File→New 命令，弹出新建文件对话框，在该对话框中选择 VHDL File 并单击 OK 按钮，打开空白文本编辑窗口。

(2) 输入 VHDL 代码。

在文本编辑窗口中输入该 4 位 3 选 1 多路选择器的 VHDL 代码。

```
library IEEE;
use IEEE.std_logic_1164.all;
entity mux4_3_1 is
port( d0,d1,d2:in STD_LOGIC_VECTOR(3 downto 0);          --3 路输入数据 4 位
          sel:in STD_LOGIC_VECTOR(1 downto 0);           --选择信号 2 位
```

```
            dout:out STD_LOGIC_VECTOR(3 downto 0));         --1 路输出数据
end mux4_3_1;
architecture rtl of mux4_3_1 is
begin
    dout <= d0 when sel = "00" else
            d1 when sel = "01" else
            d2;
end rtl;
```

用户在文本编辑器中也可以插入规范的模板进行辅助设计。

右击空白处，在弹出的快捷菜单中选择 Insert Template 项，弹出如图 3-2-31 所示的 Insert Template 对话框。

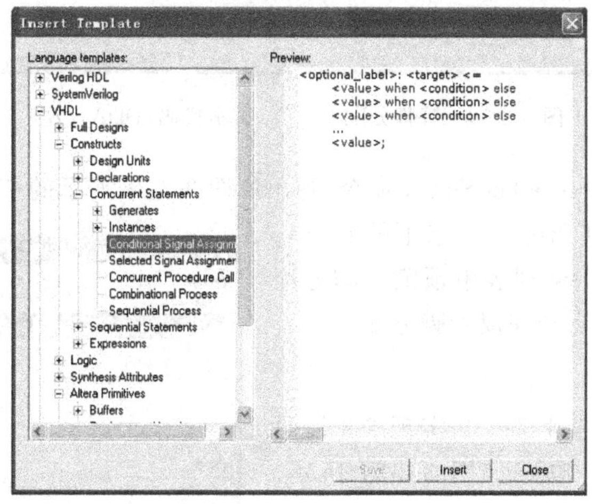

图 3-2-31　插入模板

在 Language template 列表框中，选择需要插入的 VHDL 结构模板，右侧的 Preview 中预览已选择的语法模板，单击 Insert 按钮，即可完成当前模板的插入操作。

(3) 保存文件。

选择菜单 File→Save 命令，弹出 Save as 对话框，将该文本设计文件保存为 mux4_3_1. vhd，选中 Add file to current project 项，单击 OK 按钮，完成文本设计文件的保存。

3) 分析及综合

选择菜单 Processing→Analyze Current File 命令进行语法检查。

选择菜单 Processing→Start→Start Analysis & Synthesis 命令进行分析综合。

4) 管脚分配

下面结合 DDA_I 型实验平台介绍管脚分配的另一种方法：通过工具命令语言(Tool Command Language，TCL)脚本文件分配管脚。

(1) 选择菜单 File→New 命令，弹出新建文件对话框，选择 Tcl script File 并单击 OK 按钮。

(2) 在文本编辑窗口中输入以下脚本代码，如图 3-2-32 所示 set，d0，d1，d2 选用电平开关输入，dout 输出显示到发光二极管上。

(3) 选择菜单 File→Save 命令，弹出 Save as 对话框，将其脚本文件保存为 mux4_3_1. tcl，选中 Add file to current project 项，单击“保存”按钮，完成 Tcl 脚本文件的保存。

Quartus II - E:/exp/3_2/mux4_3_1/mux4_3_1 - mux4_3_1 - [mux4_3_1.tcl]

File Edit View Project Processing Tools Window

```
package require ::quartus::project

set_location_assignment PIN_72 -to d0[3]
set_location_assignment PIN_73 -to d0[2]
set_location_assignment PIN_78 -to d0[1]
set_location_assignment PIN_79 -to d0[0]
set_location_assignment PIN_80 -to d1[3]
set_location_assignment PIN_81 -to d1[2]
set_location_assignment PIN_82 -to d1[1]
set_location_assignment PIN_83 -to d1[0]
set_location_assignment PIN_86 -to d2[3]
set_location_assignment PIN_87 -to d2[2]
set_location_assignment PIN_88 -to d2[1]
set_location_assignment PIN_89 -to d2[0]
set_location_assignment PIN_30 -to dout[3]
set_location_assignment PIN_29 -to dout[2]
set_location_assignment PIN_28 -to dout[1]
set_location_assignment PIN_27 -to dout[0]
set_location_assignment PIN_92 -to sel[1]
set_location_assignment PIN_95 -to sel[0]
```

For Help, press F1　　Ln 21, Col 1　　NUM

图 3-2-32　管脚分配的 TCL 文本代码(DDA_I 型)

(4) 选择菜单 Tools→Tcl Script 命令，弹出如图 3-2-33 所示的 Tcl Scripts 对话框。在 Libraries 列表中，选中 Project 目录下的 mux4_3_1.tcl，此时，在 Preview 列表中预览管脚分配情况，单击 Run 按钮，自动完成管脚分配。

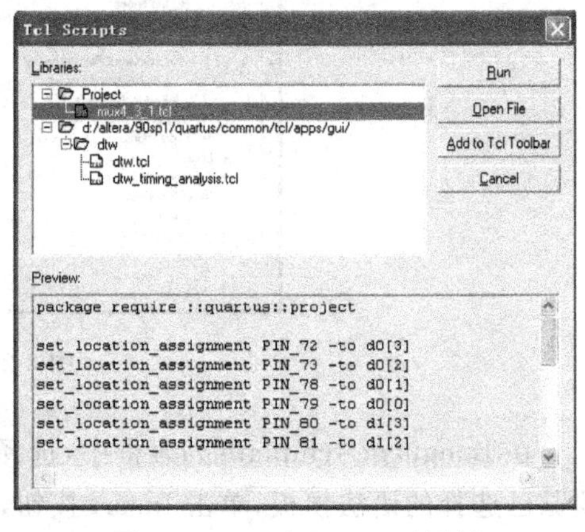

图 3-2-33　Tcl Scripts 对话框

3. 2-3 译码器

利用 2-4 译码器芯片 74139 实现 2-3 译码器的功能，decoder2-3 电路如图 3-2-34 所示。data 输入为 00 时，译出 seg 为 100；data 输入为 01 时，译出 seg 为 010；其他情况译为 001。

4. 数码管扫描显示电路

复杂的数字系统设计多采用模块化层次设计：自上而下或自下而上的方法。采用混合模式的工程设计方法是指完成功能划分后的各层子模块设计可以采用不同设计方法完成，如原理图、硬件描述语言文本、状态图等。

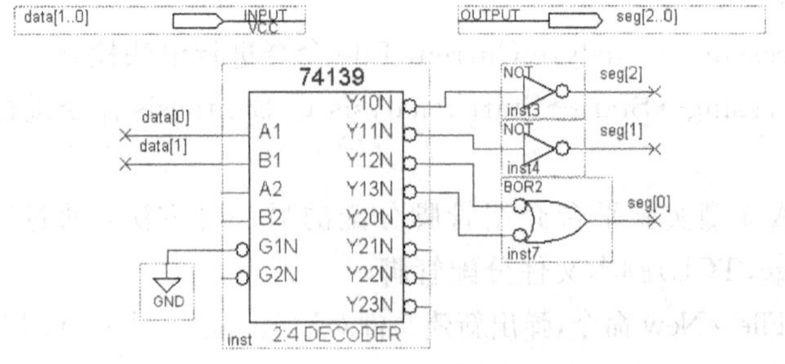

图 3-2-34　2-3 译码器电路

本节以 3 位数码管扫描电路为例，介绍数字系统设计流程。如图 3-2-37 所示，电路图由模 4 计数器、3 选 1 多路选择器、2-3 译码电路以及七段译码器组成，动态扫描显示 3 个数码管的数据。

1）图形法实现顶层设计

（1）创建工程文件。

新建工程所在的文件夹名称为 scan_led3，工程名称为 scan_led3，顶层实体名称为 scan_led3，选择的目标器件为 EPF10K20TI144-4。

（2）创建子模块的符号文件。

将设计源文件 counter4. bdf、mux4_3_1. vhd、decoder2-3. bdf 复制到新建工程所在的文件夹中。

打开 counter4. bdf，选择菜单 File→Create/Update→Create Symbol File for Current File 命令，弹出如图 3-2-35 所示的 Create Symbol File 对话框，保存文件名为 counter4. bsf，完成该元件的符号创建。

分别打开其他子模块设计文件，创建各分模块的符号文件 mux4_3_1. bsf 和 decoder2-3. bsf。

（3）建立顶层 bdf 文件，放置元件。

在空白原理图编辑窗口双击，弹出 Symbol 对话框，在 Libraries 栏中单击 Project 目录，分别选取各设计好的元件，单击 OK 按钮完成放置，如图 3-2-36 所示。

图 3-2-35　创建元件符号

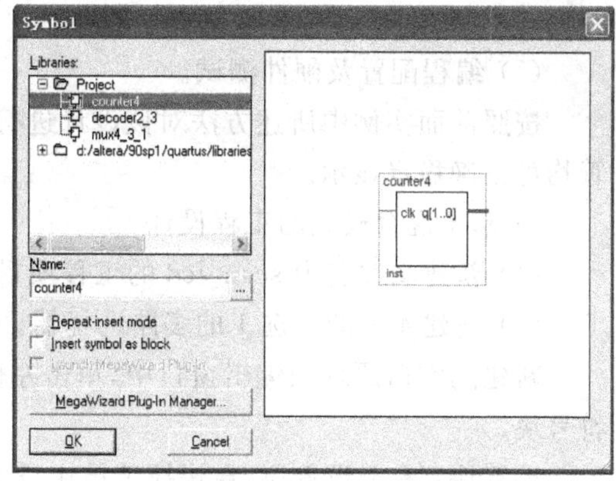

图 3-2-36　自定义用户元件

（4）完成顶层电路图连接如图 3-2-37 所示。

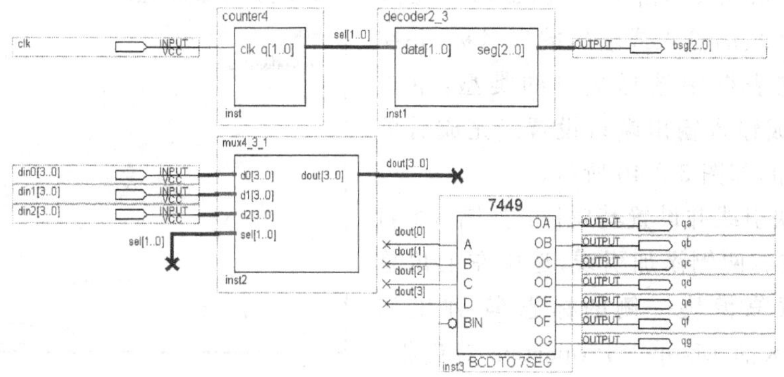

图 3-2-37　顶层电路图 scan_led3. bdf

(5) 管脚分配、编译并除错。

DDA_I 型实验平台的管脚分配情况参考如下：

clk：125。

din2[3..0]：72、73、78、79。

din1[3..0]：82、83、92、95。

din0[3..0]：86、87、88、89。

bsg[2..0]：100、101、102。

qa～qg：51、49、48、47、46、44、43。

(6) 仿真验证。

仿真方法参照前面的实例所述，时序仿真结果如图 3-2-38 所示，电路能实现动态扫描 3 位数码管循环显示 1、2、3。

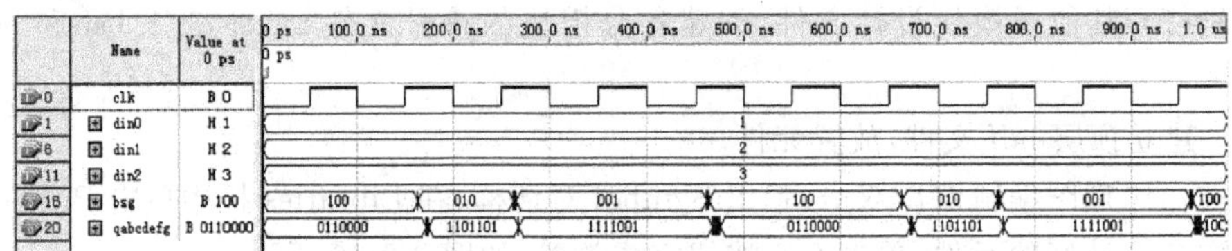

图 3-2-38　数码管扫描电路的仿真结果

(7) 编程配置及硬件测试。

按照前面实例中所述方法对该设计进行编程配置下载，并在实验平台上观察 3 位数码管均可正确稳定显示。

2) 基于混合模式的工程设计

(1) 新建文件名为 scan_led 的工程项目。

(2) 新建 4 位的 3 选 1 的多路选择器。

新建的空白原理图编辑窗口中，单击左侧工具栏中的 □ 按钮，在合适的位置放置这个符号块。

设置块：右击设置块，在快捷菜单中选择 Block Properties 命令，弹出如图 3-2-39 所示的 Block Properties 对话框，在 Name 文本框中输入 mux4_3_1，在 Instance name 文本框中输入 inst1。

在图 3-2-39 中，单击 I/Os 标签，在 Name 文本框中输入块的输入或输出端口名称，并在 Type 下拉列表框中选择端口的类型，单击 Add 按钮完成输入输出端口设置。完成后单击“确定”按钮，如图 3-2-40 所示。

添加模块引线并设置其属性：如图 3-2-41 所示，块图左右两侧添加引线，选中左上角总线，双击引线靠模块一侧的标志 ╋ 弹出如图 3-2-42 所示的 Mapper Properties 对话框，在该对话框 General 选项卡中的 Type 下拉列

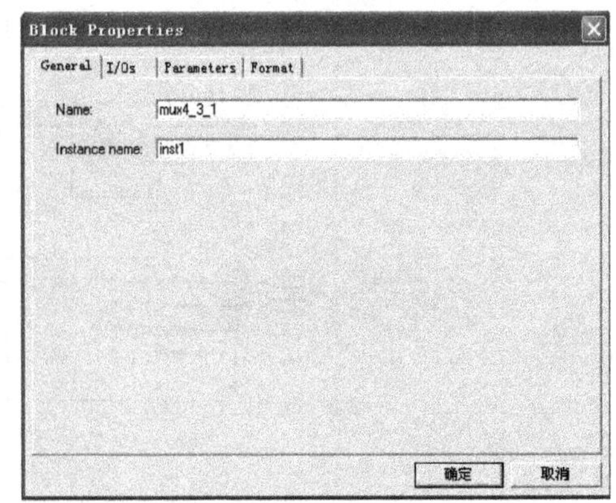

图 3-2-39　Block Properties 对话框

表框中选择引线类型为 INPUT。

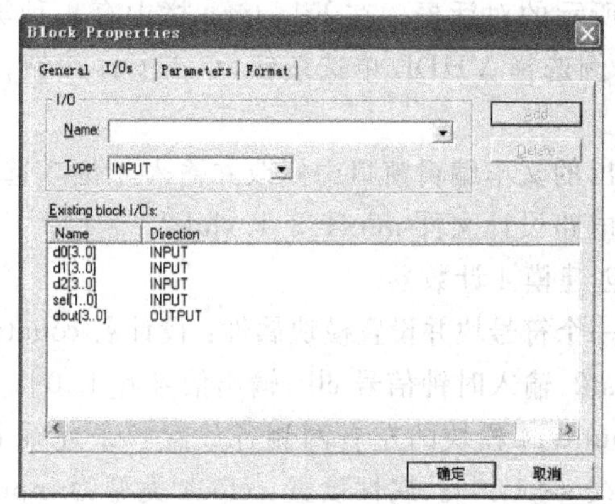
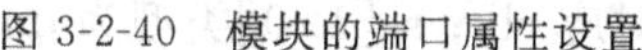
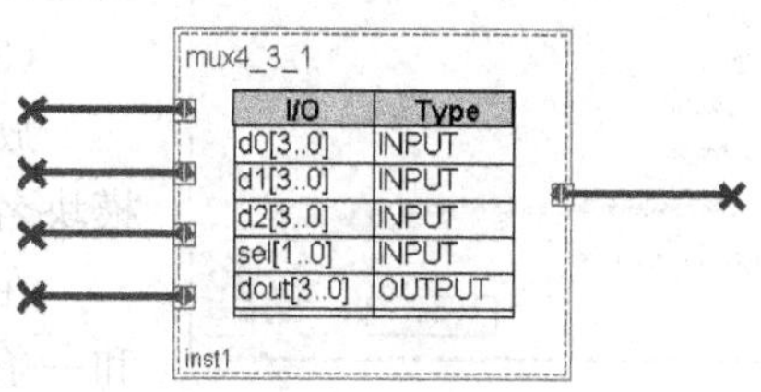

图 3-2-40　模块的端口属性设置　　　图 3-2-41　添加模块引线

在 Mapper Properties 对话框中，单击 Mappings 标签，完成模块内部端口与外部引线的映射关系，如图 3-2-43 所示。在 I/O on block 中选择模块内部节点名为 d0[3..0]，在 Singals in bus 下拉列表中选择引线名为 a[3..0]，然后单击 Add 按钮，单击“确定”按钮。完成一组映射设置。用同样方法设置其他引线与内部端口的映射关系，设置完后如图 3-2-44 所示。

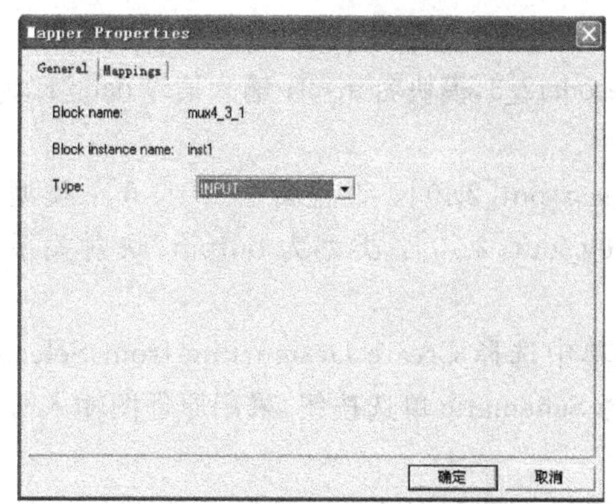

图 3-2-42　Mapper Properties 对话框的 General 页

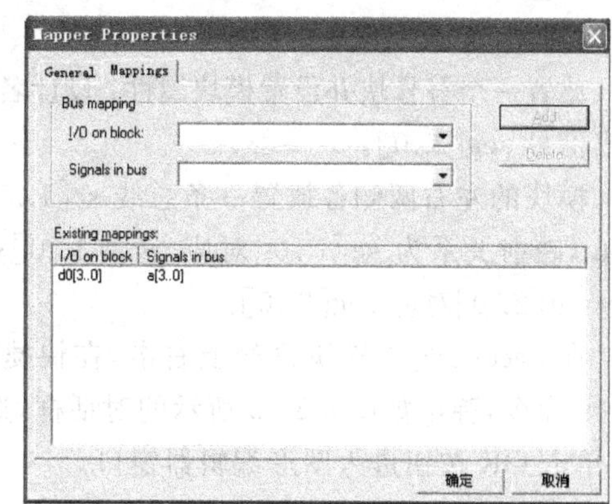

图 3-2-43　Mapper Properties 对话框的 Mappings 页

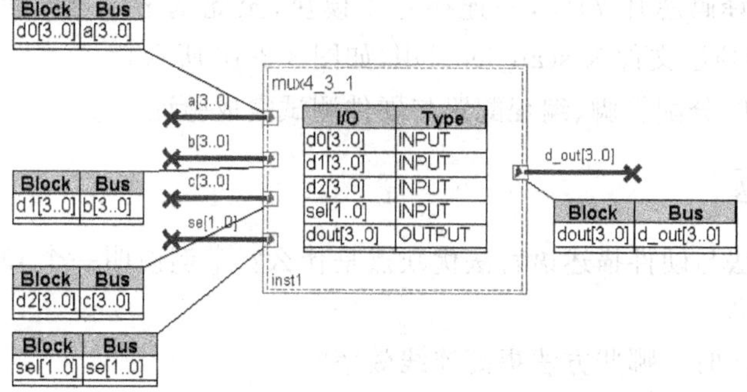

图 3-2-44　完成引线与模块端口映射设置

创建设计文件，在图 3-2-44 的块符号上右击，在快捷菜单中选择 Create Design File from Selected Block 命令，打开如图 3-2-45 所示的对话框。在 File type 栏中有 4 种类型：AHDL、VHDL、Verilog HDL、Schematic，本例选择 VHDL 单选按钮，单击 OK 按钮，进入 VHDL 文本编辑窗口。

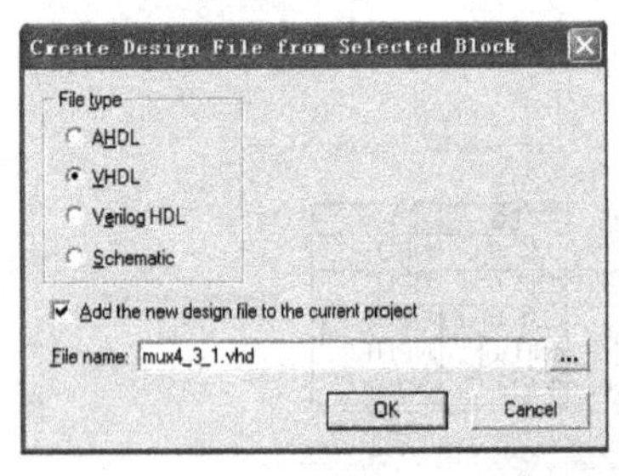

图 3-2-45　创建设计文件类型对话框

在弹出的文本编辑窗口中修改并输入 4 位 3 选 1 多路选择器电路设计文件 mux4_3_1. vhd。

(3) 创建模 4 计数器。

放置一个符号块并设置模块属性：设计名 counter_4，模块名 inst2，输入时钟信号 clk，输出信号 q[1..0]。

在 counter4 模块的左右两侧各放置一条连线 clock 和一条总线 se[1..0]。属性设置：clock 类型为 input，映射关系为 clock 对应 clk；se[1..0]类型为 output，映射关系为 se[1..0]对应 q[1..0]。

在 counter4 模块符号上右击，在快捷菜单中选择 Create Design File from Selected Block 命令，弹出如图 3-2-45 所示的对话框，选择 Schematic 单选按钮，采用原理图输入法完成，单击 OK 按钮进入图形编辑器窗口。

按照前面实例中介绍的方法完成该模块的原理图设计输入，并保存该设计文件为 counter_4. bdf。

(4) 创建 2-3 译码器模块。

放置一个符号块并设置模块属性：设计名 decoder2_3，模块名 inst3；输入信号 data[1..0]，输出信号 seg[2..0]。

模块的左右两侧各放置一条总线 se[1..0]、seg_out[2..0]。设置属性 se[1..0]：类型为 input，映射关系为 se[1..0]对应 data[1..0]；seg_out[2..0]：类型为 output，映射关系为 seg_out[2..0]对应 seg[2..0]。

在 decoder2_4 模块符号上右击，在快捷菜单中选择 Create Design File from Selected Block 命令，弹出如图 3-2-45 所示的对话框，选择 Schematic 单选按钮，采用原理图输入法完成，单击 OK 按钮进入图形编辑器窗口。

按照前面实例中介绍的方法完成该模块的原理图设计输入，并保存该设计文件为 decoder2_3. bdf。

(5) 完成顶层设计并保存文件。

添加一个七段译码芯片 7449，并连接好子模块，至此基于混合模块的设计完成，单击存盘按钮，保存顶层文件为 scan_led. bdf，如图 3-2-46 所示。

编译、仿真验证、分配管脚、编程配置与硬件测试完成验证。

3.2.5　思考题

(1) 图形输入法与硬件描述语言法优缺点是什么？举例说明一个 Quartus 最小工程必须维护哪些类型文件。

(2) 图形输入法时有哪些方法提高连线效率？

(3) Quartus Ⅱ 软件如何复用 Maxplus 工程文件？

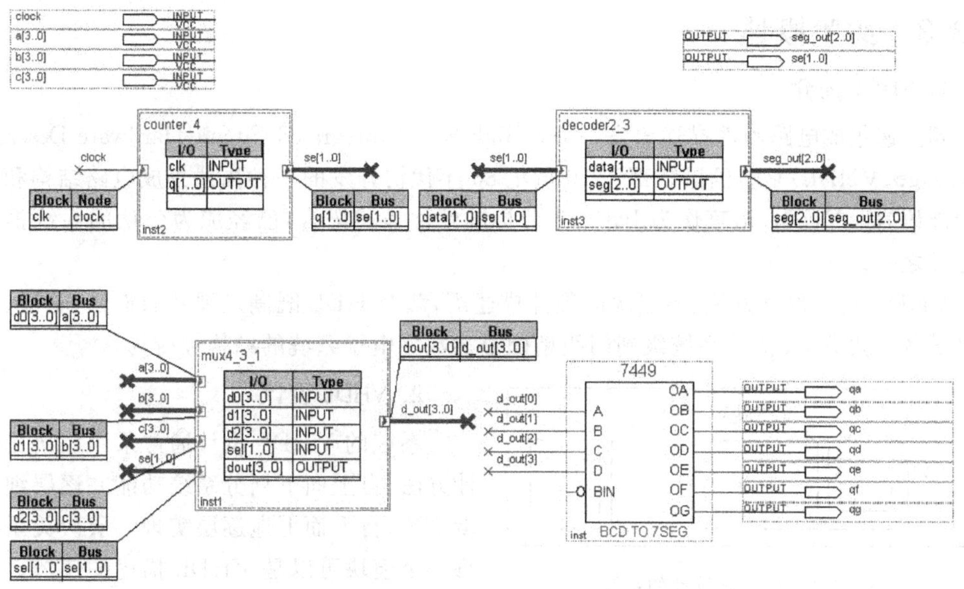

图 3-2-46　3 位数码管扫描电路

（4）如何获取工程所占用逻辑单元和管脚资源情况？

（5）以 3 选 1 多路选择器为例，分析编译工具中的 Analyze Current File、Start Analysis & Elaboration、Start Analysis & Synthesis 和 Start Compilation 时间开销。

（6）解释功能仿真和时序仿真流程是什么，区别在哪儿。

（7）如何解决下载电缆（Byteblaster）不能下载的问题？

（8）TCL 语言的管脚分配步骤是什么？

（9）如何利用层次化设计方法自定义用户逻辑？

3.3　常用组合逻辑电路设计

3.3.1　基本知识点

（1）常用组合逻辑电路设计方法。

（2）VHDL 设计思想与调试方法。

（3）LPM 元件定制。

（4）电路设计的仿真验证和硬件验证。

3.3.2　实验设备

（1）PC 一台。

（2）DDA 系列数字系统实验平台。

（3）Quartus Ⅱ配套软件。

3.3.3 实验概述

1. VHDL 简介

超高速集成电路硬件描述语言(Very High Speed Integrated Circuit Hardware Description Language,VHDL)是美国国防部于20世纪80年代初开发的一种描述集成电路结构和功能的标准语言。VHDL语言作为IEEE工业标准硬件描述语言,已经成为公认的系统描述通用标准之一。

VHDL是一种全方位、多层次的硬件描述语言。VHDL既满足硬件的设计、验证、综合和测试各个过程,又能从系统级到门级精确描述数字电子系统的结构和行为。

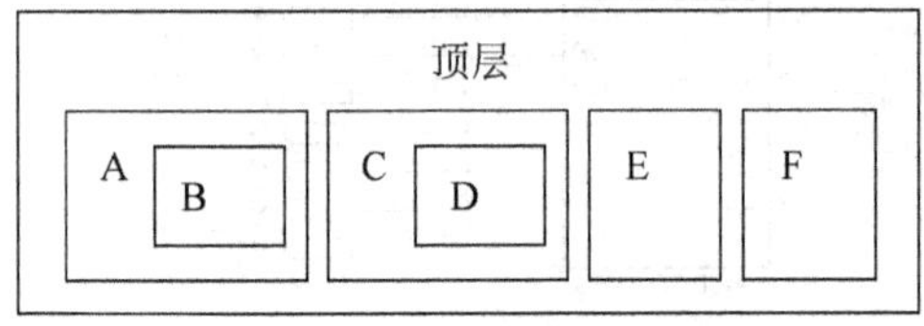

图 3-3-1 层次化设计的系统

2. VHDL 设计

系统的VHDL设计通常采用层次化的设计方法,自上向下划分系统功能并逐层细化逻辑描述,自下而上地逐层实现。层次关系中的每一个模块可以是VHDL描述的实体。上层VHDL代码中实例化出各个下层子模块。如图3-3-1所示,A、C、E和F是顶层的4个子模块。B和D分别是A和C的子模块。

VHDL实体功能的具体描述可分为结构式、行为式和寄存器传输级(Register Transfer Level,RTL)描述。下面以如图3-3-2所示的电路分别说明三类设计代码编写的差别。

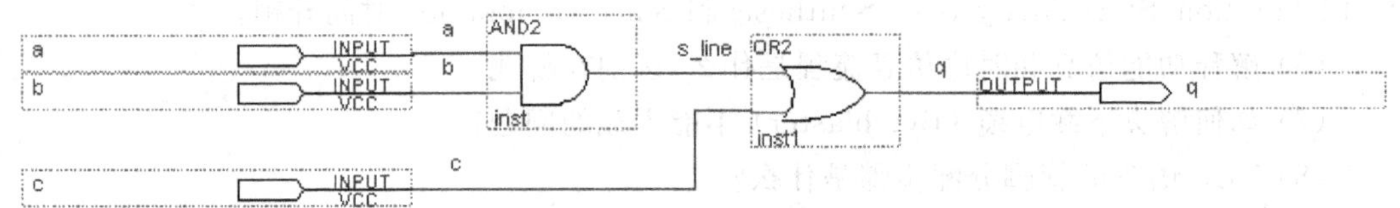

图 3-3-2 andor 的原理图

1) 结构式描述

结构式VHDL描述以元件为基础,描述了模块间的连接关系,适合将设计对象和原理图描述成网表的数据结构,也适用于多层次设计。结构体所调用的元件是低一级的实体。如果这些实体不属于系统库的话,还需要额外的实体描述。andor结构式描述的VHDL代码如下。

```
library IEEE;
use IEEE.std_logic_1164.all;
entity andor is
port(a,b,c:in STD_LOGIC;
        q:out STD_LOGIC);
end andor;
architecture example of andor is
signal s_line:STD_LOGIC;                  -- 内部连线
component and_gate is                     -- and_gate 与门声明
port (x,y:in STD_LOGIC;
          z:out STD_LOGIC);
end component and_gate;
```

```
component or_gate is                          -- or_gate 或门声明
port (m,n:in STD_LOGIC;
        t:out STD_LOGIC);
end component or_gate;
begin                                          -- 端口映射
    g1:and_gate port map (a,b,s_line);
    g2:or_gate port map (s_line,c,q);
end example;
library IEEE;
use IEEE.std_logic_1164.all;
entity and_gate is                            -- and_gate 与门描述
port(x,y:in STD_LOGIC;
          z:out STD_LOGIC);
end and_gate;
architecture rtl of and_gate is
begin
    z<=x and y;
end rtl;
library IEEE;
use IEEE.std_logic_1164.all;
entity or_gate is                             -- or_gate 或门描述
port(m,n:in STD_LOGIC;
        t:out STD_LOGIC);
end or_gate;
architecture rtl of or_gate is
begin
    t<=m or n;
end rtl;
```

2) 行为式描述

行为式描述是完全根据输入输出的映射关系产生指定输出信号，即按照算法的路径来描述及模仿行为，属于高层次抽象描述。行为式代码只用来测试系统，不考虑是否可逻辑综合，只有改写为 RTL 描述方式才能进行逻辑综合。andor 行为式描述见下面的程序代码。

```
architecture example of andor is
begin
    q<= '0' when  ((a='0' and b='0' and c='0')
                  or(a='0' and b='1' and c='0')
                  or(a='1' and b='0' and c='0')) else
        '1' when  ((a='0' and b='0' and c='1')
                  or(a='0' and b='1' and c='1')
                  or(a='1' and b='0' and c='1')
                  or(a='1' and b='1' and c='0')
                  or(a='1' and b='1' and c='1')) else
        'X';
end example;
```

3) RTL 描述

RTL 描述也称数据流描述，主要反映数据从输入端口经逻辑运算后传送到输出端口的流向，是可以进行逻辑综合的描述方式。这种编码介于结构式和行为式之间，是在较高抽象层次上采用 VHDL 语法子集描述设计对象。RTL 代码编写方式如下。

```
architecture behave of andor is
begin
    process(a,b,c)                    -- 也可采用关键字 s <= a and b or c;
    begin
        if (a = '1' and b = '1' or c = '1') then
          q<= '1' ;
        else
          q<= '0';
        end if;
    end process;
end behave;
```

3. VHDL 的库与程序包

VHDL 将预先定义好的数据类型、元件调用声明及一些常用子程序汇总形成程序包，若干个程序包则形成库。下面介绍几类常用 VHDL 库及调用。

1）std 库

std 库是系统标准库，包含 standard 和 textio 两种程序包。standard 中定义了 boolean、bit、character、integer、real、time、string、bit_vector 等数据类型。程序包 textio 主要包含 text 输入输出操作。

2）work 库

work 库是用户的现行工作库，即用户当前的工程目录，保存了工程项目文件。

work 库和 std 库都是可见的，库中所有设计单元可随时使用，调用时不需要声明。调用当前工程用户创建的包时，还需要添加如下代码。

```
library WORK;
use WORK._user_package.all;           -- user_package 代表用户程序包
```

3）IEEE 库

IEEE 库是 IEEE 认可的标准库，包含 std_logic_1164、std_logic_arith、std_logic_signed、numeric_std 等程序包。最常用的 std_logic_1164 程序包主要定义了 std_logic 和 std_logic_vector 等数据类型，std_logic 型 and、nand、or、nor、xor、not 逻辑运算，bit 与 std_logic 转换函数。std_logic_arith 在 std_logic_1164 基础上扩展定义了 unsigned、signed 和 small_int 数据类型，还包含了 unsigned 及 signed 相关算术运算符和转换函数。std_logic_signed 只定义 std_logic_vector 的有符号运算和转换函数。std_logic_unsigned 定义无符号数的运算和转换函数。如果综合器不支持 std_logic_arith，可以调用同样定义了 unsigned 及 signed 的 numeric_std 程序包。此类库调用时需要的声明如下。

```
library IEEE;
use IEEE.std_logic_1164.all;
use IEEE.std_logic_arith.all;
use IEEE.std_logic_unsigned.all;
```

4）Altera 库

Altera 公司提供的 VHDL 库包括 maxplus2 和 megacore 程序包。maxplus2 定义了基

本逻辑元件和 74 系列元件。megacore 定义了 FFT、8251、图像格式转换函数等宏单元。此类库调用时需要声明，例如 maxplus2 程序包调用声明如下。

```
library ALTERA;
use ALTERA.maxplus2.all;
```

5) LPM 库

参数化模块库(Library Parameterized Modules，LPM)提供了一系列可以参数化定制的逻辑功能模块。采用 LPM 设计方法的主要优势在于设计文件与器件结构无关、高效布线和通用性三方面。Altera 的 lpm_components 程序包提供了包括逻辑门、算术组件、存储组件等参数化器件，详见附录 F。此类库调用时声明如下。

```
library LPM;
use LPM.lpm_components.all;
```

4. 分析调试工具 RTL viewer

RTL viewer 是一种 RTL 级电路网表查看工具，可以直观地分析调试用户自定义逻辑。通常，HDL 代码或原理图经过 Analysis & Elaboration 单项编译验证后，功能仿真之前，可以选择菜单 Tools→Netlist viewers→RTL viewer 命令来查看经软件解释生成的原理图以分析电路逻辑行为是否符合用户要求。RTL viewer 常用电路符号如表 3-3-1 所示。

表 3-3-1 RTL viewer 常用电路符号

符 号 图 例	说 明
clk qa [7..0]	输入输出端口及端口连接
	门
I[1]~1 IO_BUF (TRI) SI SO CI CO	缓冲器
0 1 dout~[3..0] SEL DATAA DATAB OUT0 MUX21	选择器
PRE D Q ENA CLR	锁存器
PRE D Q ENA CLR	D 触发器

续表

符号图例	说明
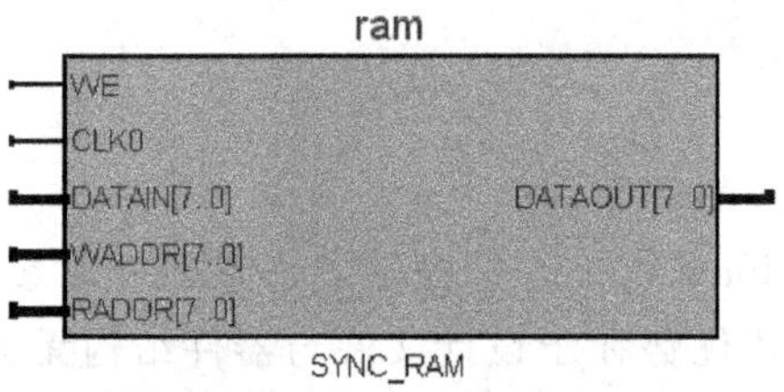 ram WE CLK0 DATAIN[7..0] WADDR[7..0] RADDR[7..0] DATAOUT[7..0] SYNC_RAM	存储器
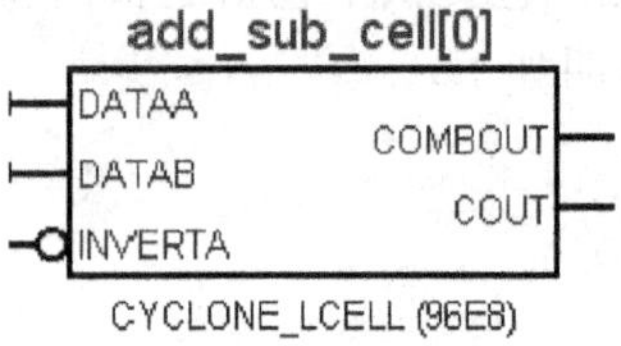 add_sub_cell[0] DATAA DATAB INVERTA COMBOUT COUT CYCLONE_LCELL (96E8)	其他逻辑元件
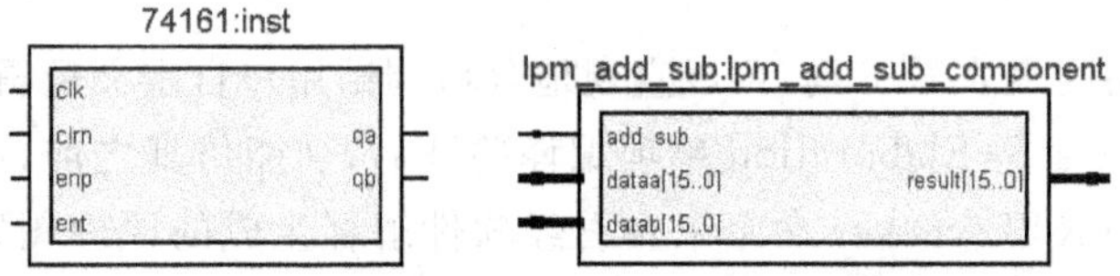 74161:inst clk clrn enp ent qa qb lpm_add_sub:lpm_add_sub_component add_sub dataa[15..0] datab[15..0] result[15..0]	实例元件，如旧式功能库元件、LPM元件、用户逻辑元件
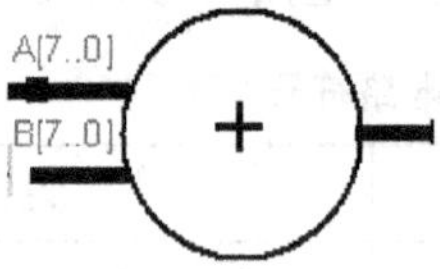 A[7..0] B[7..0] +	运算器，如+、−、×、/、%、<<、>>、=、<、>
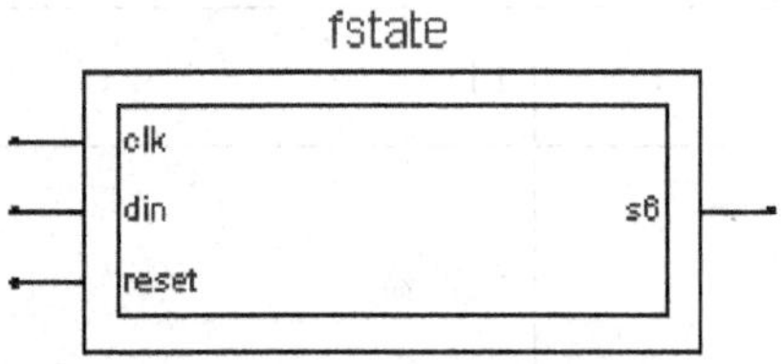 fstate clk din reset s6	状态机
8' d191 -- 8' hBF -- 8' b10111111 --	常数

3.3.4 实验内容

学习常用组合逻辑电路的可综合代码编写，学习 VHDL 编程思想与调试方法，通过定制 LPM 元件实现逻辑设计，通过仿真波形及硬件验证设计的正确与否，并记录结果，完成报告。

1. 比较电路

设计一个能实现两个二位数大小比较的电路，如图 3-3-3 所示。根据 A 数是否大于、小于、等于 B 数，相应输出端 F_1、F_2、F_3 为 1，设 $A=A_2A_1$，$B=B_2B_1$（A_2A_1，B_2B_1 表示两位二进制数），当 $A_2A_1>B_2B_1$ 时，F_1 为 1；$A_2A_1<B_2B_1$ 时，F_2 为 1；$A_2A_1=B_2B_1$ 时，F_3 为 1。

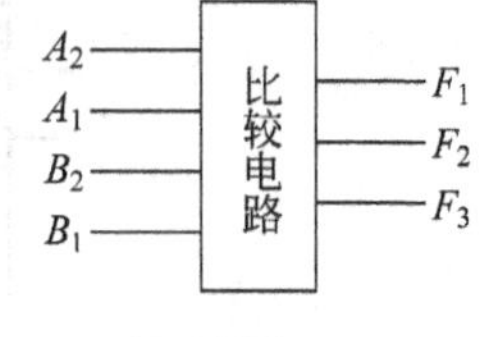

图 3-3-3　比较电路元件符号

1) VHDL 实现

```
library IEEE;
use IEEE.std_logic_1164.all;
entity bijiao is
port(       a2,a1:in STD_LOGIC;
            b2,b1:in STD_LOGIC;
            f1,f2:buffer STD_LOGIC;
            f3:out STD_LOGIC);
end bijiao;
architecture bijiao_arch of bijiao is
begin
    f1<=(a2 and (not b2)) or (a1 and (not b1) and a2) or (a1 and (not b1) and (not b2));
    f2<=((not a2) and b2) or ((not a2) and (not a1) and b1 ) or ((not a1) and b1 and b2);
    f3<=not(f1 or f2);
end bijiao_arch;
```

当 VHDL 设计电路反馈时，应将端口声明为 buffer 端口，而不是 out 端口。若反馈出现在内部逻辑描述中，常使用 signal 去实现反馈。

and、or、not 等关键字或加、减、乘、除等运算符经综合器可以被推定成具体的逻辑门，如表 3-3-2 所示。

表 3-3-2　推定逻辑元件

运算符/关键字	推定出的元件	运算符/关键字	推定出的元件
and	与门	+	加法器
or	或门	—	减法器
not	非门	*	乘法器
nor	或非门	/	除法器
nand	与非门		

仿真验证波形如图 3-3-4 所示，f1f2f3 输出能显示两数＞、＜、＝3 种关系比较结果。

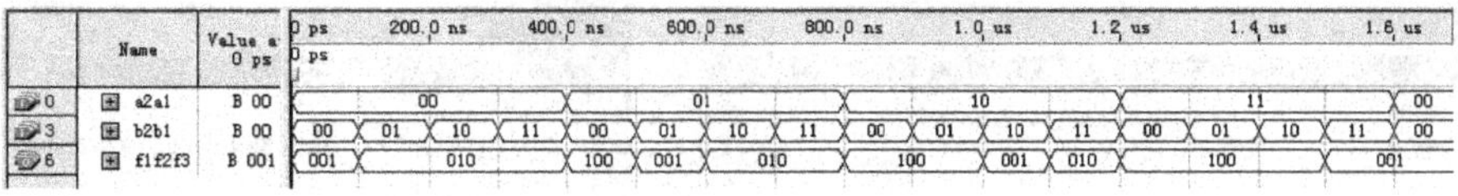

图 3-3-4　比较电路的仿真结果

2) 利用 LPM 元件实现

利用 LPM 元件定制实现两个二位数大小比较的电路，包括＞、＜、＝、＞＝、＜＝、＜＞。

新建工程所在的文件夹名称为 lpm_compare2、工程名称为 lpm_compare2、顶层实体名称为 lpm_compare2，选择目标器件为 EPF10K20TI144-4。

选择 Quartus Ⅱ菜单 Tools→MegaWizard Plug-In Manager 命令，或在图形编辑窗口中的空白处双击，在弹出的对话框中选择 MegaWizard Plug-In Manager 项，弹出如图 3-3-5 所示的对话框。

选择 Create a new custom megafunction variation 单选按钮，定制一个新的宏功能模块，单击 Next 按钮，进入如图 3-3-6 所示的宏功能选择对话框。

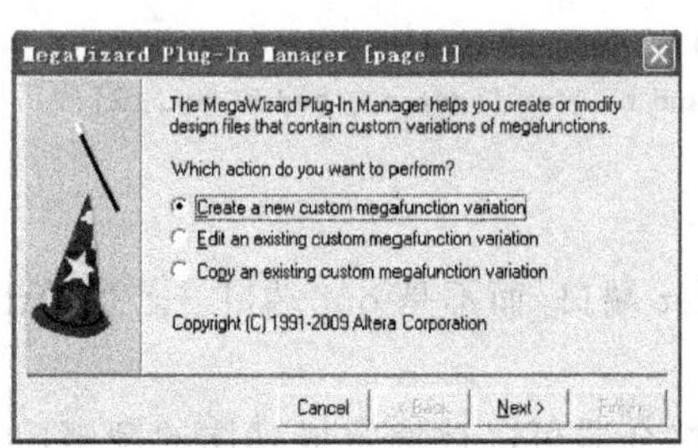

图 3-3-5　MegaWizard Plug-In Manager 对话框

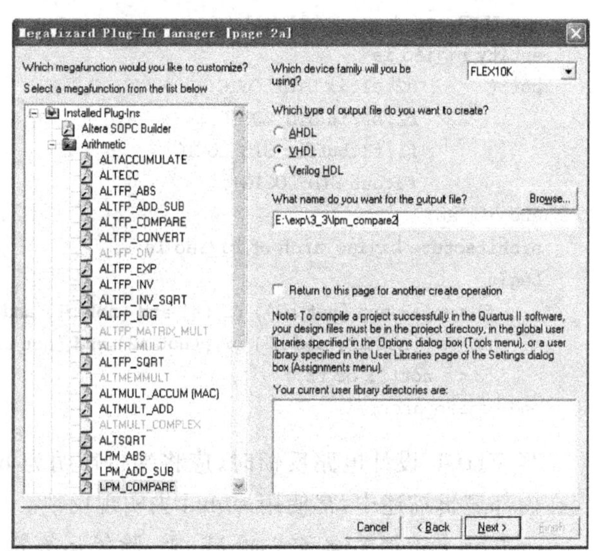

图 3-3-6　宏功能选择对话框

在图 3-3-6 中的左侧列表选择：Installed Plug-Ins→Arithmetic→lpm_compare。设置目标器件为 Flex10K，元件名为 lpm_compare2，文件输出类型为 VHDL。单击 Next 按钮，进入如图 3-3-7 所示的参数设置页面。

在图 3-3-7 中，设置输入数据宽度为 2 位，并选择所需要的输出端口，单击 Next 按钮，进入如图 3-3-8 所示的设置页面。

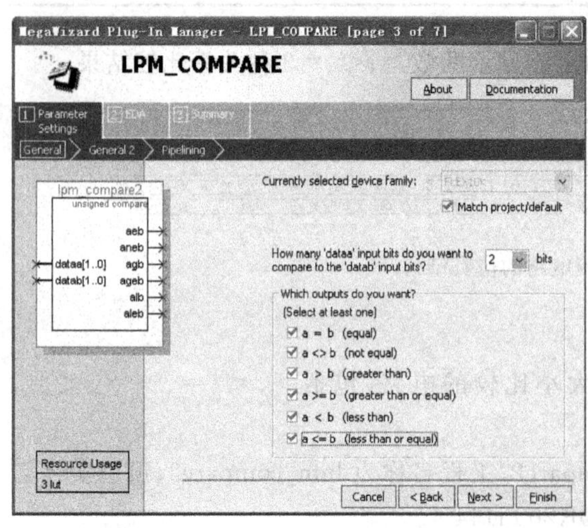

图 3-3-7　端口参数设置

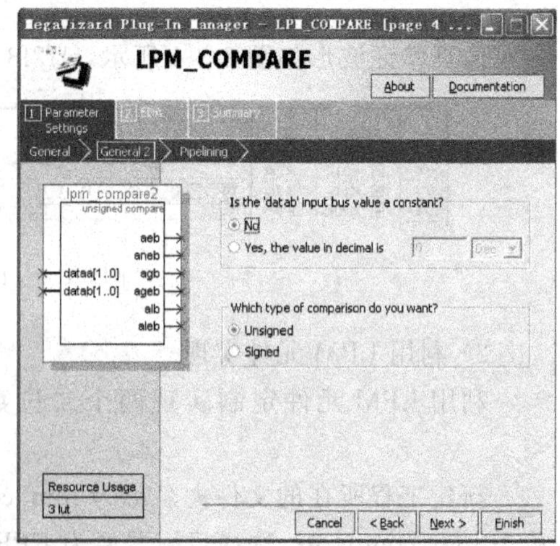

图 3-3-8　比较类型设置

在图 3-3-8 中，设置 datab 和比较数值符号类型，单击 Next 按钮，进入如图 3-3-9 所示的设置页面。

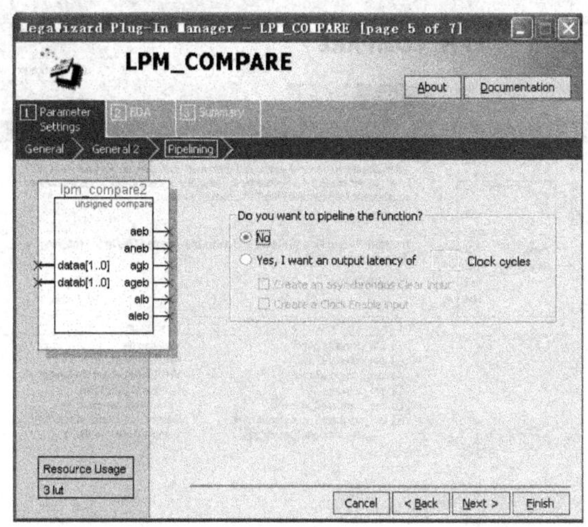

图 3-3-9　实现方式设置

在图 3-3-9 中，设置流水线，单击 Next 按钮，进入如图 3-3-10 所示的 EDA 设置页面。

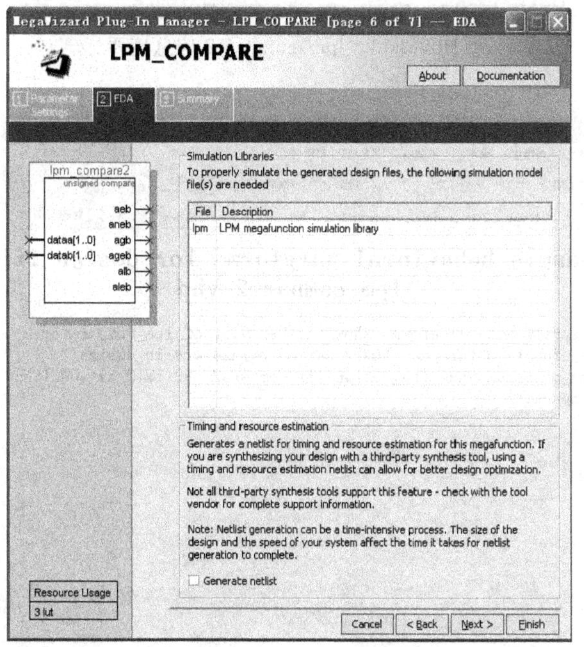

图 3-3-10　EDA 设置页面

在图 3-3-10 中，可以设置 Generate netlist，单击 Next 按钮，查看元件信息摘要，如图 3-3-11 所示。

在图 3-3-11 中，选择要生成的文件。单击 Finish 按钮，完成 lpm_compare2 的定制。

打开输出路径下的 lpm_compare2_waveforms.html 文件，查看仿真波形结果如图 3-3-12 所示，lpm_compare2 能完成两个 2 位无符号数值比较操作。

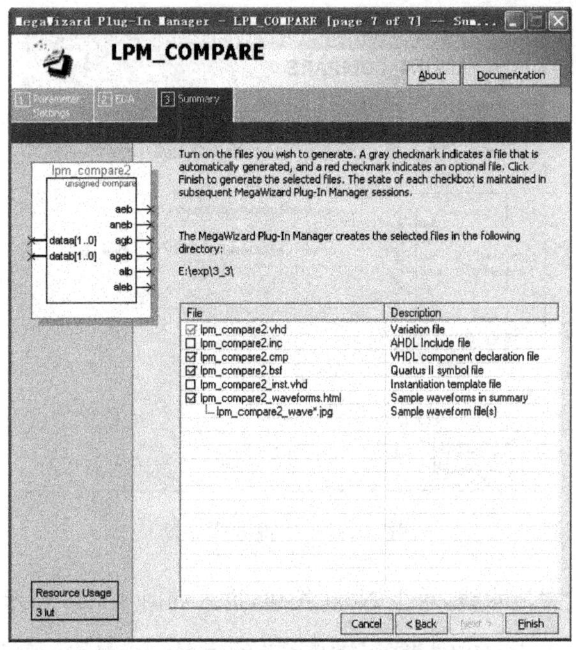

图 3-3-11　lpm_compare2 信息摘要

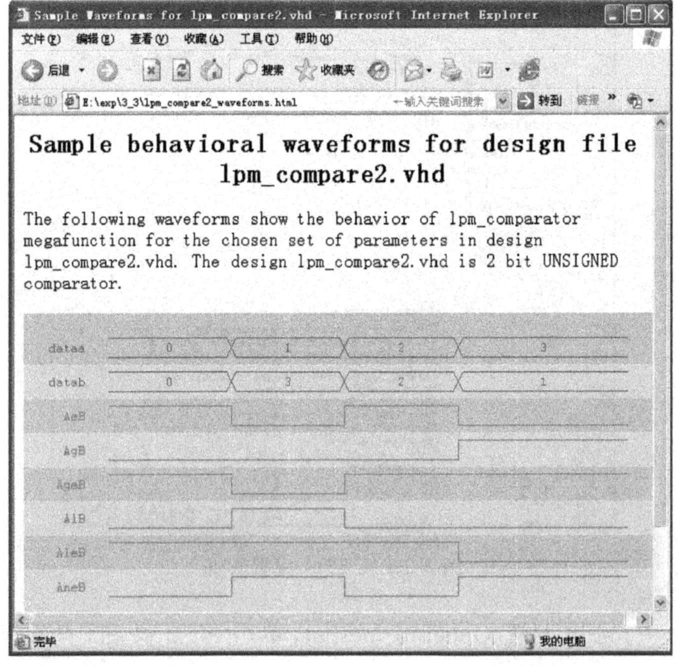

图 3-3-12　lpm_compare2 波形

2. 表决电路

设计一个 4 人表决电路，如图 3-3-13 所示，A、B、C、D 对某一提案进行表决，赞成人数过半则提案通过，指示灯亮；反之灯不亮。biaojue. vhd 代码如下。

```
library IEEE;
use IEEE.std_logic_1164.all;
entity biaojue is
port(   a,b,c,d:in STD_LOGIC;
            f:out STD_LOGIC);
end biaojue;
architecture biaojue_arch of biaojue is
begin
    f<=(a and b and c)or(a and b and d)or(a and c and d)or(b and c and d);
end biaojue_arch;
```

A
B
C
D
输入
表决电路
F输出

图 3-3-13　表决电路元件符号

仿真验证结果如图 3-3-14 所示，f 仅在赞成人数过半时输出为 1，符合表决电路要求。

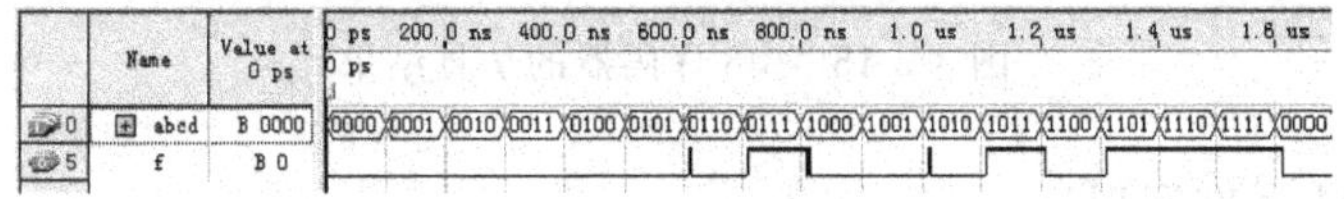

图 3-3-14　表决电路的仿真结果

3. 译码器

译码器的主要功能是将具有特定含义的二进制码进行辨别，并转换成控制信号。译码器是计算机中的基本功能部件，如地址译码器、指令译码器等。

假设译码器有 n 根输入线和 m 根输出线，它们之间满足关系式：$2^n \geqslant m$。n 个输入变量，有 2^n 种不同状态，每一根输出线对应于一种输入变量状态。任何时刻 m 根输出线中只有一根输出为 1，而其余为 0 或反相。

设计一个 3 输入 8 输出的译码器。

1）VHDL 实现

（1）decoder_3_8.vhd 代码。

```
library IEEE;
use IEEE.STD_LOGIC_1164.all;
entity decoder_3_8 is
port(   a:in STD_LOGIC_VECTOR(2 downto 0);
        q:out STD_LOGIC_VECTOR(7 downto 0));
end decoder_3_8;
architecture decoder_3_8_arch of decoder_3_8 is
begin
    process(a)
    begin
        case a is                          --case_when 完全赋值
            when "000"  =>q<="00000001";
            when "001"  =>q<="00000010";
            when "010"  =>q<="00000100";
            when "011"  =>q<="00001000";
            when "100"  =>q<="00010000";
            when "101"  =>q<="00100000";
            when "110"  =>q<="01000000";
            when "111"  =>q<="10000000";
            when others=>  null;
```

```
            end case;
        end process;
    end decoder_3_8_arch;
```

(2) 根据 3-8 译码器真值表的输出结果进行描述，case 语句对每一种输入组合分别进行赋值，是一种全状态描述。

(3) 仿真验证结果如图 3-3-15 所示，元件对输入 a 译码且输出相应 q 值，符合设计要求。

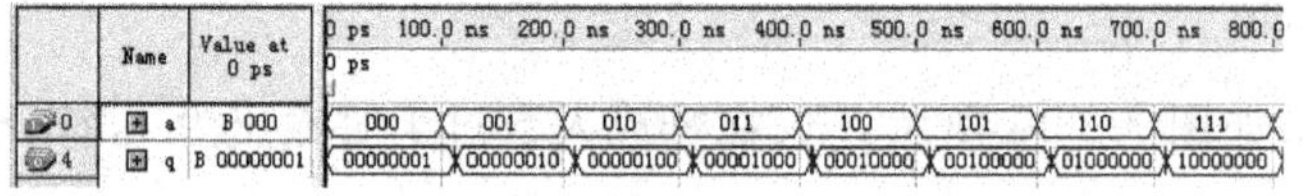

图 3-3-15　3-8 译码器的仿真结果

2) 利用 LPM 元件实现

LPM 库提供的 lpm_decoder 元件可定制 3-8 译码器。定制步骤参照前面所述，lpm_decoder 元件在图 3-3-6 宏功能选择对话框的左侧列表中选择 Installed Plug_Ins→Gates→lpm_decode 项。

(1) 在参数设置页面 1 中，设置 data 输入端口为 3 位宽，enable 为输入使能端，如图 3-3-16 所示。

(2) 在参数设置页面 2 中，选择译码输出信号 eq 数据格式，如图 3-3-17 所示。

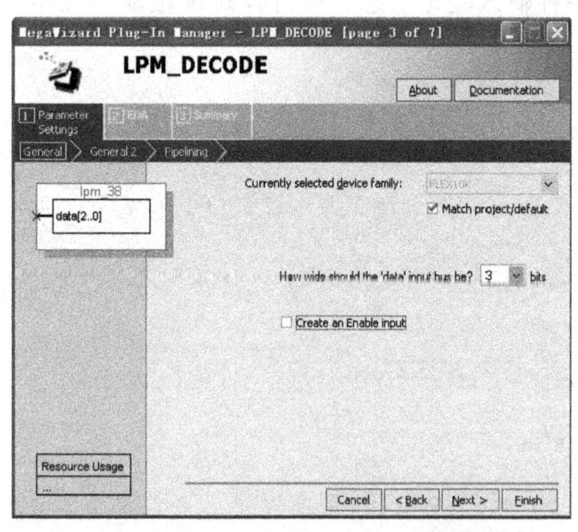

图 3-3-16　lpm_decoder38 的端口参数设置 1

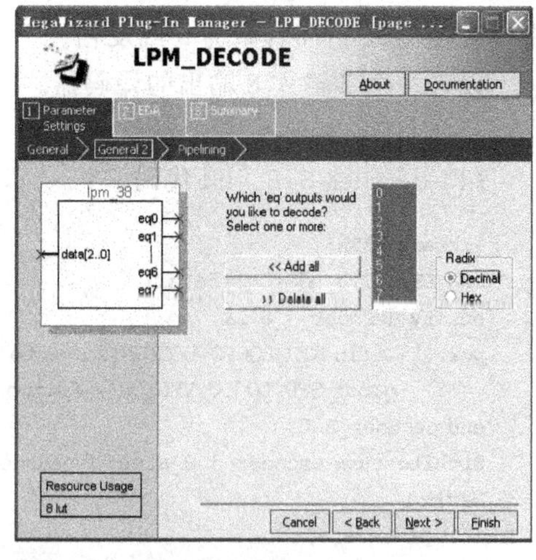

图 3-3-17　lpm_decoder38 的端口参数设置 2

(3) 在参数设置页面 3 中，选择无流水线实现方式，如图 3-3-18 所示。

4. 编码器

设计一个 8-3 编码器电路，8 个输入变量，输出编码是 3 位二进制。

(1) encoder_8_3.vhd 代码。

```
library ieee;
use ieee.std_logic_1164.all;
```

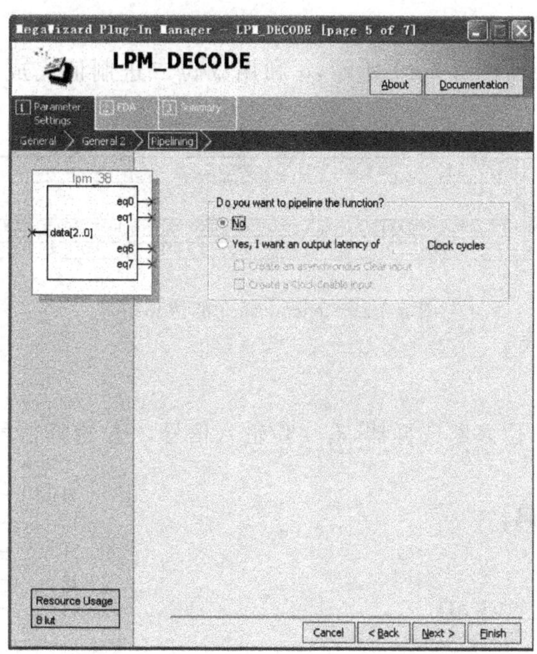

图 3-3-18　lpm_decoder38 的端口参数设置 3

```
entity encoder8_3 is
port(   a:in std_logic_vector(7 downto 0);
        q:out std_logic_vector(2 downto 0));
end encoder8_3;
architecture encoder8_3_arch of encoder8_3 is
begin
    process(a)
    begin
        if (a = "00000001") then          -- if 嵌套类似 case 语句
            q<= "000";
        elsif (a = "00000010") then
            q<= "001";
        elsif (a = "00000100") then
            q<= "010";
        elsif (a = "00001000") then
            q<= "011";
        elsif (a = "00010000") then
            q<= "100";
        elsif (a = "00100000") then
            q<= "101";
        elsif (a = "01000000") then
            q<= "110";
        elsif (a = "10000000") then
            q<= "111";
        else
            q<= "000";
        end if;
end process;
```

```
end encoder8_3_arch;
```

(2) 仿真验证结果如图 3-3-19 所示，q 利用 3 位二进制值完成 a 的编码，实现 8-3 编码器。

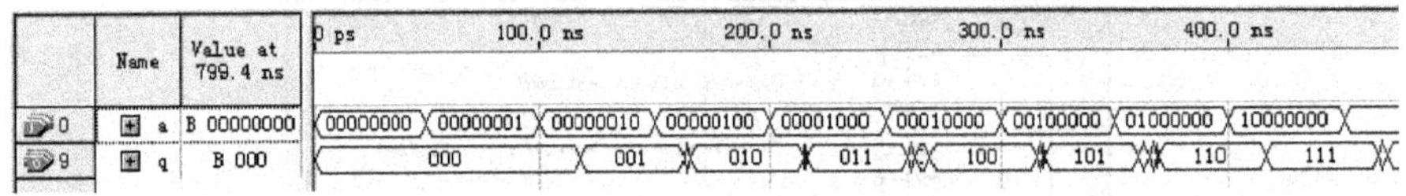

图 3-3-19 encoder8-3 的仿真结果

5. 多路选择器

设计一个 4 输入 1 位多路选择器，有 4 位输入信号，2 位选择信号，如图 3-3-20 所示。

1) VHDL 实现

(1) mux4.vhd 代码。

S[1..0]
I0
I1
I2
I3
4选1
多路
选择器
Y

图 3-3-20 4-1 多路选择器元件符号

```
library IEEE;
use IEEE.std_logic_1164.all;
entity mux4 is
port(   a,b,c,d:in STD_LOGIC;
            sel:in STD_LOGIC_VECTOR(1 downto 0);
             q:out STD_LOGIC);
end mux4;
architecture mux4_arch of mux4 is
begin
    process(a,b,c,d,sel)
    begin
        case sel is
            when "00"  => q<= a;
            when "01"  => q<= b;
            when "10"  => q<= c;
            when "11"  => q<= d;
            when others => null;
        end case;
    end process;
end mux4_arch;
```

(2) 仿真验证结果如图 3-3-21 所示，sel 可选择 abcd 中的一位输出到 q。

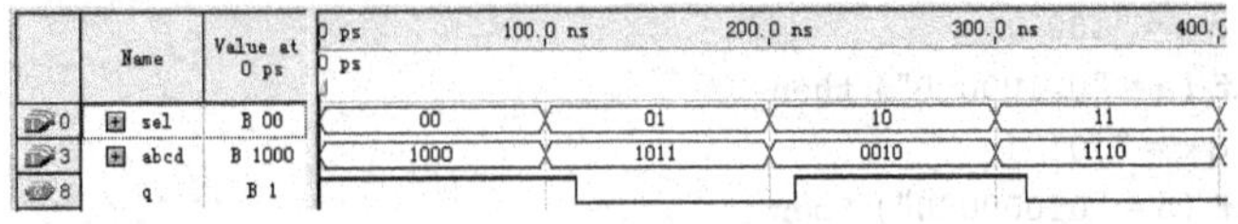

图 3-3-21 mux4 的仿真结果

2) 利用 LPM 元件实现

LPM 库提供的 lpm_mux 元件可定制一个 4-1 多路选择器。定制步骤参照前面所述，lpm_mux 元件在图 3-3-6 宏功能选择对话框的左侧列表中选择 Installed Plug-Ins→Gates→

lpm_mux 项。参数设置如图 3-3-22 所示，设置 4 个 1 位的 data 端口，result 输出为 1 位，无流水线。

6. 优先级编码器

设计一个 8-3 优先级编码器。I7 具有最高优先级别；输出 A2～A0 包含具有最高优先级的有效输入编号(若有的话)，如果没有输入有效，则输出 IDLE 有效，如图 3-3-23 所示。

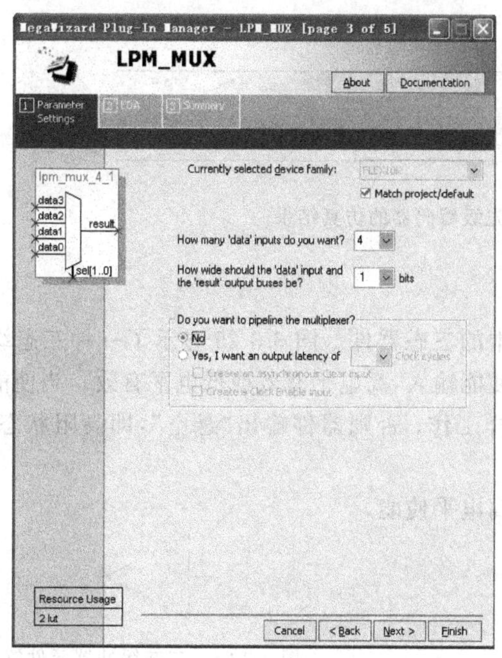

图 3-3-22 lpm_mux_4_1 的端口参数设置

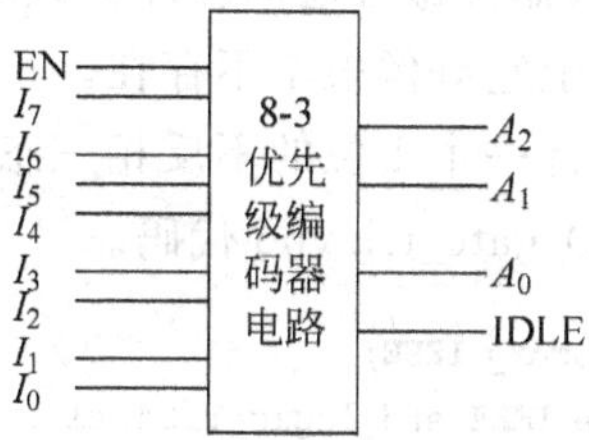

图 3-3-23 优先编码器元件符号

(1) pencoder. vhd 代码。

```
library IEEE;
use IEEE.std_logic_1164.all;
entity pencoder is
port(    i7,i6,i5,i4,i3,i2,i1,i0:in STD_LOGIC;
                    a2,a1,a0,idle:out STD_LOGIC);
end pencoder;
architecture pencoder_arch of pencoder is
signal h:STD_LOGIC_VECTOR(7 downto 0);
begin
    h(7)<= i7;
    h(6)<= i6 and not i7;
    h(5)<= i5 and not i6 and not i7;
    h(4)<= i4 and not i5 and not i6 and not i7;
    h(3)<= i3 and not i4 and not i5 and not i6 and not i7;
    h(2)<= i2 and not i3 and not i4 and not i5 and not i6 and not i7;
    h(1)<= i1 and not i2 and not i3 and not i4 and not i5 and not i6 and not i7;
    h(0)<= i0 and not i1 and not i2 and not i3 and not i4 and not i5 and not i6 and not i7;
    idle<= not i0 and not i1 and not i2 and not i3 and not i4 and not i5 and not i6 and not i7;
    a0<= h(1) or h(3) or h(5) or h(7);
```

```
        a1 <= h(2) or h(3) or h(6) or h(7);
        a2 <= h(4) or h(5) or h(6) or h(7);
    end pencoder_arch;
```

(2) 优先级编码器也可以采用 if 语句编写。最高优先级的信号放在 if 语句第一个条件中。

(3) 仿真验证结果波形如图 3-3-24 所示,输出 A2～A0 的编码存在优先权设置,符合设计要求。

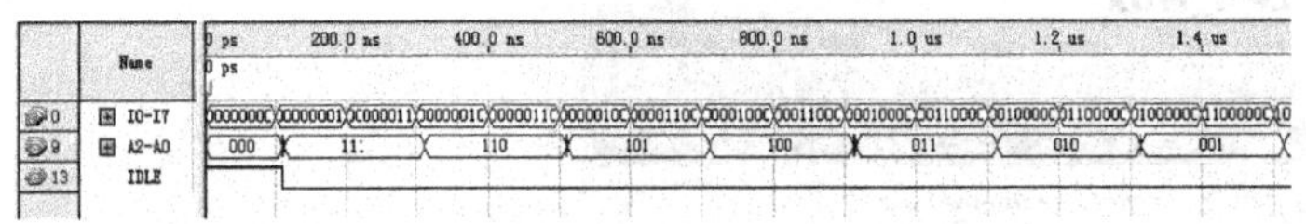

图 3-3-24　优先级编码器的仿真结果

7. 三态缓冲器

三态缓冲器也称三态驱动器,是最基本的三态器件。图 3-3-25 显示了一种三态缓冲的逻辑符号,在符号顶部的附加信号为三态使能输入,高电平有效或低电平有效。当使能输入有效时,器件像普通的缓冲器或反相器一样工作;否则器件输出"悬空",即高阻状态 Z,且在功能上它好像根本不存在。

设计一个 1 位的不反相三态驱动器,高电平使能。

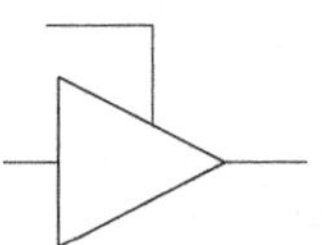

图 3-3-25　三态缓冲器元件符号

(1) gate_tri.vhd 代码。

```
library IEEE;
use IEEE.std_logic_1164.all;
entity gate_tri is
port(       a:in STD_LOGIC;
          sel:in STD_LOGIC;
            q:out STD_LOGIC);
end gate_tri;
architecture tri_arch of gate_tri is
begin
process(a,sel)
begin
    if  (sel = '1')  then
          q<= a;
    else
          q<= 'Z';
    end if;
end process;
end tri_arch;
```

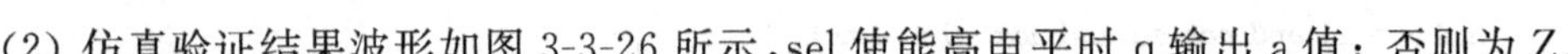

(2) 仿真验证结果波形如图 3-3-26 所示,sel 使能高电平时 q 输出 a 值;否则为 Z。

8. 加法器

加法运算分半加和全加。半加是不考虑相邻低位进位,只进行本位相加及进位输出的加法运算。全加是将两个二进制数(A,B)和来自相邻低位进位(Cin)三个数相加,输出为总和(S)与进位(Cout),如图 3-3-27 所示。

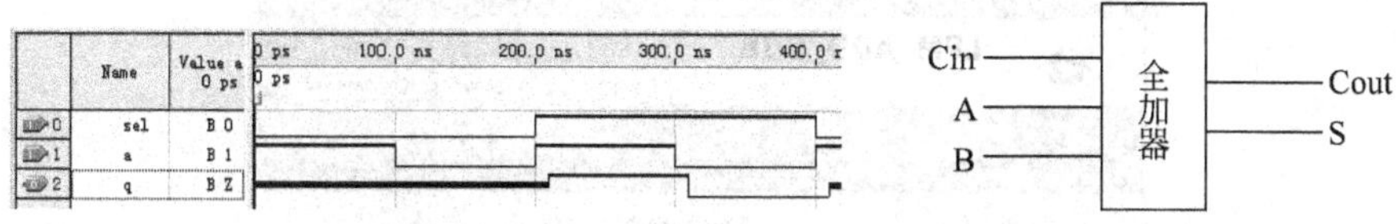

图 3-3-26　三态缓冲器的仿真结果　　　　图 3-3-27　全加器元件符号

设计一个简单的实现全加运算的电路。

1）VHDL 实现

（1）add.vhd 代码。

```
library IEEE;
use IEEE.std_logic_1164.all;
entity add is
port(  a,b,cin:in STD_LOGIC;
       s,cout:out STD_LOGIC);
end add;
architecture add_arch of add is
begin
    s<=a xor b xor cin;
    cout<=(a and b) or (a and cin) or (b and cin);
end add_arch;
```

（2）仿真验证波形如图 3-3-28 所示，输出 s 与 cout 符合全加运算。

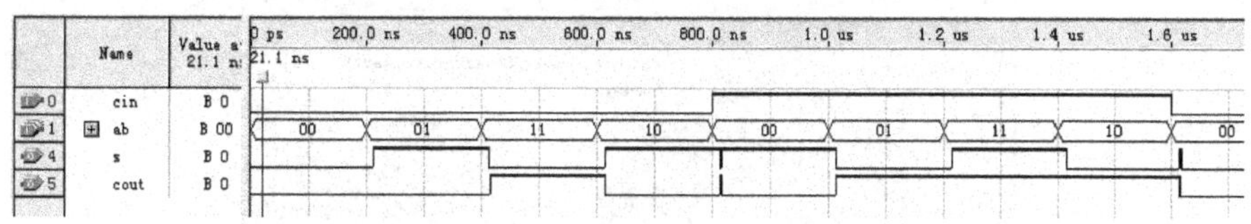

图 3-3-28　全加器的仿真结果

2）利用 LPM 元件实现

LPM 库提供的 lpm_add_sub 元件可定制 1 位的全加器。定制步骤参照前面所述，lpm_add_sub 元件在图 3-3-6 宏功能选择对话框的左侧列表中选择 Installed Plug-Ins→Arithmetic→lpm_add_sub 项。

（1）在参数设置页面 1 中，设置端口 dataa 与 datab 为 1 位，操作模式为加法，如图 3-3-29 所示。

（2）在参数设置页面 2 中，设置 dataa 与 datab 为无符号数据，如图 3-3-30 所示。

（3）参数设置页面 3 中，选择进位输入端 cin 与进位输出端 cout，如图 3-3-31 所示。

（4）参数设置页面 4 中，选择无流水线实现方式，如图 3-3-32 所示。

3.3.5　实验数据记录

根据实验内容题目设计要求，记录以下 4 类实验数据。

（1）仿真验证结果波形及参数设置。

（2）实际的输入输出信号功能描述。

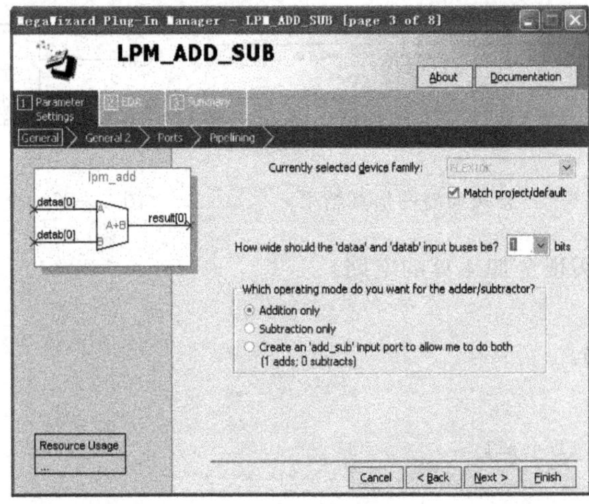

图 3-3-29　lpm_add 的端口参数设置页面 1

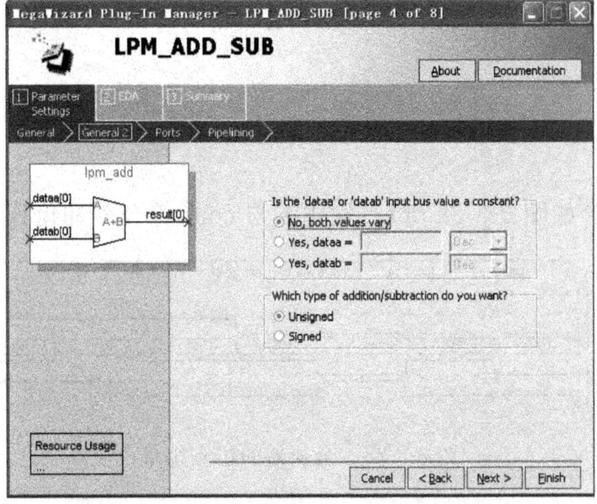

图 3-3-30　lpm_add 的端口参数设置页面 2

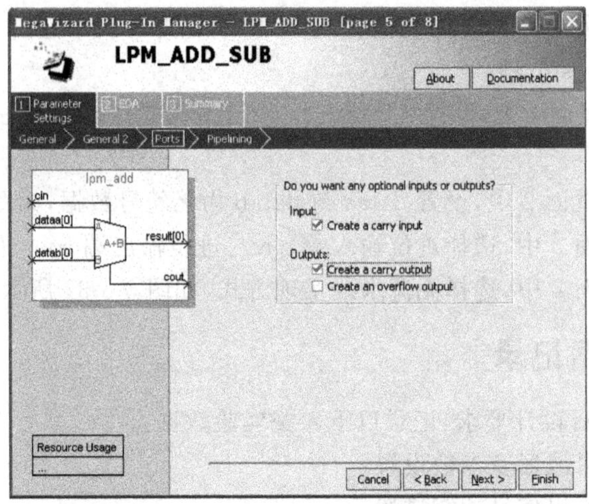

图 3-3-31　lpm_add 的端口参数设置 3

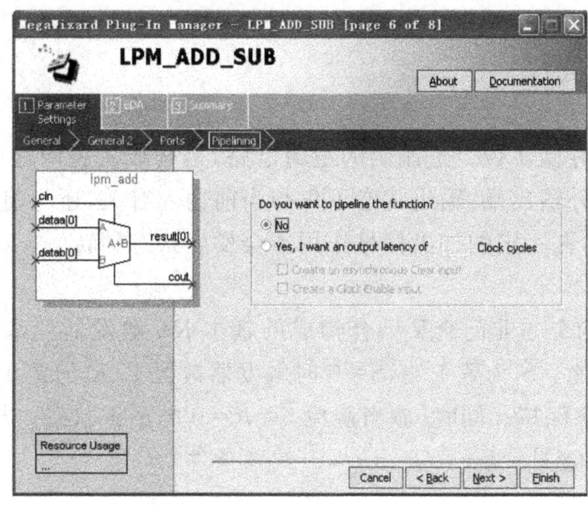

图 3-3-32　lpm_add 的端口参数设置 4

(3) 硬件验证的芯片及管脚设置。

(4) 硬件验证的电路初始化。

3.3.6　思考题

(1) VHDL 实体描述方式有哪些类型？优缺点是什么？

(2) VHDL 中如何调用用户自定义元件、旧式 74 系列元件、参数化元件？

(3) 比较 VHDL 中的 signal 与 variable。

(4) VHDL 中如何设计电路反馈信号？

(5) 举例说明常用的 VHDL 顺序执行和并行执行语句。

(6) 说明 RTL viewer 工具分析调试电路的主要步骤。

(7) 说明 VHDL 描述组合逻辑电路时 signal 的作用是什么。

3.4　触发器及应用

3.4.1　基本知识点

(1) 触发器的工作原理。

(2) 基本时序电路的 VHDL 代码编写。

(3) 按键消抖电路应用。

(4) 定制 LPM 元件。

(5) VHDL 语言中元件例化的使用。

3.4.2　实验设备

(1) PC 一台。

(2) DDA 系列数字系统实验平台。

(3) Quartus Ⅱ 配套软件。

3.4.3 实验概述

1. 触发器基本原理

触发器是一种可存储 1 位二进制码的逻辑电路，是构成各种时序电路的最基本逻辑单元。触发器有一对互补输出端，输出状态不仅与当前输入有关，还与前一输出状态有关。触发器有两个稳定状态，在一定的外界信号作用下会发生状态翻转。

1）基本 RS 触发器

图 3-4-1 所示为两个与非门交叉耦合构成的基本 RS 触发器。基本 RS 触发器具有置 0、置 1 和保持三种功能。$\bar{S}$ 为置 1 端，$\bar{S}=0$ 时触发器被置 1；$\bar{R}$ 为置 0 端，$\bar{R}=0$ 时触发器被置 0。$\bar{S}=\bar{R}=1$ 时状态保持。同时，应当避免 $\bar{S}=\bar{R}=0$ 的不定状态。与非门组成的基本 RS 触发器的特征方程为 $Q^{n+1}=S+\bar{R}Q^n$，$SR=0$（约束条件）。

2）D 触发器

D 触发器的特征方程为 $Q^{n+1}=D$，输出取决于时钟边沿触发时 D 端输入其电路如图 3-4-2 所示。

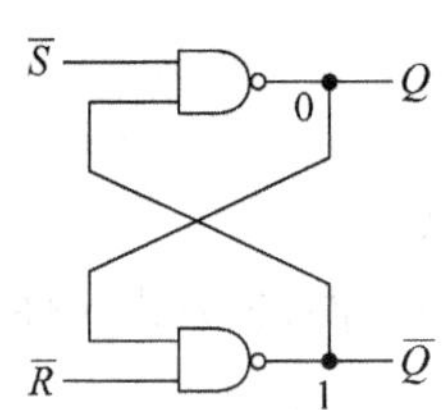

图 3-4-1 基本 RS 触发器

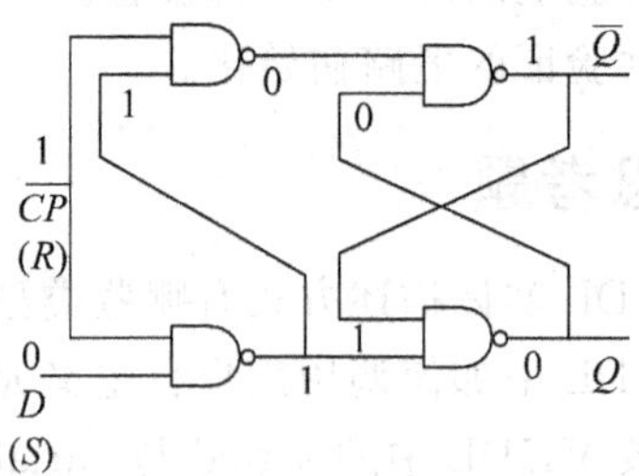

图 3-4-2 D 触发器电路图

3）JK 触发器

JK 触发器的特征方程为 $Q^{n+1}=J\overline{Q^n}+\bar{K}Q^n$。$J$ 和 K 是数据输入端，是触发器状态更新的依据。Q 和 $\bar{Q}$ 为两个互补输入端。通常 $Q=0$、$\bar{Q}=1$ 的状态定为触发器 0 状态，且 $Q=1$，$\bar{Q}=0$ 定为 1 状态。JK 触发器电路如图 3-4-3 所示。

4）T 触发器

T 触发器的特性方程为 $Q^{n+1}=T\overline{Q^n}+\bar{T}Q^n$。当 $T=1$ 时，$Q^{n+1}=\overline{Q^n}$ 为翻转状态；当 $T=0$ 时，$Q^{n+1}=Q^n$ 为保持状态。T 触发器电路如图 3-4-4 所示。

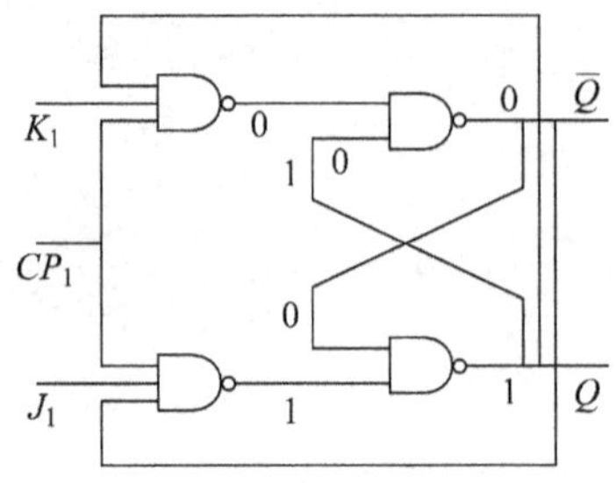

图 3-4-3 JK 触发器电路图

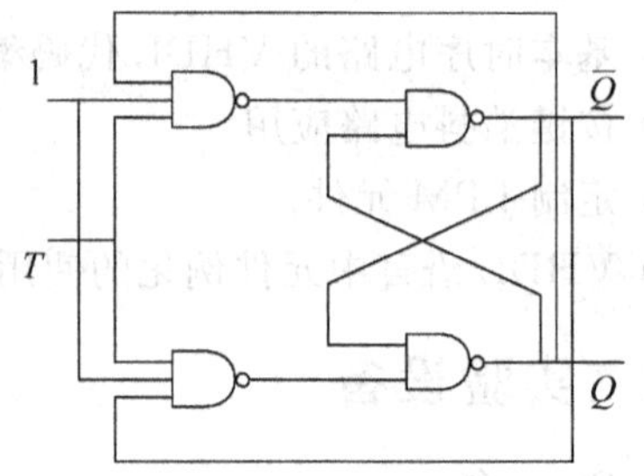

图 3-4-4 T 触发器电路图

2. 消抖电路原理及实现

脉冲按键与电平按键通常采用机械式开关结构，其核心部件为弹性金属簧片。按键信号在开关拨片与触点接触后经多次弹跳才会稳定，所以设计者需要根据实际情况进行按键消抖处理以提取稳定脉冲。常见的电平检测消抖法通过多次检测按键信号电平值，并比较判断来获取开关状态。*D* 触发器实现的电平检测消抖电路图如图 3-4-5 所示。

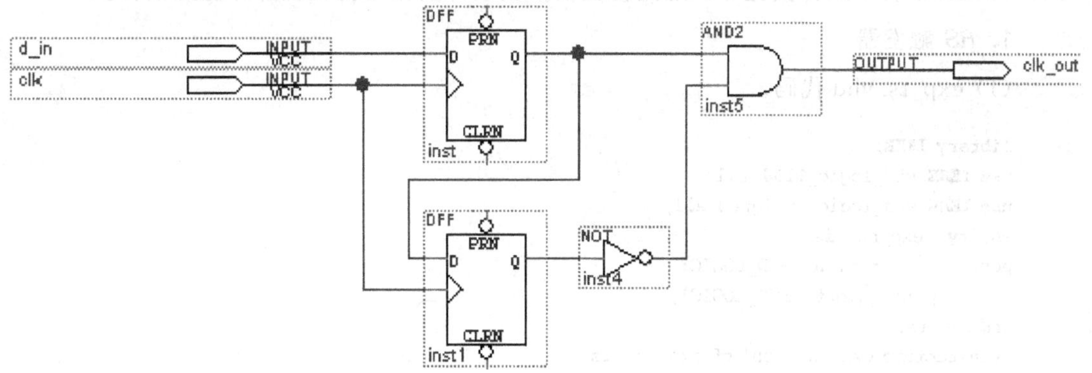

图 3-4-5　电平检测消抖电路

该电路仿真结果如图 3-4-6 所示，当 d_in 输入脉冲由高电平到低电平转换过程发生多次抖动时，电路仅输出一个时钟周期宽单脉冲。

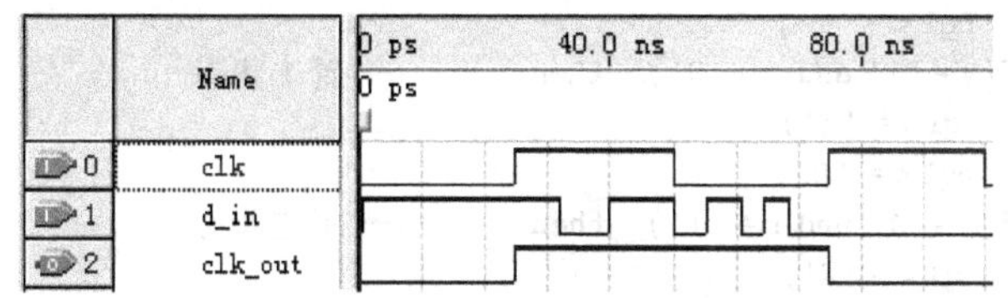

图 3-4-6　用 *D* 触发器实现消抖电路的仿真结果

3. VHDL 语言中的元件例化

元件例化语句主要用于结构式描述方式时调用库元件或底层实体，是系统层次化设计的一种重要途径。元件例化语句由元件声明语句和元件描述语句两部分组成，格式如下。

```
component 元件名                                    -- 元件声明语句
    [generic <参数说明>; ]
    port <端口说明>;
end component;
标号:元件名 port map( [端口名 =>]信号名,...);      -- 元件描述语句
```

component 语句声明每一个需要的例化元件，与元件的实体 port 定义部分一致。

port map 语句将实际信号与端口的连接关系通过关联表一一映射。关联表的描述有两种方式，一种是名字关联；另一种是位置关联。

(1) 名字关联方式，例化元件的端口名与关联符号“=>”两者都是必须存在的，信号名与端口名映射定义的先后顺序可以任意。

(2) 位置关联方式，端口名与关联连接符号都可省去，信号名依据关联表中位置顺序一一映射例化元件端口。

3.4.4 实验内容

学习基本时序电路的 VHDL 代码编写及相关 LPM 元件定制；触发器的应用及消抖电路；VHDL 语言中元件例化等。通过仿真波形及硬件实验箱验证设计并完成报告。

1. RS 触发器

(1) exp_rs. vhd 代码。

```
library IEEE;
use IEEE.std_logic_1164.all;
use IEEE.std_logic_unsigned.all;
entity  exp_rs  is
port(        r,s:in  STD_LOGIC;
      q, not_q:out  STD_LOGIC);
end exp_rs;
architecture exp_rs_archl of exp_rs   is
signal  q1,nq1:STD_LOGIC;
begin
     process(r,s)
     begin
          if(s = '0' and r = '1') then               -- 置 0 状态
                q1 <= '0';
               nq1 <= '1';
          elsif(s = '1' and r = '0')   then          -- 置 1 状态
                q1 <= '1';
               nq1 <= '0';
          elsif(s = '1' and r = '1')   then          -- 不定状态
                q1 <= 'X';
               nq1 <= 'X';
          elsif(s = '0' and r = '0')   then          -- 保持状态
                q1 <= q1;
               nq1 <= nq1;
          end if;
     end process;
q <= q1;
not_q <= nq1;
end exp_rs_arch;
```

(2) 仿真验证波形如图 3-4-7 所示，符合与非门组成的 *RS* 触发器要求。

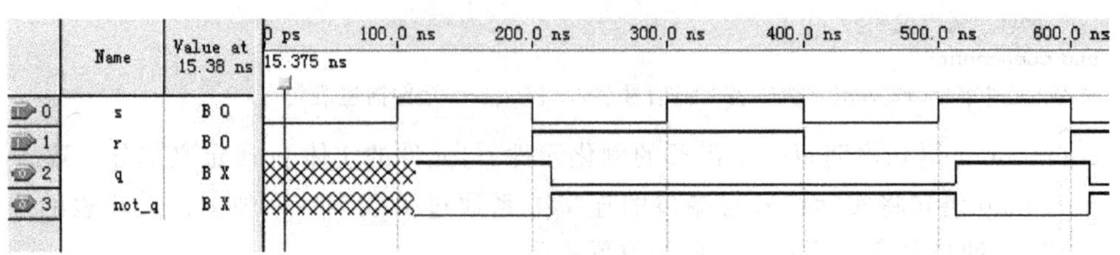

图 3-4-7 *RS* 触发器的仿真结果

2. *D* 触发器

1）VHDL 实现

（1）d_chufaqi. vhd 代码。

```
library IEEE;
use IEEE.std_logic_1164.all;
entity d_chufaqi is
port(    Clk:in STD_LOGIC;
         d:in STD_LOGIC;
         q:out STD_LOGIC);
end d_chufaqi;
architecture d_chufaqi_arch of d_chufaqi is
begin
    process(Clk,d)
    begin
        if (Clk = '1' and Clk'event) then          -- 时钟上升沿触发
            q <= d;
        end if;
    end process;
end d_chufaqi_arch;
```

（2）锁存器类似于触发器，两者区别由触发器仅在时钟信号边沿触发，而锁存器是由电平信号触发的。锁存器的引入会加剧电路延时，不利于可综合代码的同步设计。

（3）仿真验证波形如图 3-4-8 所示，clk 上升沿触发 q 更新数据为 d。

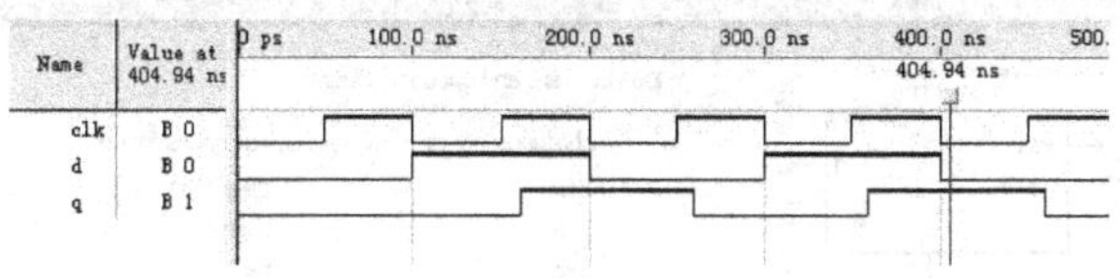

图 3-4-8 d_chufaqi 仿真结果

2）利用 LPM 元件实现

（1）设置 lpm_ff 参数可定制 *D* 触发器或 *T* 触发器。定制步骤参照前面所述，lpm_ff 元件在图 3-3-6 所示的宏功能选择对话框的左侧列表中选择 Installed Plug-Ins→Storage→lpm_ff 项。

（2）在参数设置页面 1 中，如图 3-4-9 所示，输入 data 选用 1 位，clock 为时钟信号，类型为 D 型。

（3）在参数设置页面 2 中，如图 3-4-10 所示，添加异步清零和异步置 1。

（4）仿真验证结果波形如图 3-4-11 所示，aclr 异步清零且高电平有效，aset 异步置 1 且高电平有效，二者无效时，q 输出由 clock 上升沿触发更新为 data。

3. *JK* 触发器

（1）jk_chufaqi. vhd 代码。

```
library IEEE;
use IEEE.std_logic_1164.all;
```

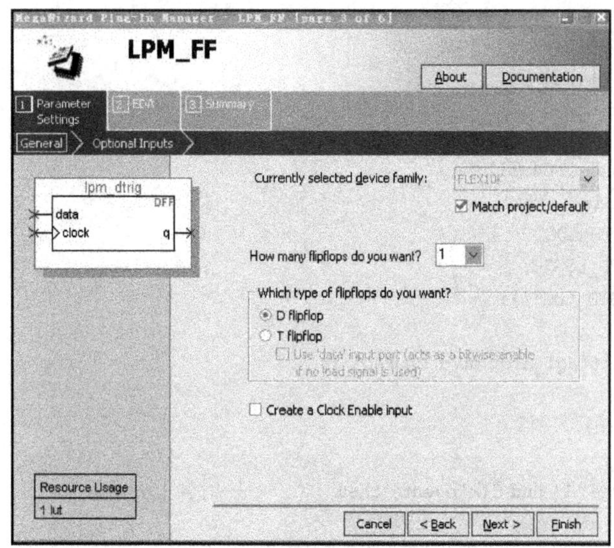

图 3-4-9　lpm_dtrig 端口参数设置页 1

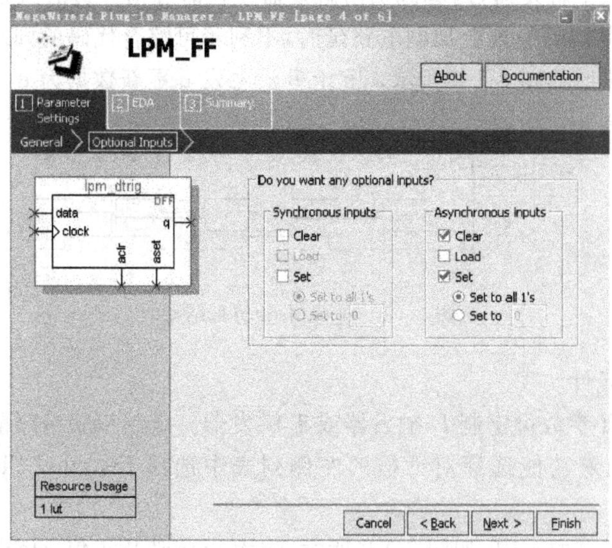

图 3-4-10　lpm_dtrig 端口参数设置页 2

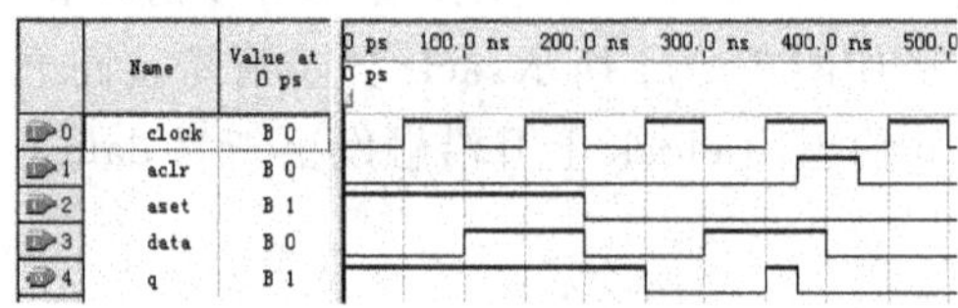

图 3-4-11　lpm_dtrig 的仿真结果

```
entity  jk_chufaqi  is
port(  j, k, Clk, prn, clrn: in STD_LOGIC;
                          q : out STD_LOGIC);
end jk_chufaqi;
architecture  jk_chufaqi_arch of jk_chufaqi is
component jkff                                         -- jkff 元件例化
port(   j: in STD_LOGIC;
         k:in STD_LOGIC;
       Clk:in STD_LOGIC;
       clrn: in STD_LOGIC;
       prn: in STD_LOGIC;
       q: out STD_LOGIC   );
end component;
begin
     logic_jk_chufaqi:jkff port map(j,k,Clk,clrn,prn,q);
end jk_chufaqi_arch;
```

(2) RTL viewer 查看电路,如图 3-4-12 所示。

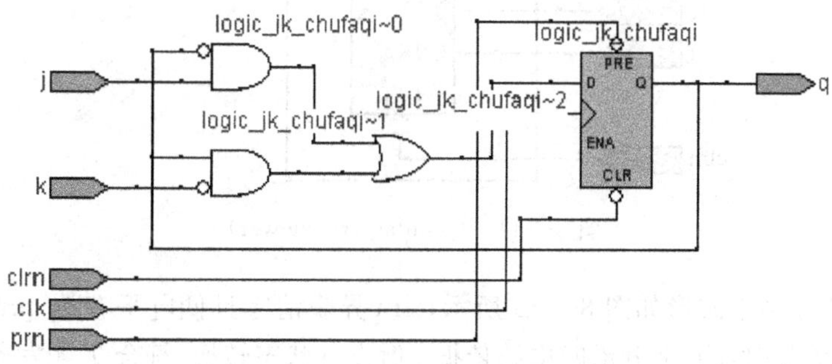

图 3-4-12　jk_chufaqi(rtl viewer)

(3) 仿真验证结果波形如图 3-4-13 所示,clrn 异步清零且低电平有效,prn 异步置 1 且低电平有效,两者无效时,clk 上升沿时电路依据 jk 触发 q 状态转换,符合 *JK* 触发器设计要求。

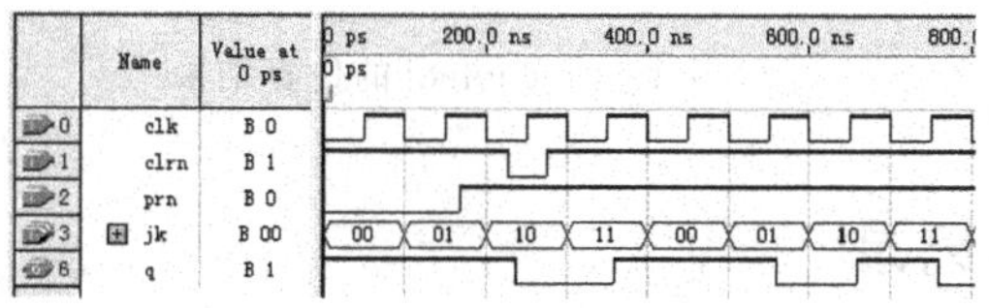

图 3-4-13　jk_chufaqi 的仿真结果

4. *T* 触发器

(1) t_chufaqi. vhd 代码。

```
library IEEE;
use IEEE.std_logic_1164.all;
entity  t_chufaqi  is
port (  t, Clk, prn,clrn: in STD_LOGIC;
        q : out STD_LOGIC);
```

```
end t_chufaqi;
architecture  t_chufaqi_arch of t_chufaqi is
component  tff                                        -- tff 元件例化
port (     t: in STD_LOGIC;
        Clk: in STD_LOGIC;
        clrn: in STD_LOGIC;
         prn: in STD_LOGIC;
         q : out STD_LOGIC);
end component;
begin
    logic_t_chufaqi:tff  port map ( t,Clk,clrn, prn,q);
end t_chufaqi_arch;
```

(2) RTL viewer 查看电路,如图 3-4-14 所示。

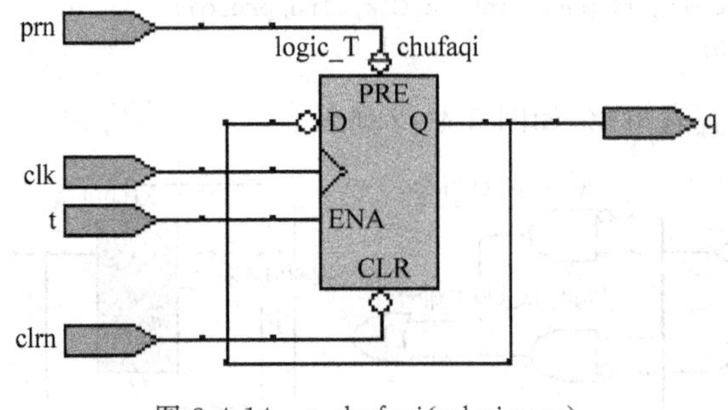

图 3-4-14　t_chufaqi(rtl viewer)

(3) 仿真验证结果波形如图 3-4-15 所示,clrn 异步清零且低电平有效,prn 异步置 1 且低电平有效,二者无效时,clk 上升沿时电路依据 t 触发 q 状态转换,符合 T 触发器设计要求。

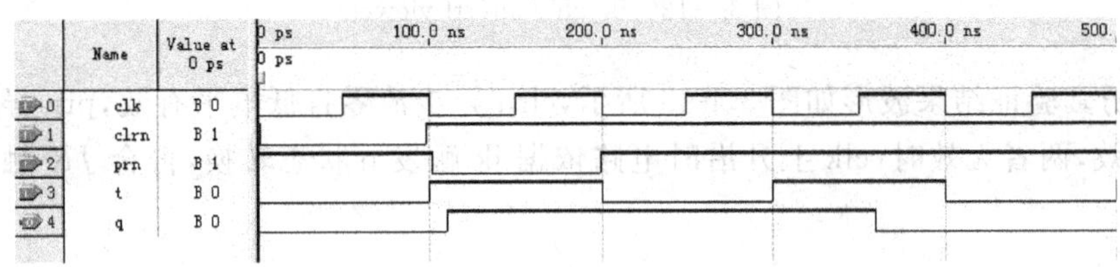

图 3-4-15　t_chufaqi 的仿真结果

3.4.5　实验数据记录

根据实验内容题目设计要求,记录以下 4 类实验数据。

(1) 仿真验证结果波形及参数设置。

(2) 实际的输入输出信号功能描述。

(3) 硬件验证的芯片及管脚设置。

(4) 硬件验证的电路初始化。

3.4.6　思考题

(1) 触发器、锁存器、寄存器区别是什么?

(2) 与非门构成的基本 $R\text{-}S$ 触发器为什么需要约束条件?

(3) 如何运用 D 触发器实现 JK 触发器和 T 触发器的功能?

(4) 如何运用 JK 触发器实现 D 触发器和 T 触发器的功能?

(5) 脉冲按键为什么要使用按键消抖电路?

(6) VHDL 元件例化语句作用是什么? 如何调用标准的 jkff(tff)元件?

(7) VHDL 语言中边沿触发的 signal 如何描述? VHDL 描述时序电路时 signal 的作用是什么?

(8) lpm_ff 定制时 clear、load、set 输入有哪两类?

3.5 移位寄存器

3.5.1 基本知识点

(1) 移位寄存器的工作原理及应用。

(2) 定制 LPM 元件及应用。

(3) 电路仿真基本方法。

(4) 混合模块工程设计方法。

3.5.2 实验设备

(1) PC 一台。

(2) DDA 系列数字系统实验平台。

(3) Quartus Ⅱ配套软件。

3.5.3 实验概述

1. 基本概念

移位寄存器是用来寄存二进制数字信息且能进行信息移位的时序逻辑电路。根据移位寄存器存取信息的方式不同可分为串入串出、串入并出、并入串出、并入并出 4 种形式。

2. 基本原理

如图 3-5-1 所示,74194 是一种典型的中规模集成移位寄存器,由 4 个 RS 触发器和一些门电路构成的 4 位双向移位寄存器。该移位寄存器具有左移、右移、并行输入数据、保持及异步清零 5 种功能。其中 A、B、C、D 为并行输入端,Q_A、Q_B、Q_C、Q_D 为并行输出端;SRSI 为右移串行输入端,SLSI 为左移串行输入端;S1、S0 为模式控制端;CLRN 为异步清零端;CLK 为时钟脉冲输入端。74194 的功能如表 3-5-1 所示。

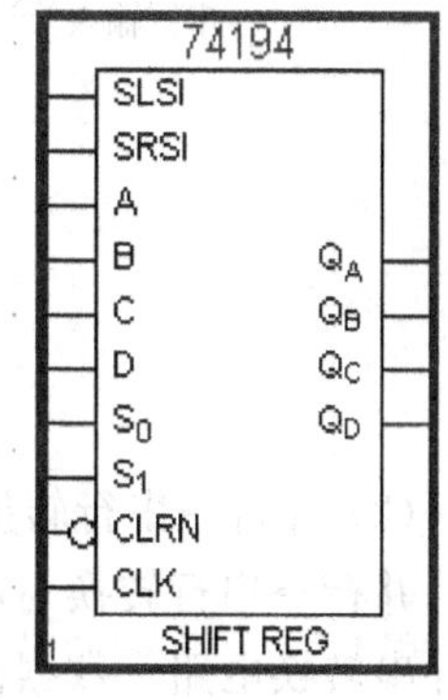

图 3-5-1　74194 元件符号

3. 移位寄存器的应用

移位寄存器可构成计数器、顺序脉冲发生器、串行累加器、串并转换、并串转换等。

表 3-5-1　74194 的功能表

CLRN	CLK	S1 S0	工 作 状 态
0	×	× ×	清零
1	0	× ×	保持
1	↑	1 1	并行置数,Q 为 ABCD
1	↑	0 1	串行右移,移入数据位为 SRSI
1	↑	1 0	串行右移,移入数据位为 SLSI
1	↑	0 0	保持

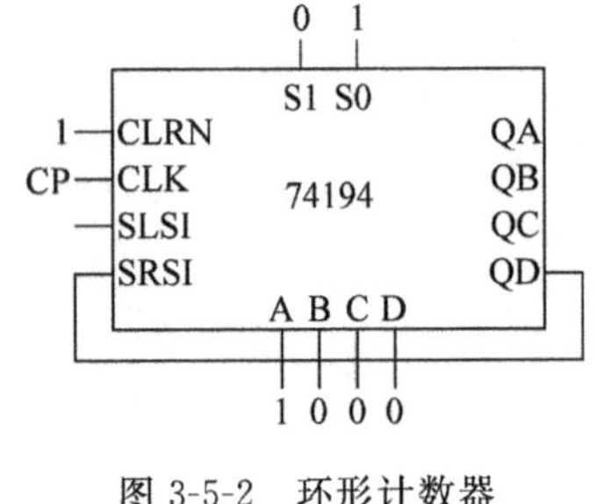

图 3-5-2　环形计数器

1）环形计数器

74194 构建环形计数器的电路如图 3-5-2 所示,电路具有 4 个有效状态,状态转换为 1000→0100→0010→0001,再返回 1000 开始循环。单向移位寄存器的串行输入端和输出端相连构成可以进行循环移位的闭合环。初态设置合适且输出端初始状态不能完全为 1 或 0。环形计数器可以作为顺序脉冲发生器,输出时序有先后的一组脉冲信号。

2）数据串行/并行转换

(1) 串行→并行转换器。

串行→并行转换用于将串行输入的数据转换为并行输出,如图 3-5-3 所示,两片 74LS194 构成的 7 位串并行转换电路。D 为并行数据输入端,Q 为并行数据输出端,MR 为清零端,CP 为时钟输入。SR、SL 分别为右移串行数据输入端、左移串行数据输入端。数据由 SR 串行输入经 Q0～Q6 并行输出。Q7 是转换结束标志位。串行输入前电路初始化 Q 为 01111111,Q7 为 1,即 S1S0 为 01,电路处于右移串入状态。当 Q7 为 0,即 S1S0 为 11,电路重置为 01111111,标志着数据串行输入结束。

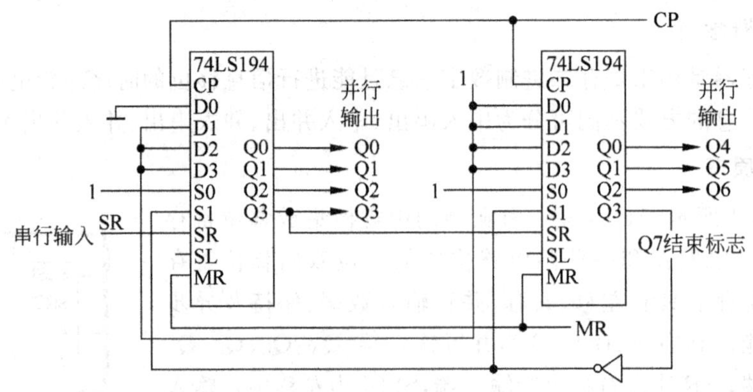

图 3-5-3　7 位串并行转换电路

(2) 并行→串行转换器。

并行→串行转换与串行→并行转换过程相反,如图 3-5-4 所示,两片 74LS194 构成的 7 位并串转换电路。数据由 D1～D7 并行输入经 Q7 串行输出。SW 转换开关用于并入与右移串出功能之间切换。F 结束标志位指示右移串行输出状态。

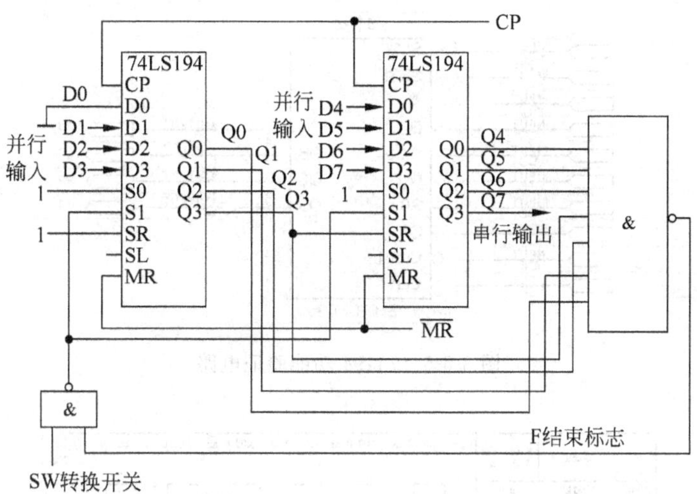

图 3-5-4 7 位并串行转换电路

4. Quartus Ⅱ仿真

Quartus Ⅱ的 Waveform Editor 及 Simulator 提供了便利的功能仿真与时序仿真功能，通过仿真波形报告可以直观地验证电路逻辑行为与时序的正确性。Waveform Editor 编辑仿真输入的矢量波形文件（Vector Waveform file，VWF）。Simulator 仿真 VWF 文件并计算输出波形数据。

为了便于分享交流，仿真波形图务必做到“完整、简明”的基本原则，即花最少的仿真时间清晰地呈现最多信息。

仿真常规步骤分为新建波形文件、添加仿真节点或总线信号、输入仿真激励、启动仿真、结果分析。

3.5.4 实验内容

学习电路仿真基本方法；熟悉双向移位寄存器的原理及设计方法，通过仿真验证及硬件实验箱验证设计并完成报告。

1. 仿真验证

用一片 74194 芯片连接好功能验证电路，如图 3-5-5 所示，通过功能仿真验证 74194 并入置数、异步清零、串行右移、串行左移、保持的逻辑行为，如图 3-5-6 所示。

本例在电路编译后进行功能仿真，具体说明以下仿真步骤。

1）新建波形文件后的波形图参数设置

网格宽度 Grid size 和时间轴长度 End time 是波形图的基本参数。添加节点前设置好参数可以减少波形图重复调整时的时间开销。网格宽度主要用于时间读数，与时钟周期紧密相关，通常设置为时钟周期的四分之一、二分之一或整数倍。时间轴长度默认为 1us，需要配合网格保证充裕的仿真时间。

2）添加节点或总线后的信号整合与位置分配

添加节点或总线后的 VWF 文件如图 3-5-7 所示，信号杂乱需要重新调配位置与整合。

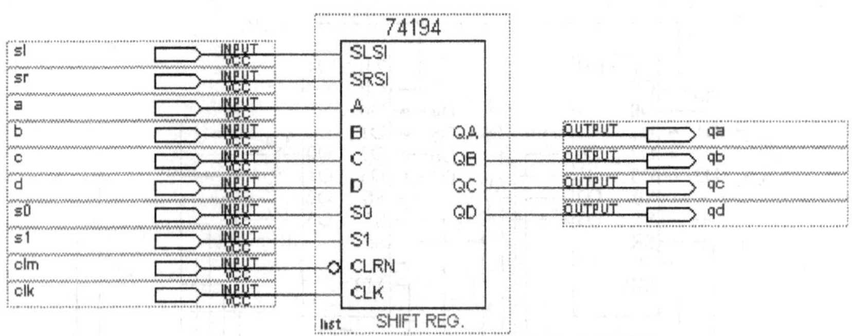

图 3-5-5　74194 功能验证电路

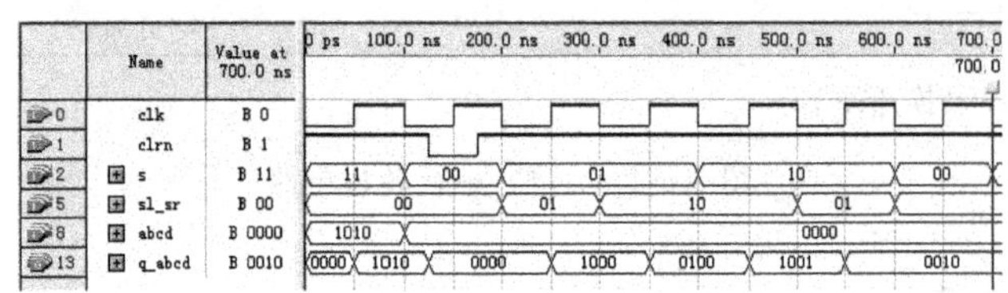

图 3-5-6　74194 功能仿真结果

信号位置分配要注意：激励输入信号(I 类)与待分析的输出信号(O 类、R 类、C 类)上下放置，界限分明；时钟信号置顶，其他输入信号可按“异步控制→同步控制→数据输入”顺序向下放置；同一元器件的控制信号就近放置；同一类功能的控制信号就近放置。重新调配位置后的 VWF 文件如图 3-5-8 所示。

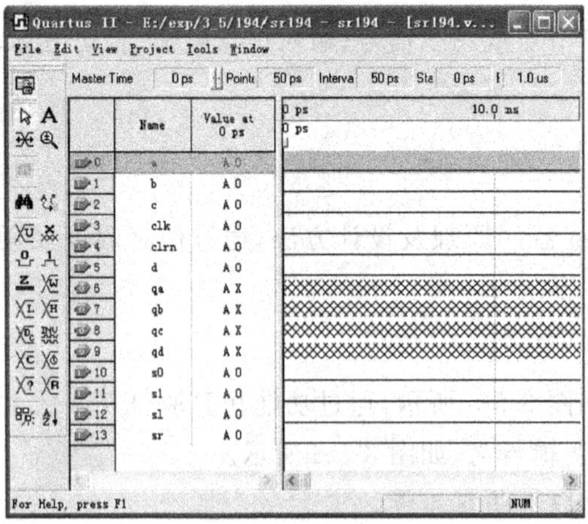

图 3-5-7　信号未整理前的 VWF 文件

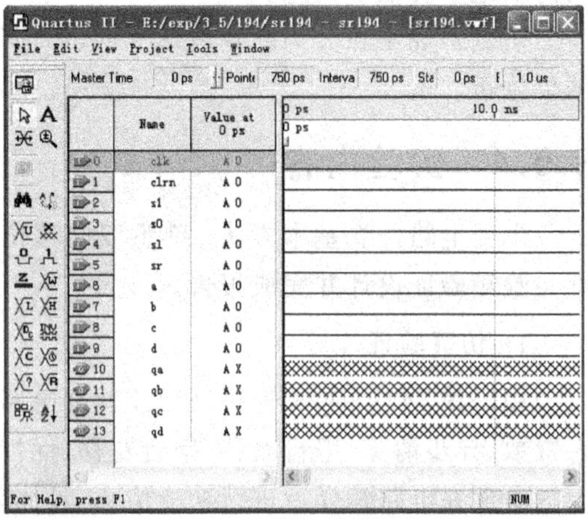

图 3-5-8　信号位置调配后的 VWF 文件

信号整合为总线形式要注意：符合总线形式的 I/O 信号优先整合；同一器件和同一属类功能的控制信号优先整合；脉冲信号一般不整合；整合前信号应按“高位→低位”顺序向下放置；整合后信号名以能直观反映该信号功能为宜。信号整合后的 VWF 文件如图 3-5-9 所示。

a、b、c、d 信号整合为 4 位二进制表示的总线信号 abcd 具体步骤如下：

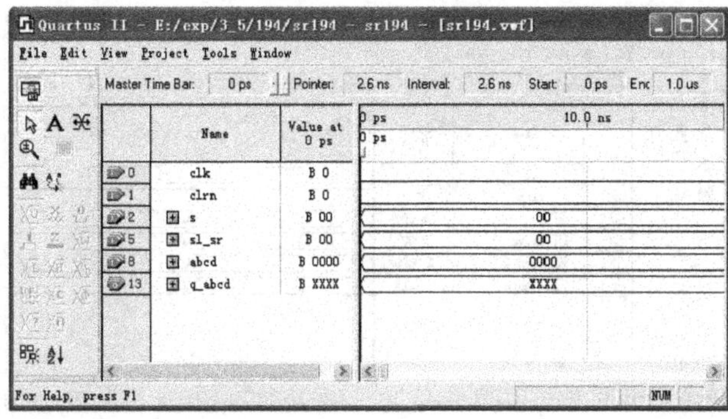

图 3-5-9　信号整理后的 VWF 文件

(1) 在图 3-5-7 中 Name 区，拖动全选 a、b、c、d 信号，如图 3-5-10 所示。

(2) 右击所选信号区域，快捷菜单中选择 Grouping→Group 命令打开 Group 对话框，Group name 文本框中输入 abcd，Radix 下拉列表选中 Binary 项，如图 3-5-11 所示。

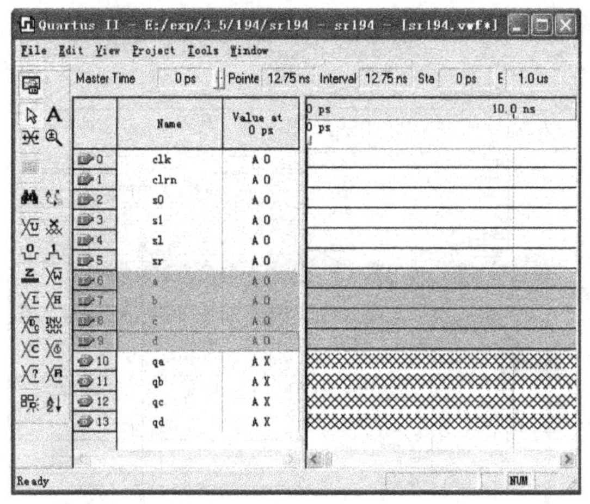

图 3-5-10　信号全选

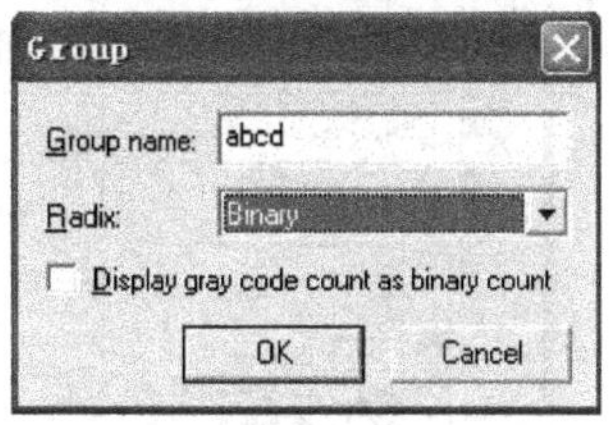

图 3-5-11　Group 对话框

(3) 单击 OK 按钮返回 Waveform Editor 窗口。

3) 激励输入及分段仿真

Waveform Editor 工具栏可以设置仿真激励，相关按钮说明如图 3-5-12 所示。

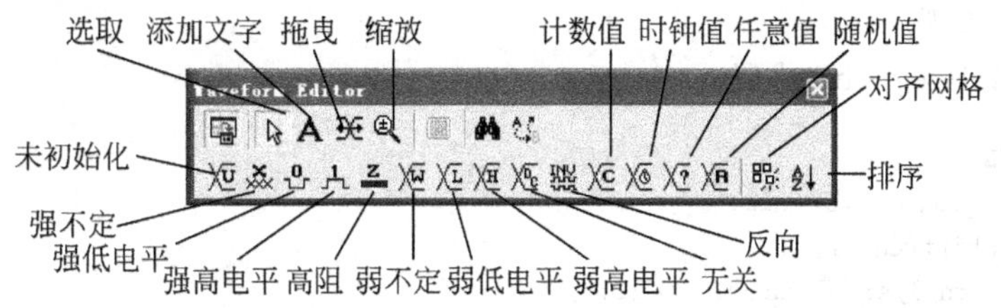

图 3-5-12　Waveform Editor 工具栏

设置仿真激励及仿真注意如下：

(1) 设置时钟异步控制、同步控制等系统信号激励完成电路初始，如图 3-5-13 所示。

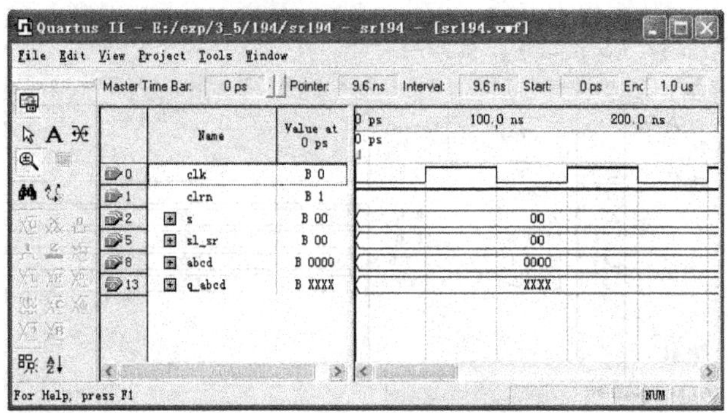

图 3-5-13　电路初始化

(2) 将时间轴划分为连续的时间段,一时间段(若干个时间周期)完成一小步实验内容。一小段信号激励输入完成后立即生成波形并判断结果；波形正确之后再根据下一步实验内容直至完成所有实验内容仿真。如图 3-5-14 所示,分段仿真了并行置入 1010 和异步清零功能。

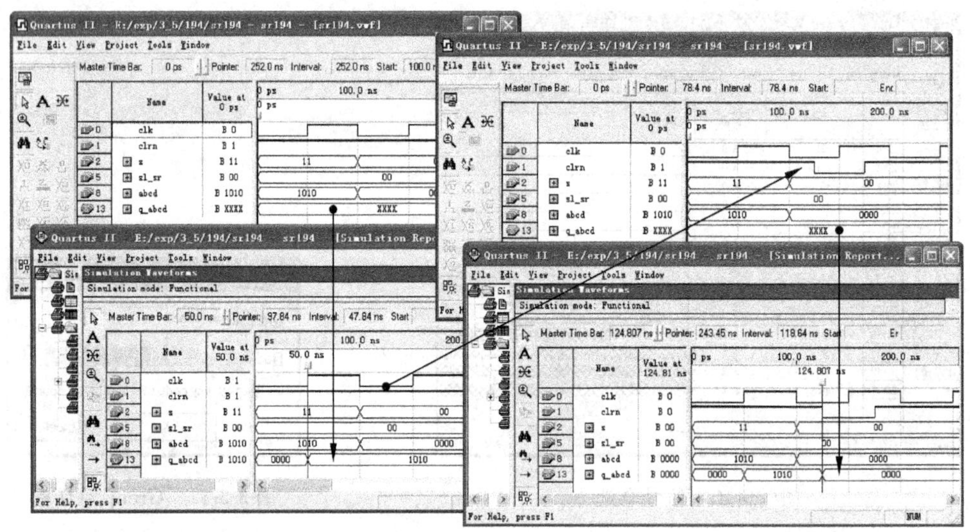

图 3-5-14　分段仿真过程

2. 双向移位寄存器

1) VHDL 实现

(1) exp_shiftreg.vhd 代码。

```
library IEEE;
use IEEE.std_logic_1164.all;
entity exp_shiftreg is
port ( Clk,clrn_l,sr,sl:in STD_LOGIC;
                s:in STD_LOGIC_VECTOR(1 downto 0);
              d:in STD_LOGIC_VECTOR(3 downto 0);
             q:out STD_LOGIC_VECTOR(3 downto 0));
end exp_shiftreg;
architecture exp_shiftreg_arch of exp_shiftreg is
```

```
signal iq: STD_LOGIC_VECTOR(3 downto 0);
begin
    process(Clk,clrn_l,s,iq)
    begin
        if  clrn_l = '0'  then                              -- 异步清零
            iq <= (others => '0');
        elsif rising_edge(Clk)  then
                case (s) is
                    when "00" => iq <= iq;                  -- 保持
                    when "01" => iq <= sr&iq(3 downto 1);   -- 串行右移
                    when "10" => iq <= iq(2 downto 0)&sl;   -- 串行左移
                    when "11" => iq <= d;                   -- 并入置数
                    when others => null;
                end case;
        end if;
          q <= iq;
    end process;
end exp_shiftreg_arch;
```

(2) 用 RTL viewer 查看电路，如图 3-5-15 所示。

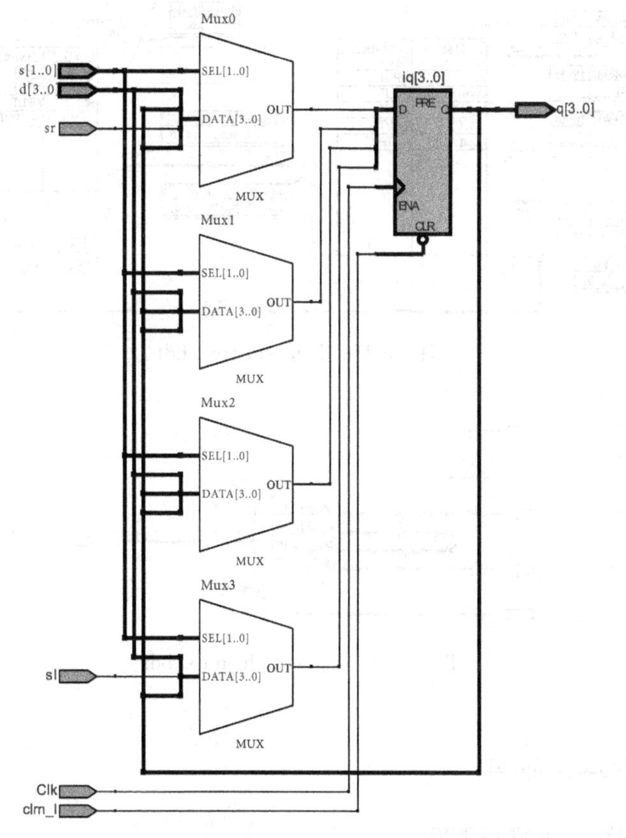

图 3-5-15　exp_shiftreg. vhd(rtl viewer)

2) 混合模块化设计实现

4 位双向移位寄存器按功能划分为两大块：模式选择模块和寄存器模块，原理框图如

图 3-5-16 所示。模式选择模块采用 2 位信号选择保持数据、右移数据、左移数据、并行输入数据功能；寄存器模块为时钟上升沿有效的带异步清零的 4 位寄存器。

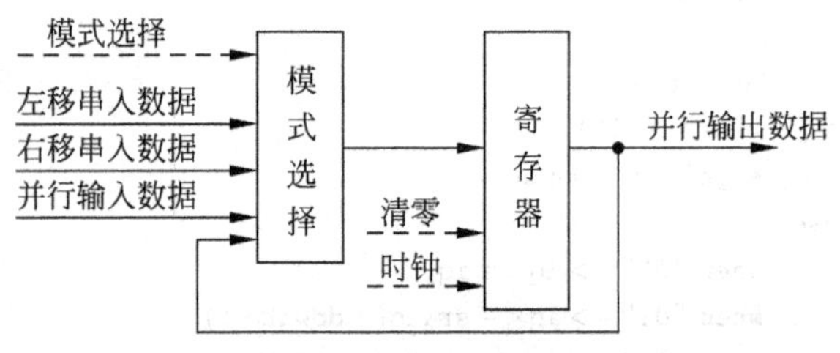

图 3-5-16　原理框图

(1) 顶层设计电路 shiftreg. bdf 如图 3-5-17 所示。mode_mux 主要采用 lpm_mux 元件实现模式选择，如图 3-5-18 所示。r4 实现了带异步清零的 4 位寄存器，vhd 代码如下所示。

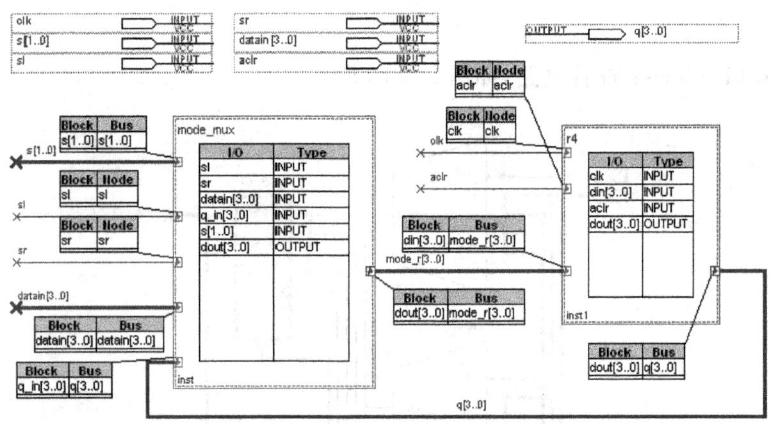

图 3-5-17　顶层 shiftreg. bdf

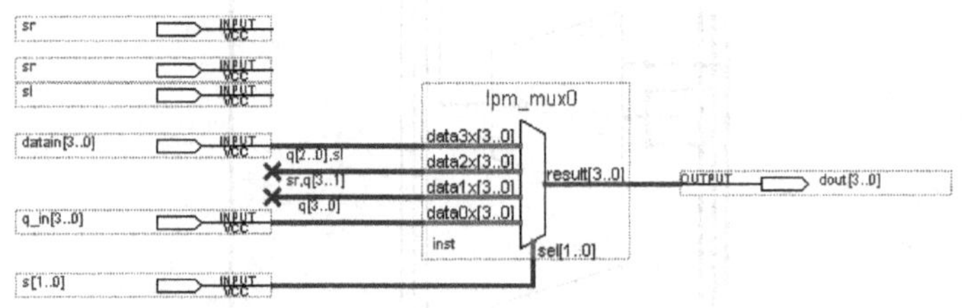

图 3-5-18　底层 mode_mux. bdf

```
library IEEE;
use IEEE.std_logic_1164.all;
entity r4 is
    port(   Clk   : in STD_LOGIC;
            din   : in STD_LOGIC_VECTOR(3 downto 0);
            aclr  : in STD_LOGIC;
            dout  : out STD_LOGIC_VECTOR(3 downto 0)      );
end r4;
```

```
architecture r4_architecture of r4 is
signal tmp:STD_LOGIC_VECTOR(3 downto 0);
begin
    process(Clk,din,aclr)
    begin
        if aclr = '1' then
            tmp <= "0000";
        elsif(Clk'event and Clk = '1') then
            tmp <= din;
        end if;
    end process;
    dout <= tmp;
end r4_architecture;
```

(2) 仿真验证波形如图 3-5-19 所示，依次显示并入置数、异步清零、串行右移、串行左移、保持功能设计符合要求。

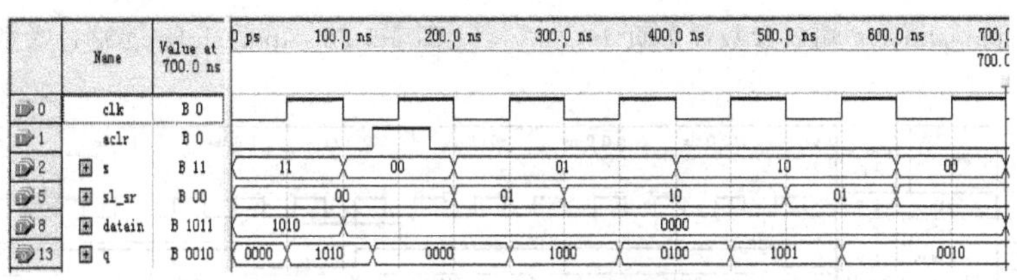

图 3-5-19 shiftreg 仿真结果

3. 序列发生器

序列发生器是产生一组 0、1 二进制码按特定顺序排列的串行信号的仪器。利用移位寄存器并串转换原理设计一个 4 位二进制序列发生器，电路如图 3-5-20 所示。

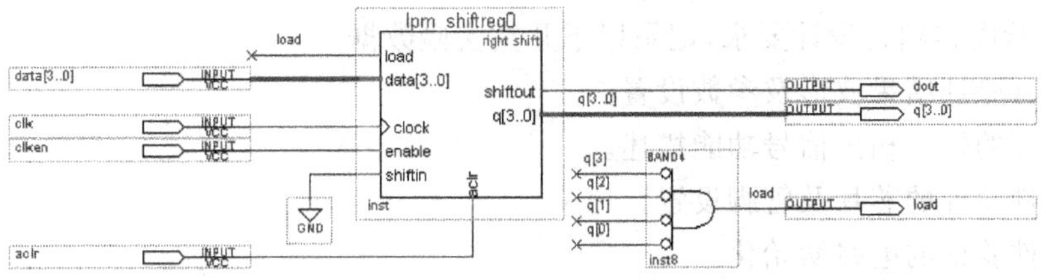

图 3-5-20 序列发生器电路

(1) 设置 lpm_shiftreg 元件参数可定制移位寄存器 lpm_shiftreg0。定制步骤参照前面所述，lpm_shiftreg 元件在图 3-3-6 宏功能选择对话框的左侧列表中选择 Installed Plug-Ins→Storage→lpm_shiftreg 项。

(2) 在参数设置页面 1 中，如图 3-5-21 所示，设置移位方向为右移，输入时钟使能端，数据并入并出端和串入串出端。

(3) 在参数设置页面 2 中，如图 3-5-22 所示，添加异步清零。

(4) 仿真验证结果波形如图 3-5-23 所示，序列发生器能产生 4 位序列且带启动、清零控制功能。

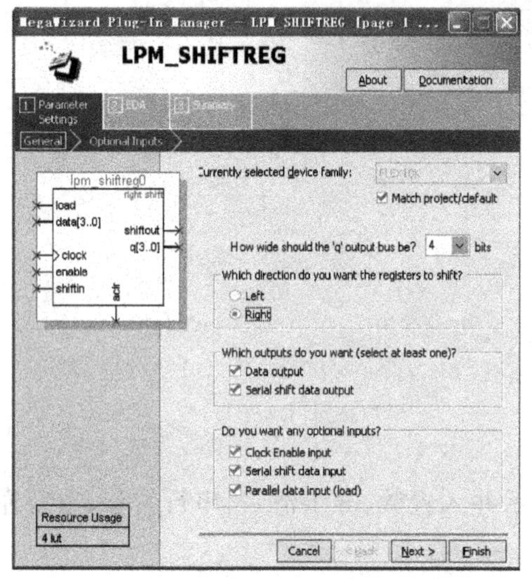

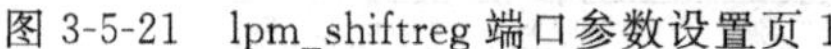
图 3-5-21　lpm_shiftreg 端口参数设置页 1

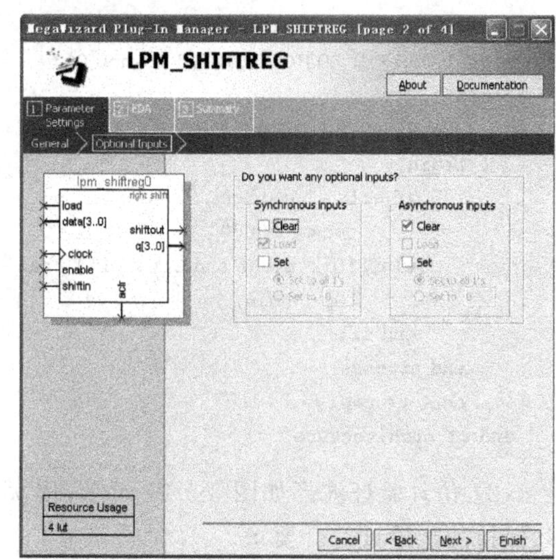

图 3-5-22　lpm_shiftreg 端口参数设置页 2

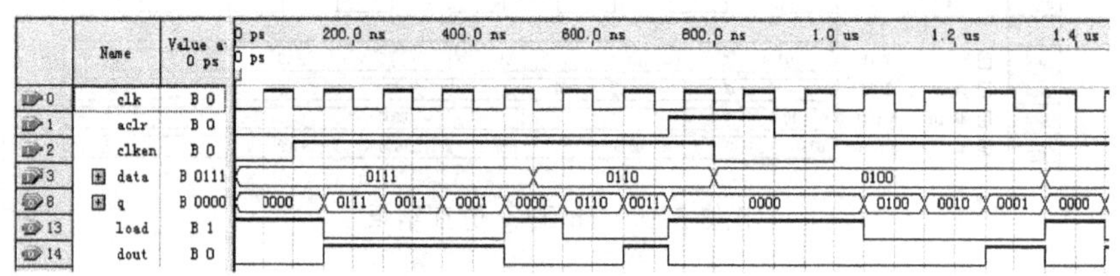

图 3-5-23　序列发生器仿真结果

3.5.5　实验数据记录

根据实验内容题目设计要求，记录以下几类实验数据。

(1) 仿真验证结果波形及参数设置。

(2) 实际的输入输出信号功能描述。

(3) 硬件验证的芯片及管脚设置。

(4) 硬件验证的电路初始化。

3.5.6　思考题

(1) 简单说明移位寄存器的概念及应用情况。

(2) 仿真常规方法步骤是什么？有什么注意事项？

(3) 如何保存用户的仿真结果波形？

3.6　计数器

3.6.1　基本知识点

(1) 计数器的原理及应用。

(2) 混合模式的工程设计法的应用。

(3) 用户 generic 参数化元件。

(4) 偶次分频器、奇次分频器及占空比可调的原理。

(5) 数码管扫描电路的运用。

3.6.2　实验设备

(1) PC 一台。

(2) DDA 系列数字系统实验平台。

(3) Quartus Ⅱ配套软件。

3.6.3　实验概述

1. 计数器的原理

计数器是一种常用的可统计时钟脉冲个数的时序逻辑器件。计数器中的"数"是触发器的状态组合,即编码。计数器循环一次所包含的状态总数就称作模。

计数器应用广泛,适用于计数、分频、运算、定时、脉冲产生等。计数器种类繁多,按级联方式可分为同步计数器和异步计数器;按数字增减方式可分为加法计数器、减法计数器和可逆计数器。按编码方式可分为二进制计数器、十进制计数器等。

2. 计数器的实例

1) D 触发器型异步二进制加法/减法计数器

如图 3-6-1 所示,D 触发器的 QN 端与 D 端相连而成为计数型 T 触发器。低位触发器的 QN 端与高位触发器的 CP 端相连组成 3 位二进制异步加法计数器。将低位触发器 Q 端与高位触发器的 CP 端相连,就得到 3 位二进制异步减法计数器,如图 3-6-2 所示。

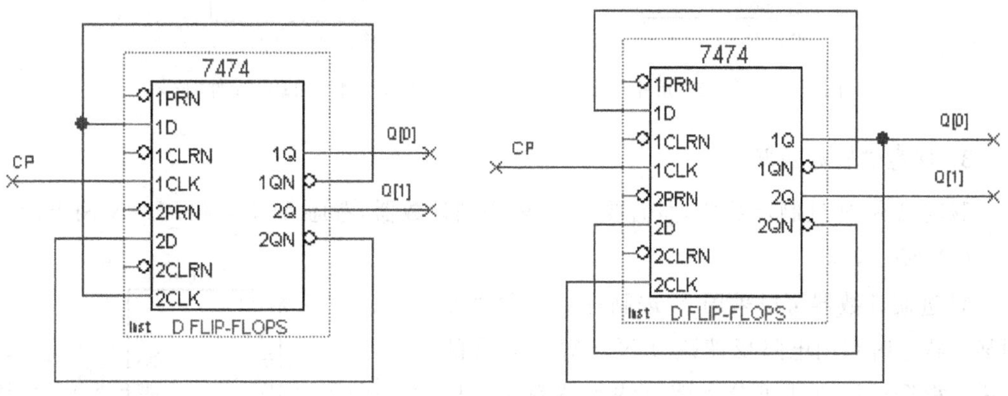

图 3-6-1　3 位异步二进制加法计数器　　图 3-6-2　3 位异步二进制减法计数器

2) 4 位同步二进制加法计数器 74161

74161 符号如图 3-6-3 所示,它具有清零、置数、保持和加法计数功能,状态控制如表 3-6-1 所示,进位 RCO 由 Q 输出和 ENT 输入的与运算结果决定。

3) 同步十进制可逆计数器 74192

74192 符号如图 3-6-4 所示,它具有双时钟、清零、置数、保持、加法计数、减法计数功能,状态控制如表 3-6-2 所示,加法计数进位 CON 计到 9 时输出为 0,否则为 1。减法计数进位 BON 计到 0 时输出为 0,否则为 1。

表 3-6-1　74161 的功能表

CLRN	CLK	LDN	ENP	ENT	工 作 状 态
0	×	×	×	×	清零
1	↑	0	×	×	置数
1	↑	1	×	0	保持
1	↑	1	0	×	保持
1	↑	1	1	1	加法计数

表 3-6-2　74192 的功能表

CLR	UP	DN	LDN	工 作 状 态
1	×	×	×	清零
0	×	×	0	置数
0	↑	1	1	加法计数
0	1	↑	1	减法计数
0	1	1	1	保持

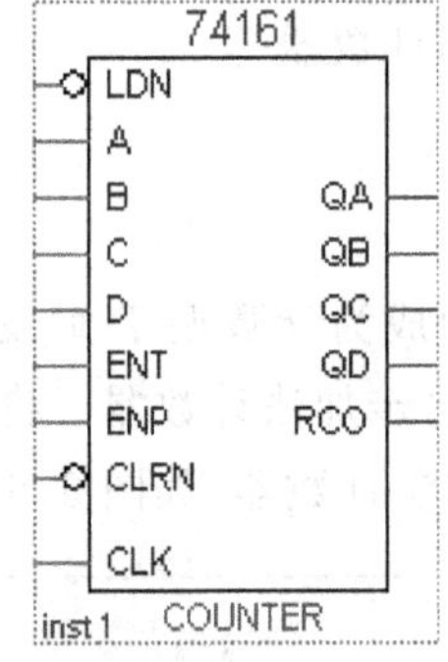

图 3-6-3　74161 元件符号

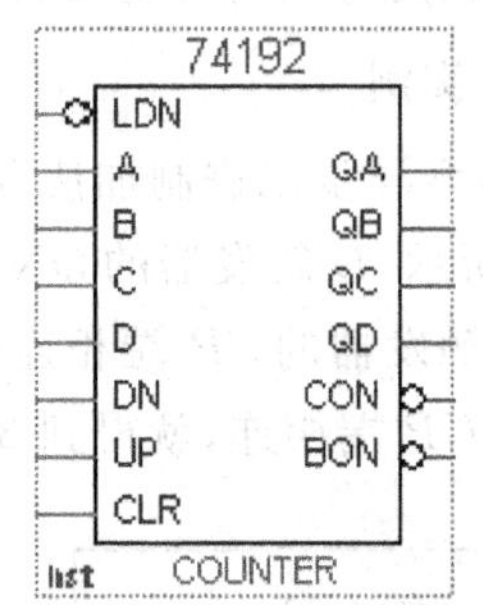

图 3-6-4　74192 元件符号

3. 任意进制计数器

假定已有 N 进制计数器,而需要得到 M 进制计数器,考虑 $M<N$ 和 $M>N$ 两类情况。

(1) $M<N$ 类。

M 进制计数器可以采用 N 进制计数器顺序计到某一状态时利用电路反馈跳过 $N-M$ 个状态的方法。根据反馈方式可分为清零法和置数法。根据计数器的清零或置数与时钟是否同步所选取的反馈时机不同。如图 3-6-5、图 3-6-6 所示,74161 构成的六进制计数器。

(2) $M>N$ 类。

扩大计数器模值可能采用 N 进制计数器级联方式。片间级联方式有同步级联方式(或称为并行

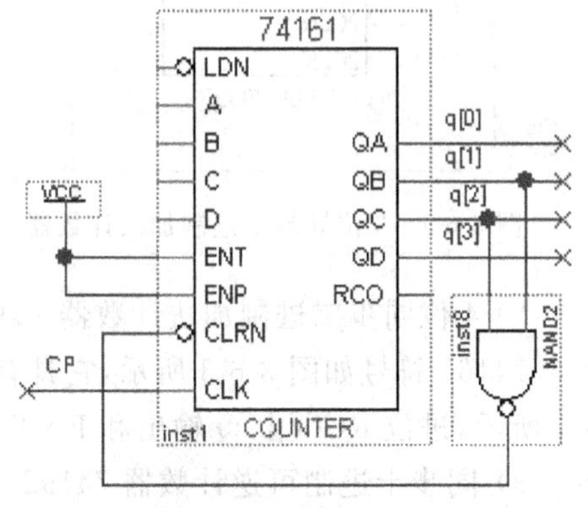

图 3-6-5　六进制计数器(清零法)

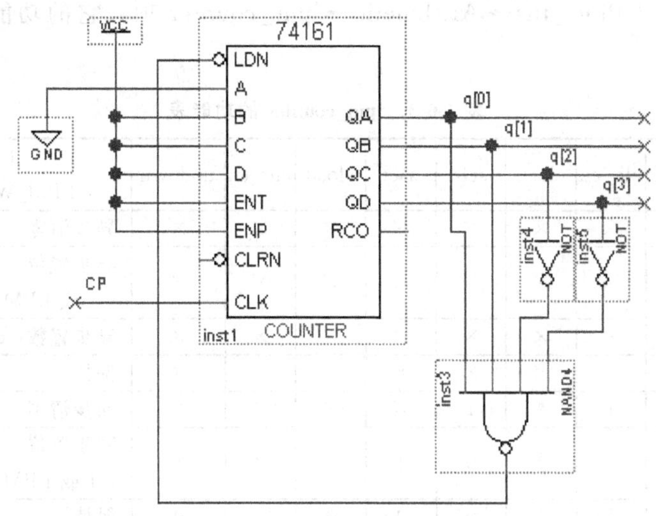

图 3-6-6 六进制计数器(置数法)

进位方式)与异步级联(串行进位方式)两种。同步级联中各级计数器时钟脉冲相连且具有同步保持功能。异步级联中高级计数器的时钟由低级计数器的状态决定。如图 3-6-7 和图 3-6-8 所示,74161 和 74192 构成的一六零进制计数器。

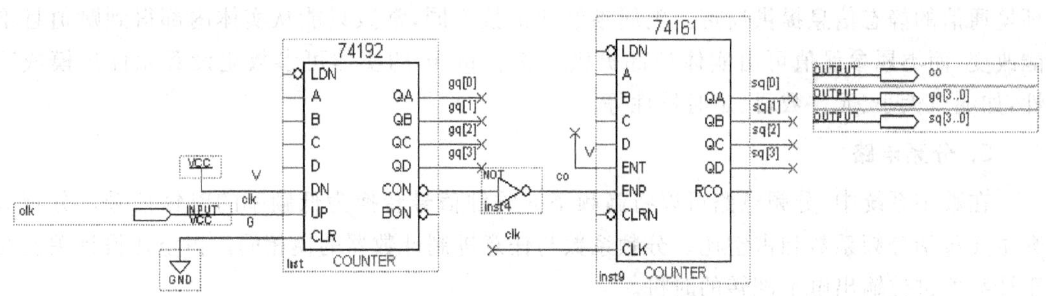

图 3-6-7 一六零进制计数器(同步级联)

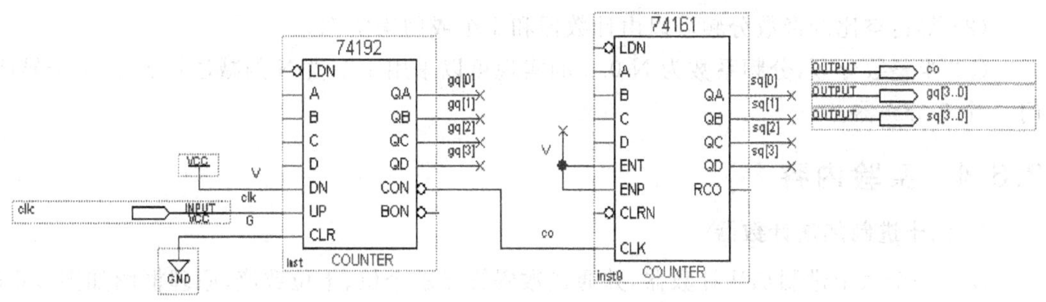

图 3-6-8 一六零进制计数器(异步级联)

4. 参数化计数器

Quartus Ⅱ中常用的参数化计数器为 lpm_counter 和 generic 的用户定义计数器。lpm_counter 可设置参数定制多种计数器,元件在图 3-3-6 宏功能选择对话框的左侧列表中选择 Installed Plug_Ins→Arithmetic→lpm_counter 项。它的功能描述如表 3-6-3 所示。

表 3-6-3 lpm_counter 的功能表

aclr	aset	aload	clk_en	clock	sclr	sset	sload	cnt_en	updown	工作状态 (q[LPM_WIDTH-1..0])
1	×	×	×	×	×	×	×	×	×	异步清零
0	1	×	×	×	×	×	×	×	×	异步置位 (1 或 LPM_AVALUE)
0	0	1	×	×	×	×	×	×	×	异步置数(data[ ])
0	0	0	0	×	×	×	×	×	×	保持
0	0	0	1	↑	1	×	×	×	×	同步清零
0	0	0	1	↑	0	1	×	×	×	同步置位 (1 或 LPM_AVALUE)
0	0	0	1	↑	0	0	0	0	0	保持
0	0	0	1	↑	0	0	1	×	×	同步置数(data[ ])
0	0	0	1	↑	0	0	0	1	1	加法计数
0	0	0	1	↑	0	0	0	1	0	减法计数

generic 类属参量是元件实体说明中的可选项，放在端口说明之前，为元件实体和外部环境通信的静态信息提供通道。类属参量和常数不同，常数只能从实体内部得到赋值且不能改变，而类属参量值可由实体外部提供。含 generic 的实体可参数化设置元件规模或特性，如端口大小、元件数目、定时特性等。

5. 分频电路

在数字系统中，分频电路可以将高频率的时钟信号转换为低频率的时钟信号。分频参数主要包括分频系数和占空比。分频系数与任意进制计数器的模相同。占空比设计关键在于计数器进位输出电平翻转的时机。

(1) 任意占空比的偶数分频及非等占空比的奇数分频直接由计数器或计数器的级联来完成。

(2) 等占空比的奇数分频可以由计数器和 1 个或门来实现。

(3) 半整数分频，分频系数为 N-0.5 的实现可以采用 1 个模 N 的减法计数器、1 个异或门、1 个 2 分频器。

3.6.4 实验内容

1. 六十进制加法计数器

设计一个六十进制加法计数器，并通过数码管显示个位、十位数值，原理框图如图 3-6-9 所示。数码管扫描显示电路参见实验 3.2，六十进制计数器设计如下所示。

1) 十进制计数器

(1) exp_cnt10.vhd 代码。

```
library IEEE;
use IEEE.std_logic_1164.all;
```

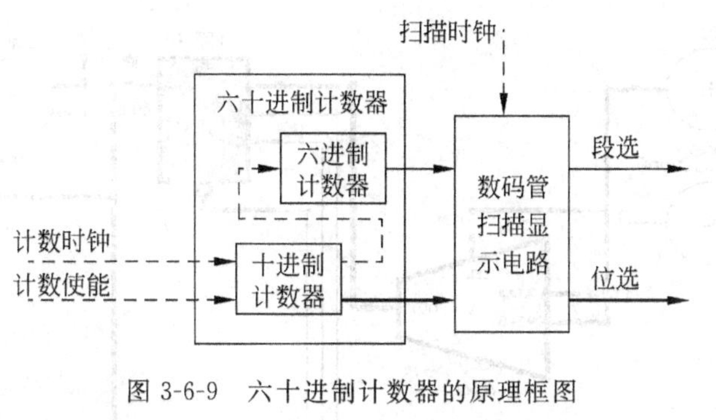

图 3-6-9　六十进制计数器的原理框图

```
use IEEE.std_logic_unsigned.all;
entity exp_cnt10 is
port(Clk,clrn,En:in STD_LOGIC;
          cq:out STD_LOGIC_VECTOR(3 downto 0);
         cout:out STD_LOGIC);
end exp_cnt10;
architecture bhv of exp_cnt10 is
signal  cqi:STD_LOGIC_VECTOR(3 downto 0);
begin
    process(En,Clk,clrn,cqi)
    begin
        if  clrn='0'  then                                    -- 异步清零
            cqi<="0000";
        elsif  Clk'event and Clk='1'  then
            if  En='1'  then                                  -- 同步使能
                if  cqi<9  then                               -- 计数 0~9
                    cqi<=cqi+1;
                else
                    cqi<="0000";
                end if;
            end if;
        end if;
        if  cqi=9  then
            cout<='1';                                        -- 进位
        else
            cout<='0';
        end if;
    cq<=cqi;
    end process;
end bhv;
```

(2) 用 RTL viewer 查看综合结果，如图 3-6-10 所示。

(3) 仿真验证波形结果如图 3-6-11 所示，cq 能计数 0～9 且 cout 正常进位。

2) 六进制计数器

(1) exp_cnt6.vhd 代码。

```
library IEEE;
use IEEE.std_logic_1164.all;
```

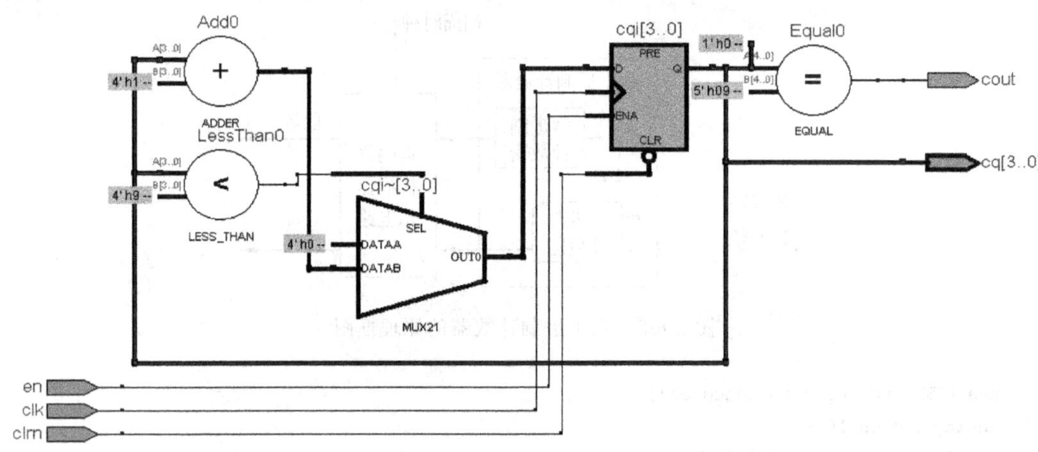

图 3-6-10　exp_cnt10(rtl viewer)

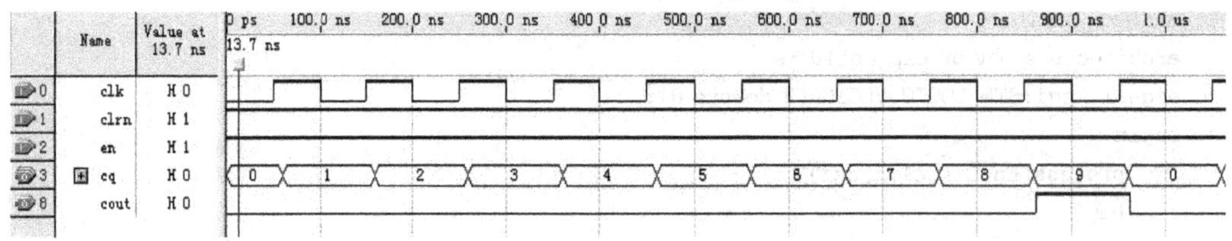

图 3-6-11　十进制计数器的仿真结果

```
use IEEE.std_logic_unsigned.all;
entity exp_cnt6 is
port(Clk,clrn,En:in STD_LOGIC;
            cq:out STD_LOGIC_VECTOR(3 downto 0);
          cout:out STD_LOGIC);
end exp_cnt6;
architecture bhv of exp_cnt6 is
signal cqi:STD_LOGIC_VECTOR(3 downto 0);
begin
    process(En,Clk,clrn,cqi)
    begin
        if  clrn='0'  then                                    --异步清零
            cqi<="0000";
        elsif  Clk'event and Clk='1'  then
            if  En='1'  then                                  --同步使能
                if  cqi<5  then                               --计数 0～5
                    cqi<=cqi+1;
                else
                    cqi<="0000";
                end  if;
            end  if;
        end  if;
        if  cqi=5  then
            cout<='1';                                        --进位
        else
```

```
            cout <= '0';
        end  if;
    cq <= cqi;
    end  process;
end  bhv;
```

(2) 仿真验证波形结果如图 3-6-12 所示，cq 能计数 0～5 且 cout 正常进位。

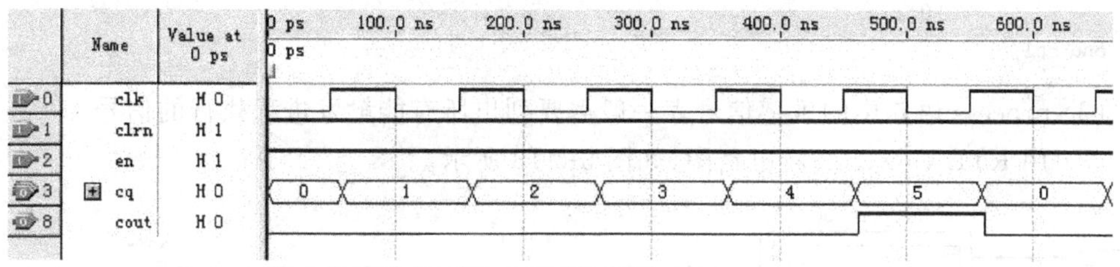

图 3-6-12　六进制计数器的仿真结果

3) 六十进制计数器顶层

(1) exp_cnt60. vhd 代码。

```
library  IEEE;
use IEEE.std_logic_1164.all;
use IEEE.std_logic_arith.all;
use IEEE.std_logic_unsigned.all;
entity exp_cnt60 is
port( Clk,clrn,En:in STD_LOGIC;
            g:out STD_LOGIC_VECTOR(3 downto 0);
            s:out STD_LOGIC_VECTOR(3 downto 0);
        cout:out STD_LOGIC);
end exp_cnt60;
architecture rtl of exp_cnt60 is
component exp_cnt10                                          -- counter 10 元件声明
port(Clk.clrn,En:in STD_LOGIC;
           cq:out STD_LOGIC_VECTOR(3 downto 0);
        cout:out STD_LOGIC);
end component;
component dff                                                -- D 触发器元件声明
port(d,Clk,clrn:in STD_LOGIC;
        q:out STD_LOGIC );
end component;
component exp_cnt6                                           -- counter 6 元件声明
port(Clk,clrn,En:in STD_LOGIC;
           cq:out STD_LOGIC_VECTOR(3 downto 0);
        cout:out STD_LOGIC);
end component;
signal   rco_ten:STD_LOGIC;
signal   rco_six :STD_LOGIC;
signal   q : STD_LOGIC;
signal   q_ten : STD_LOGIC_VECTOR(3 downto 0);
signal   q_six : STD_LOGIC_VECTOR(3 downto 0);
```

```
begin                                                         -- 元件例化,端口映射
    u0:exp_cnt10  port map(Clk, clrn, En,q_ten,rco_ten);
    u1:dff  port map(rco_ten,Clk,clrn,q);
    u2:exp_cnt6  port map(q,clrn,En,q_six,rco_six);
    g<=q_ten;
    s<=q_six;
    cout<='1' when (rco_ten = '1' and rco_six = '1')  else
            '0';
end rtl;
```

(2) process 语句中的敏感信号表一般需要列出所有能触发进程执行的信号。

(3) 用 RTL viewer 查看电路图,如图 3-6-13 所示。

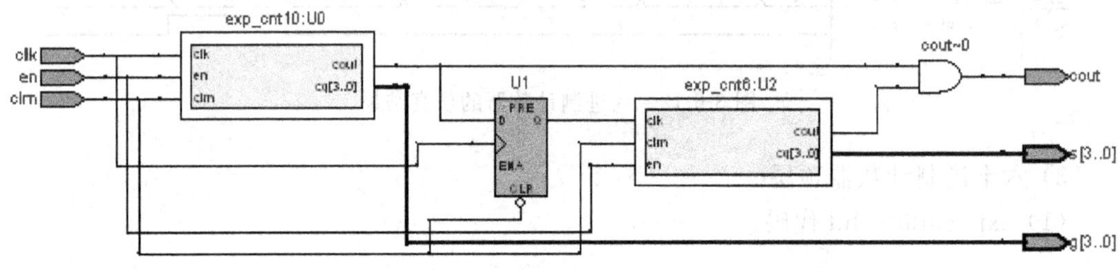

图 3-6-13　exp_cnt60(rtl viewer)

(4) 仿真验证波形结果如图 3-6-14 所示,输出 s 和 g 能正确显示十位和个位数值,cout 逢六十进位。

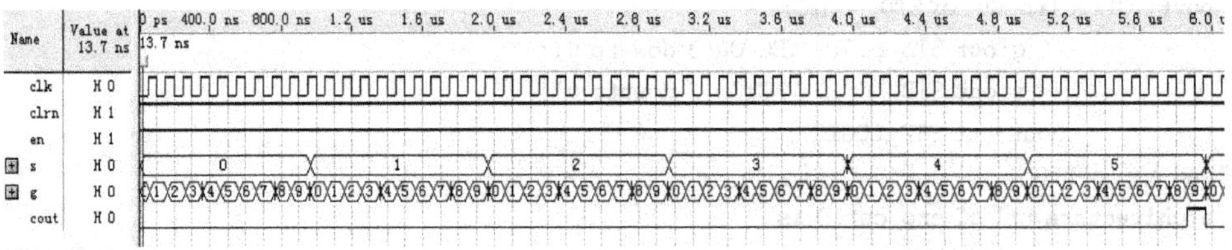

图 3-6-14　六十进制计数器的仿真结果

2. 二进制分频器

利用二进制加法计数器设计实现一个 4 位二进制分频器。计数器计数结果的第 N 位是 2 的 N 次幂分频。

(1) exp_clkdiv.vhd 代码。

```
library IEEE;
use IEEE.std_logic_1164.all;
use IEEE.std_logic_unsigned.all;
entity exp_clkdiv is
generic (dwidth:integer := 4);                                -- 分频幂值
port(   Clk: in STD_LOGIC;
        En: in STD_LOGIC;
    Clk_out: out STD_LOGIC);
end exp_clkdiv;
architecture rtl of exp_clkdiv is
```

```
signal temp:STD_LOGIC_VECTOR(dwidth - 1 downto 0);
begin
    process(Clk,En)
    begin
        if Clk'event and Clk = '1' then
            if En = '1' then                                    -- 同步使能计数
                temp <= temp + '1';
            else
                temp <= temp;
            end if;
        end if;
    end process;
    Clk_out <= temp(dwidth - 1);
end rtl;
```

(2) Generic 类属说明语句完成设计后创建的元件符号如图 3-6-15 所示。

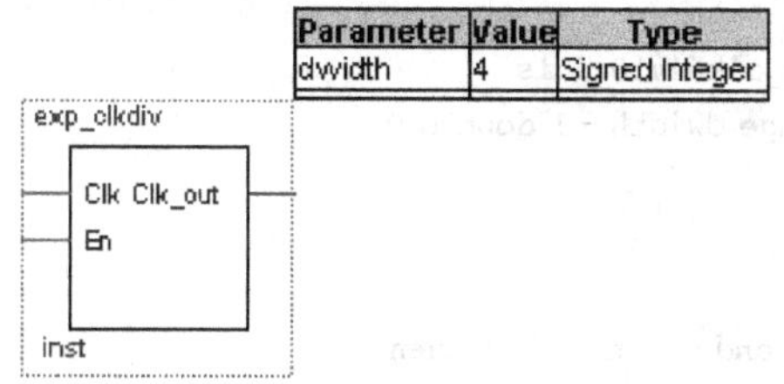

图 3-6-15 exp_clkdiv 的元件符号

(3) 用 RTL viewer 查看电路，如图 3-6-16 所示。

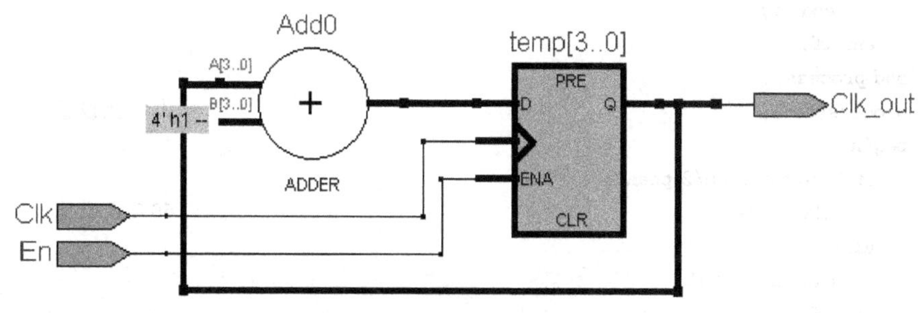

图 3-6-16 exp_clkdiv(rtl viewer)

(4) 仿真验证波形结果如图 3-6-17 所示，clk_out 输出为 clk 输入的十六分频信号且等占空比。

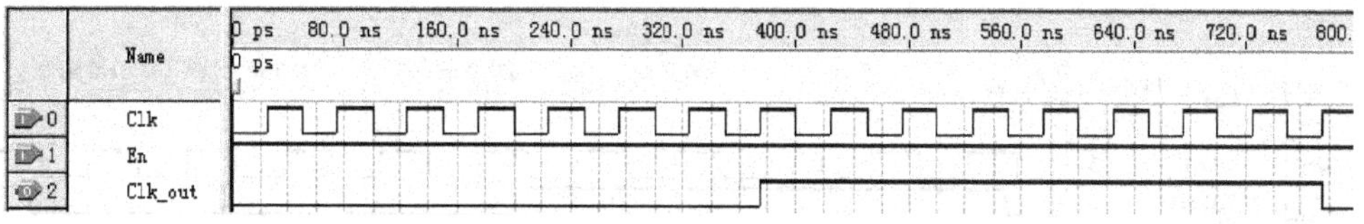

图 3-6-17 exp_clkdiv 的仿真结果

3. 偶数次分频器

偶数分频器通过计数值来控制输出时钟的高电平或低电平的时间。设计等占空比的分频器时，考虑计到刚好一半状态时将输出电平进行一次翻转，并给计数器一个复位信号以循环计数。为了有限度地实现占空比可调，可以当 N 计数器计数值未到一半时将时钟输出为 0(或 1)，剩余状态时钟输出 1(或 0)；当计数器计数到 $N-1$ 时，复位计数器以循环计数。

1) 十次分频器

(1) exp_clkdiv10_1. vhd 代码。

```
library IEEE;
use IEEE.std_logic_1164.all;
entity exp_clkdiv10_1 is
generic (dwidth: integer := 10);                                  -- 分频系数
port(clkin : in STD_LOGIC;
    clkout: out STD_LOGIC);
end exp_clkdiv10_1;
architecture rtl of exp_clkdiv10_1 is
signal temp:integer range dwidth - 1 downto 0;
begin
    process(clkin)                                                -- 计数 0～9
    begin
       if (clkin'event and clkin = '1') then
          if temp = 9 then
             temp <= 0;
          else
             temp <= temp + 1;
          end if;
       end if;
    end process;
    process(temp)                                                 -- 占空比设置
    begin
       if temp < dwidth/2 then
          clkout <= '1';                                          -- 50% 占空比
       else
          clkout <= '0';
       end if;
    end process;
end rtl;
```

(2) 仿真验证波形结果如图 3-6-18 所示，clkout 输出为 clk 输入的十分频信号且等占空比。

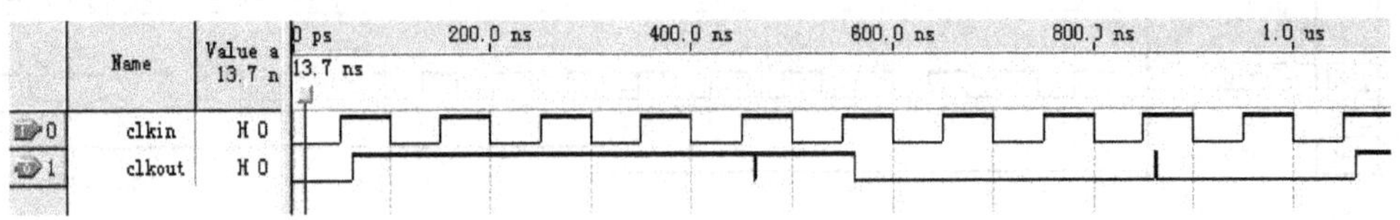

图 3-6-18　exp_clkdiv10_1 的仿真结果

2）占空比为 50%的十次分频器

(1) exp_clkdiv10_2. vhd 代码。

```
library IEEE;
use IEEE.std_logic_1164.all;
use IEEE.std_logic_unsigned.all;
entity exp_clkdiv10_2 is
port(    clkin: in STD_LOGIC;
        clkout: out STD_LOGIC);
end exp_clkdiv10_2;
architecture rtl of exp_clkdiv10_2 is
signal clkout_q : STD_LOGIC;
signal Cnt_q : integer range 4 downto 0;                    -- 设置计数值 0～4,取一半分频次数
begin
    process(clkin)
    begin
        if (clkin'event and clkin = '1') then
            if (Cnt_q /= 4) then                              -- 不等于 4 时计数加 1
                Cnt_q <= Cnt_q + 1;
            else
                clkout_q <= not clkout_q;                     -- 翻转
                Cnt_q <= 0;
            end if;
        end if;
    end process;
    clkout <= clkout_q;
end rtl;
```

(2) 仿真验证波形结果如图 3-6-19 所示，clkout 输出为 clkin 输入的十分频信号且等占空比。

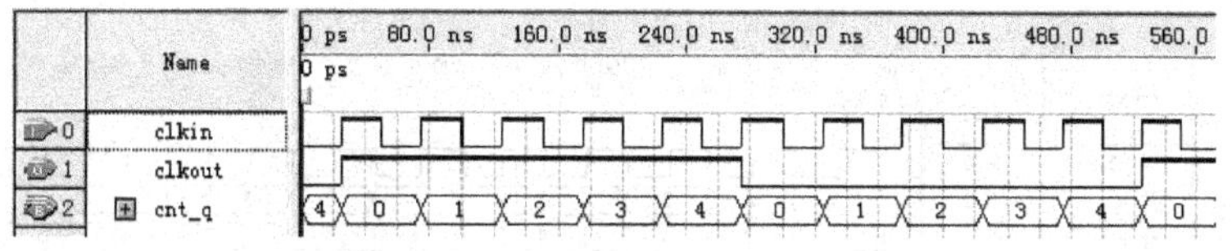

图 3-6-19　exp_clkdiv10_2 的仿真结果

4. 奇数次分频器

1）占空比 50%的五分频器

奇数次分频器采用加法计数器设计，需要对时钟上升沿和下降沿分别计数，根据两个计数值控制输出时钟的电平。

(1) exp_clkdiv5_1. vhd 代码。

```
library IEEE;
use IEEE.std_logic_1164.all;
use IEEE.std_logic_unsigned.all;
entity exp_clkdiv5_1 is
port(    clkin :in STD_LOGIC;
```

```
        clkout:out STD_LOGIC);
end exp_clkdiv5_1;
architecture rtl of exp_clkdiv5_1 is
signal s,x:STD_LOGIC_VECTOR(2 downto 0);
begin
    process(clkin)                                          -- 时钟上升沿计数
        begin
            if (clkin'event and clkin = '1') then
              if   s = "100" then                           -- 计数 0~4
                 s <= "000";
              else
                 s <= s + '1';
              end if;
            end if;
    end process;
    process(clkin)                                          -- 时钟下降沿计数
       begin
            if (clkin'event and clkin = '0') then
              if   x = "100" then                           -- 计数 0~4
                   x <= "000";
              else
                   x <= x + '1';
              end if;
            end if;
    end process;
    clkout <= '1' when (s < 2 or x < 2 ) else               -- 翻转
              '0';
end rtl;
```

(2) 仿真验证波形结果如图 3-6-20 所示，clkout 输出为 clkin 输入的五分频信号且等占空比。

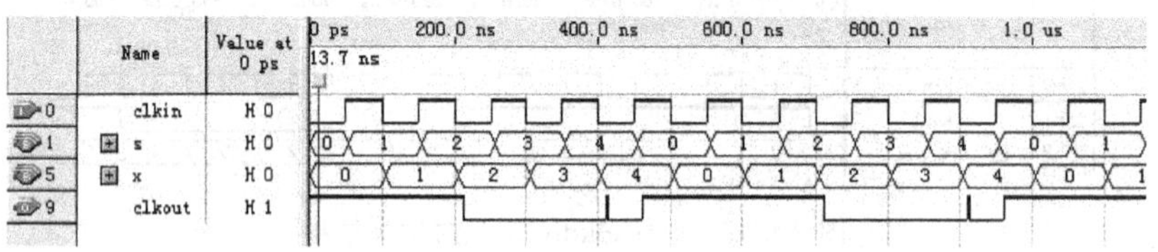

图 3-6-20　exp_clkdiv5_1 的仿真结果

2) 占空比为 40%的五分频器

非 50%的占空比奇数分频器设计可采用偶数次分频器占空比可调方案实现。

(1) exp_clkdiv5_40. vhd 代码。

```
library IEEE;
use IEEE.std_logic_1164.all;
use IEEE.std_logic_unsigned.all;
entity exp_clkdiv5_40 is
port ( clkin: in STD_LOGIC;
      clkout: out STD_LOGIC);
end exp_clkdiv5_40;
```

```
architecture rtl of exp_clkdiv5_40 is
signal Cnt_q : STD_LOGIC_VECTOR(2 downto 0);
begin
    process(clkin)
    begin
        if (clkin'event and clkin = '1') then
            if (Cnt_q < 4) then                         -- 计数 0～4
                Cnt_q <= Cnt_q + 1;
            else
                Cnt_q <= (others =>'0');
            end if;
        end if;
    end process;
    process(Cnt_q)
    begin
        if (Cnt_q < 3) then                             -- 翻转,点空比为 2/5
            clkout <= '0';
        else
            clkout <= '1';
        end if;
    end process;
end rtl;
```

(2) 仿真验证波形结果如图 3-6-21 所示，clkout 输出为 clkin 输入的五分频信号且占空比为 40%。

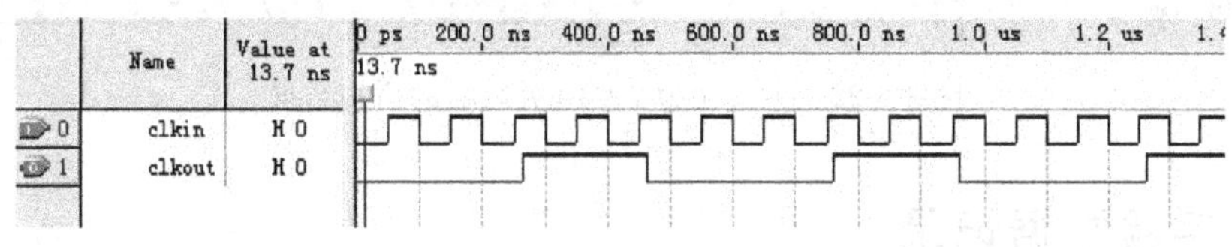

图 3-6-21　exp_clkdiv5_40 的仿真结果

5. 占空比可调的分频器

占空比可调的分频器设计可利用类属说明语句 generic 实现。通过判断计数电路的输出状态来控制时钟信号输出。下面以占空比为 7∶10 的可调分频器说明。

(1) exp_clkdiv_3. vhd 代码。

```
library IEEE;
use IEEE.std_logic_1164.all;
use IEEE.std_logic_unsigned.all;
entity exp_clkdiv_3 is
generic (   n1: integer := 10;                         -- 占空比值分母
            n2: integer := 7);                          -- 占空比值分子
port (   clkin:in STD_LOGIC;
            En:in STD_LOGIC;
       clkout:out STD_LOGIC);
end exp_clkdiv_3;
architecture rtl of exp_clkdiv_3 is
```

```
signal temp:integer range n1 - 1 downto 0;
begin
    process(clkin,temp,En)
    begin
        if rising_edge(clkin) then
            if En = '1' then
                if temp = n1 - 1 then                    -- 计数 0～9
                    temp <= 0;
                else
                    temp <= temp + 1;
                end if;
            end if;
        end if;
    end process;
    clkout <= '1' when temp < n2 else                    -- 翻转,占空比为 7/10
              '0';
end rtl;
```

(2) 仿真验证波形结果如图 3-6-22 所示，clkout 输出为 clkin 输入的十分频信号且占空比为 7/10。

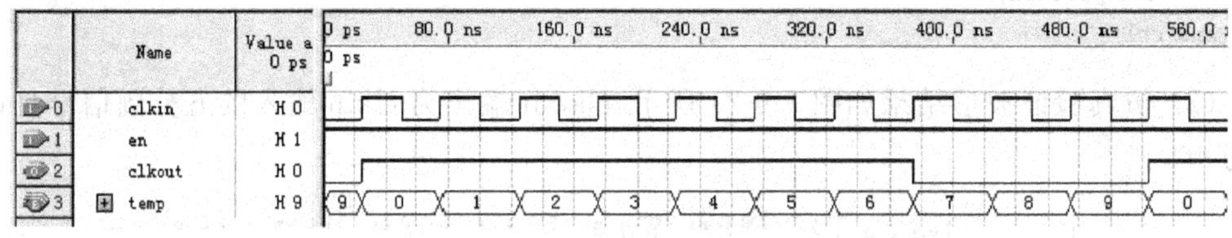

图 3-6-22　占空比为 7∶10 分频器的仿真结果

3.6.5　实验数据记录

根据实验内容题目设计要求，记录以下几类实验数据。

(1) 仿真验证结果波形及参数设置。

(2) 实际的输入输出信号功能描述。

(3) 硬件验证的芯片及管脚设置。

(4) 硬件验证的电路初始化。

3.6.6　思考题

(1) 说明任意进制计数器的设计方法。

(2) 列举设置 lpm_counter 参数可定制的计数器类型。

(3) 如何利用 generic 设计用户参数化计数器？

(4) 分频器的占空比设计关键是什么？

(5) 偶数次分频器与奇数次分频器的 VHDL 设计方法主要区别有哪些？

(6) 如何设计 0.5 次分频器？

3.7 序列检测器

3.7.1 基本知识点

(1) 序列检测器原理。
(2) Mealy 型与 Moore 型状态机原理。
(3) 状态机的 VHDL 设计实现。
(4) 状态图输入法。

3.7.2 实验设备

(1) PC 一台。
(2) DDA 系列数字系统实验平台。
(3) Quartus Ⅱ配套软件。

3.7.3 实验概述

现代数字系统设计的功能划分过程中,最重要的是将系统或子系统划分为控制模块和若干受控制的模块。受控部件是我们通常所熟悉的各种功能电路,而控制功能通过状态机实现。

1. 状态机设计方法

时序电路中,状态机主要用来控制电路的状态转移。状态机控制电路实现方法主要有两种:

(1) 传统的设计方法:绘制控制电路的状态图,列出状态表,合并消除状态表中的等价状态项,分配状态寄存器,依据状态表求出次态及输出方程,完成设计电路图。状态机复杂时设计烦琐。

(2) VHDL 的设计方法:绘制状态图,编写 VHDL 代码完成设计(或由 EDA 工具自动完成)。状态机设计过程简单,修改方便。

2. 状态机的结构

状态机是由一组状态、一个初始状态、输入输出和状态转换函数组成的时序电路。针对不同类型的状态机,输出可以由现态确定,也可以由现态及次态共同确定。按状态机的信号输出方式分类,可分为 Mealy 型状态机和 Moore 型状态机。

(1) Mealy 型状态机,次态和输出均取决于现态和当前输入,原理框图如图 3-7-1 所示。

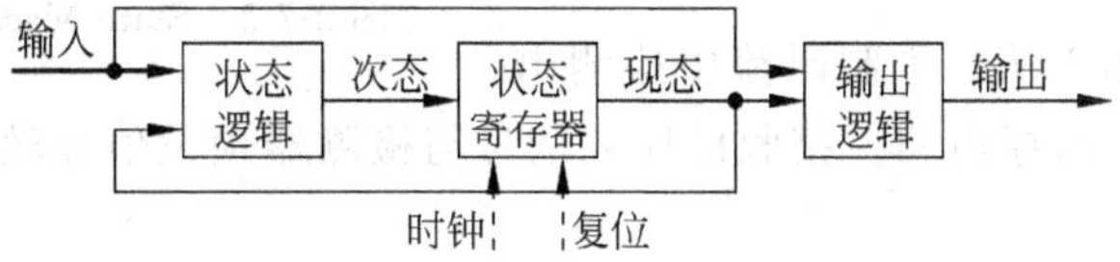

图 3-7-1 Mealy 型状态机的原理框图

(2) Moore 型状态机,下一状态取决于当前状态和当前输入,但其输出仅取决于当前状态,原理框图如图 3-7-2 所示。

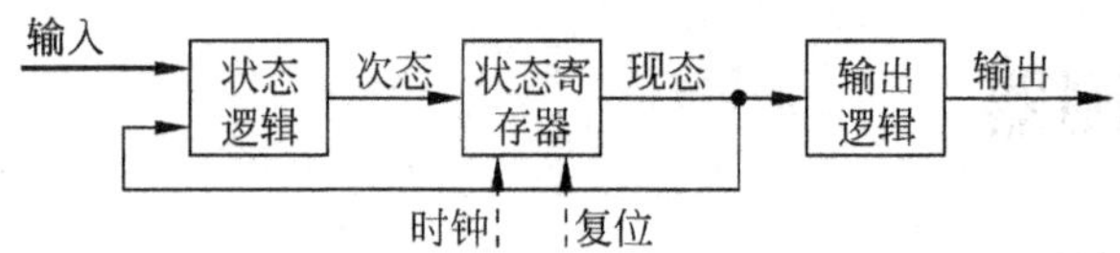

图 3-7-2　Moore 型状态机的原理框图

3. 状态机的 VHDL 设计

1）VHDL 枚举类型数据

VHDL 允许用户使用 type 语句定义新的数据类型。枚举类型数据的格式如下：

```
type 数据类型名 is (元素列表)
```

例如：

```
type state_type is (st0, st1, st2, st3, st4, st5);
signal present_state, next_state : state_type;
```

说明：st0，st1，…，st5 属于用户自定义的 state_type 类型，代表了状态机的状态，默认第一项为初始状态。为了便于编译和综合器优化，一般将表征每一状态的二进制数用文字符号来代替，具体编码可由综合器自动完成。present_state 和 next_state 定义为 state_type 类型信号，可描述成现态寄存器和次态寄存器。

2）设计步骤

状态机的 VHDL 设计关键在于绘制状态图。状态图直观地反映了状态机的状态转换和输出，需要充分利用用户的硬件设计经验。具体设计步骤如下：

(1) 依据设计要求确定状态机类型。

(2) 列出状态机的状态和输出，分析状态转移关系并化简。

(3) 依据选定状态机类型，绘制状态图。

(4) 编写 VHDL 定义状态，并建立状态机进程。

(5) 编写 VHDL 描述状态的转移及输出，从而完成状态机设计。

3）状态图输入法

Quartus Ⅱ 提供了 State Machine Editor，可以直接绘画状态图来描述状态机和生成 VHDL 代码。状态图绘制工具按钮如图 3-7-3 所示。

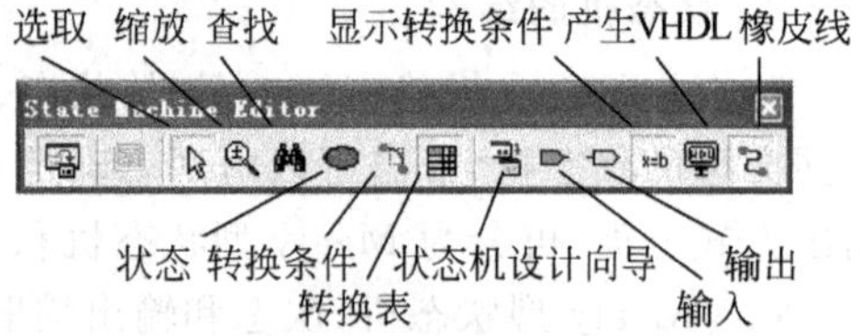

选取　缩放　查找　显示转换条件　产生VHDL　橡皮线
状态　转换条件　转换表　状态机设计向导　输出　输入

图 3-7-3　State Machine Editor 工具栏

4. 序列检测器

序列检测器是用于从二进制码流中检测出一组特定序列信号的时序电路。接收的序列信号与检测器预设值比较，相同则输出为 1，否则输出为 0。

3.7.4　实验内容

设计一个序列检测器，若检测器收到一组码流 1110010 则输出为 1，否则输出为 0。

1. 1110010 序列检测器的 VHDL 设计

(1) 状态机的选择。

检测码流为 1110010 时，输出不仅与当前位输入码有关，而且与已接收的码流有关，适合选用 Mealy 型状态机。

(2) 状态表与状态图。

序列检测器需要检测的序列有 7 位，经化简采用 7 个状态描述，状态表如表 3-7-1 所示，状态图如图 3-7-4 所示。

表 3-7-1　状态转换表

现　　态	输入 0 时次态/输出	输入 1 时次态/输出
S0	S0/0	S1/0
S1	S0/0	S2/0
S2	S0/0	S3/0
S3	S4/0	S3/0
S4	S5/0	S1/0
S5	S0/0	S6/0
S6	S0/1	S2/0

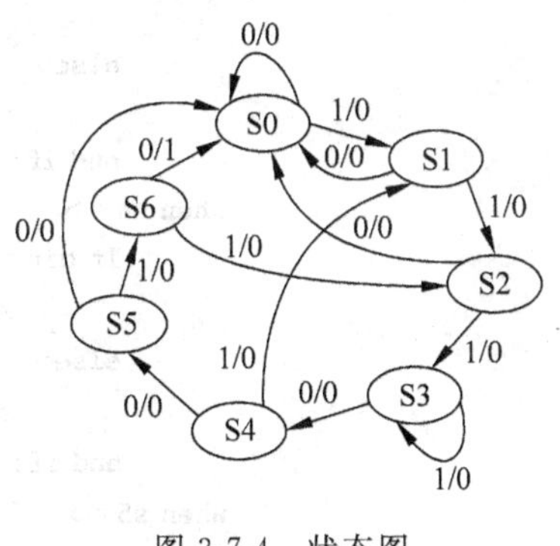

图 3-7-4　状态图

(3) 依据状态图编写 VHDL 代码 exp_detect1.vhd。

```
library IEEE ;
use IEEE.std_logic_1164.all;
entity exp_detect1 is
port(Clk,Rst,din: in STD_LOGIC;
                  z: out STD_LOGIC);
end exp_detect1;
architecture rtl of exp_detect1 is
type state_type is(s0,s1,s2,s3,s4,s5,s6);                   -- 状态定义
signal state : state_type;                                   -- 状态寄存器
begin
   process(Clk,Rst)                                          -- 次态设置
   begin
      if Rst  = '1' then                                     -- 异步重启
            state <=  s0;
      elsif (Clk'event and Clk = '1') then
      case state is
            when s0 =>                                       -- 根据 din 判断状态转移
                  if din = '1' then
                        state <= s1;
                  else
                        state <= s0;
                  end if;
            when s1 =>
                  if din = '1' then
                     state <= s2;
                  else
```

```
                        state <= s0;
                    end if;
                when s2 =>
                    if din = '1' then
                        state <= s3;
                    else
                        state <= s0;
                    end if;
                when s3 =>
                    if din = '0' then
                        state <= s4;
                    else
                        state <= s3;
                    end if;
                when s4 =>
                    if din = '0' then
                        state <= s5;
                    else
                        state <= s2;
                    end if;
                when s5 =>
                    if din = '1' then
                        state <= s6;
                    else
                        state <= s0;
                    end if;
                when s6 =>
                    if din = '0' then
                        state <= s0;
                    else
                        state <= s2;
                    end if;
                end case;
            end if;
        end process;
        process (state,din)                                 -- 输出设置
        begin
            case state is
                when s6 =>
                    if din = '0' then
                        z <= '1';                           -- 1110010 检测成功
                    else
                        z <= '0';
                    end if;
                when others =>
                    z <= '0';
            end case;
        end process;
    end rtl;
```

(4) 用 RTL viewer 查看电路,如图 3-7-5 所示。

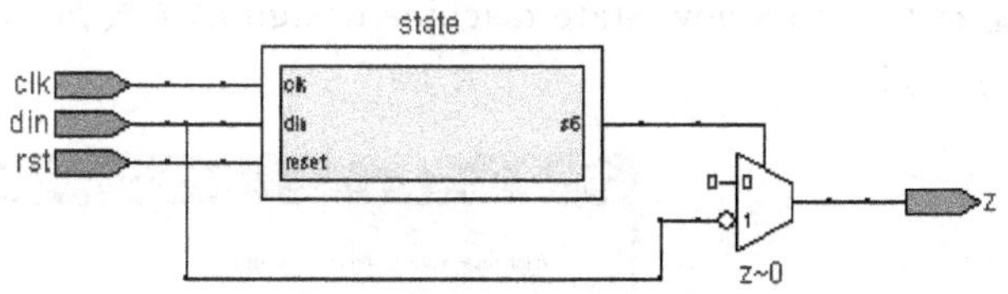

图 3-7-5 exp_detect1 的 rtl viewer

(5) 仿真验证波形结果如图 3-7-6 所示,rst 异步复位且高电平有效,state 寄存器存储着状态,当 din 输入为 1110010 时 z 输出为 1,否则为 0。

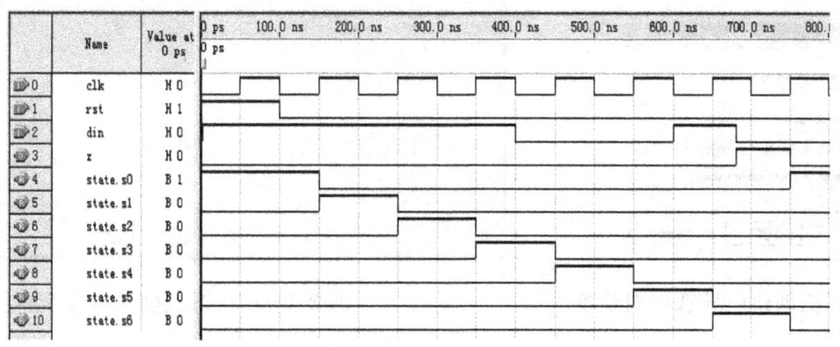

图 3-7-6 exp_detect1 的仿真结果

2. 用状态图输入法实现序列检测器

(1) 建立工程文件,工程文件夹名称为 exp_detect3,工程名和顶层实体名称为 exp_detect3。

(2) 状态图输入。

选择菜单 File→New→State Machine File 命令,打开 State Machine Editor 窗口,如图 3-7-7 所示。

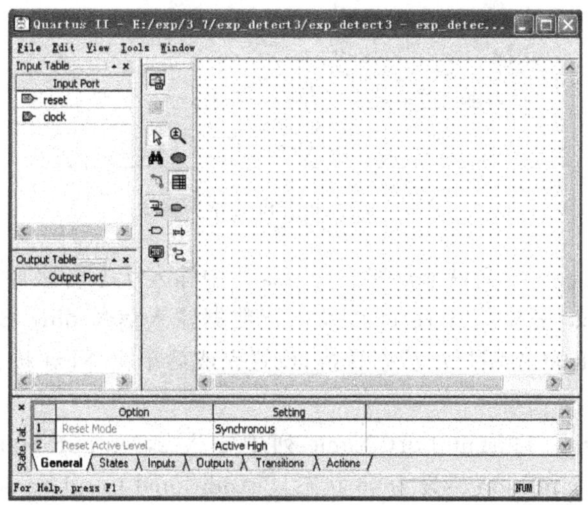

图 3-7-7 State Machine Editor 窗口

选择 Tools→State Machine Wizard 命令，弹出如图 3-7-8 所示的状态机创建向导对话框。在该对话框中选择 Create a new state machine design 单选按钮，单击 OK 按钮进入下一个页面，如图 3-7-9 所示。

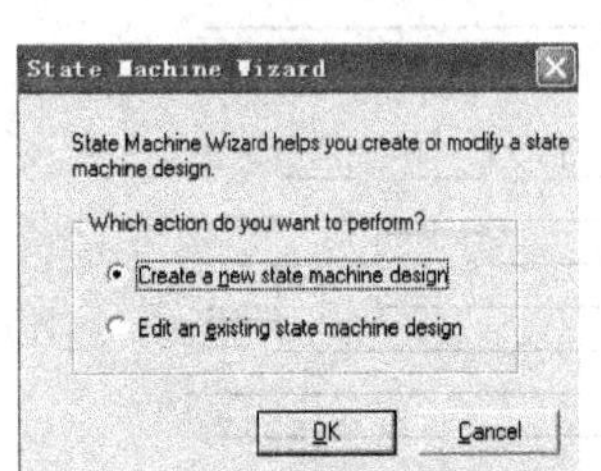

图 3-7-8 状态机创建向导选择对话框

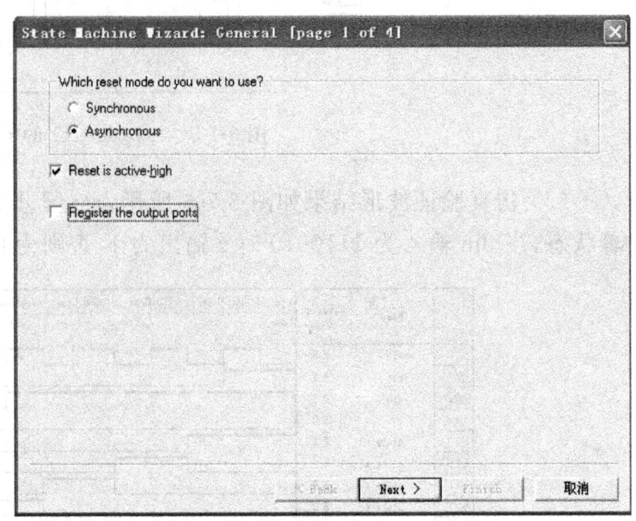

图 3-7-9 状态机创建向导步骤 1

在图 3-7-9 对话框中，选择复位 Reset 信号为异步 Asynchronous，高电平有效，输出端无寄存器。单击 Next 按钮，进入下一个页面，如图 3-7-10 所示。

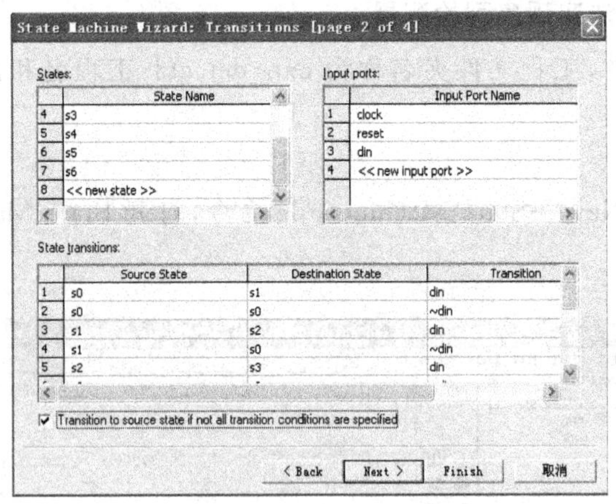

图 3-7-10 状态机向导步骤 2

在状态转换对话框中设置状态转换。States 栏中输入状态名称 s0～s6。Input ports 栏中输入时钟信号 clock、复位信号 reset 以及串行数据输入信号 din。State transitions 栏中依据如图 3-7-4 所示的状态图指定状态转换，设置完成后单击 Next 按钮，进入下一页面，如图 3-7-11 所示。

在 Output ports 栏 Output Port Name 列中输入 z，Output State 状态设为 Current clock cycle。Action condition 栏设为 s6 状态且 Additional Conditions 为"～din"成立时信号，z 输出为 1。设置完后单击 Next 按钮进入下一个页面，如图 3-7-12 所示。

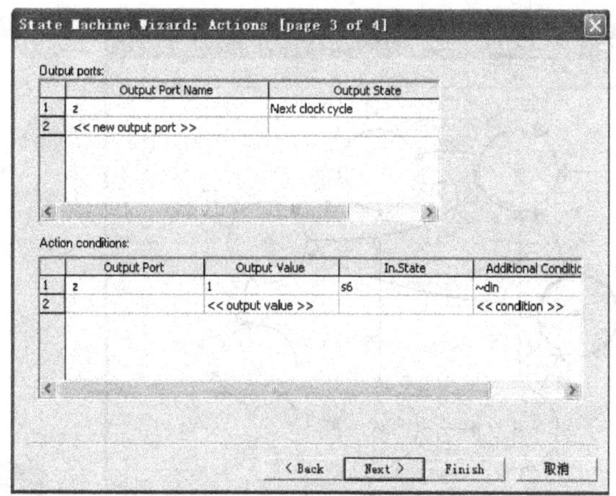

图 3-7-11　状态机向导步骤 3

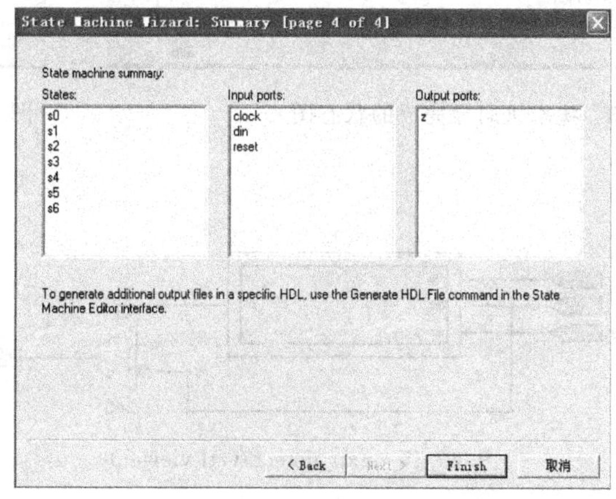

图 3-7-12　状态机向导步骤 4

在图 3-7-12 对话框中显示状态机的设置情况。单击 Finish 按钮，关闭状态机向导，生成所需的状态机。布局适当调整，得到所需的状态图，如图 3-7-13 所示。

（3）保存该设计文件为 exp_detect3. smf，并添加到工程文件夹。

（4）选择菜单 Tools→Generate HDL File 命令，打开 Generate HDL File 对话框，如图 3-7-14 所示，从中选择 VHDL 单选项，单击 OK 按钮，分析成功后则自动生成 exp_detect3. vhd。

（5）exp_detect3. vhd 作为设计源文件用于后序实验验证。

（6）用 RTL viewer 查看电路，如图 3-7-15 所示，状态图可选择 Tools→Netlist viewers→State Machine Viewer 命令查看。

（7）仿真验证波形结果如图 3-7-16 所示。reset 无效，当电路检测 din 为 1110010 时输出 1。

3.7.5　实验数据记录

根据实验内容题目设计要求，记录以下几类实验数据。

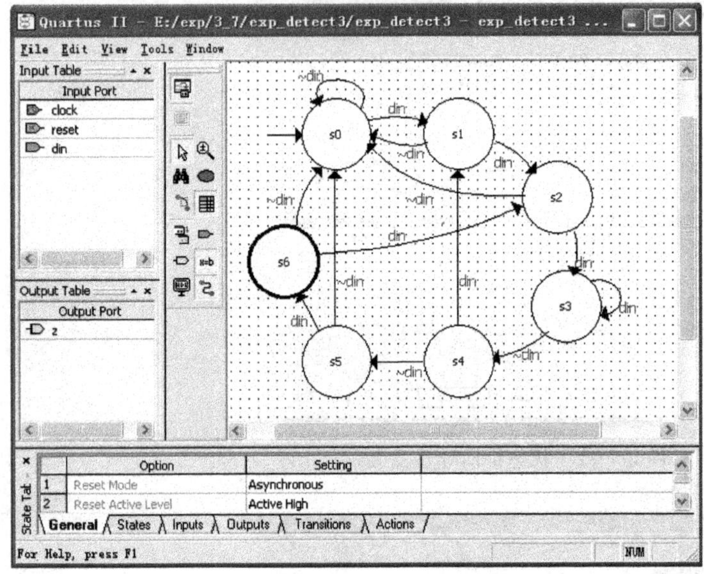

图 3-7-13　状态机向导完成的状态图

图 3-7-14　生成 HDL 文件对话框

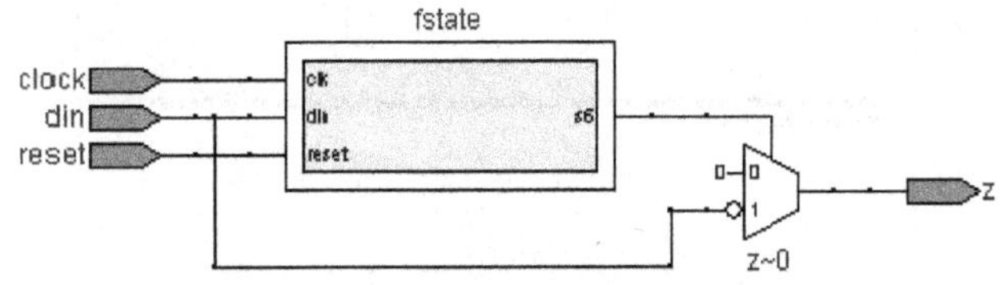

图 3-7-15　exp_detect3(rtl viewer)

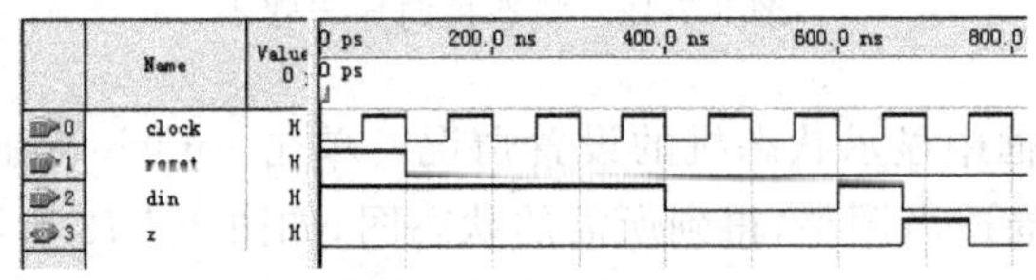

图 3-7-16　exp_detect3 的仿真结果

(1) 仿真验证结果波形及参数设置。

(2) 实际的输入输出信号功能描述。

(3) 硬件验证的芯片及管脚设置。

(4) 硬件验证的电路初始化。

3.7.6　思考题

(1) 状态机的两种基本类型是什么？主要区别是什么？

(2) type 语句如何定义状态机状态？注意事项有什么？

(3) 状态图化简的常用方法有哪些？

3.8　交通灯控制器

3.8.1　基本知识点

(1) 交通灯控制原理。
(2) 计数器等常用数字电路功能器件应用。
(3) 控制器的 VHDL 实现方法。
(4) 电路设计的验证及调试方法。

3.8.2　实验设备

(1) PC 一台。
(2) DDA 系列数字系统实验平台。
(3) Quartus Ⅱ配套软件。

3.8.3　实验内容

1. 基本原理

城市交通控制系统是城市交通数据检测、交通信号灯控制与交通调度方面的计算机综合管理系统，是现代城市交通监控指挥系统中的重要组成部分。交通信号灯控制子系统对于保证机动车辆安全运行和维持城市道路顺畅起到重要作用。

交通灯控制器主要控制倒计时和红绿黄信号灯转换，原理框图如图 3-8-1 所示。六十计数器提供状态信号。状态显示模块负责译出每个状态下的两个方向倒计数、红绿灯信号灯和紧急灯显示情况。

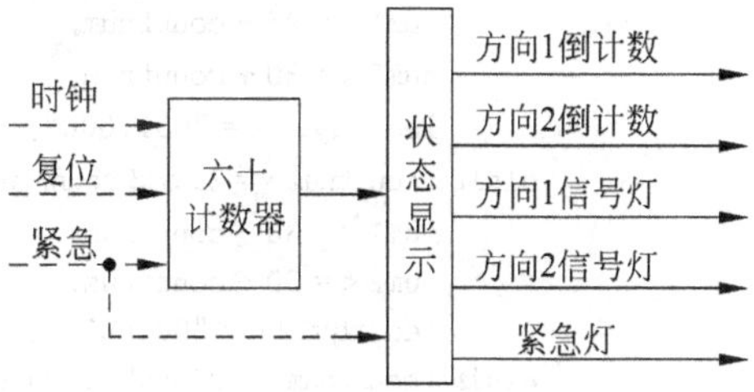

图 3-8-1　交通灯控制电路的原理框图

交通灯控制器的具体功能如下：

(1) 灯倒计时时间：红灯为 30s，绿灯为 25s，黄灯为 5s。

(2) 紧急功能 HOLD：在紧急情况下，东西向及南北向交通灯均亮红灯，并且闪烁 FLASH。解除功能之后，恢复继续计数。

(3) 复位功能 RESET。

2. VHDL 程序

```
library IEEE;
use IEEE.std_logic_1164.all;
use IEEE.std_logic_unsigned.all;
entity control is
port(       Clk,Rst,hold:in STD_LOGIC;                    --时钟,复位,保持控制输入
                 flash:out STD_LOGIC;                      --紧急显示信号
            num1,num2:out integer range 0 to 30 ;          --两个方向倒计数值
    red1,green1,yellow1:out STD_LOGIC;                     --红绿黄灯显示信号
```

```
        red2,green2,yellow2:out STD_LOGIC);
end entity control;
architecture rtl of control is
signal countnum:integer range 0 to 59;
signal led_rgy12:STD_LOGIC_VECTOR(6 downto 0);                 -- 红绿黄灯状态寄存器
begin
ct60:process(Clk,Rst)                                         -- 计数器 60 设置
    begin
        if Rst = '1' then                                      -- 异步复位
            countnum <= 0;
        elsif rising_edge(Clk) then
            if hold = '1' then
                countnum <= countnum;
            elsif countnum = 59 then
                countnum <= 0;
            else
                countnum <= countnum + 1;
            end if;
      end if;
  end process;
show:process(Clk,hold,countnum)                               -- 两个方向红绿黄灯显示
    begin
      if rising_edge(Clk) then
        if hold = '1' then
             led_rgy12 <= "1110000";
        elsif countnum <= 24 then                              -- 0~24s,方向 1 绿灯亮,方向 2 红灯亮
             num1 <= 25 - countnum;
             num2 <= 30 - countnum;
             led_rgy12 <= "0011000";
        elsif (countnum >= 25 and countnum <= 29) then         -- 25~29s,方向 1 黄灯亮,方向 2 红灯亮
             num1 <= 30 - countnum;
             num2 <= 30 - countnum;
             led_rgy12 <= "0010010";
        elsif (countnum >= 30 and countnum <= 54) then         -- 30~54s,方向 1 红灯亮,方向 2 绿灯亮
             num1 <= 60 - countnum;
             num2 <= 55 - countnum;
             led_rgy12 <= "0100100";
        elsif (countnum >= 55 and countnum <= 59) then         -- 55~59s,方向 1 红灯亮,方向 2 黄灯亮
             num1 <= 60 - countnum;
             num2 <= 60 - countnum;
             led_rgy12 <= "0100001";
        end if;
    end if;
    end process;
    flash <= led_rgy12(6);
    red1 <= led_rgy12(5);
    red2 <= led_rgy12(4);
    green1 <= led_rgy12(3);
    green2 <= led_rgy12(2);
    yellow1 <= led_rgy12(1);
    yellow2 <= led_rgy12(0);
end rtl;
```

3.9 出租车计费器

3.9.1 基本知识点

(1) 出租车计费器原理。
(2) 控制器件的 VHDL 实现方法。
(3) 电路设计的验证及调试方法。

3.9.2 实验设备

(1) PC 一台。
(2) DDA 系列数字系统实验平台。
(3) Quartus Ⅱ配套软件。

3.9.3 实验内容

1. 基本原理

出租车计费器的原理框图如图 3-9-1 所示,主要由里程计数模块、低速计时模块、计费计数模块组成。外部数字钟输入选择计价模式信号(白天或夜间)和低速计时脉冲。外部速度传感器输入选择高低速信号和高速脉冲。低速计时模块和里程计数模块分别计数低速脉冲和高速脉冲。计费计数模块运算输出费用和里程。

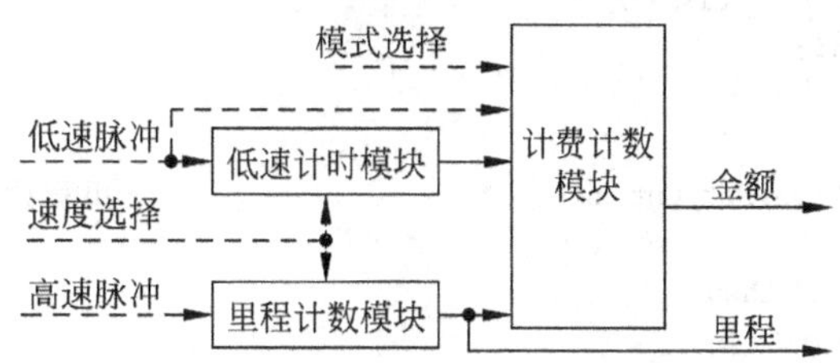

图 3-9-1 出租车计费器的原理框图

出租车计费器的具体功能如下:
(1) 起步价:起步距离为 2.0 千米,起步基价白天 6.0 元,夜间 7.0 元。
(2) 车千米价:2.0 千米以上续程单价,白天每千米为 1.8 元,夜间每千米为 2.2 元。
(3) 低速计时收费:停车等候等低速计时收费,累计每满 3 分钟计费 1.0 元。
(4) 里程与计费的最大数值为 999.9。

2. VHDL 程序

```
library IEEE;
use IEEE.std_logic_1164.all;
use IEEE.std_logic_unsigned.all;
entity taxi is
port( Clk_low,Clk_high,Rst:in STD_LOGIC;          -- 设 Clk_high 周期为 0.1km,Clk_low 周期为 1s
      nightmode,highspeed:in STD_LOGIC;           -- 夜间模式信号,高速选择信号
```

```
                    yuan,km:out integer range 0 to 9999);  --金额,里程
end taxi;
architecture rtl of taxi is
signal Cnt_km,Cnt_3m:integer range 0 to 9999;
signal km_Reg,yuan_Reg,yuan_km_Reg:integer range 0 to 9999;
begin
cnt3m:process(Clk_low,Rst,highspeed)                          --低速计时器
      begin
         if Rst = '1' then
             Cnt_3m <= 0;
         elsif (rising_edge(Clk_low)) then
             if highspeed = '0' then
                 Cnt_3m <= Cnt_3m + 1;
             elsif Cnt_3m = 9999 then
                 Cnt_3m <= 0;
             end if;
          end if;
      end process;
cntkm:process(Clk_high,Rst,highspeed)                         --里程计数器
      begin
         if Rst = '1' then
             Cnt_km <= 0;
         elsif (rising_edge(Clk_high)) then
             if highspeed = '1' then
                 Cnt_km <= Cnt_km + 1;
             elsif Cnt_km = 9999 then
                 Cnt_km <= 0;
             end if;
         end if;
      end process;
kmcalc:process(Clk_high,Rst,Cnt_km)                           --里程计算
       begin
          if Rst = '1' then
             km_Reg <= 0;
          elsif (rising_edge(Clk_high)) then
             if Cnt_km <= 20 then
                 km_Reg <= 20;
             else
                 km_Reg <= Cnt_km;
             end if;
          end if;
       end process;
yuanc:process(Clk_low,Rst,km_Reg,Cnt_3m,nightmode,yuan_km_Reg)
      begin                                                    --金额计算
          if Rst = '1' then
             yuan_Reg <= 0;
          elsif (rising_edge(Clk_low)) then
             if nightmode = '0' then
                 if  km_Reg = 20 then
                     yuan_km_Reg <=  60   ;
                 else
                     yuan_km_Reg <= 60 + ((km_Reg - 20) * 18)/10;
                 end if;
```

```
                else
                    if  km_Reg = 20 then
                        yuan_km_Reg <=  70;
                    else
                        yuan_km_Reg <= 70 + ((km_Reg - 20) * 22)/10;
                    end if;
                end if;
            end if;
            yuan_Reg <= yuan_km_Reg + Cnt_3m/18;
        end process;
        yuan <= yuan_Reg;
        km <= km_Reg;
end rtl;
```

3.10 简易电子琴

3.10.1 基本知识点

(1) 乐曲演奏的基本原理。

(2) 只读存储器的应用。

(3) 电路设计的验证及调试方法。

3.10.2 实验设备

(1) PC 一台。

(2) DDA 系列数字系统实验平台。

(3) Quartus Ⅱ配套软件。

3.10.3 实验内容

1. 基本原理

电子琴能实现演奏与播放功能。演奏功能能实现 8 个音键的控制，根据各个音调的频率发出不同的声音。播放功能可以播放存储芯片中的乐曲。

1) 音名与频率

音名与频率的关系如表 3-10-1 所示。

表 3-10-1 音名与频率关系

低音名	频率(Hz)	中音名	频率(Hz)	高音名	频率(Hz)
低音 1	261.63	中音 1	523.25	高音 1	1046.5
低音 2	293.66	中音 2	587.33	高音 2	1174.66
低音 3	329.63	中音 3	659.25	高音 3	1318.51
低音 4	349.23	中音 4	698.46	高音 4	1396.92
低音 5	392.00	中音 5	783.99	高音 5	1567.98
低音 6	440.00	中音 6	880.00	高音 6	1760
低音 7	493.88	中音 7	987.76	高音 7	1975.52

2）乐曲节拍

一首乐曲的演奏，除了准确的音频，还必须控制乐曲的节奏，即根据节拍控制乐曲中每个音符发声持续时间。

3）可变分频器

分频基准频率 F0 越高，音准越好。本设计采用基准频率为 6MHz。同时，为了保证分频后的方波音色，采用等占空比设计，即先进行 n 次分频，再 2 分频得到等占空比方波，如图 3-10-1 所示。分频系数 n 为 F0/(音名频率×2)。可变模值计数器的模 N 必须满足大于最大分频系数 n，本设计 N 为 2^{14}。音名与分频系数 n 的关系如表 3-10-2 所示。

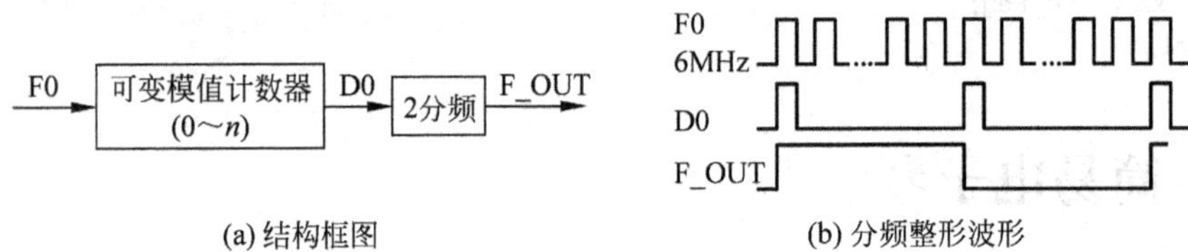

(a) 结构框图 (b) 分频整形波形

图 3-10-1　可变分频器的原理

表 3-10-2　音名与分频系数 n

音名	分频系数 n	音名	分频系数 n	音名	分频系数 n
低音 1	11467	中音 1	5733	高音 1	2867
低音 2	10216	中音 2	5108	高音 2	2554
低音 3	9101	中音 3	4551	高音 3	2275
低音 4	8590	中音 4	4295	高音 4	2148
低音 5	7653	中音 5	3827	高音 5	1913
低音 6	6818	中音 6	3409	高音 6	1705
低音 7	6074	中音 7	3037	高音 7	1519

4）参数化只读存储器

常用的参数化只读存储器为 lpm_rom，元件定制时在图 3-3-6 宏功能选择对话框的左侧列表中选择 Installed Plug-Ins→Memory Compiler→ROM：1-port 项。128×10 位同步 ROM 参数设置如图 3-10-2～图 3-10-4 所示。

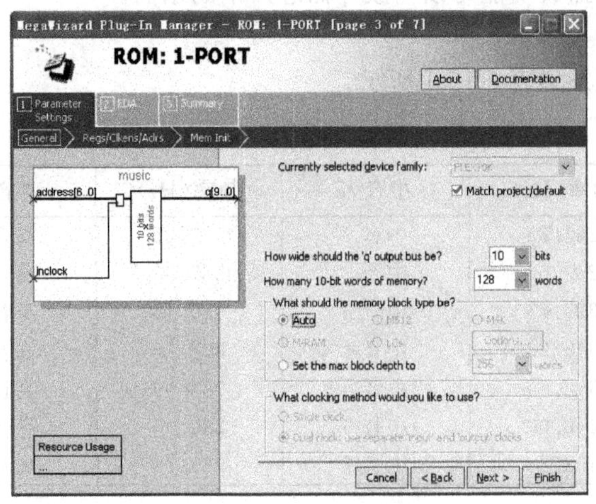

图 3-10-2　ROM 参数设置页面 1

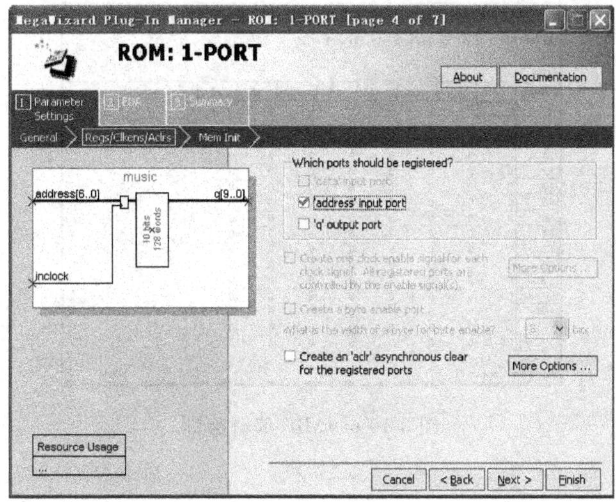

图 3-10-3　ROM 参数设置页面 2

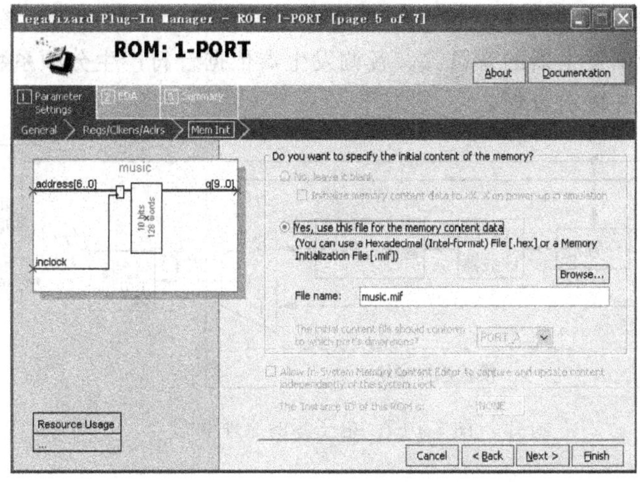

图 3-10-4　ROM 参数设置页面 3

预设 ROM 初始数据可将 LPM_FILE 参数设置为初始化文件(Memory Initialization File,MIF)或 Hex 文件。MIF 文件创建方法如下：

(1) 在如图 3-2-7 所示的新建文件对话框中选择 Memory Files→Memory Initialization File 项，单击 OK 按钮打开 Word 设置对话框，如图 3-10-5 所示。

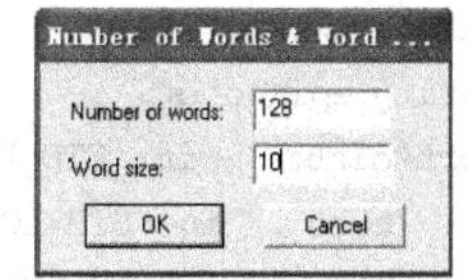

图 3-10-5　Word 设置对话框

(2) 在 Word 设置对话框中，设置 ROM 容量为 128×10 位，单击 OK 按钮，进入如图 3-10-6 所示的 MIF 编辑窗口。

(3) 在 MIF 编辑窗口中根据 Addr 输入数据，最后保存文件。表格显示设置可选择 View→Cells per row、Address Radix、Memory Radix 的级联菜单调整。

Quartus II - E:/exp/3_8/epiano - epiano - [Mif1.mif]

File Edit View Project Tools Window

Addr	+0	+1	+2	+3	+4	+5	+6	+7
0	0	0	0	0	0	0	0	0
8	0	0	0	0	0	0	0	0
16	0	0	0	0	0	0	0	0
24	0	0	0	0	0	0	0	0
32	0	0	0	0	0	0	0	0
40	0	0	0	0	0	0	0	0
48	0	0	0	0	0	0	0	0
56	0	0	0	0	0	0	0	0
64	0	0	0	0	0	0	0	0
72	0	0	0	0	0	0	0	0
80	0	0	0	0	0	0	0	0
88	0	0	0	0	0	0	0	0
96	0	0	0	0	0	0	0	0
104	0	0	0	0	0	0	0	0
112	0	0	0	0	0	0	0	0
120	0	0	0	0	0	0	0	0

For Help, press F1　　NUM

图 3-10-6　MIF 编辑窗口

5）系统设计

实现演奏与播放功能的电子琴原理框图如图 3-10-7 所示。基准频率为 6MHz，经分频为 4Hz 为音乐存储器的程序计数器提供时钟。程序计数器产生音乐存储器的地址。音乐存储器依据地址输出自动演奏音符。外部键盘编码器对键盘按键进行检测并产生相应音符。选择器切换音调发生器的音符源。音调发生器依据音符产生分频系数。可调分频器对基准频率进行分频并输出音频。

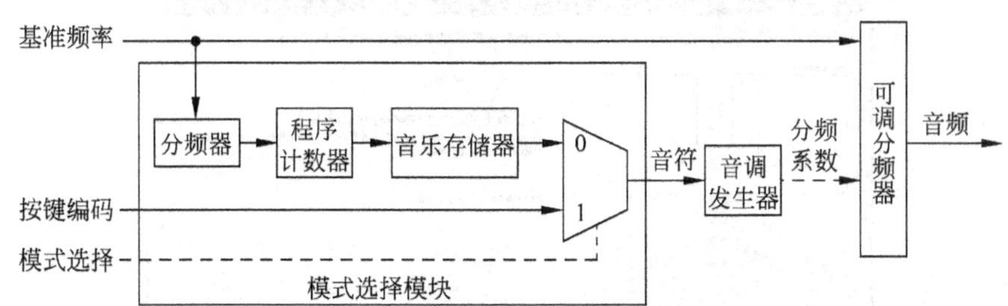

图 3-10-7　电子琴的原理框图

2. VHDL 程序

1）顶层模块 epiano.vhd

```
library IEEE;
use IEEE.std_logic_1164.all;
library work;
entity epiano is
port(clk6m :  in  STD_LOGIC;
     auto :  in  STD_LOGIC;
     key :  in  STD_LOGIC_VECTOR(9 downto 0);
     speaker :  out  STD_LOGIC     );
end epiano;
architecture arc of epiano is
component auto  port( clk6mhz : in STD_LOGIC;
                      auto : in STD_LOGIC;
                    index2 : in STD_LOGIC_VECTOR(9 downto 0);
```

```
                    clk2 : out STD_LOGIC;
                  index0 : out STD_LOGIC_VECTOR(9 downto 0)     );
end component;
component fenpin  port(  clk1 : in STD_LOGIC;
                  tone1 : in STD_LOGIC_VECTOR(13 downto 0);
                  cout : out STD_LOGIC;
                  spks : out STD_LOGIC     );
end component;
component tone  port( index : in STD_LOGIC_VECTOR(9 downto 0);
                 tone0 : out STD_LOGIC_VECTOR(13 downto 0)     );
end component;
signal     wire_0 :  STD_LOGIC_VECTOR(13 downto 0);
signal     wire_1 :  STD_LOGIC_VECTOR(9 downto 0);
begin
inst : auto port map(clk6mhz => clk6m, auto => auto, index2 => key, index0 => wire_1);
inst1 : tone port map(index => wire_1, tone0 => wire_0);
inst2 : fenpin port map(clk1 => clk6m, tone1 => wire_0, spks => speaker);
end arc;
```

2）模式选择模块

模式选择模块主要由分频器、程序计数器、音乐存储器、模式选择器 4 部分组成。

(1) 模式选择模块顶层 auto.vhd。

```
library IEEE;
use IEEE.std_logic_1164.all;
use IEEE.std_logic_unsigned.all;
entity auto is
port ( clk6mhz :  in STD_LOGIC;                          -- 基准频率
          auto :  in STD_LOGIC;                          -- 模式选择
        index2 :  in STD_LOGIC_VECTOR(9 downto 0);       -- 按键编码
          clk2 :  buffer STD_LOGIC;                      -- 4Hz 时钟
        index0 :  out STD_LOGIC_VECTOR(9 downto 0) );    -- 音符
end auto;
architecture behavioral of auto is
    component music                                      -- 音乐存储器声明
    port( inmusic :  in STD_LOGIC_VECTOR(7 downto 0);
            inclk :  in STD_LOGIC;
           music:   out STD_LOGIC_VECTOR(9 downto 0));
    end component;
    signal count0: STD_LOGIC_VECTOR(7 downto 0);         -- 音乐存储器地址线 8 位
    signal index1: STD_LOGIC_VECTOR(9 downto 0);         -- 音乐存储器音符输出线 10 位
    signal clk1: STD_LOGIC;                              -- 音乐存储器时钟输入线
    begin
    pulse0 :process(clk6mhz,auto)                        -- 分频出 4Hz clk2
          variable count :integer range 0 to 1500000;
          begin
              if auto = '1' then
                    count := 0;
                    clk2 <= '0';
              elsif(clk6mhz'event and clk6mhz = '1')then
                         count := count + 1;
```

```
                    if count = 750000 then
                        clk2 <= '1';
                    elsif count = 1500000 then
                        clk2 <= '0';
                        count := 0;
                    end if ;
                end if ;
            end process;
    music1:process(clk2)                                    -- 程序计数器
            begin
                if (clk2'event and clk2 = '1')then
                    if (count0 = 128)then
                        count0 <= "00000000";
                    else
                        count0 <= count0 + 1;
                    end if ;
                end if ;
            end process;
    com1:process(auto)                                      -- 模式切换
        begin
            if auto  = '0' then                             -- 自动演奏模式
                clk1 <= clk2;
                index0 <= index1;
            else                                            -- 手动演奏模式
                clk1 <= '0';
                index0 <= index2(9 downto 7) & (not index2(6 downto 0));
            end if;                                         -- 实验箱负脉冲按键输入需取反
        end process;
    u1:music port map(count0, clk1, index1);                -- 音乐存储器描述
end behavioral;
```

(2) 音乐存储器。

设置 lpm_rom 参数定制音乐存储器为 128×10 位大小的 ROM。乐曲以 music. mif 形式预存在音乐存储器 music 中，数据如图 3-10-8 所示。

Quartus II - E:/exp/3_8/epiano - epiano - [music.mif]

File Edit View Project Tools Window

Addr	+0	+1	+2	+3	+4	+5	+6	+7
0	772	772	770	772	772	784	784	784
8	770	770	769	770	770	784	784	784
16	800	800	784	784	784	772	772	772
24	784	784	784	784	800	800	784	800
32	800	897	897	897	784	784	772	784
40	784	897	897	897	772	772	770	770
48	770	770	769	770	770	770	770	770
56	772	772	776	776	776	772	772	772
64	772	776	776	776	772	772	772	898
72	898	898	898	897	900	900	900	900
80	0	0	800	832	897	897	800	800
88	800	832	897	897	898	898	900	900
96	897	784	784	784	784	0	0	0
104	0	897	897	800	800	832	897	898
112	898	898	900	900	897	898	898	898
120	0	0	0	0	0	0	0	0

For Help, press F1　　NUM

图 3-10-8　music. mif 文件

3）音调发生器 tone. vhd 代码

```
library IEEE;
use IEEE.std_logic_1164.all;
use IEEE.std_logic_unsigned.all;
entity tone is
port(   index: in STD_LOGIC_VECTOR(9 downto 0);                 -- 音符输入信号
        tone0: out integer range 0 to 11467);                   -- 音符的分频系数
end tone;
architecture art of tone is
begin
search:process(index)                                           -- 产生对应的分频系数
       begin
            case index is
                  when"1000000001" => tone0 <= 11467;            -- index[9..7] = 100 为低音
                  when"1000000010" => tone0 <= 10216;
                  when"1000000100" => tone0 <= 9101;
                  when"1000001000" => tone0 <= 8590;
                  when"1000010000" => tone0 <= 7653;
                  when"1000100000" => tone0 <= 6818;
                  when"1001000000" => tone0 <= 6074;
                  when"1100000001" => tone0 <= 5733;             -- index[9..7] = 110 为中音
                  when"1100000010" => tone0 <= 5108;
                  when"1100000100" => tone0 <= 4551;
                  when"1100001000" => tone0 <= 4295;
                  when"1100010000" => tone0 <= 3827;
                  when"1100100000" => tone0 <= 3409;
                  when"1101000000" => tone0 <= 3037;
                  when"1110000001" => tone0 <= 2867;             -- index[9..7] = 111 为高音
                  when"1110000010" => tone0 <= 2554;
                  when"1110000100" => tone0 <= 2275;
                  when"1110001000" => tone0 <= 2148;
                  when"1110010000" => tone0 <= 1913;
                  when"1110100000" => tone0 <= 1705;
                  when"1111000000" => tone0 <= 1519;
                  when   others    => tone0 <= 0;
           end case;
       end process;
end art;
```

4）可控分频器 fenpin. vhd 代码

```
library IEEE;
use IEEE.std_logic_1164.all;
use IEEE.std_logic_unsigned.all;
entity fenpin is
port ( clk1 : in STD_LOGIC;
        tone1: in integer range 0 to 11467;                      -- 音符的分频系数
          cout: out STD_LOGIC;                                   -- counter 进位
          spks: out STD_LOGIC );                                 -- 输出喇叭
end fenpin;
```

```
architecture art of fenpin is
signal count11:integer range 0 to 11467;
signal fullspks:STD_LOGIC;
begin
counter:process(clk1,tone1,count11)                          --计数获得 2 倍频音符
begin
    if (clk1'event and clk1 = '1')then
        if count11 < tone1 - 1 then
            count11 <= count11 + 1;
        else
            count11 <= 0;
        end if ;
    end if ;
end process;
fullspks <= '0' when count11 < tone1 - 1 else
         '1';
cout <= fullspks;
voice:process(fullspks)                                       --2 分频输出音符
variable  count2 :STD_LOGIC := '0';
begin
    if (fullspks'event and fullspks = '1')then
     count2 := not count2;
    end if;
    spks <= count2;
end process;
end art;
```

3.11 DDS 波形发生器

3.11.1 基本知识点

(1) 数字频率合成技术原理。
(2) 只读存储器的应用。
(3) 电路设计的验证及调试方法。

3.11.2 实验设备

(1) PC 一台。
(2) DDA 系列数字系统实验平台。
(3) Quartus Ⅱ配套软件。

3.11.3 实验内容

1. 基本原理

直接数字频率合成(Direct Digital Frequency Synthesis,DDS)技术从相位概念给出一种合成波形的新方法,是实现设备全数字化的一个关键技术。与传统的频率合成器相比,DDS 波形发生器具有频率分辨率高、输出频点多、微秒量级频率切换速度、频率切换时相位

连续、可输出宽带正交信号、输出相位噪声低、可产生任意波形、数字化实现、集成高、体积小等优点。

DDS波形发生器可由FPGA实现的主要是频率累加器、相位累加器、波形ROM三部分如图3-11-1所示。波形ROM存储了可合成波形的一个周期信号采样值。采样值一般还要经D/A转换器和整形电路才形成模拟量的波形。波形ROM前面的电路相当于地址生成器。地址变化快慢决定了一个周期采样值的输出时间长短，从而实现频率可调。地址加上一个相位字偏置从而实现相位可调。每个时钟周期，频率累加器以一频率字步进累加。相位累加器将频率累加结果的高位加上相位偏置。

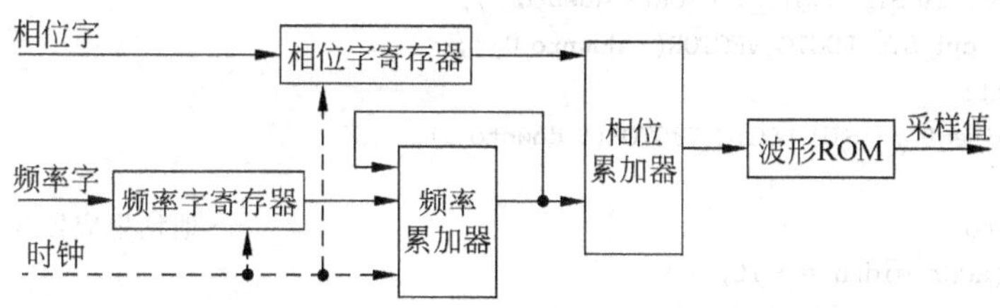

图3-11-1 DDS波形发生器的原理框图

根据奈奎斯特采样定理可得DDS输出频率为 $F_{out}=\frac{FW}{2^N}F_{clk}$，$N$ 为频率累加器位宽，F_{clk} 为时钟信号频率，FW 为频率字。输出频率理论范围为 $\left[0,\frac{F_{clk}}{2}\right]$，频率分辨率为 $\frac{F_{clk}}{2^N}$。相位分辨率为 $\frac{2\pi}{PW}$，PW 为相位字。

DDS波形发生器的具体功能如下：

(1) 产生正弦波、余弦波、方波、三角波波形。

(2) 系统时钟为16MHz，频率字位宽为20位，相位字位宽为10位。

(3) 频率累加器位宽为24位，相位累加器位宽为10位。

(4) 波形ROM字宽为8位，地址位宽为10位。

2. VHDL程序

1) DDS顶层 dds_top.vhd

```
library IEEE;
use IEEE.std_logic_1164.all;
library work;
entity dds_top is
generic (fwords_width : integer := 20,
         pwords_width : integer := 10     );
port (fclk :   in  STD_LOGIC;                              -- 时钟
      fwords :  in  STD_LOGIC_VECTOR(19 downto 0);         -- 频率字
      pwords :  in  STD_LOGIC_VECTOR(9 downto 0);          -- 相位字
      ddsout :  out  STD_LOGIC_VECTOR(7 downto 0));        -- 输出波形
end dds_top;
architecture arc of dds_top is
component addrreg                                          -- 地址生成器声明
generic (addr_width : integer;
```

```
        fadder_width : integer;
        fwords_width : integer;
        padder_width : integer;
        pwords_width : integer    );
port(    Clk : in STD_LOGIC;
         fwords : in STD_LOGIC_VECTOR(19 downto 0);
         pwords : in STD_LOGIC_VECTOR(9 downto 0);
         addressout : out STD_LOGIC_VECTOR(9 downto 0));
end component;
component wave_ROM                                      -- 波形 ROM 声明
port(address : in STD_LOGIC_VECTOR(9 downto 0);
         q : out STD_LOGIC_VECTOR(7 downto 0));
end component;
signal    wire_0 :  STD_LOGIC_VECTOR(9 downto 0);
begin
inst : addrreg                                          -- 地址生成器描述
generic map(addr_width => 10,
            fadder_width => 24,
            fwords_width => 20,
            padder_width => 10,
            pwords_width => 10)
port map(Clk => fclk, fwords => fwords, pwords => pwords, addressout => wire_0);
inst1 : wave_rom port map(address => wire_0, q => ddsout);  -- 波形 ROM 描述
end arc;
```

2) 地址生成器 addrreg. vhd

```
library IEEE;
use IEEE.std_logic_1164.all;
use IEEE.std_logic_unsigned.all;
use IEEE.std_logic_arith.all;
entity addrreg is
generic( fwords_width:integer := 20;                    -- 频率字位宽
         pwords_width:integer := 10;                    -- 相位字位宽
         fadder_width:integer := 24;                    -- 频率累加器位宽
         padder_width:integer := 10;                    -- 相位累加器位宽
         addr_width:integer := 10     );                -- ROM 地址位宽
port(   Clk     :in STD_LOGIC;
        fwords :in STD_LOGIC_VECTOR(fwords_width - 1 downto 0);
        pwords :in STD_LOGIC_VECTOR(pwords_width - 1 downto 0);
        addressout :out STD_LOGIC_VECTOR(addr_width - 1 downto 0) );
end addrreg;
architecture rtl of addrreg is
signal  fwords_reg: STD_LOGIC_VECTOR(fwords_width - 1 downto 0);
signal  pwords_reg: STD_LOGIC_VECTOR(pwords_width - 1 downto 0);
signal  fadder_out: STD_LOGIC_VECTOR(fadder_width - 1 downto 0);
signal  padder_out: STD_LOGIC_VECTOR(padder_width - 1 downto 0);
begin
process(Clk,fwords,pwords)
begin
if( Clk'event and Clk = '1') then
```

```
        fwords_reg <= fwords;                                   -- 频率字寄存
        pwords_reg <= pwords;                                   -- 相位字寄存
        fadder_out <= fadder_out + fwords_reg;                  -- 频率字累加
    end if;
    end process;
    padder_out <= fadder_out( fadder_width - 1 downto fadder_width - pwords_width) + pwords_reg;
    addressout <= padder_out;                                   -- 相位累加结果输出
    end rtl;
```

3）波形存储器 wave_rom.vhd

```
library IEEE;
use IEEE.std_logic_1164.all;
library lpm;
use lpm.all;
entity wave_rom is
port( address : in STD_LOGIC_VECTOR (9 downto 0);
q : out STD_LOGIC_VECTOR (7 downto 0)   );
end wave_rom;
architecture syn of wave_rom is
signal sub_wire0     : STD_LOGIC_VECTOR (7 downto 0);
component lpm_rom                                              -- lpm_rom 声明
generic (intended_device_family           : string;
         lpm_address_control              : string;
         lpm_file                         : string;
         lpm_outdata                      : string;
         lpm_type                         : string;
         lpm_width                        : natural;
         lpm_widthad                      : natural );
port (   address     : in STD_LOGIC_VECTOR (9 downto 0);
         q     : out STD_LOGIC_VECTOR (7 downto 0)     );
end component;
begin
q     <=  sub_wire0(7 downto 0);
lpm_rom_component : lpm_rom                                  -- lpm_rom 描述
generic map ( intended_device_family => "flex10k",
              lpm_address_control  => "unregistered",
              lpm_file => "sampling.mif",
              lpm_outdata => "unregistered",
              lpm_type => "lpm_rom",
              lpm_width => 8,
              lpm_widthad => 10      )
port map ( address => address, q => sub_wire0      );
end syn;
```

采用 lpm_rom 定制成 10×8 位大小波形 ROM。不同的波形需要存储不同的采样值。参数设置参见 3.10.3 节。生成 MIF 文件的波形采样值可通过 C 或者 Matlab 编程实现。

CHAPTER 4

第4章 计算机组成原理篇

本章将一个含7条机器指令的教学型模型机划分为7大块：总线、运算器、存储器、数据通路、时序电路、微程序控制器、模型机与程序运行。每个模块分别设计了几个小实验，并依据原理框图用图形法或硬件描述语言LPM定制等方法实现。内容安排由浅入深、由部分到整体、环环相扣，引导学生设计实践调试出一台简单的模型机，从而掌握计算机组成部件的工作原理，建立整机概念；进一步强化训练FPGA设计开发，使得学生熟练掌握FPGA复杂数字系统的设计方法。

4.1 总线数据传输实验

4.1.1 基本知识点

(1) 总线数据传输原理。

(2) 芯片74374和74244的逻辑功能。

(3) 寄存器之间数据交换的方法。

4.1.2 实验设备

(1) PC一台。

(2) DDA系列数字系统实验平台。

(3) Quartus Ⅱ配套软件。

4.1.3 实验概述

1. 总线概念

总线是指一组进行互连和传输信息(指令、数据和地址)的信号线。总线的基本特性是不允许挂在总线上的多个部件同时向总线发出信息；但是，允许挂在总线上的多个部件同时从总线上接收信息。

2. 总线电路

依据总线的基本特性，为保证传输信息的正确性和唯一性，输出到总线上的部件必须通过"总线电路"向总线发送信息。下面介绍常用的由三态输出器件实现的总线电路。

(1) 三态输出电路 TSL 的逻辑符号如图 4-1-1 所示。

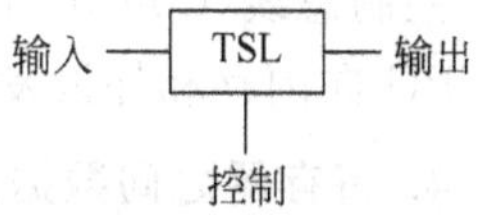

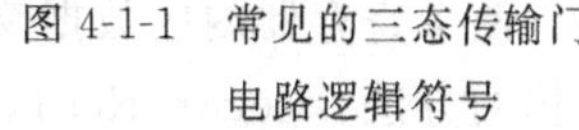

图 4-1-1　常见的三态传输门电路逻辑符号

TSL 器件的输出除逻辑 1 态、逻辑 0 态，还有一种电平位于 1 和 0 之间的"高阻"状态。常见的三态传输门电路逻辑符号如图 4-1-2 所示。

① 在图 4-1-2(a)中控制端为高电平时，输出＝输入；控制端为低电平时，输出＝"高阻"状态。

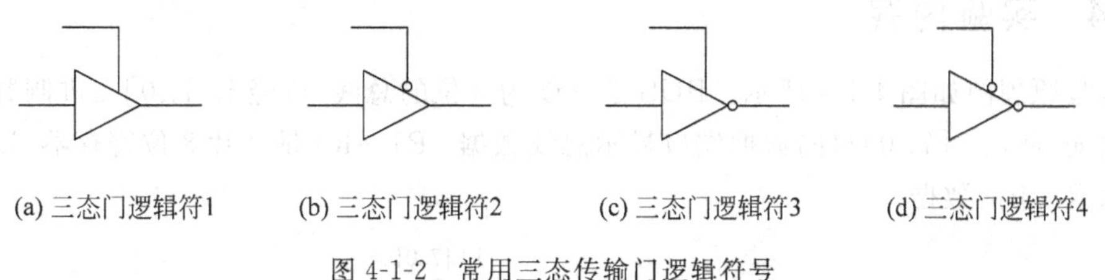

(a) 三态门逻辑符1　(b) 三态门逻辑符2　(c) 三态门逻辑符3　(d) 三态门逻辑符4

图 4-1-2　常用三态传输门逻辑符号

② 在图 4-1-2(b)中控制端为高电平时，输出＝"高阻"状态；控制端为低电平时，输出＝输入。

③ 在图 4-1-2(c)中控制端为高电平时，输出＝输入的非；控制端为低电平时，输出＝"高阻"状态。

④ 在图 4-1-2(d)中控制端为高电平时，输出＝"高阻"状态；控制端为低电平时，输出＝输入的非。

- 高阻状态。

三态电路输出为"高阻"态时，输出与输入几乎完全断开，呈现极高的阻抗，因此可将多个 TSL 器件的输出挂在同一根总线上。

- 用三态电路构造的总线电路如图 4-1-3 所示。

DATA BUS 是双向数据总线。任一时刻 C1、C2、C3 这三个控制信号中只能有一个有效。但是，部件 0、部件 3 可同时接收总线信息而不会破坏总线信息。

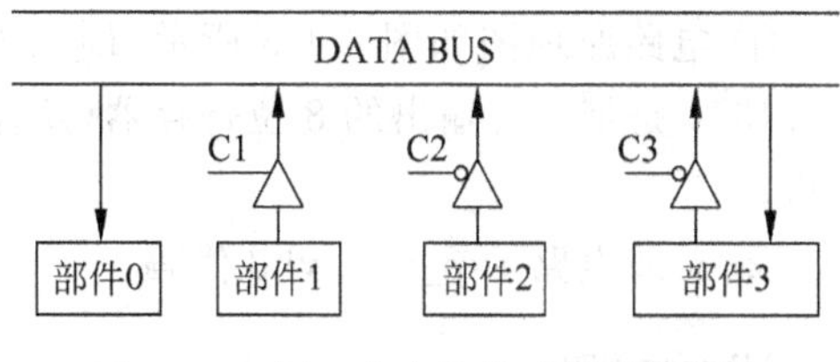

图 4-1-3　用三态电路构造的总线电路

(2) 常用的 TSL 器件。

实用的 TSL 集成电路很多，如总线缓冲器、驱动器、接收器、总线收发器，还有三态输出的 D 触发器、D 锁存器、三态输出的存储器、寄存器堆等。

3. 总线分类

(1) 数据总线

数据总线(Data Bus，DB)是用来传输数据信息的总线，具有双向性。CPU 既可通过 DB 从内存或输入设备读入数据，又可通过 DB 将内部数据送至内存或输出设备。

(2) 地址总线

地址总线(Address Bus，AB)是单向总线，用于传输 CPU 发出的地址位，指明与 CPU

交换信息的内存单元或I/O设备。

(3) 控制总线

控制总线(Control Bus,CB)是用来单向传送控制信号、时序信号和状态信息等的总线。如CPU向内存和外设发出的信息,内存和外设向CPU发出的信息等。

4. 寄存器之间数据交换方法

两个寄存器内的数据交换需要借助另一个寄存器作为中转站。如互换Reg1和Reg2数据的方法:Reg3←Reg1;Reg1←Reg2;Reg2←Reg3。

4.1.4 实验内容

实验原理图如图4-1-4所示。BUS是宽度为8位的总线,可经K[7..0]二进制数据开关输入数据,通过L[7..0]双向数据端口显示总线数据;R1～R3是3片8位寄存器,LE[7..0]可显示R3中的数据。

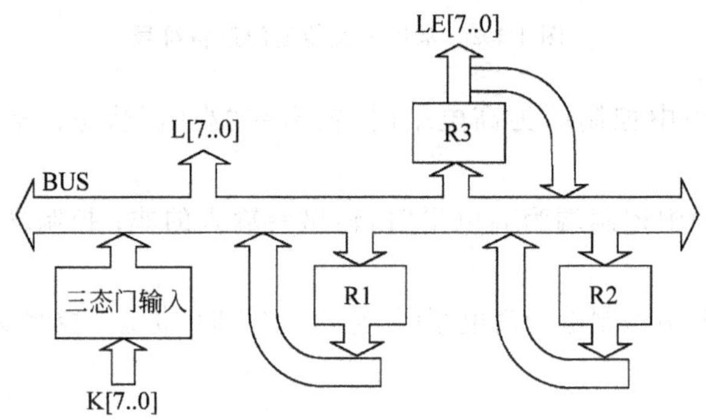

图4-1-4 总线数据传输实验原理图

(1) 按照图4-1-4实验原理图完成电路图设计。

① 电路原理图如图4-1-5所示,L[7..0]是内部双向总线,74244是8位单向三态缓冲器,74374是带三态输出的8位寄存器(从左至右分别代表R1、R2、R3),BIDIR是双向数据端口。

② 总线电路exp_bus.vhd代码。

```
library IEEE;
use IEEE.std_logic_1164.all;
entity exp_bus is
port(   Clk: in STD_LOGIC;
        sw_bus,r1_bus,r2_bus,r3_bus:in STD_LOGIC;
        k: in STD_LOGIC_VECTOR(7 downto 0);
        lddr:in STD_LOGIC_VECTOR(3 downto 1);
        l: inout STD_LOGIC_VECTOR(7 downto 0));
end exp_bus;
architecture rtl of exp_bus is
signal r1,r2,r3,bus_Reg:STD_LOGIC_VECTOR(7 downto 0);
begin
ldreg:process(Clk,lddr,bus_Reg)
    begin
```

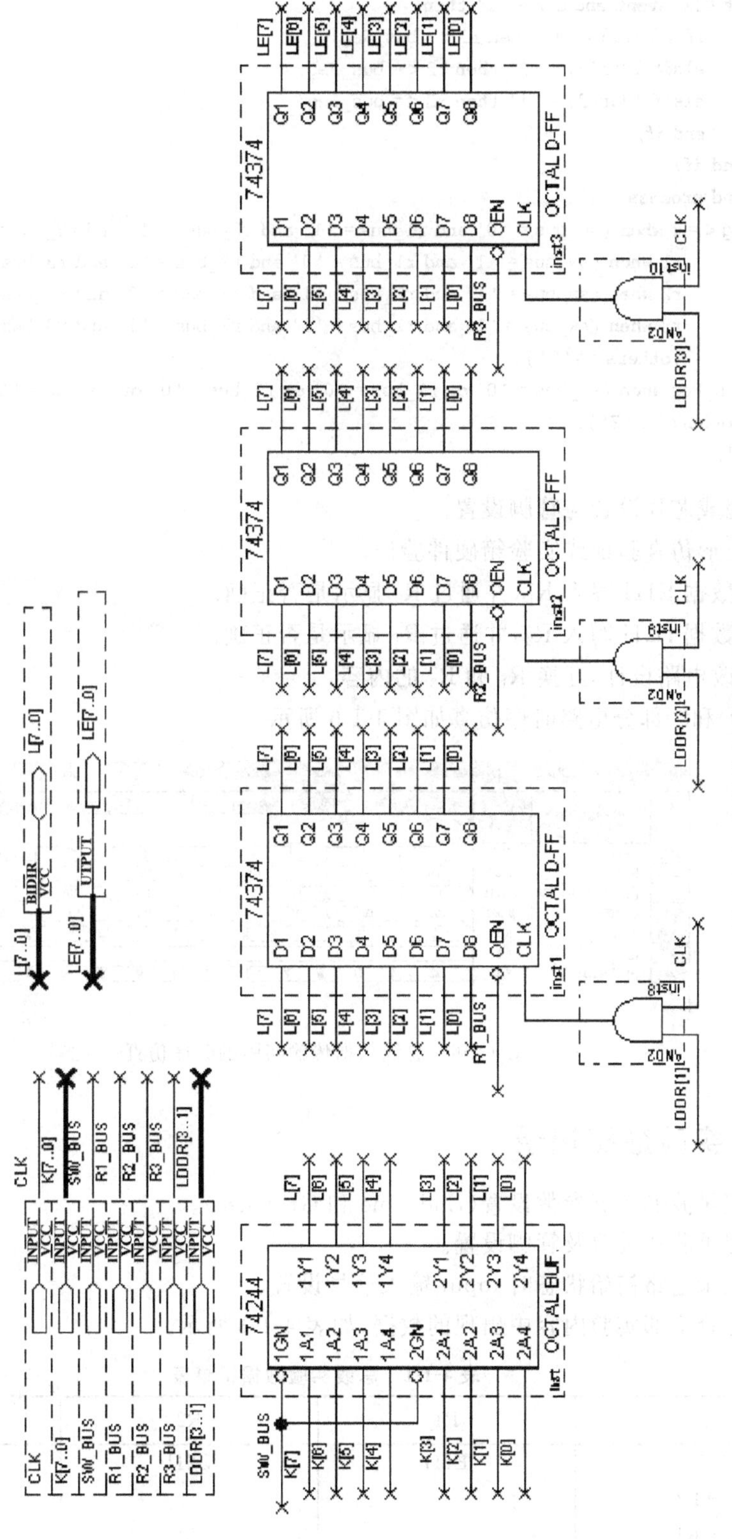

图 4-1-5　总线数据传输实验电路

```
        if Clk'event and Clk = '1' then
            if lddr(1) = '1' then r1 <= bus_Reg;
            elsif lddr(2) = '1' then r2 <= bus_Reg;
            elsif lddr(3) = '1' then r3 <= bus_Reg;
            end if;
        end if;
        end process;
bus_Reg <= k when (sw_bus = '0' and r1_bus = '1' and r2_bus = '1' and r3_bus = '1') else
           r1 when (sw_bus = '1' and r1_bus = '0' and r2_bus = '1' and r3_bus = '1') else
           r2 when (sw_bus = '1' and r1_bus = '1' and r2_bus = '0' and r3_bus = '1') else
           r3 when (sw_bus = '1' and r1_bus = '1' and r2_bus = '1' and r3_bus = '0') else
           (others =>'0');
l <= bus_Reg when (sw_bus = '0' or r1_bus = '0' or r2_bus = '0' or r3_bus = '0') else
     (others =>'Z');
end rtl;
```

(2) 完成芯片设置与管脚设置。

(3) 波形仿真验证或实验箱硬件验证。

① 将数据 E1H 写入 R_1,并通过 R_3 显示是否正确。

② 将数据 D2H 写入 R_2,并通过 R_3 显示是否正确。

③ 修改电路设计,互换 R_1 和 R_2 的内容。

步骤①和②部分电路时序仿真如图 4-1-6 所示。

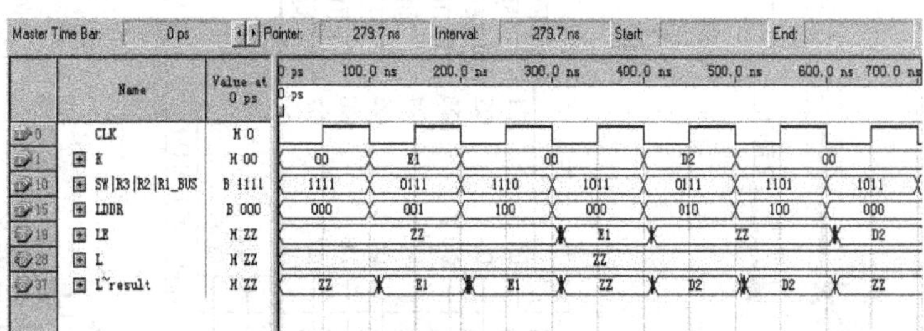

图 4-1-6　总线数据传输实验的时序仿真

4.1.5 实验数据记录

(1) 记录波形仿真参数设置(End time 和 Grid size)。

(2) 记录芯片设置及管脚设置。

(3) 记录电路初始状态时 input 输入信号设置。

(4) 记录全部实验内容中出现的数据,如表 4-1-1 所示。

表 4-1-1　总线实验数据记录表

	R1	R2	R3
初态	E1H	D2H	
R1→R3			
R2→R1			
R3→R2			

4.1.6 思考题

(1) 总线数据传输的基本特性是什么?

(2) 从 74374 和 74244 内部电路结构图上说明它们的逻辑功能。

(3) 实验电路中 BIDIR 端口的用途是什么?

(4) 举例说明画电路图中连线 bus line(粗线)和 node line(细线)的区别。总线与支线命名方式是什么?

(5) 实验需要互换 R_1 和 R_2 数据,但是电路图中 R_3 的连线有问题,错在哪里? 为什么?

(6) exp_bus. vhd 代码中如何实现双向总线的定义与缓冲?

(7) 写出 exp_bus. vhd 代码中(others=>'Z')的其他描述方式?

(8) 编写 VHDL 时如何实现多路选择器?

(9) 编写 VHDL 代码时如何为寄存器赋初值?

4.2 运算器实验

4.2.1 基本知识点

(1) 运算器的组成结构及工作原理。

(2) 简单运算器的数据通路与控制信号的关系。

(3) 数据算术运算及逻辑运算方法。

4.2.2 实验设备

(1) PC 一台。

(2) DDA 系列数字系统实验平台。

(3) Quartus Ⅱ 配套软件。

4.2.3 实验概述

运算器是计算机中的数据处理部件。它可以对二进制信息进行各种算术和逻辑运算,是计算机内部数据的重要通道。

1. 运算器的组成及功能

不同计算机的运算器的组成结构是不一样的,但大体分以下几个部分:

1) 算术逻辑运算单元(Arithmetic Logic Unit,ALU)

ALU 是运算器的核心,是一个多功能的函数发生器,可对两组数进行多种算术、逻辑运算。例如,74181 是一种 4 位并行 ALU,可执行 16 种算术操作、16 种逻辑操作。ALU 除运算外,还可借助多路选通器来完成 CPU 内的数据传输任务。

2) 多路选通器

CPU 内数据的输入输出端口通常连有数据多路选通器,以实现相互连接、数据传送。输入多路选通器在选择控制信号作用下,按需选择某路数据送到 ALU 中处理;输出多路选通器对 ALU 的输出数据进行后期处理,如左移、右移或并行传送到某通用寄存器。

3）累加器(Accumulate,ACC)

运算器往往有多个累加器，主要用来提供第一操作数(源操作数)并存放运算结果。某些累加器，如74198(8位累加器)，还具有左移、右移、清零、并行置数等功能。

4）通用寄存器

运算器中的通用寄存器，用于暂存参加运算的数据和中间结果。这些寄存器可节省读取操作数所需占用的总线和访问存储器的时间。通用寄存器越多，能一定程度提高运算器性能。寄存器提供操作数，可以减少程序执行中CPU访问内存的次数。

5）专用寄存器

运算器中还设有若干专用寄存器。例如，标志寄存器(Flags Register,FR)，又称程序状态寄存器(Program Status Word,PSW)，是一个存放条件标志码、控制标志码和系统标志的寄存器，用于反映处理器的状态和运算结果的某些特征及控制指令执行情况。又如栈指针(Stack Pointer,SP)指示了堆栈的使用情况。

2. 运算器与其他部件的关系

运算器可读取内存单元的数据，对其进行运算，并将结果写入内存单元；还可向内存发出访问内存的有效地址。

控制器控制运算器运行方式，即根据指令执行的需要及时向运算器发出控制信号；而运算器也将其状态标志反馈给控制器。

3. VHDL中的运算操作符

VHDL定义的运算操作符包括算术运算符、关系运算符、逻辑运算符和并置运算符，如表4-2-1所示。运算次序按优先级从高到低排列的顺序进行，如表4-2-2所示。

表4-2-1　VHDL的运算操作符

类　型	操　作　符	功　能	操作数类型
算术操作符	+	加	整数
	—	减	整数
	&	并置	一维数组
	*	乘	整数与实数(包括浮点数)
	/	除	整数与实数(包括浮点数)
	MOD	取模	整数
	REM	取余	整数
	SLL	逻辑左移	BIT或布尔型一维数组
	SRL	逻辑右移	BIT或布尔型一维数组
	SLA	算数左移	BIT或布尔型一维数组
	SRA	算数右移	BIT或布尔型一维数组
	ROL	逻辑循环左移	BIT或布尔型一维数组
	ROR	逻辑循环右移	BIT或布尔型一维数组
	**	乘方	整数
	ABS	取绝对值	整数

续表

类　　型	操　作　符	功　　能	操作数类型
关系操作符	=	等于	任何数据类型
	/=	不等于	任何数据类型
	<	小于	枚举与整数类型，及对应的一维数组
	>	大于	枚举与整数类型，及对应的一维数组
	<=	小于等于	枚举与整数类型，及对应的一维数组
	>=	大于等于	枚举与整数类型，及对应的一维数组
逻辑操作符	AND	与	BIT，BOOLEAN，STD_LOGIC
	OR	或	BIT，BOOLEAN，STD_LOGIC
	NAND	与非	BIT，BOOLEAN，STD_LOGIC
	NOR	或非	BIT，BOOLEAN，STD_LOGIC
	XOR	异或	BIT，BOOLEAN，STD_LOGIC
	XNOR	异或非	BIT，BOOLEAN，STD_LOGIC
	NOT	非	BIT，BOOLEAN，STD_LOGIC
符号操作符	+	正	整数
	—	负	整数

表 4-2-2　操作符优先级

优先级	运　算　符	优先级	运　算　符
1	NOT，ABS，**	5	SLL，SLA，SRL，SRA，ROL，ROR
2	*，/，MOD，REM	6	=，/=，<，<=，>，>=
3	+(正号)，-(负号)	7	AND，OR，NAND，NOR，XOR，XNOR
4	+，-，&		

4. LPM 元件

LPM 库包括一部分用户可定制的运算元件，如表 4-2-3 所示。

表 4-2-3　LPM 运算元件

类　　型	元　件　名
算术运算	lpm_and、lpm_inv、lpm_or、lpm_xor
关系运算	lpm_compare
逻辑运算	lpm_add_sub、lpm_mult、lpm_divide、lpm_clshift、lpm_abs

4.2.4　实验内容

设计一个运算器模块，给定两个数 A=05H、B=0AH，实验以下运算。

(1) 逻辑运算：A and B，A or B，not A，A xnor B，A xor B。

(2) 算术运算：A 加 B，A 减 B。

(3) 复合运算：A 加 B 减((not A)and B)加 B；not((A xnor B)减(A xor B))加 1。

1. 简单 ALU

设计完成上述常用算术运算与逻辑运算的简单 ALU。

(1) 简单 ALU 的 exp_s_alu.vhd 代码。

```
library IEEE;
use IEEE.std_logic_1164.all;
use IEEE.std_logic_unsigned.all;
entity exp_s_alu is
port( sel:in STD_LOGIC_VECTOR(3 downto 0);
     a,b:in STD_LOGIC_VECTOR(7 downto 0);
     c :out STD_LOGIC_VECTOR(7 downto 0) );
end exp_s_alu;
architecture rtl of exp_s_ALU is
begin
c<=(others=>'0')                when sel=x"0" else
    a and b                     when sel=x"1" else
    a or b                      when sel=x"2" else
    not a                       when sel=x"3" else
    a xnor b                    when sel=x"4" else
    a xor b                     when sel=x"5" else
    a+b                         when sel=x"6" else
    a-b                         when sel=x"7" else
    a+b-((not a)and b)+b        when sel=x"8" else
    not((a xnor b)-(a xor b))+1 when sel=x"9" else
    (others=>'Z');
end rtl;
```

(2) 完成芯片设置与管脚设置。

(3) 完成波形仿真验证,结果如图 4-2-1 所示,记录实验数据。

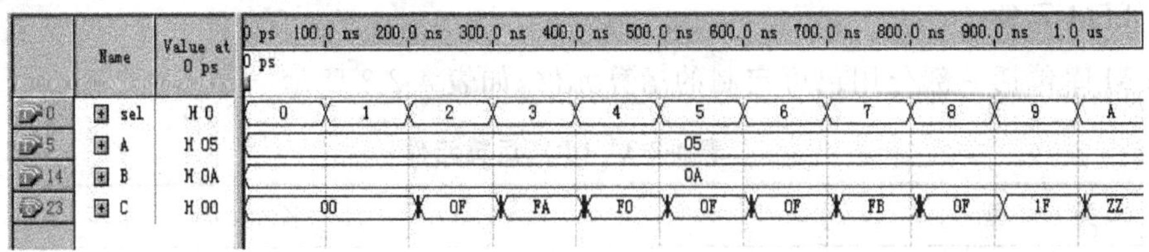

图 4-2-1 简单 ALU 实验的时序仿真

2. 8 位运算器

(1) 实验原理框图。

运算器实验原理框图如图 4-2-2 所示,基本部分为算术逻辑运算单元、通用寄存器组、输入数据选择电路、输出数据控制电路。

算术逻辑运算单元提供了对两个数多种算术逻辑运算,且常作为数据传输的通道使用,可由 74181 实现。74181 的功能如表 4-2-4 所示。两个参加运算的数 A,B 分别来自 DR1 和 DR2,运算结果通过输出控制电路经数据总线传至通用寄存器。

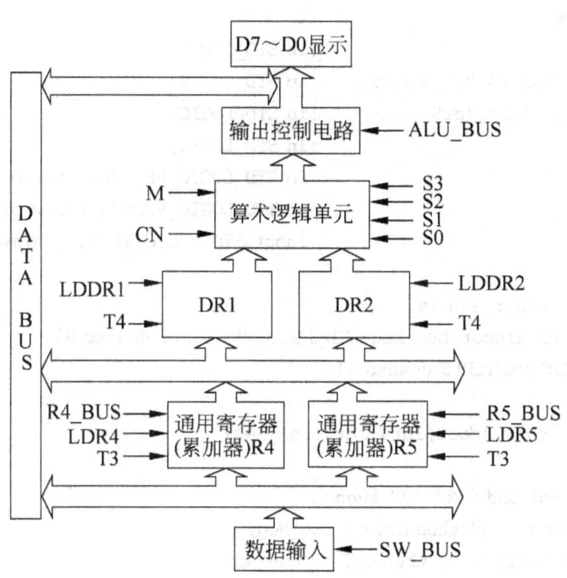

图 4-2-2　运算器实验原理框图

表 4-2-4　74181 功能表

S3 S2 S1 S0	算术运算 M=0		逻辑运算
	Cn=1 无进位	Cn=0 有进位	M=1
0 0 0 0	F=DR1	F=DR1 加 1	F=/DR1
0 0 0 1	F=DR1+DR2	F=(DR1+DR2)加 1	F=/(DR1+DR2)
0 0 1 0	F=DR1+/DR2	F=(DR1+/DR2)加 1	F=/DR1·DR2
0 0 1 1	F=减 1	F=0	F=0
0 1 0 0	F=DR1 加 DR1·/DR2	F=DR1 加 DR1·/DR2 加 1	F=/(DR1·DR2)
0 1 0 1	F=(DR1+DR2)加 DR1·/DR2	F=(DR1+DR2)+DR1·DR2+1	F=/DR2
0 1 1 0	F=DR1 减 DR2 减 1	F=DR1 减 DR2	F=DR1⊕ DR2
0 1 1 1	F=DR1·/DR2 减 1	F=DR1·/DR2	F=DR1·/DR2
1 0 0 0	F=DR1 加 DR2·DR1	F=DR1 加 DR1·DR2 加 1	F=/DR1+DR2
1 0 0 1	F=DR1 加 DR2	F=DR1 加 DR2 加 1	F=/(DR1 ⊕DR2)
1 0 1 0	F=(DR1+/DR2)加 DR1·DR2	F=(DR1+/DR2)加 DR1·DR2 加 1	F=DR2
1 0 1 1	F=DR1·DR2 减 1	F=DR1·DR2	F=DR1·DR2
1 1 0 0	F=DR1+DR1	F=DR1 加 DR1 加 1	F=1
1 1 0 1	F=(DR1+DR2)加 DR1	F=(DR1+DR2)加 DR1 加 1	F=DR1+/DR2
1 1 1 0	F=(DR1+/DR2)加 DR1	F=(DR1+/DR2)加 DR1 加 1	F=DR1+DR2
1 1 1 1	F=DR1 减 1	F=DR1	F=DR1

(2) 8 位运算器 exp_r_alu. vhd 代码。

```
library IEEE;
use IEEE.std_logic_1164.all;
use IEEE.std_logic_unsigned.all;
```

```
entity exp_r_alu is
port(   Clk                              :in STD_LOGIC;
        sw_bus,r4_bus,r5_bus,ALU_bus     :in STD_LOGIC;
        lddr1,lddr2,ldr4,ldr5            :in STD_LOGIC;
        m,cn                             :in STD_LOGIC;
        s                                :in STD_LOGIC_VECTOR(3 downto 0);
        k                                :in STD_LOGIC_VECTOR(7 downto 0);
        d                                :inout STD_LOGIC_VECTOR(7 downto 0) );
end exp_r_alu;
architecture rtl of exp_r_alu is
signal dr1,dr2,r4,r5,aluout,bus_Reg:STD_LOGIC_VECTOR(7 downto 0);
signal sel:STD_LOGIC_VECTOR(5 downto 0);
begin
ldreg:process(Clk,lddr1,lddr2,ldr4,ldr5,bus_Reg)
    begin
        if Clk'event and Clk = '1' then
            if lddr1 = '1' then dr1 <= bus_Reg;
            elsif lddr2 = '1' then dr2 <= bus_Reg;
            elsif ldr4 = '1' then r4 <= bus_Reg;
            elsif ldr5 = '1' then r5 <= bus_Reg;
            end if;
        end if;
    end process;
ALU:process(m,cn,s,dr1,dr2,sel,aluout)
    begin
        sel <= m & cn & s;
        case sel is
            when "000000"  => aluout <= dr1 + 1;
            when "010000"  => aluout <= dr1;
            when "100000"  => aluout <= not dr1;
            when "000001"  => aluout <= (dr1 or dr2) + 1;
            when "010001"  => aluout <= dr1 or dr2;
            when "100001"  => aluout <= not(dr1 or dr2);
            when "000010"  => aluout <= (dr1 or (not dr2)) + 1;
            when "010010"  => aluout <= dr1 or (not dr2);
            when "100010"  => aluout <= (not dr1)and dr2;
            when "000011"  => aluout <= x"00";
            when "010011"  => aluout <= aluout - 1;
            when "100011"  => aluout <= x"00";
            when "000100"  => aluout <= dr1 + (dr1 and (not dr2)) + 1;
            when "010100"  => aluout <= dr1 + (dr1 and (not dr2));
            when "100100"  => aluout <= not (dr1 and dr2);
            when "000101"  => aluout <= (dr1 or dr2) or (dr1 and dr2) or x"01";
            when "010101"  => aluout <= (dr1 or dr2) + (dr1 and(not dr2));
            when "100101"  => aluout <= not dr2;
            when "000110"  => aluout <= dr1 - dr2;
            when "010110"  => aluout <= dr1 - dr2 - 1;
            when "100110"  => aluout <= dr1 xor dr2;
            when "000111"  => aluout <= dr1 and(not dr2);
            when "010111"  => aluout <= (dr1 and (not dr2)) - 1;
            when "100111"  => aluout <= dr1 and(not dr2);
```

```
            when "001000"  => aluout <= dr1 + (dr1 and dr2) + 1;
            when "011000"  => aluout <= dr1 + (dr1 and dr2);
            when "101000"  => aluout <= (not dr1)or dr2;
            when "001001"  => aluout <= dr1 + dr2 + 1;
            when "011001"  => aluout <= dr1 + dr2;
            when "101001"  => aluout <= not(dr1 xnor dr2);
            when "001010"  => aluout <= (dr1 or(not dr2)) + (dr1 and dr2) + 1;
            when "011010"  => aluout <= (dr1 or(not dr2)) + (dr1 and dr2);
            when "101010"  => aluout <= dr2;
            when "001011"  => aluout <= dr1 and dr2;
            when "011011"  => aluout <= (dr1 and dr2) - 1;
            when "101011"  => aluout <= dr1 and dr2;
            when "001100"  => aluout <= dr1 + dr1 + 1;
            when "011100"  => aluout <= dr1 or dr1;
            when "101100"  => aluout <= x"01";
            when "001101"  => aluout <= (dr1 or dr2) + dr1 + 1;
            when "011101"  => aluout <= (dr1 or dr2) + dr1;
            when "101101"  => aluout <= dr1 or(not dr2);
            when "001110"  => aluout <= (dr1 or (not dr2)) + dr1 + 1;
            when "011110"  => aluout <= (dr1 or (not dr2)) + dr1;
            when "101110"  => aluout <= dr1 or dr2;
            when "001111"  => aluout <= dr1;
            when "011111"  => aluout <= dr1 - 1;
            when "101111"  => aluout <= dr1;
            when others    => aluout <= x"ff";
        end case;
    end process;
bus_Reg <= k        when (sw_bus = '0' and r4_bus = '1' and r5_bus = '1' and ALU_bus = '1' ) else
           r4       when (sw_bus = '1' and r4_bus = '0' and r5_bus = '1' and ALU_bus = '1' ) else
           r5       when (sw_bus = '1' and r4_bus = '1' and r5_bus = '0' and ALU_bus = '1' ) else
           aluout when (sw_bus = '1' and r4_bus = '1' and r5_bus = '1' and ALU_bus = '0' ) else
           d  ;
d <= bus_Reg when (sw_bus = '0' or r4_bus = '0' or r5_bus = '0' or ALU_bus = '0') else
   (others => 'Z');
end rtl;
```

(3) 完成芯片设置与管脚设置。

(4) 按照前面所述复合运算式进行仿真验证,结果如图 4-2-3 所示。

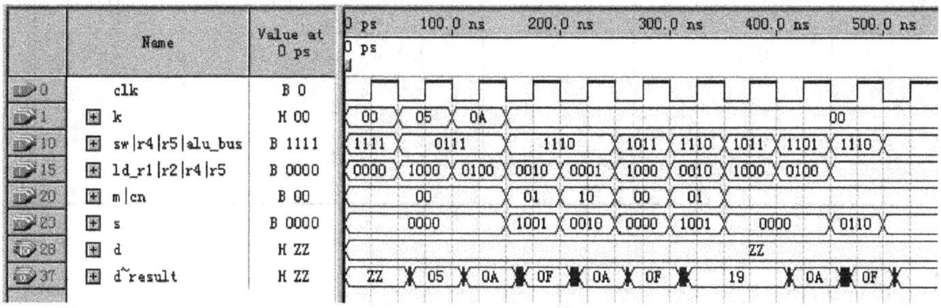

	Name	Value at 0 ps
0	clk	B 0
1	k	H 00
10	sw|r4|r5|alu_bus	B 1111
15	ld_r1|r2|r4|r5	B 0000
20	m|cn	B 00
23	s	B 0000
28	d	H ZZ
37	d~result	H ZZ

图 4-2-3　复合运算实验的时序仿真

(5) 设计以下附加电路。

为了在不同实验箱上下载验证,考虑实验板上输入输出资源的限制,可采用计数器模块产生输入原始数据,并且充分利用数码管资源直观显示数据。数据输入部分用两个十六进制的计数器级联而成,以便减少输入开关的占用;同时设计一个数码管扫描电路,方便使用数码管显示两位十六进制数。算术逻辑运算单元的功能选择信号 S3～S0,同样可连接一个十六进制计数器以便减少输入开关,显示采用发光二极管。需设计的附加电路如下:

① CDU16:带使能与进位的 4 位二进制加法计数器。

② SCAN:可挂载两个数码管的扫描电路。

③ 7SEG:可显示 0～F 的 7 段译码器。

(6) 下载到实验箱,并进行复合运算实验。

复合运算步骤如下:

① 数据输入的计数器计数到 05H 时暂停计数,数码管上显示为 05H,总线上显示为 00000101。

② 根据实验原理图,利用各路控制信号的排列组合将第一个数据 05H 写入 DR1。

③ 改变各路控制信号的排列组合实现 DR1 经 ALU 输出到总线显示。

④ 利用各路控制信号的排列组合将第二个数据 0AH 输入 DR2 中。

⑤ 改变各路控制信号的排列组合实现 DR2 经 ALU 输出到总线显示。

⑥ 用 M,CN,S3～S0 信号的不同组合,并根据 74181 的逻辑功能表实现第一个运算,并将此运算结果存入 R4,第二个运算结果存入 R5,再利用 R4 和 R5 中的数据进行下一步中间运算,以此类推直至完成整个复合运算。

4.2.5 实验数据记录

(1) 记录波形仿真参数设置(End time 和 Grid size)。

(2) 记录芯片设置及管脚设置。

(3) 记录电路初始状态时 input 输入信号设置。

(4) 列表记录全部实验内容中出现的数据。

例如,记录复合运算 A 加 B 减((not A)and B)加 B 的数据,如表 4-2-5 所示。

表 4-2-5 运算器实验数据记录表

运算	M,CN,S[3..0]	DR1	DR2	ALU 结果	R4	R5
A 加 B	011001	05	0A	0F	0F	00
(not A)and B	100010					
R4 减 R5	000110					
R4 加 B	011001					

4.2.6 思考题

(1) 存入 DR1 或 DR2 的数据如何在总线上显示?

(2) 复合运算时,ALU 运算出的中间结果为什么不能直接存入 DR1 或 DR2?

(3) 计算机中的负数如何表示？

(4) 74181 的功能表中运算＋与“加”的区别是什么？

(5) exp_r_alu. vhd 中并置运算符 & 主要作用是什么？

(6) exp_s_alu. vhd 代码中为什么要调用 ieee. std_logic_unsigned 库？

(7) VHDL 语言中如何表示十六进制格式数据？

4.3 存储器实验

4.3.1 基本知识点

(1) 随机存储器 RAM 的工作特性及使用方法。

(2) RAM 数据存储和读取的工作原理。

(3) LPM 存储类元件定制。

4.3.2 实验设备

(1) PC 一台。

(2) DDA 系列数字系统实验平台。

(3) Quartus Ⅱ配套软件。

4.3.3 实验概述

计算机的存储器是存储各种二进制信息的记忆装置。计算机中的内存是计算机不可缺少的主要功能部件，用来存放计算机正在执行或将要执行的程序和数据等信息。

早期的计算机的内存多采用磁芯存储器，制作工艺复杂、体积大、功耗高、存取速度慢、存取控制复杂。现代计算机内存多采用半导体存储器，集成度高、功耗低、存取速度快、存取控制简单。

1. 存储器的组成

存储器一般由存储体、地址寄存器、地址译码器和数据寄存器组成，如图 4-3-1 所示。

2. 存储器的主要性能指标

衡量存储器的主要性能指标：存储容量和存取速度。

1) 存储容量

容量的最小单位是二进制信息位 bit，b，8 位称为一个字节 N 位组成一个存储单元，存储单元是 CPU 访问存储器的基本单位。

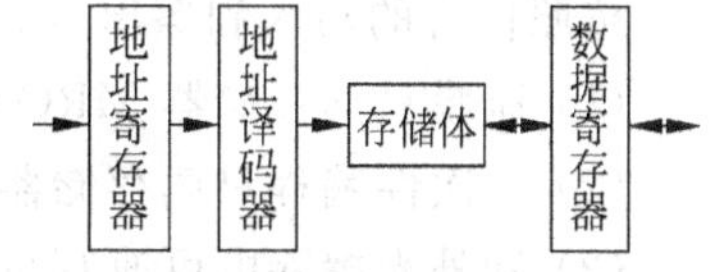

图 4-3-1　存储器的组成

存储体中若含有 M 个存储单元，每个存储单元字长 N 位，则地址寄存器的位数应为 $\log_2 M$ 位，数据寄存器应为 N 位。地址译码器对地址寄存器内容译码，以寻址某个存储单元。

2) 存储速度

存储器的速度通常是以存取时间或存取周期衡量的，如图 4-3-2 所示。存取时间指存储器完成一次读或写操作所需的时间；存取周期指存储器连续两次操作的最小时间间隔，它大于存取时间,决定了存储器与外部的数据传输速度。

3. 半导体存储器的种类

半导体存储器已逐步取代了磁芯存储器的主存储器地位。半导体存储器按工艺可分为 MOS 型和双极型。MOS 型半导体功耗低、双极型存取速度快。按性能分有随机存储器、只读存储器、可擦除可改写等种类。

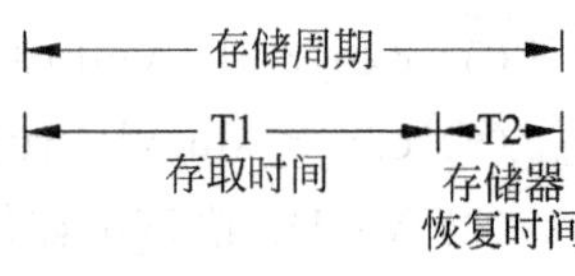

图 4-3-2 存取周期

1) 随机存储器

随机存储器(Random Access Memory,RAM),如图 4-3-3 所示。RAM 加电后可随机读或写,因此常用来存放当前正在调试运行的程序或参数。若干连续 RAM 单元也可作为堆栈暂存一些需保护的有特殊性质的数据。

(1) 动态 RAM(DRAM)。

动态 RAM 内部电路简单,是利用内部栅极对地电容来存储信息的,但电容所存信息在一定时间后会因电容放电而丢失。因此,每隔一定时间(2ms)须对 RAM 内所有电容充电,即进行"刷新"。

动态 RAM 的使用比静态 RAM 复杂,但其内部电路简单、集成度高、价格低。动态 RAM 常用于需要大容量信息存储视频处理系统。

(2) 静态 RAM(SRAM)。

静态 RAM 不是利用内部电容来存储信息的,所以不需要"动态刷新"。

RAM 有一个共同缺点:掉电后所存信息不再保存。

2) 只读存储器

只读存储器(Read Only Memory,ROM),只能读不能写,如图 4-3-4 所示。它的优点是掉电后所存信息依然保留。因此,ROM 常用来存放固定的程序和数据。

图 4-3-3 RAM 的逻辑符号　　图 4-3-4 ROM 的逻辑符号

按照信息的写入和擦出方式,ROM 又可分为以下几种:

(1) 掩膜只读存储器 MROM,厂家将信息按照用户要求"刻"好,用户不能改写。

(2) 一次性编程只读存储器 PROM,用户对其一次性写入,以后不能再改写。

(3) 紫外光擦除电可改写只读存储器。

专用编程器对 EPROM 编程,紫外线光照射擦除。常用的 EPROM 集成器件有 2716(2K×8b)、2732(4K×8b)、2764(8K×8b)、27128(16K×8b)。

(4) 电可改写可擦除、可编程 EEPROM。

EEPROM,又称 E^2P,可在线随机读写存储单元内容;掉电后所存信息依旧保持。E^2P 的读出过程与普通 EPROM 相同,执行写操作时会自动对写入单元进行擦除。

4. 存储器容量扩展技术

通过字扩张,位扩展,可将若干片小容量的存储器集成电路构造成一个大容量的存储器。

1) 字扩展

字扩展是指地址的扩展。图 4-3-5 所示是将两片 2K×8b 的 ROM 构造成一个容量为 4K×8b 的 ROM 存储器。ROM1 为低 2K 字节；ROM2 为高 2K 字节。

2) 位扩展

位扩展是指数据字长的扩展。图 4-3-6 所示是将两片容量为 2K×8b 的 RAM 构造成一个容量为 2K×16b 的 RAM 存储器。RAM1 为低 8 位数据；RAM2 为高 8 位数据。

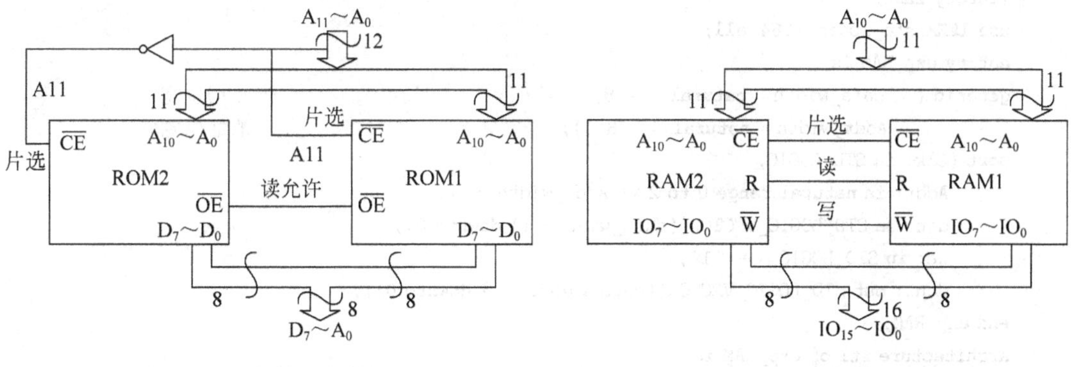

图 4-3-5　字扩展实例图　　　　图 4-3-6　位扩展实例图

3) 字、位扩展

将字扩展和位扩展结合起来，就能使得存储器电路的数据线、地址线得以扩充，从而扩大存储器的容量。

5. 存储器的读写操作过程

半导体存储器的数据读出、写入过程如图 4-3-7 和图 4-3-8 所示。当输入的地址码 Addr、片选信号 CS 及读(写)控制信号 RD(WE)有效后，经一定的延时就可把给定地址单元中的数据读出到数据线上(读周期)或者把数据线上的数据写入 Addr 指定的单元(写周期)。

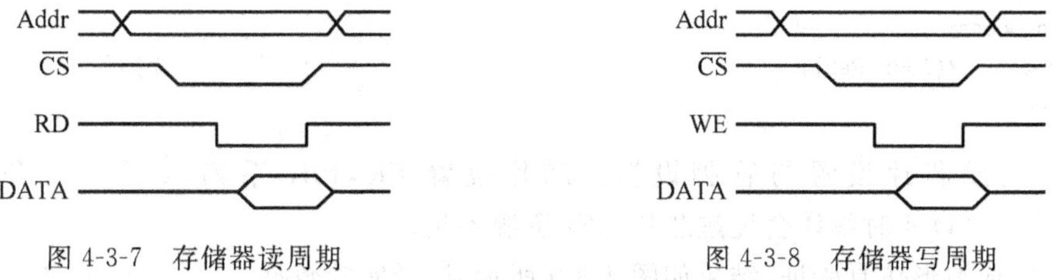

图 4-3-7　存储器读周期　　　　图 4-3-8　存储器写周期

6. LPM 元件

LPM 库中有一部分用户可定制的存储类元件，如表 4-3-1 所示。

表 4-3-1　LPM 运算元件

器件名	说明	器件名	说明
lpm_ram_dp	双端口 RAM	lpm_ram_io	双向端口的 RAM
lpm_ram_dq	输入输出端分开的 RAM	lpm_rom	ROM

4.3.4 实验内容

1. RAM 设计实验

设计一个拥有 8 位地址线、8 位数据输入输出线的 RAM。数据读入和数据输出分开，存储空间为 256×8 位。

(1) 8 位 RAM exp_ram.vhd 代码。

```
library IEEE;
use IEEE.std_logic_1164.all;
entity exp_RAM is
generic (   data_width : natural  := 8;                          -- 数据位宽
            Addr_width : natural  := 8   );                      -- 地址位宽
port (Clk: in STD_LOGIC;
      Addr: in natural range 0 to 2 ** Addr_width  - 1;
      din: in STD_LOGIC_VECTOR((data_width-1) downto 0);
      we: in STD_LOGIC  := '1';
      dout: out STD_LOGIC_VECTOR((data_width  - 1) downto 0));
end exp_RAM;
architecture rtl of exp_RAM is
subtype word is STD_LOGIC_VECTOR((data_width-1) downto 0);       -- is 后语句直接替代 word
type memory is array(2 ** Addr_width-1 downto 0) of word;        -- 内存数组
signal RAM : memory;
signal Addr_Reg : natural range 0 to 2 ** Addr_width-1;          -- 地址范围 0～255
begin
  process(Clk,we,din)
  begin
  if(rising_edge(Clk)) then
       if(we = '1') then
          RAM(Addr) <= din;                                      -- 写操作
       end if;
       Addr_Reg <= Addr;
end if;
end process;
dout <= RAM(Addr_Reg);                                           -- 读操作
end rtl;
```

(2) 完成芯片设置与管脚设置。芯片设置 Flex10K 系列，型号 AUTO。选择 EPF10K20TI144-4 时编译会提醒芯片 LEs 资源不足。

(3) 完成波形仿真验证，结果如图 4-3-9 所示，记录实验数据。

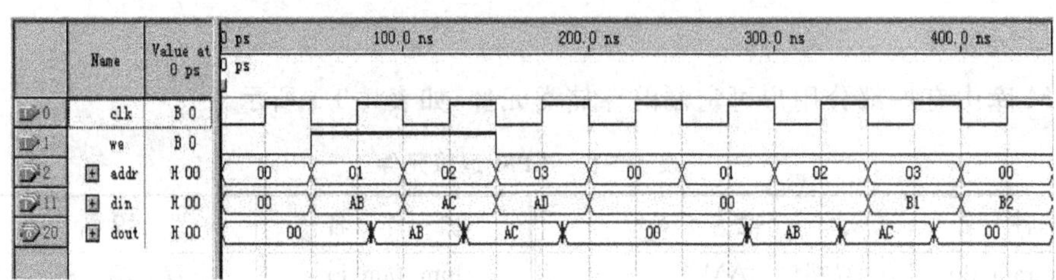

图 4-3-9 RAM 实验的时序仿真

2. LPM_RAM_IO 定制实验

利用 Lpm_ram_io 设置参数定制一片 256×8 位 RAM。

(1) 在 Quartus Ⅱ 图形编辑界面中双击空白处的新调用元件，选择路 Libraries→megafunctions→storage→lpm_ram_io。

(2) 进行相关参数设置，电路图如图 4-3-10 所示。

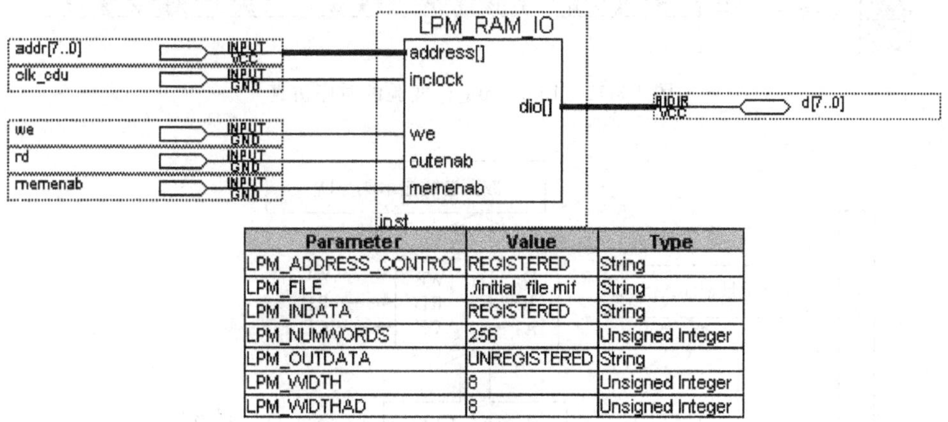

Parameter	Value	Type
LPM_ADDRESS_CONTROL	REGISTERED	String
LPM_FILE	./initial_file.mif	String
LPM_INDATA	REGISTERED	String
LPM_NUMWORDS	256	Unsigned Integer
LPM_OUTDATA	UNREGISTERED	String
LPM_WIDTH	8	Unsigned Integer
LPM_WIDTHAD	8	Unsigned Integer

图 4-3-10　Lpm_ram_io 实验电路图

(3) 新建 Memory Initialization File(. mif)文件，设置 Number of words 为 256，Word size 为 8，保存为 initial_file. mif 文件并进行初始值设置。例如，addr[00]=E1，addr[01]=D2，addr[02]=F3，addr[03]=C5，其他值初始为 00。initial_file. mif 语言格式如下：

```
width = 8;
depth = 256;
address_radix = hex;
data_radix = hex;
content
begin
    000  :   e1;
    001  :   d2;
    002  :   f3;
    003  :   c5;
    [004..0ff]  :   00;
end;
```

(4) 完成芯片设置与管脚设置。

(5) 完成 RAM 数据读写波形仿真验证，结果如图 4-3-11 所示，记录实验数据。

3. 存储器实验

本实验需要自行构造一个静态存储器，容量为 256×8 位的存储器，其中 RAM 模块可使用 VHDL 语言编写，也可使用 LPM 库中的元件完成定制。

(1) 实验原理框图如图 4-3-12 所示。

原理框图中的地址计数器 PC 可以接收数据开关产生的数据，该数据作为地址信息发送到数据总线；也可以自动加 1 计数(用于连续读/写操作)产生地址信息。

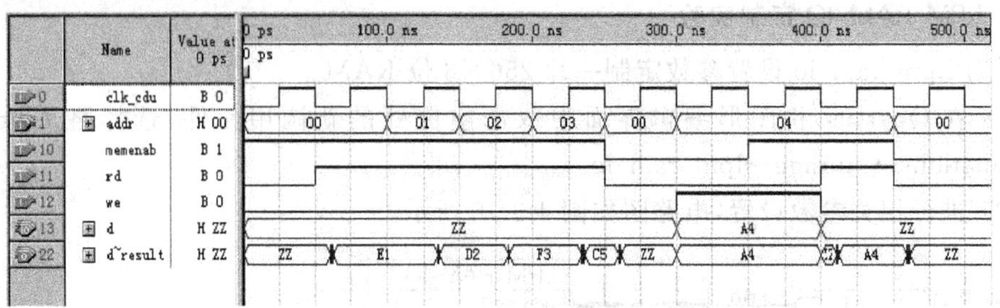

图 4-3-11　Lpm_ram_io 实验的时序仿真

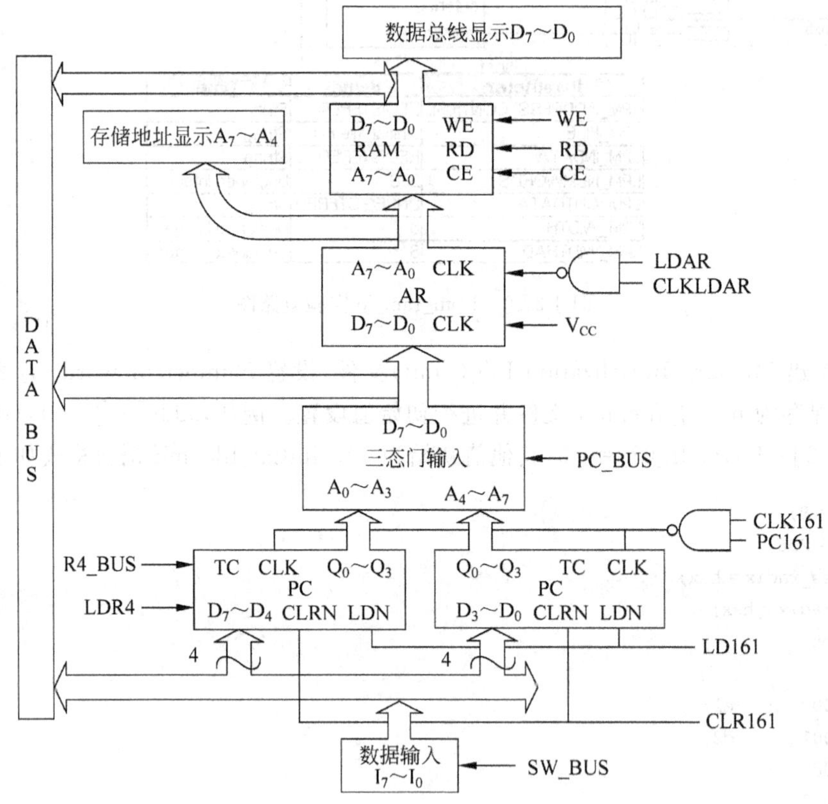

图 4-3-12　存储器实验原理框图

地址寄存器 AR，存放即将访问的存储单元地址。两组发光二极管显示灯中一组显示存储单元地址；另一组显示写入存储单元的数据或从存储单元读出的数据。写入存储器的数据是由二进制开关设置并发送至总线上的。

存储器芯片中有片选信号 memenab，其值为 1 时则 RAM 被选中，可以对其进行读/写操作，反之则 RAM 未被选中，不能对其进行读/写操作。存储器芯片还有两个读/写控制端(RD、WE)；片选信号有效(memenab＝1)以及时钟信号到达的情况下，WE＝1，RD＝0 则存储器进行写操作；反之，WE＝0，RD＝1 则存储器进行读操作。

(2) 依据实验原理图，利用 Lpm_ram_io 设计 8 位存储器，电路图如图 4-3-13 所示。

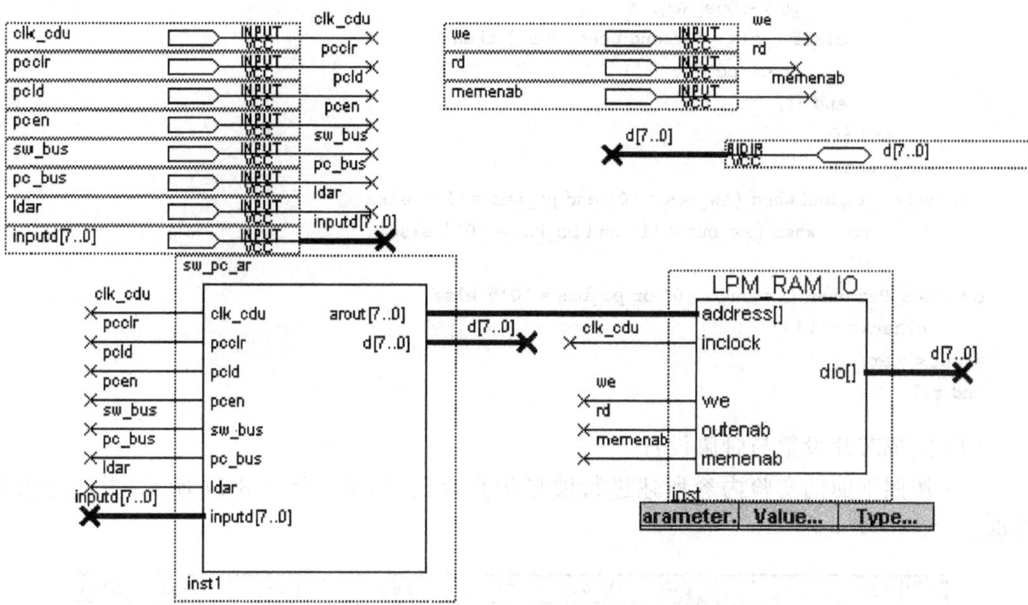

图 4-3-13　8 位存储器实验的电路图

(3) 8 位存储器的数据通路部分 sw_pc_ar. vhd 代码。

```
library IEEE;
use IEEE.std_logic_1164.all;
use IEEE.std_logic_unsigned.all;
entity sw_pc_ar is
port(   Clk_cdu,pcclr,pcld,pcen     :in STD_LOGIC;
        sw_bus,pc_bus,ldar          :in STD_LOGIC;
        inputd   :in     STD_LOGIC_VECTOR(7 downto 0);
        arout    :out    STD_LOGIC_VECTOR(7 downto 0);
        d        :inout  STD_LOGIC_VECTOR(7 downto 0) );
end sw_pc_ar;
architecture rtl of sw_pc_ar is
signal pc,ar,bus_Reg:STD_LOGIC_VECTOR(7 downto 0);
begin
seq1:process(Clk_cdu,ldar,bus_Reg)
    begin
        if Clk_cdu'event and Clk_cdu = '1' then
            if ldar = '1' then
                ar <= bus_Reg;
            end if;
        end if;
    end process;
seq2:process(Clk_cdu,pcclr,pcld,pcen,bus_Reg)
    begin
        if pcclr = '0' then
            pc <= (others =>'0');
        elsif Clk_cdu'event and Clk_cdu = '1' then
            if (pcld = '0' and pcen = '1') then
```

```
                pc <= bus_Reg;
            elsif (pcld = '1' and pcen = '1') then
                pc <= pc + 1;
            end if;
        end if;
    end process;
bus_Reg <= inputd when (sw_bus = '0' and pc_bus = '1') else
          pc    when (sw_bus = '1' and pc_bus = '0') else
          d  ;
d <= bus_Reg when (sw_bus = '0' or pc_bus = '0') else
    (others => 'Z');
arout <= ar;
end rtl;
```

(4) 完成芯片设置与管脚设置。

(5) 按照下面的实验内容所述进行波形仿真验证,结果如图 4-3-14 所示,并记录实验数据。

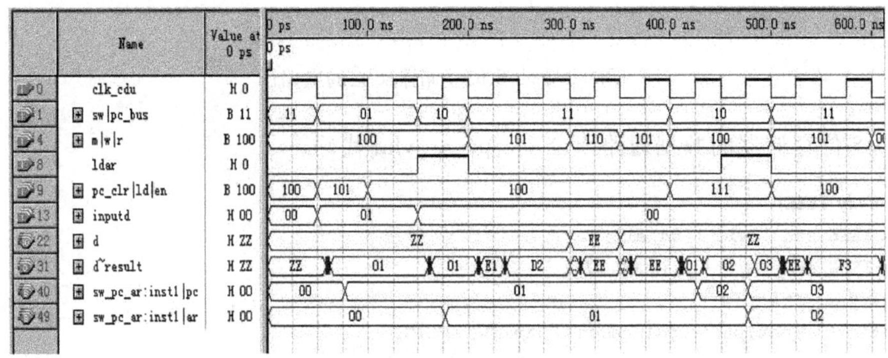

图 4-3-14 存储器实验的时序仿真

(6) 添加附加电路。

由于实验箱开关资源有限,为了将存储器实验电路下载到实验箱上验证其工作过程,需要借助计数器输出减少所需输入开关数量,同时通过数码管显示实验数据。附加电路具体如下:

① CDU16:带使能与进位的 4 位二进制加法计数器。

② SCAN:可挂载两个数码管的扫描电路。

③ 7SEG:可显示 0～f 的 7 段译码器。

(7) 下载到实验箱,并进行实验。

① 地址计数器产生地址练习。

• 置数的方法产生地址。

通过数据输入的计数器输入所需的地址,设置计数器为置数状态,在时钟信号作用下将数据打入该计数器,经保持状态再将保存的数据在脉冲信号作用下存入地址寄存器 AR。此时地址总线上显示的数据为所设置的地址。

• 计数的方法产生地址。

设置电路中各控制信号的状态为初始状态,并将地址计数器 PC 设置成计数状态,计到所需的数时暂停计数，并将其数据在脉冲信号作用下打入地址寄存器 AR，并显示到地址总线。

② 存储单元进行读写操作。

将数据开关设置为 01H，将此数据作为地址打入 AR；然后重新设置数据开关。将数据开关上的数 0FH 写入 01H 单元。依此方法，在存储器 02H 单元写入数据 0EH，03H 单元写入数据 0DH，04H 单元写入数据 0CH，05H 单元写入数据 0BH，共存入 5 个数据。

依次读出第 01H，02H，03H，04H，05H 等 5 个地址单元中的数据，观察总线上显示的数据是否与相应单元中写入的数据相同，请记录数据，并描述读写过程中各控制信号的状态。

4.3.5　实验数据记录

（1）记录波形仿真参数设置(End time 和 Grid size)。

（2）记录芯片设置及管脚设置。

（3）记录电路初始状态时 input 输入信号设置。

（4）列表记录全部实验内容中 RAM 存储的数据。

4.3.6　思考题

（1）Lpm-ram-io 参数设置中的 Lpm-numwords、Lpm-width、Lpm-widthad 分别代表什么含义？如何设置？

（2）Lpm-ram-io 参数设置中的 lpm-File 含义是什么？如何编写此类文件？

（3）1024×8b 的 RAM 应有几根地址线？存储单元为 4b 的 RAM 其存储容量为多少？

（4）如何将 2 片 512×4b 的 RAM 构成容量为 512×8b 的存储体？画出简单电路图。

（5）如何将 2 片 512×4b 的 RAM 构成容量为 1024×4b 的存储体？画出简单电路图。

（6）地址寄存器的数据源一般是哪些器件？

（7）地址计数器 PC 如何用置数法产生地址？操作过程中间为何需要经过一个保持状态？

（8）如何修改电路使其能连续读出存入连续地址单元中存放的数据？

（9）如何将原理图输入的逻辑电路转换成 HDL 语言描述的元件？

4.4　数据通路实验

4.4.1　基本知识点

（1）数据通路中运算器与存储器协调工作的原理。

（2）数据及地址在数据通路上传输方法。

4.4.2　实验设备

（1）PC 一台。

（2）DDA 系列数字系统实验平台。

(3) Quartus Ⅱ配套软件。

4.4.3 实验概述

数字系统中,各子系统通过数据总线连接而成的数据传送路径称为数据通路。

1. 数据通路的设计原则

数据通路的设计直接影响到控制器的设计,同时也影响到数字系统的速度指标和成本。一般来说,处理速度快的数字系统,其中独立传送信息的通路较多。当然,独立数据传送通路的数量增加势必提高控制器设计复杂度。因此,在满足速度指标的前提下,为使数字系统结构尽量简单,一般小型系统中多采用单一总线结构。在较大系统中可采用双总线结构或三总线结构。

2. 数据通路的结构

图 4-4-1 所示为一个单总线结构的数据通路实例,其中包含:

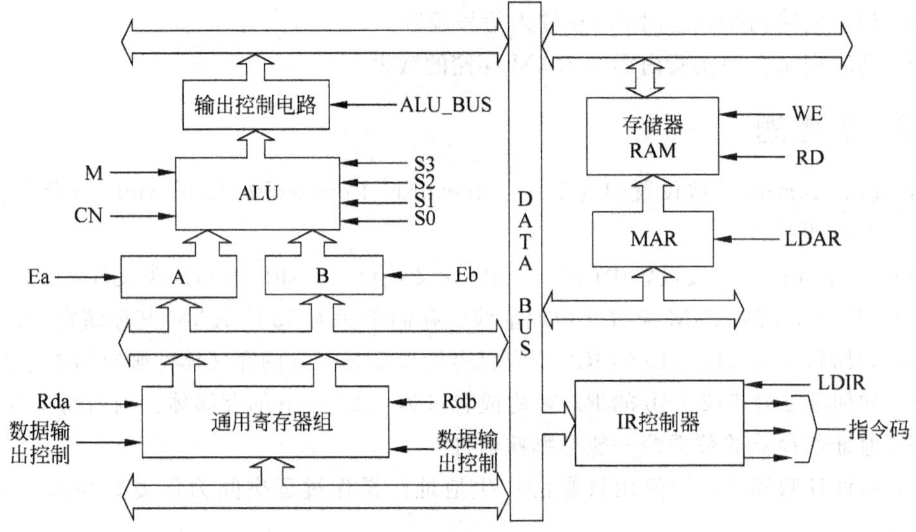

图 4-4-1 单一总线结构的数据通路

(1) 算术逻辑单元 ALU:有 S_3、S_2、S_1、S_0、M、CN 等 6 个控制端,用于选择运算类型。

(2) 暂存器 A 和 B:保存通用寄存器组读出的数据或 BUS 上来的数据。

(3) 通用寄存器组 R:暂时保存运算单元 ALU 算出的结果。

(4) 寄存器 C:保存 ALU 运算产生的进位信号。

(5) RAM 随机读写存储器:受读/写操作以及时钟信号等控制。

(6) MAR:RAM 的专用地址寄存器,寄存器的长度决定 RAM 的容量。

(7) IR:专用寄存器,可存放由 RAM 读出的一个特殊数据。

(8) 控制器:用来产生数据通路中的所有控制信号,它们与各个子系统上的使能控制信号一一对应。

(9) BUS:单一数据总线,通过三态门与有关子系统进行连接。

4.4.4　实验内容

1. 数据通路实验

(1) 实验原理框图如图 4-4-2 所示。

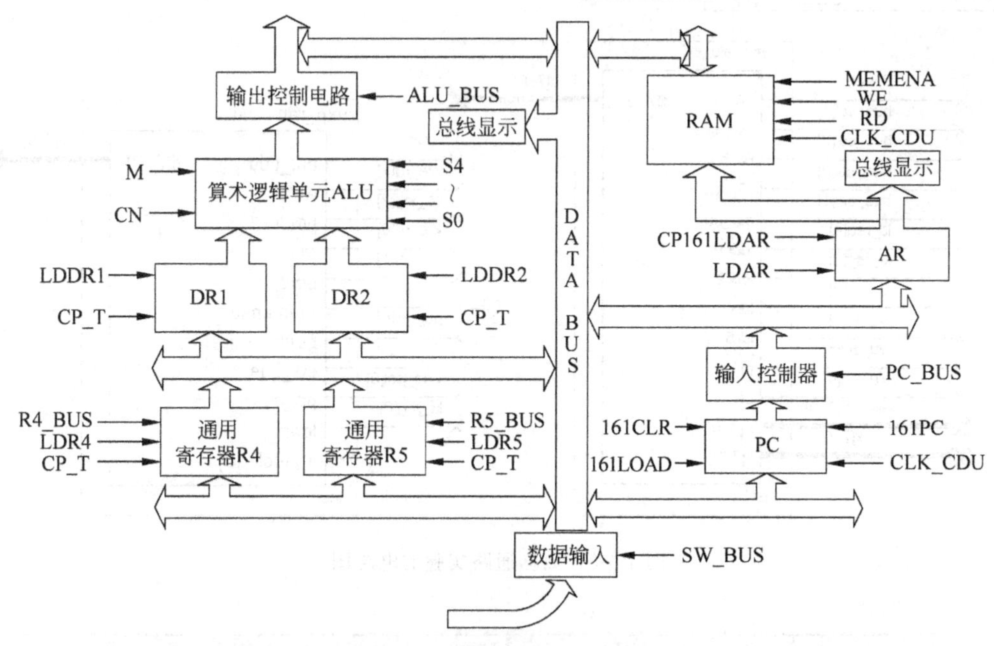

图 4-4-2　数据通路实验原理框图

图 4-4-2 给出了数据通路实验电路图(数据通路的宽度为 8 位),它将前面的运算器模块和存储器模块连接在一起。由于 RAM 的输出信号是三态的,因而可以将 RAM 连接到运算器的数据总线上。写入 RAM 的数据由运算器提供。RAM 读出的数据可以到达运算器的暂存工作寄存器保存。各位控制信号仍由二进制开关输入,其信号含义与运算器组成实验和存储器实验相同。

(2) 依据实验原理图,利用运算器 exp_r_alu 与存储器 exp_ram_vhd 源设计文件连接成数据通路,电路图如图 4-4-3 所示。

(3) 设置 Lpm_ram_io 的内存初始文件 initial_file.mif。

(4) 完成芯片设置与管脚设置。

(5) 按照下面的实验内容所述进行波形仿真验证,结果如图 4-4-4 所示,并记录实验数据。

(6) 添加附加电路。借助前面实验中已经完成的附加电路如下:

① CDU16:带使能与进位的 4 位二进制加法计数器。

② SCAN:可挂载两个数码管的扫描电路。

③ 7SEG:可显示 0~F 的 7 段译码器。

(7) 下载到实验箱,并进行实验。

完成以下任务,利用运算器实现两个数据的指定运算,将运算结果送入寄存器暂存,再送入存储器的指定单元中,并检验写入正确与否。记录每一步数据通路上各控制信号的状态。

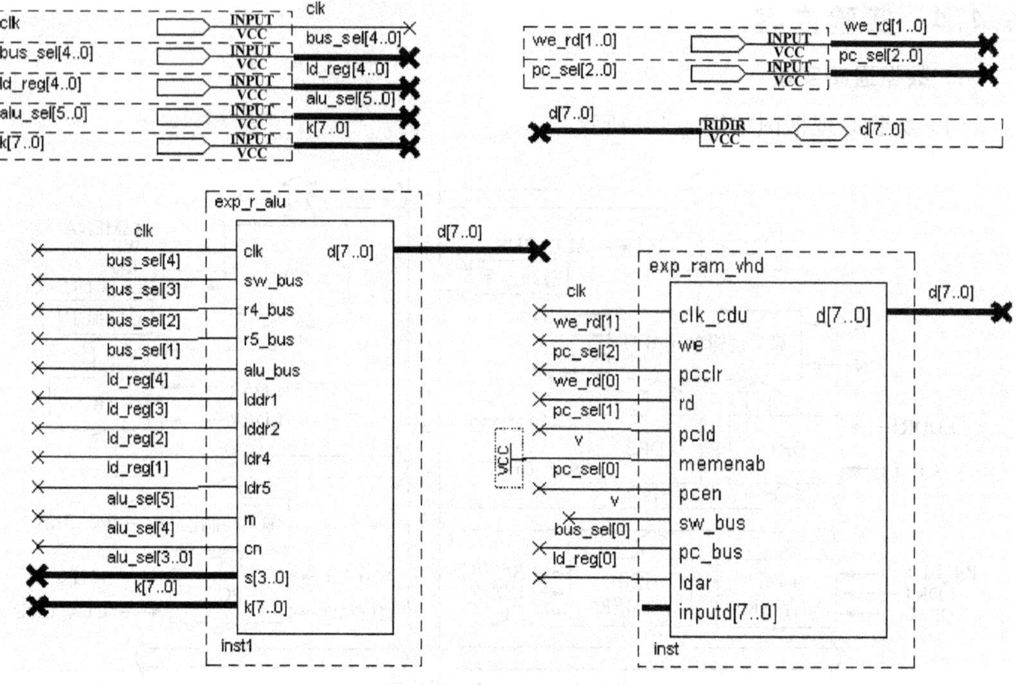

图 4-4-3　数据通路实验的电路图

图 4-4-4　数据通路实验的时序仿真

① 09H→DR1。

② 02H→DR2。

③ DR1 加 DR2→存 R4→存 RAM 的 01H 单元。

④ DR1 减 DR2→存 R5→存 RAM 的 02H 单元。

⑤ 读出 DR1，DR2，R4，R5，01H，02H 单元中的内容，检查读出与写入的数据是否正确。

⑥ R4 加 R5→存 RAM 中的 03H。

⑦ R4 减 R5→存 RAM 中的 04H。

⑧ M[01]加 M[02]→存 RAM 的 05H。

⑨ M[01]减 M[02]→存 RAM 的 06H。

⑩ 读出 DR1,DR2,R4,R5,03H,04H,05H,06H 单元中的内容,检查读出与写入的数据是否正确。

4.4.5　实验数据记录

(1) 记录波形仿真参数设置(End time 和 Grid size)。

(2) 记录芯片设置及管脚设置。

(3) 记录电路初始状态时 input 输入信号设置。

(4) 记录实验内容中所有步骤出现的数据,并填入表 4-4-1。

表 4-4-1　数据通路实验数据记录表

	DR1	DR2	R4	R5	M[01]	M[02]	M[03]	M[04]	M[05]	M[06]
(1)	09	02	00	00	00	00	00	00	00	00
(2)										
(3)										
⋮										

4.4.6　思考题

(1) 画数据通路电路图时,如何连接运算器和存储器单一总线?

(2) 如何统一两个模块的总线数据输入端 K[7..0]及 inputd[7..0]?

4.5　时序电路实验

4.5.1　基本知识点

(1) 时序电路的组成原理和控制原理。

(2) 计算机中周期、节拍、脉冲之间的关系。

4.5.2　实验设备

(1) PC 一台。

(2) DDA 系统数字系统实验平台。

(3) Quartus Ⅱ配套软件。

4.5.3　实验概述

1. 计算机时序信号的体制

各种计算机的时序电路不相同,但结构基本一样。CPU 每取出并执行一条指令所需要的时间通常叫做一个指令周期,一个指令周期一般由若干个 CPU 周期(通常定义为从内存中读取一个指令字的最短时间,又称机器周期)组成。时序信号的最简单体制是“节拍电位——节拍脉冲”二级体制。一个节拍电位表示一个 CPU 周期的时间，在一个节拍电位中又包含若干个节拍脉冲，节拍脉冲表示较小的时间单位。本时序电路实验的功能就是产生一系列的节拍电位和节拍脉冲，一般由时钟脉冲源、时序信号产生电路、节拍脉冲和读写时序译码逻辑、启停控制电路等部分组成。指令周期、节拍电位（机器周期）、节拍脉冲之间的关系如图 4-5-1 所示。

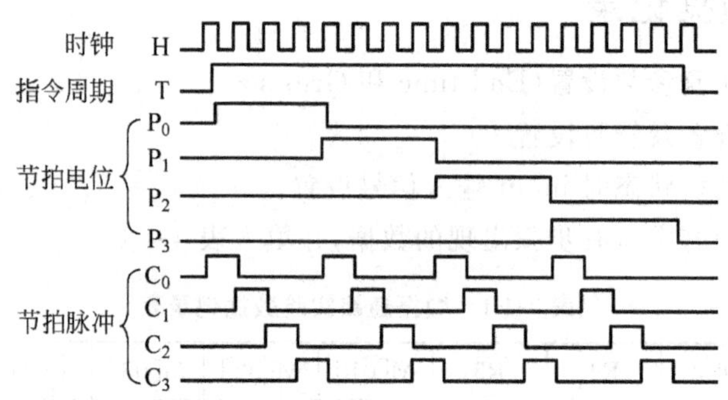

图 4-5-1　指令周期、节拍电位（机器周期）、节拍脉冲之间的关系

2. 时序电路的结构及原理框图

时序电路的实验原理框图如图 4-5-2 所示。

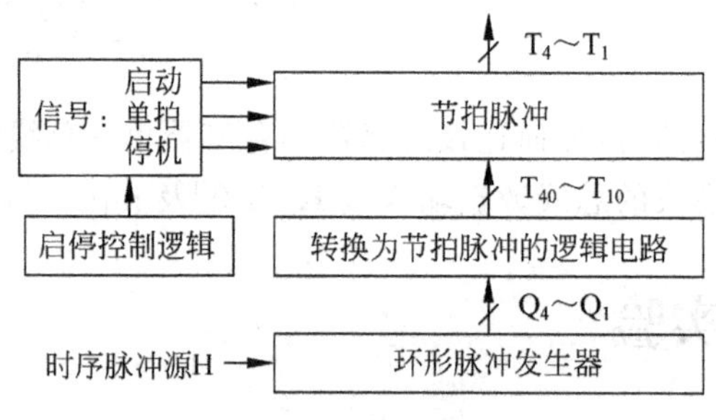

图 4-5-2　时序电路实验原理框图

在图 4-5-2 中，时序电路即时序信号产生器，最基本组成部分包括时钟脉冲源、环形脉冲发生器、节拍脉冲和读写时序译码逻辑、启停控制逻辑。

（1）时钟脉冲源 H：为环形脉冲发生器提供频率稳定，电平匹配的方波时钟脉冲信号。

（2）时序信号产生电路：由环形脉冲信号发生器产生一组有序的间隔相等的脉冲序列，以便通过译码电路产生最后所需的节拍脉冲，在此采用循环移位寄存器的形式。

（3）节拍脉冲和读写时序的译码逻辑：在一个 CPU 周期产生工作所需要的节拍电位和原始节拍脉冲。

（4）启停控制电路：用启动、单拍、停机等控制信号来控制 $T_1 \sim T_4$ 的发送，使原始节拍脉冲变成 CPU 真正需要的节拍信号 $T_1 \sim T_4$。

3. 时序电路的参考电路图

时序电路的参考电路如图 4-5-3 所示。H 为原始时钟源，QD 为启动信号，DP 为单拍执行信号，TJ 为停机控制信号。

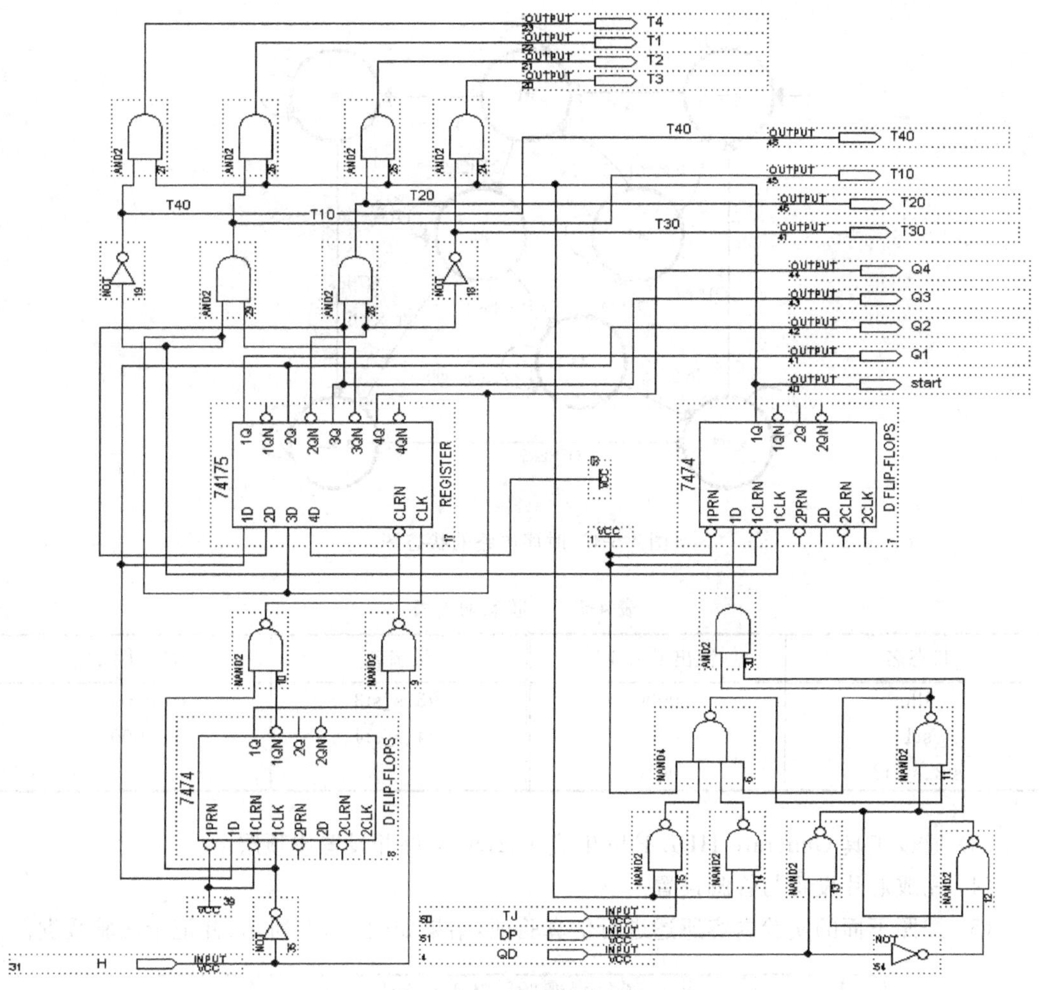

图 4-5-3　时序电路参考电路图

4.5.4　实验内容

设计一个简易计算机的时序电路，使其机器周期均含 $T_1 \sim T_4$ 共 4 个节拍脉冲。

(1) 状态转换图。

依据实验原理及实验内容的要求得该时序电路的状态图如图 4-5-4 所示。

(2) 依据实验原理图与状态转换图，设计实验电路。

① 新建 State Machine File(＊. smf)状态机文件，参照状态图设计状态机。

② General 常规设置 Reset 模式为异步且高电平有效。

③ 利用 States 工具画状态圈。

④ Inputs 栏添加信号：qd、dp、tj。

⑤ Outputs 栏添加信号：t_1、t_2、t_3、t_4。

⑥ 利用 Transitions 转换工具画状态间线及条件。

⑦ 设置每个状态 Action 输出如表 4-5-1 所示。

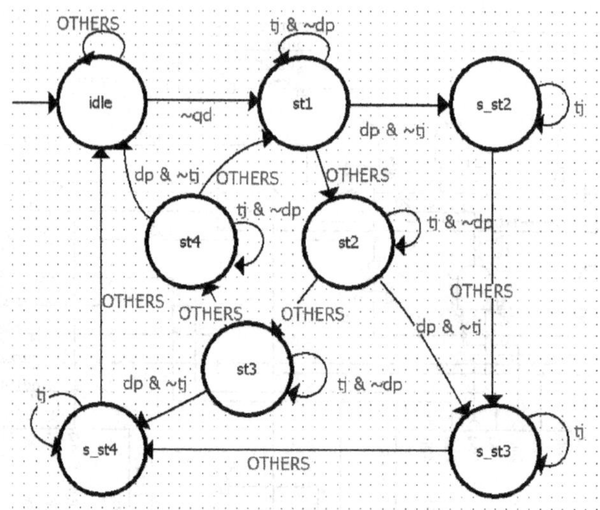

图 4-5-4　时序电路的状态图

表 4-5-1　状态输出表

状态名	输出 t[4..1]	状态名	输出 t[4..1]
idle	0000	st3、s_st3	0100
st1	0001	st4、s_st4	1000
st2、s_st2	0010		

(3) 通过工具 Generate HDL File 生成 VHDL 文件并设置成顶层。

(4) 完成芯片设置与管脚设置。

(5) 按照下面的实验内容所述进行仿真验证，结果如图 4-5-5 所示，并记录实验数据。

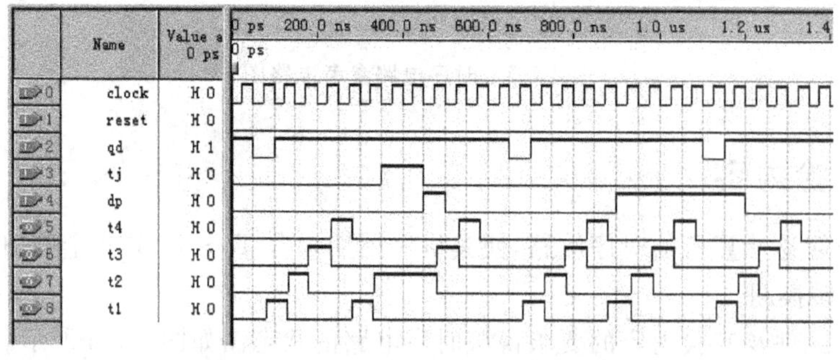

图 4-5-5　时序电路实验的时序仿真

(6) 下载到实验箱，并进行实验。

该时序电路的控制信号如下：qd(启动时序电路)、dp(单拍执行)、tj(停机)。

① 当 reset 为 0→1 时，测出节拍脉冲 t1,t2,t3,t4 的波形，记录并说明。

② 当 dp=0,tj=0,qd=1,测出节拍脉冲 t1、t2、t3、t4 的波形，记录并说明。

③ 当 qd=0 后，机器处于连续工作状态，此时分别置 tj=1 或 dp=1，观察实验电路的输出波形，记录并说明。

④ 使 dp=1,tj=0,将 qd 由 1→0→1 脉冲,机器应处单步运行状态,观察电路的波形,记录并说明。

4.5.5 实验数据记录

(1) 记录波形仿真参数设置(End time 和 Grid size)。

(2) 记录芯片设置及管脚设置。

(3) 记录电路初始状态时 input 输入信号设置。

4.5.6 思考题

(1) 时序电路实行了哪几种启停控制逻辑?

(2) 举例说明机器周期、节拍、脉冲。

(3) 如何进入单步运行状态?

(4) 时序电路参考电路图 4-5-3 中的停机控制电路未能实现停机功能,如何修改?

4.6 微程序控制器实验

4.6.1 基本知识点

(1) 微程序控制器的组成和工作原理。

(2) 微程序、微指令、微命令之间的关系。

(3) 微指令、微程序的设计及调试。

4.6.2 实验设备

(1) PC 一台。

(2) DDA 系统数字系统实验平台。

(3) Quartus Ⅱ配套软件及简单 CPU 模拟器。

4.6.3 实验概述

1. 机器指令

机器指令如表 4-6-1 所示。

本书的教学模型机能执行 7 条机器指令:ADD(加法)、AND(与)、LDA(RAM 写入累加器),STA(累加器写入 RAM)、OUT(RAM 输出到数据总线)、COM(取反)、JMP(程序转移)。IR 的三位指令代码信号(IR7、IR6、IR5)通过手动输入来模拟不同的指令,从而读出不同的微指令。用单拍方式,将 7 条指令一条一条读出显示。后续模型机实验中,这三个信号应连接到数据总线,通过从存储器的存储单元中读取数据(指令码),再送往 IR。执行这些指令前,先在 RAM 中按表 4-6-2(思考:完成了什么复合运算)写好指令码及运算数据。

以上 7 条指令用于编程是远远不够的,但这是仅为了教学目的,通过 CPU 执行一个最简单的程序来掌握微程序控制器的工作原理。

表 4-6-1 机器指令

类　型	助记符	指令格式	指令功能
装载存储指令	LDA	0x20 | Byte	R5←Mem[Byte]
	STA	0x40 | Byte	Mem[Byte]←R5
运算指令	ADD	0xC0 | Byte	R5←R5 加 Mem[Byte]
	AND	0xE0 | Byte	R5←R5 与 Mem[Byte]
	COM	0x80	R5←取反 R5
传输指令	OUT	0x60 | Byte	BUS←Mem[Byte]
跳转指令	JMP	0xA0 | Byte	PC←Mem[Byte]

表 4-6-2 程序表

RAM 地址	内　容	说　明
00H	20H	LDA × 双字节指令，指令码 20H
01H	0DH	LDA 0DH 将 0D 地址中内容送累加器 R5
02H	C0H	ADD × 双字节指令，指令码 C0H
03H	0EH	ADD 0E 将 0E 地址中的内容与 R5 内容相加，结果送 R5
04H	40H	STA × 双字节指令，指令码 40H
05H	10H	STA 10 将累加器 R5 的内容送往地址 10H 单元
06H	60H	OUT × 双字节指令，指令码 60H
07H	10H	OUT 10 将 10H 地址单元中的内容送到数据总线上
08H	E0H	AND × 双字节指令，指令码 E0H
09H	0FH	AND 0F 将 R5 的内容和 0FH 单元相与，结果送 R5
0AH	80H	COM 单字节指令，指令码 80H 将 R5 内容取反送 R5
0BH	A0H	JMP × 双字节指令，指令码 A0H
0CH	00H	JMP 00 00 将程序无条件转移到地址为 00H 的单元
0DH	55H	数据
0EH	8AH	数据
0FH	F0H	数据

2. 微程序控制器

微程序控制器的原理图如图 4-6-1 所示。微程序控制器主要由控制存储器、微指令寄存器和地址转移逻辑三大部分组成，其中微指令寄存器分为微地址寄存器和微命令寄存器两部分。

1）控制存储器

控制存储器用来存放实现全部指令系统的所有微程序，是一种只读型存储器。一旦微程序固化，模型机运行时则只读不写。其工作过程是，读出一条微指令并执行；重复上面动

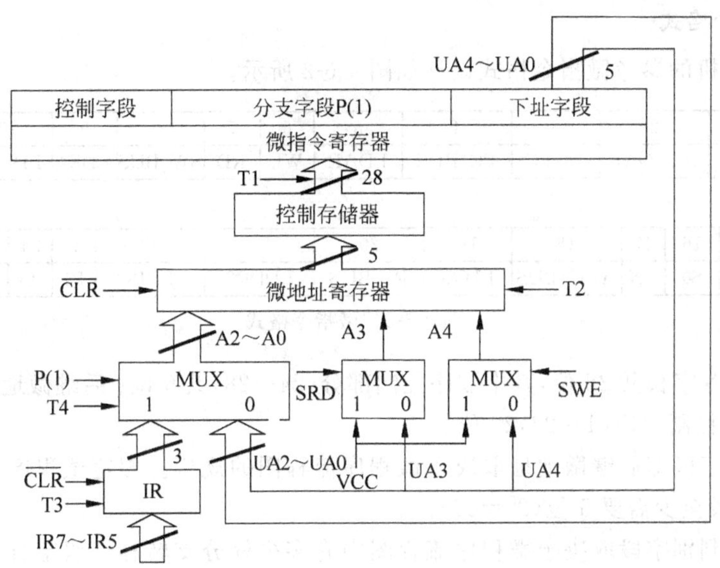

图 4-6-1 微程序控制器原理图

作直到微程序结束。读出一条微指令并执行微指令的时间总和称为一个微指令周期。通常，在串行方式的微程序控制器中，微指令周期就是只读存储器的工作周期。控制存储器的字长就是微指令字的长度，其存储容量视机器指令系统而定，即取决于微程序的数量。对控制存储器的要求是读出周期要短，因此通常采用双极型半导体只读存储器。

2）微指令寄存器

微指令寄存器用来存放由控制存储器读出的一条微指令信息。其中，微地址寄存器决定将要访问的下一条微指令的地址，而微命令寄存器则保存一条微指令的操作控制字段和判别测试字段的信息。

3）地址转移逻辑

在一般情况下，微指令由控制存储器读出后直接给出下一条微指令的地址，通常简称微地址，这个微地址信息就存放在微地址寄存器中。如果微程序不出现分支，那么下一条微指令的地址就直接由微地址寄存器给出，当微程序出现分支时，意味着微程序出现条件转移。在这种情况下，通过判别测试字段 P 和执行部件的“状态条件”反馈信息，去修改微地址寄存器的内容；并按照改好的内容去读下一条微指令。地址转移逻辑就承担自动完成修改微地址的任务。例如，实验用地址转移逻辑功能，如表 4-6-3 所示。

表 4-6-3 地址转移逻辑功能表

INPUT：T4、CLR、SWE、SRD、IR[2..0]、P1、Addr[4..0]	OUTPUT：A[4..0]
CLR=0	异步清零，用于产生主入口地址 00000
SWE=0	A[4]异步强置 1，用于产生 RAM 强写入口地址 10000
SRD=0	A[3]异步强置 1，用于产生 RAM 强读入口地址 01000
T4↑，P1=0	根据下址顺序执行，A[4..0]=Addr[4..0]
T4↑，P1=1	重新映射，A[4..0]=Addr[4..3]&IR[2..0]

3. 微指令格式

本书模型机的参考微指令格式设计如图 4-6-2 所示。

编号	1	2	3	4	5	6	7	8	9	10	11	12
端口	161CLRN	161LOAD	161PC	PC_BUS	LDAR	WE	RD	SW_BUS	LDR4	LDDR1	R4_BUS	M

13	14	15	16	17	18	19	20	21	22	23	24	25	26	27	28
S3	S2	S1	S0	CN	ALU_BUS	LDR5	R5_BUS	LDDR2	LDIR	P1	A4	A3	A2	A1	A0

图 4-6-2 微指令格式

(1) 微指令字长共 28 位,其中顺序控制部分(24～28)共 6 位:后继微地址 5 位,判别字段 1 位。操作控制字段(1～22)22 位。

(2) 下址字段即后继微地址取决于微程序流程图的规模。假定微程序共用 32 条微指令,则下址字段至少需要 5 位($2^5=32$)。

(3) 测试判别字段取决于微程序流程图中有多少处分支转移。假定有 3 处分支,则测试判别字段需要 3 位。

(4) 操作控制部分,如 PC_BUS,LDAR,S3,S2,…,是数据通路中各部件的控制信号。

4. 微程序控制器参考电路图

微程序控制器参考电路如图 4-6-3 所示。

4.6.4 实验内容

设计一个能完成 ADD、AND、LDA、STA、OUT、COM、JMP 7 条机器指令的微程序控制器。

(1) 设计指令的微程序执行流程及微指令。

微程序流程图如图 4-6-4 所示,7 条指令对应 7 个微程序。每条微指令可按微指令格式转换成二进制代码,然后写入到 ROM 中。

微程序控制器在清零后,总是先给出微地址为 00000 的微指令(启动)。读出微地址为 00000 的微指令时,便给出下一条微地址为 00001,微地址为 00000 及 00001 的两条微指令是公用微指令。微地址为 00001 的微指令执行的内容是:PC(地址计数器)内容送地址寄存器,然后 PC 加 1,同时给出下一条微指令地址 00010。

微地址为 00010 的微指令在 T3 时序信号到来时,执行的是:把 RAM 中存放的数据(指令)送到 IR(指令寄存器)同时给出判别信号 P 及下一条微指令的地址 01000,在 T4 有效时,根据 P、IR7、IR6、IR5、微地址 01000 产生下一条微指令的地址。在 IR7、IR6、IR5 为 000(即 IR 无指令输入时),仍顺序执行下一条微指令(RAM 进行强读操作)。

当执行完一条 IR 指令的全部微指令,即执行到每个微程序的最后一条微指令时均给出下一条微指令的地址为 00001。接着执行 00001,00010 的公共微指令,读下一条指令的内容,再由微程序控制器判别产生下一条微指令地址,以后的下一条微指令地址全部由微命令给出,直到执行完这一条指令的若干微指令,再给出下一条微指令地址 00001。

(2) 依据微程序流程图及其模拟器,编写用户调试程序进行功能验证。

① 分析用户测试程序实例如表 4-6-4 所示。

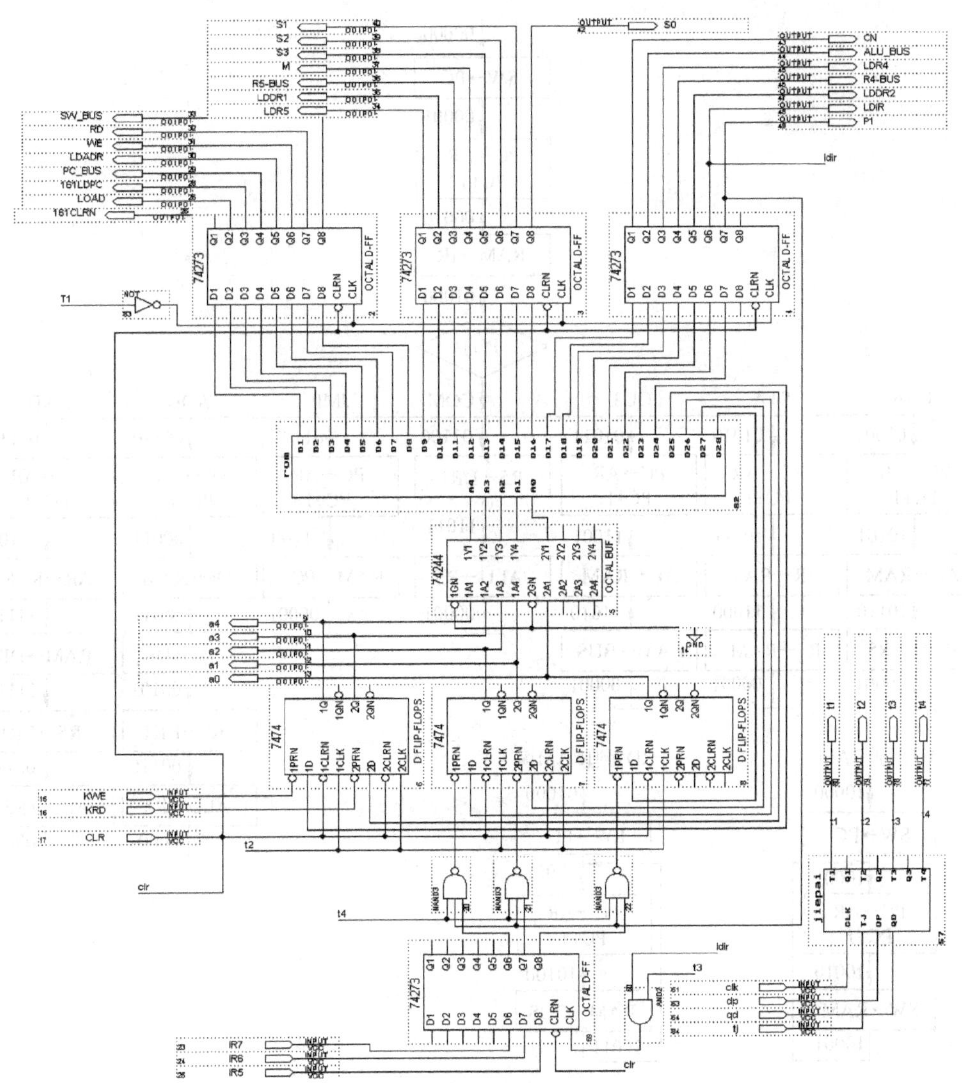

图 4-6-3　微程序控制器电路参考图

表 4-6-4　测试程序实例

序　　号	汇 编 代 码	说　　明
1	LDA 0D	
3	ADD 0E	
5	STA 10	
7	OUT 10	
9	AND 0F	
11	COM	
12	JMP 11	

② 根据实例写出相应程序的十六进制代码，如表 4-6-2 所示。（三个数据 A、B、C 分别存储为[0D]：55、[0E]：8A、[0F]：F0）。

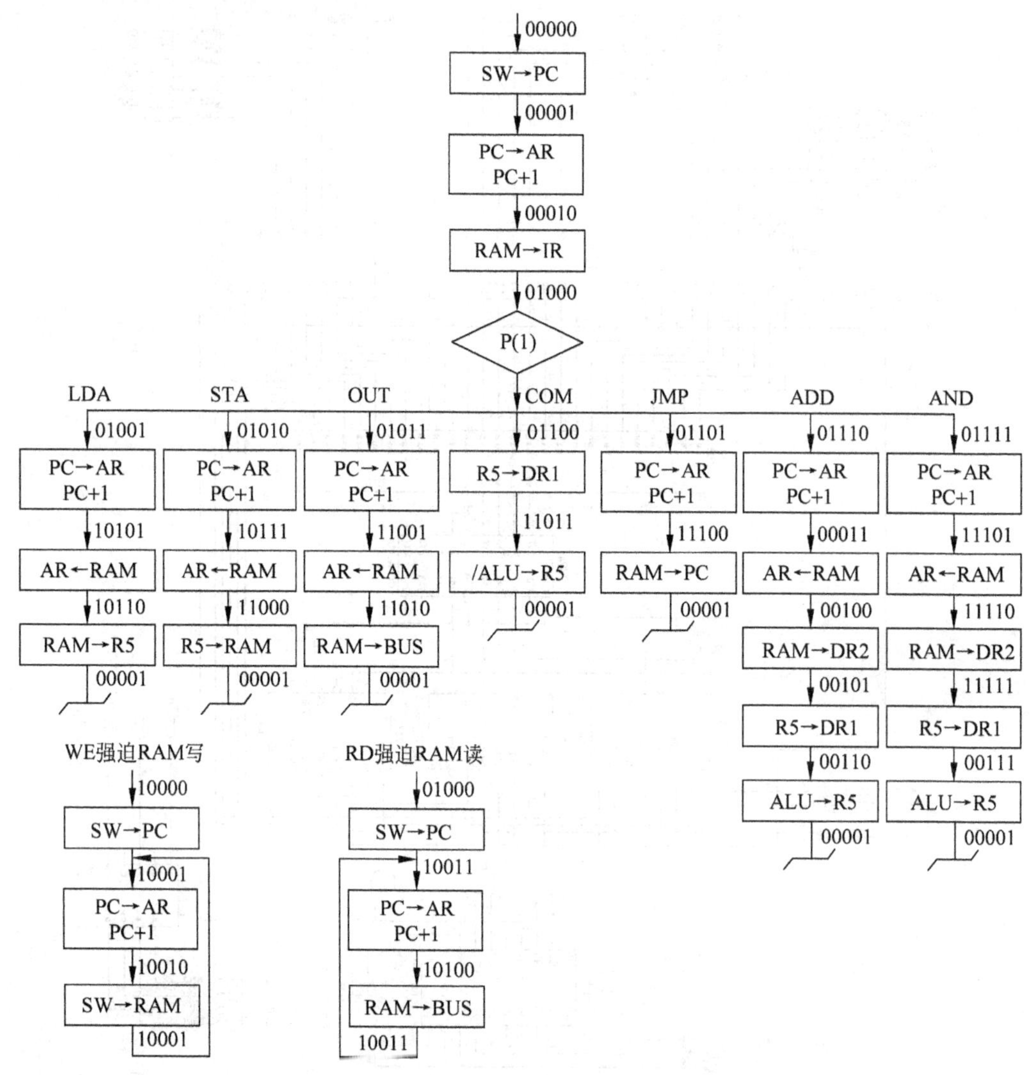

图 4-6-4 微程序流程图

(3) 执行模拟器进行功能验证。

① 运行十六进制文本编辑器 HexEdit.exe，打开用户程序文件 user_prog，依据测试程序实例分析的程序表 4-6-2，编辑用户程序文件，修改相关十六进制代码。

② 运行模拟器主程序 simple cpu emulator.exe（源程序见附录 C），按 Enter 键单步执行微指令，对照流程图，观察指令以及微指令的执行情况。

(4) 根据微程序控制器原理图并联系时序电路，采用状态机设计实验电路图。

(5) 根据微程序控制器实验原理图并联系时序电路，参考微程序实验电路图完成电路设计。电路中的主模块 ROM 是将流程图 4-6-4 中全部微指令按照微指令格式编写二进制代码，并以 VHDL 代码或 LPM_ROM_IO 的形式完成设计的。

(6) 完成芯片设置与管脚设置。

(7) 按照下面的实验内容所述进行波形仿真验证，并记录实验数据。

(8) 下载到实验箱，编写用户调试程序，依据微程序流程图，采用单步运行方式进行功能验证手动模拟指令的执行情况如下。

① 参看微程序流程图 4-6-4，产生主入口地址 00000，单步运行模式，观察 MPC 的 A[4..0]下址显示是否正确(00000→00001→00010)。

② 再将 IR[2..0]设置为 001(即取指 LDA)，单步运行一次，观察 MPC 的 A[4..0]下址显示是否正确(时钟调慢，一个机器周期内能看到 01000→01001)。

③ IR[7..5]继续单步运行，对照流程图，观察每单步运行一次，下址 A[4..0]的变化以及所有微指令状态。

4.6.5 实验数据记录

(1) 记录实验中设计的 7 条指令与 IR7，IR6，IR5 映射关系，如表 4-6-5 所示。

表 4-6-5　指令与指令码的映射

指　　令	IR[7..6]	指　　令	IR[7..6]
ADD	110	COM	100
AND	111	…	…

(2) 记录用户测试程序以及运行时中间数据，如表 4-6-6 所示。

表 4-6-6　微程序控制器实验数据记录

操　　作	指　令　码	R5	M[10]
LDA 0D	20		
ADD 0E			
STA 10			
OUT 10			
AND 0F			
COM			
JMP			

(3) 记录电路初始状态。

(4) 记录波形仿真参数设置(End time 和 Grid size)。

(5) 记录芯片设置及管脚设置。

4.6.6 思考题

(1) 举例说明实验中出现的基本概念：微命令、微操作、微指令、微程序。

(2) 解释并比较微程序控制器的几种设计方法。

(3) 微程序控制器的功能是什么？如何取指令、分析指令、执行指令？

(4) 常用的下址的产生方法有哪些？实验中用到了哪些？

(5) 每条机器指令的指令码如何与其入口微地址对应？

(6) 如何化简微程序流程图中的 ADD 和 AND 微指令？

(7) 电路设计过程中如果出现多个状态机怎么办？

4.7 模型机组成与程序运行实验

4.7.1 基本知识点

(1) 计算机的组成和工作原理。

(2) 计算机执行机器指令的工作过程。

(3) 微指令、微程序的设计及调试。

4.7.2 实验设备

(1) PC 一台。

(2) DDA 系统数字系统实验平台。

(3) Quartus Ⅱ配套软件。

4.7.3 实验概述

模型机与程序运行实验是一个综合型整机实验。该模型机含 7 条机器指令见表 4-6-1。它能够依照用户程序执行微程序完成由加、与、非运算以及数据组合的任意复合运算。用户测试程序可通过内存初始化的方式存储在内存中,也可通过强迫写的方式循环写入内存。

该模型机可通过以下两种方法完成:

(1) 分模块整合法。此整机实验,由节拍脉冲、数据通路、微程序控制器、数码管显示 4 个模块组成。运算器、存储器、数据通路及微程序控制器中的时钟脉冲必须与时序电路相连,参考顶层电路如图 4-7-1 所示。

(2) 依据微体系结构图通过 VHDL 编程设计模型机,由模型机主体、时序电路、显示模块组成。微体系结构如图 4-7-2 所示。时序电路参考 4.5 节,显示模块自行设计。

4.7.4 实验内容

(1) 时序分析。

在整合模型机前需要解决一个问题:存储器和运算器中需要时钟配合的控制信号应何时打开和关闭?在不恰当的时机打开控制信号,会导致总线上数据冲突,因此在动手实验前,应仔细分析 CPU 的时序。各模块时序分配参考图 4-7-2。

(2) 分模块整合法实现模型机的功能。

将前面实验完成的微序列控制模块与数据通路、时序电路模块整合,同时在时序分析基础上修改数据通路模块中与时钟相连的信号,使之与时序电路输出的 T1、T2、T3、T4 相连。

(3) 依据微体系结构图设计模型机实验电路,VHDL 代码参考如下。

```
library IEEE;
use IEEE.std_logic_1164.all;
use IEEE.std_logic_arith.all;
```

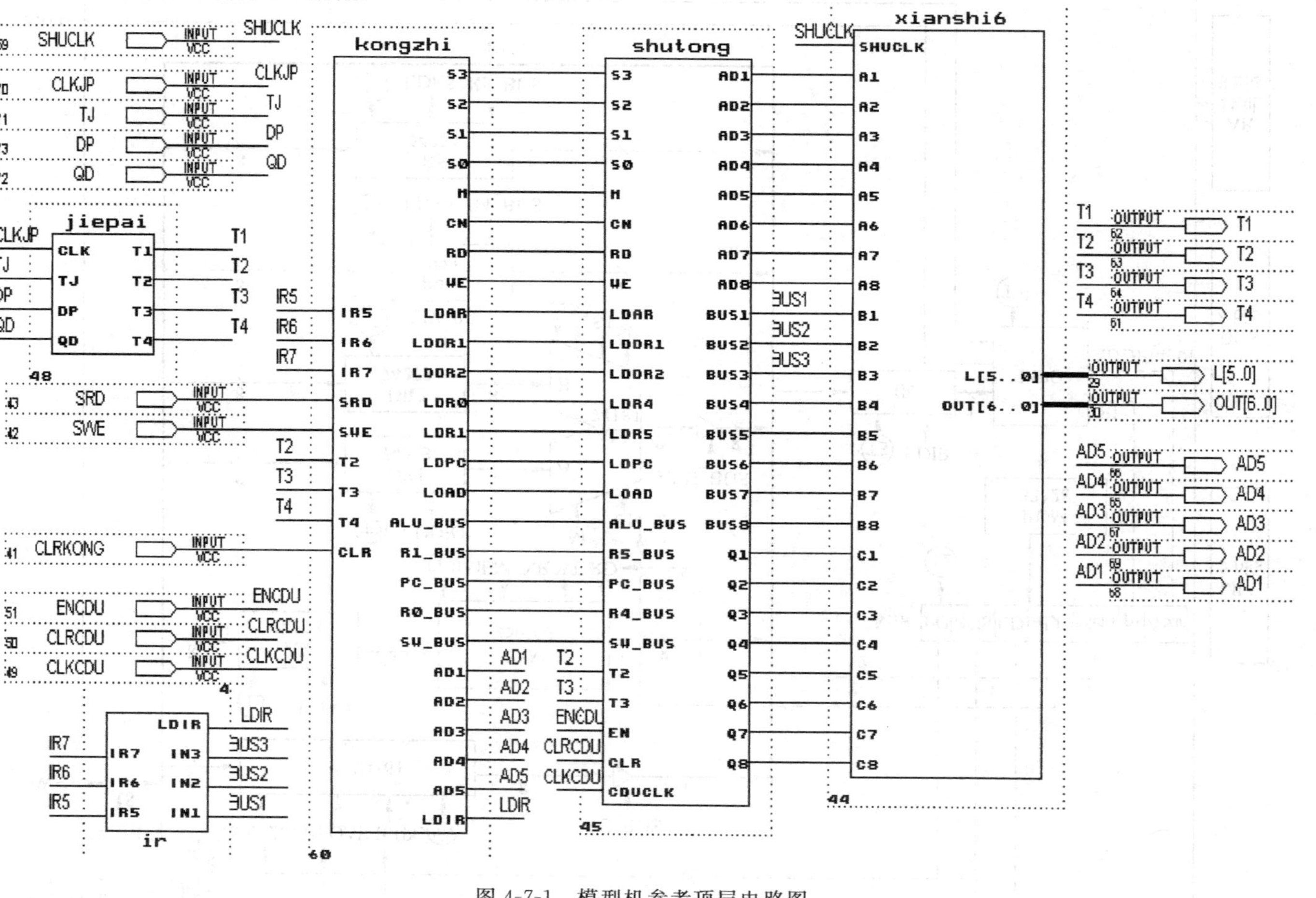

图 4-7-1 模型机参考顶层电路图

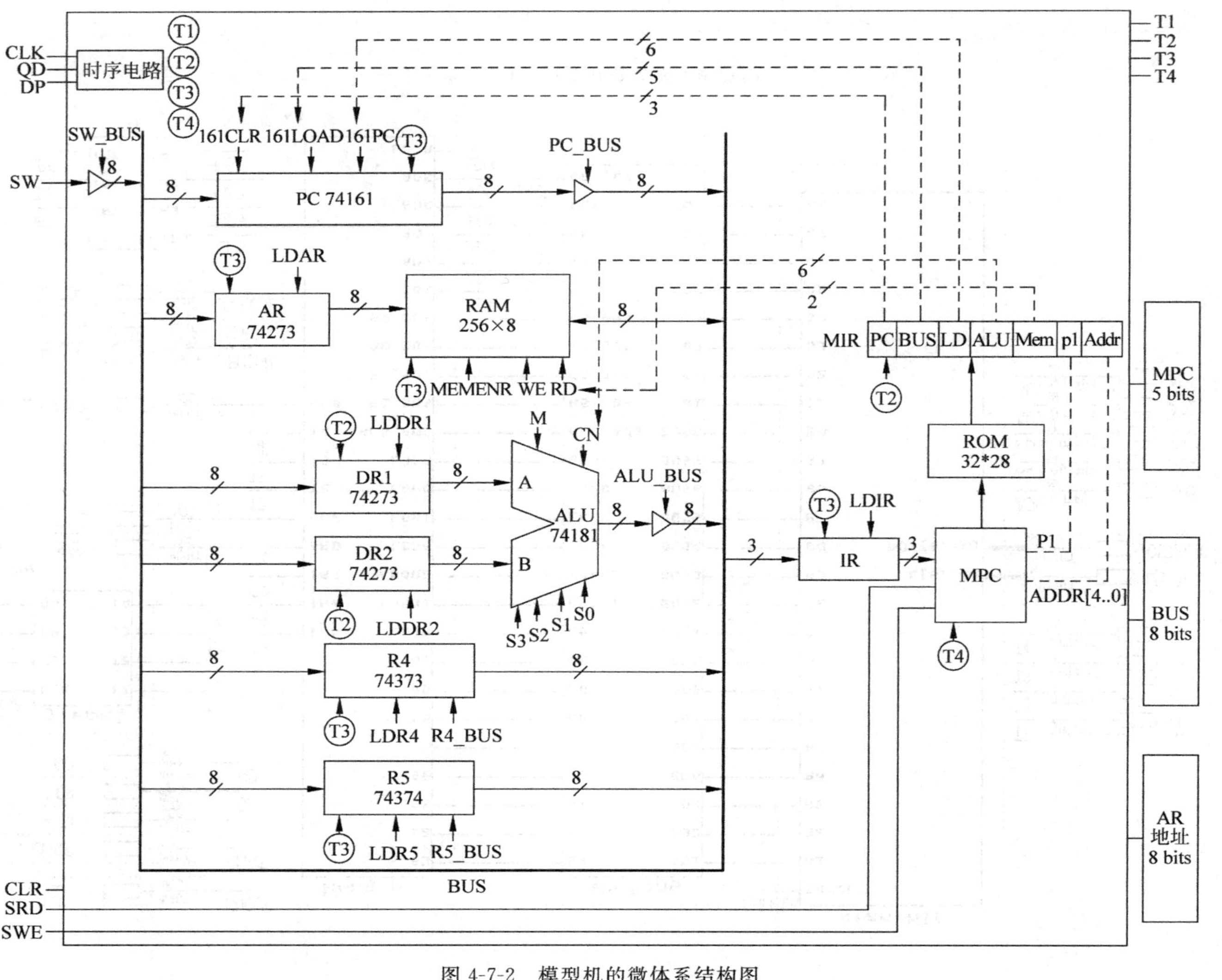

图 4-7-2 模型机的微体系结构图

```
use IEEE.std_logic_unsigned.all;
entity microcomputer is
port(Clr,srd,swe,t1,t2,t3,t4 : in STD_LOGIC;
                       sw_in : in STD_LOGIC_VECTOR(7 downto 0);
                     mpcout : out STD_LOGIC_VECTOR(4 downto 0);
            arout,bus_data : out STD_LOGIC_VECTOR(7 downto 0)   );
end microcomputer;
architecture rtl of microcomputer is
type RAM is array(0 to 31) of STD_LOGIC_VECTOR(7 downto 0);               -- 32 * 8 RAM
signal ram8:RAM := (x"20", x"0d", x"c0", x"0e", x"40", x"10", x"60", x"10", x"e0", x"0f",
x"80", x"a0", x"00",x"55",x"8a",x"f0",x"ff" ,others => x"00");        -- 初始化 RAM
signal pc,ar,dr1,dr2,r5,bus_Reg,bus_Reg_t2,bus_Reg_t3:STD_LOGIC_VECTOR(7 downto 0);
signal mpc,mpc_t2,mpc_t3,mpc_t4:STD_LOGIC_VECTOR(4 downto 0);
signal ir:STD_LOGIC_VECTOR(2 downto 0);
begin
mpcout <= mpc_t4;
arout <= ar;
bus_data <= bus_Reg;
ct1:process(t1,Clr,srd,swe)
    begin
        if    Clr = '0'              then   mpc <= (others =>'0');
        elsif  swe = '0'             then   mpc <= "10000";
        elsif srd = '0'              then   mpc <= "01000";
        elsif t1 = '1' and t1'event  then   mpc <= mpc_t4;
        end if;
    end process;
ct2:process(t2,mpc,sw_in,ar)
    begin
        if Clr = '0' then mpc_t2 <= (others =>'0');
        elsif t2 = '1' and t2'event then
            case mpc is
              when "00000"  =>
                 mpc_t2 <= "00001";bus_Reg_t2 <= sw_in;
              when "00001"  =>
                 mpc_t2 <= "00010";bus_Reg_t2 <= pc;
              when "00010"  =>
                 mpc_t2 <= "01000";bus_Reg_t2 <= ram8(conv_integer(ar));
              when "01001"  =>     -- lda
                 mpc_t2 <= "10101";bus_Reg_t2 <= pc;
              when "10101"  =>
                 mpc_t2 <= "10110";bus_Reg_t2 <= ram8(conv_integer(ar));
              when "10110"  =>
                 mpc_t2 <= "00001";bus_Reg_t2 <= ram8(conv_integer(ar));
              when "01010"  =>     -- sta
                 mpc_t2 <= "10111";bus_Reg_t2 <= pc;
              when "10111"  =>
                 mpc_t2 <= "11000";bus_Reg_t2 <= ram8(conv_integer(ar));
              when "11000"  =>
                 mpc_t2 <= "00001";bus_Reg_t2 <= r5;ram8(conv_integer(ar))<= r5;
              when "01011"  =>     -- out
                 mpc_t2 <= "11001";bus_Reg_t2 <= pc;
```

```
            when "11001"  =>
                mpc_t2<="11010";bus_Reg_t2<=ram8(conv_integer(ar));
            when "11010"  =>
                mpc_t2<="00001";bus_Reg_t2<=ram8(conv_integer(ar));
            when "01100"  =>    -- com
                mpc_t2<="11011";dr1<=r5;bus_Reg_t2<=r5;
            when "11011"  =>
                mpc_t2<="00001";bus_Reg_t2<=bus_Reg_t2;
            when "01101"  =>    -- jmp
                mpc_t2<="11100";bus_Reg_t2<=pc;
            when "11100"  =>
                mpc_t2<="00001";bus_Reg_t2<=ram8(conv_integer(ar));
            when "01110"  =>    -- add
                mpc_t2<="00011";bus_Reg_t2<=pc;
            when "00011"  =>
                mpc_t2<="00100";bus_Reg_t2<=ram8(conv_integer(ar));
            when "00100"  =>
                mpc_t2<="00101";dr2<=ram8(conv_integer(ar));
                bus_Reg_t2<=ram8(conv_integer(ar));
            when "00101"  =>
                mpc_t2<="00110";dr1<=r5;bus_Reg_t2<=r5;
            when "00110"  =>
                mpc_t2<="00001";bus_Reg_t2<=bus_Reg_t2;
            when "01111"  =>    -- and
                mpc_t2<="11101";bus_Reg_t2<=pc;
            when "11101"  =>
                mpc_t2<="11110";bus_Reg_t2<=ram8(conv_integer(ar));
            when "11110"  =>
                mpc_t2<="11111";dr2<=ram8(conv_integer(ar));
                bus_Reg_t2<=ram8(conv_integer(ar));
            when "11111"  =>
                mpc_t2<="00111";dr1<=r5;bus_Reg_t2<=r5;
            when "00111"  =>
                mpc_t2<="00001";bus_Reg_t2<=bus_Reg_t2;
            when "10000"  =>    -- swe
                mpc_t2<="10001";bus_Reg_t2<=sw_in;
            when "10001"  =>
                mpc_t2<="10010";bus_Reg_t2<=pc;
            when "10010"  =>
                mpc_t2<="10001";bus_Reg_t2<=sw_in;
                ram8(conv_integer(ar))<=sw_in;
            when "01000"  =>    -- srd
                mpc_t2<="10011";bus_Reg_t2<=sw_in;
            when "10011"  =>
                mpc_t2<="10100";bus_Reg_t2<=pc;
            when "10100"  =>
                mpc_t2<="10011";bus_Reg_t2<=ram8(conv_integer(ar));
            when others =>
                mpc_t2<=mpc;bus_Reg_t2<=bus_Reg_t2;
            end case;
        end if;
```

```
        end process;
    ct3:process(t3,mpc,mpc_t2,bus_Reg_t2)
        begin
            ifClr = '0' then mpc_t3 <= (others =>'0');
            elsif t3 = '1' and t3'event then
                mpc_t3 <= mpc_t2;
                bus_Reg_t3 <= bus_Reg_t2;
                case mpc is
                    when "00000"  =>
                        pc <= bus_Reg_t2;
                    when "00001"  =>
                        ar <= bus_Reg_t2;pc <= pc + 1;
                    when "00010"  =>
                        ir <= bus_Reg_t2(7 downto 5);
                    when "01001"  =>     -- lda
                        ar <= bus_Reg_t2;pc <= pc + 1;
                    when "10101"  =>
                        ar <= bus_Reg_t2;
                    when "10110"  =>
                        r5 <= bus_Reg_t2;
                    when "01010"  =>     -- sta
                        ar <= bus_Reg_t2;pc <= pc + 1;
                    when "10111"  =>
                        ar <= bus_Reg_t2;
                    when "01011"  =>     -- out
                        ar <= bus_Reg_t2;pc <= pc + 1;
                    when "11001"  =>
                        ar <= bus_Reg_t2;
                    when "11011"  =>     -- com
                        r5 <= not dr1;bus_Reg_t3 <= not dr1;
                    when "01101"  =>     -- jmp
                        ar <= bus_Reg_t2;pc <= pc + 1;
                    when "11100"  =>
                        pc <= bus_Reg_t2;
                    when "01110"  =>     -- add
                        ar <= bus_Reg_t2;pc <= pc + 1;
                    when "00011"  =>
                        ar <= bus_Reg_t2;
                    when "00110"  =>
                        r5 <= dr1 + dr2;bus_Reg_t3 <= dr1 + dr2;
                    when "01111"  =>     -- and
                        ar <= bus_Reg_t2;pc <= pc + 1;
                    when "11101"  =>
                        ar <= bus_Reg_t2;
                    when "00111"  =>
                        r5 <= dr1 and dr2;bus_Reg_t3 <= dr1 and dr2;
                    when "10000"  =>     -- swe
                        pc <= bus_Reg_t2;
                    when "10001"  =>
                        ar <= bus_Reg_t2;pc <= pc + 1;
                    when "01000"  =>     -- srd
```

```
                    pc <= bus_Reg_t2;
                when "10011"  =>
                    ar <= bus_Reg_t2;pc <= pc + 1;
                when others  =>
                    bus_Reg_t3 <= bus_Reg_t2;
            end case;
        end if;
    end process;
ct4:process(Clr,t4,mpc,ir,mpc_t3)
    begin
    if   Clr = '0'   then    mpc_t4 <= (others =>'0');
    elsif t4 = '1' and t4'event   then
        bus_Reg <= bus_Reg_t3;
        case mpc is
            when "00010"  =>
                mpc_t4 <= mpc_t3(4 downto 3) & ir;
            when others  =>
                mpc_t4 <= mpc_t3;
        end case;
    end if;
    end process;
end rtl;
```

(4) 根据实验需求添加时序电路与数码管显示电路。

(5) 完成芯片设置与管脚设置。

(6) 按照下面的实验内容所述进行波形仿真验证,并记录实验数据。

① 给定复合运算/((A 加 B)与 C),其中 A=55H,B=8AH,C=F0H,编写测试程序。

② 将测试程序写入内存,或可采用 *.mif 文件使其内存初始化的方法完成,或进入强制写模式通过循环微操作将测试程序写入内存。

(7) 下载到实验箱,将模拟机的时序电路设置为单步运行状态,单步运行,观察模型机执行用户测试程序的运算过程。

4.7.5 实验数据记录

(1) 记录电路初始状态。

(2) 记录模型机的时序分配方案,如表 4-7-1 所示。

表 4-7-1 模型机的时序分配方案表

模　　块	T1	T2	T3	T4
控制器	输出微命令	ROM 中读出下址送入微址寄存器	指令码输入 IR	P1 判别修改下地址
运算器				
存储器				

(3) 记录波形仿真参数设置(End time 和 Grid size)。

(4) 记录芯片设置及管脚设置。

(5) 记录模型机的测试程序以及运行时中间数据,如表 4-7-2 所示。

表 4-7-2　测试程序及中间数据记录表

操　　作	指　令　码	R5	M[10]
LDA 0D	20		
ADD 0E			
STA 10			
OUT 10			
AND 0F			
COM			
JMP			

4.7.6 思考题

(1) 给定一个复合运算式子以及指令码 IR[7..5]与 8 位 BUS 总线对应情况。要求写出 7 条指令新的指令码并写出复合运算执行 mif 文件。修改模型机电路调试程序以实现复合运算。

例如,已知 A＝55H,B＝8AH,C＝F0H; IR[7..5]对应 BUS8,BUS1,BUS3; 写出(A plus /B)^(/(/C plus B))的 mif 文件,并在模型机上实现。

(2) Microcomputer. vhd 代码中进程 ct1、ct2、ct3、ct4 功能划分依据是什么?

(3) Microcomputer. vhd 代码中中如何定义并初始化 RAM?

(4) Microcomputer. vhd 代码中 bus_reg_t2<＝ram8(conv_integer(ar))与 ram8(conv_integer(ar))<＝r5 的含义是什么?

(5) Microcomputer. vhd 代码中 bus_reg_t2<＝r5;ram8(conv_integer(ar))<＝r5 可否修改成 bus_reg_t2<＝r5;ram8(conv_integer(ar))<＝bus_reg_t2? 为什么?

(6) Microcomputer. vhd 代码中 bus_reg,bus_reg_t2,bus_reg_t3 属于 bus_reg 同类的 Signal,用途是什么?

(7) Microcomputer. vhd 代码中 mpc,mpc_t2,mpc_t3,mpc_t4 属于 mpc 同类的 Signal,用途是什么?

(8) Microcomputer. vhd 代码中 mpc_t2 与 bus_reg_t2 信号赋值<＝有什么值得注意的?

(9) Microcomputer. vhd 代码中 ct2 进程中有 mpc_t2<＝mpc,ct3 进程中有 mpc_t3<＝mpc_t2,ct4 进程中有 mpc_t4<＝mpc_t3,共同起什么作用? 请在代码中寻找另一个相似的例子。

(10) 请解释 Microcomputer. vhd 代码中地址转移逻辑具体如何实现代码。

(11) VHDL 语言中如何考虑多个时钟信号的情况?

CHAPTER 5

第5章 USB 通信篇

便携式 DDA_I 型实验板上包含一块 FTDI 公司的 FT245BM 芯片，该芯片完成了对 USB 通信协议的封装，并提供了输入输出缓存。上机位通过串口软件，如串口助手可完成对芯片内部的数据读写；下机位通过实验平台的主芯片 EPF10K20TI144-4 芯片完成对该芯片内部数据的读写。本章通过上下机位的读写配合实现了实验平台与 PC 的通信。

5.1 USB 通信模块演示设计

5.1.1 基本知识点

(1) 便携式 DDA-I 型实验板 USB 通信原理。
(2) 状态机电路设计方法及编程。
(3) VHDL 语言的编程思想与调试方法。
(4) 电路设计的验证方法：仿真验证、硬件验证。

5.1.2 实验设备

(1) PC 一台。
(2) 便携式 DDA-I 型实验板。
(3) Quartus Ⅱ 配套软件，芯片驱动程序，串口调试程序 sscom32. exe。

5.1.3 实验概述

1. FT245BM 芯片功能简介

FT245BM(如图 5-1-1 所示)的主要功能是进行 USB 和并行 I/O 口之间的协议转换。该芯片既能从主机接收 USB 数据，将其转换为并行 I/O 口的数据流格式发送给外设；同时外设也可通过并行 I/O 口将数据转换为 USB 的数据格式传回主机。中间的转换由芯片自动完成，开发者无须考虑固件的设计。

FT245BM 内部主要由 USB 收发器、串行接口引擎(Serial Interface Engine,SIE)、USB 协议引擎和先进先出(First In First Out,FIFO)控制器等构成,如图 5-1-2 所示。USB 收发器提供 USB 1.1/ 2.0 的全速物理接口到 USB 总线,支持主控制器接口(Universal Host Controller Interface,UHCI)及开放主机控制器接口(Open host connect interface,OHCI);串行接口引擎主要用于完成 USB 数据的串/并双向转换,并按照 USB 1.1 规范来完成 USB 数据流的位填充/位反填充,以及循环冗余校验码(CRC5/CRC16)的产生和检错;USB 协议引擎管理来自 USB 设备控制端口的数据流;FIFO 控制器处理外部接口和收发缓冲区间的数据转换。

图 5-1-1　FT245BM

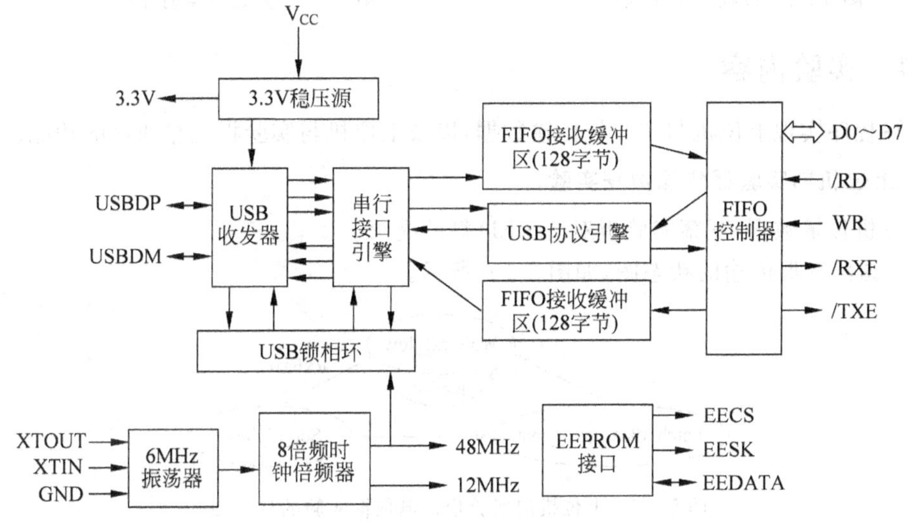

图 5-1-2　FT245BM 芯片功能框图

2. FT245BM 工作原理

当与上位机传输数据时,首先须采样到信号为低,若为低,表明有接收到来自 PC 的数据(如图 5-1-3 所示),允许单片机通过 8 位数据总线 D_0～D_7 读取数据。接着,通过信号由低到高的变化锁存数据(读入数据)。最后,延迟一段时间,重新开始下一字节的读取。软件流程如图 5-1-4 所示。发送数据过程,可根据图 5-1-5 所示发送数据时序图,同理编写发送数据的程序。

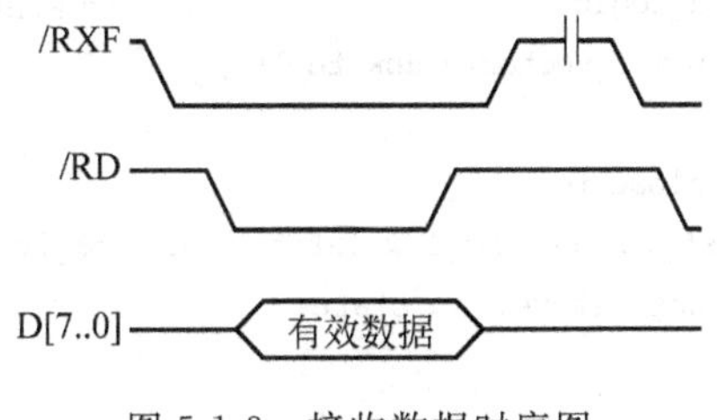

图 5-1-3　接收数据时序图

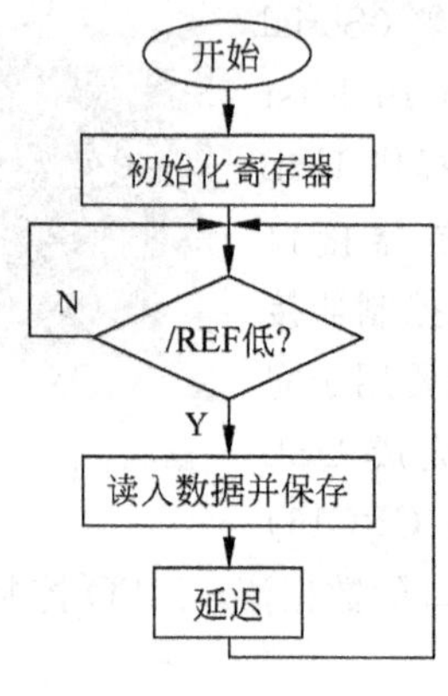

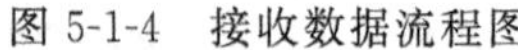

图 5-1-4　接收数据流程图

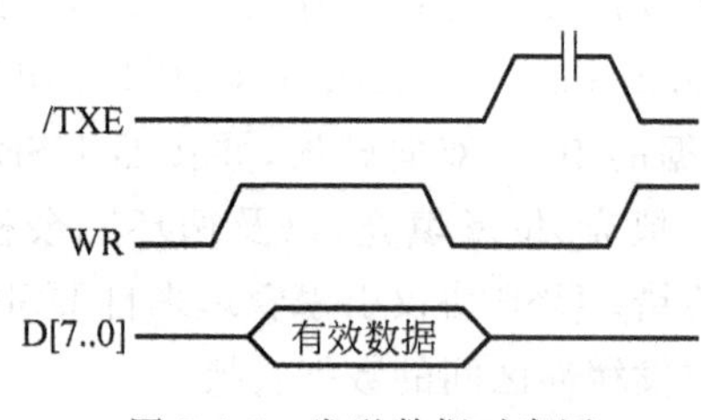

图 5-1-5　发送数据时序图

5.1.4　实验内容

编写程序实现上位机与实验板传输数据，以及上位机与实验板互相通信的功能。

1. 上位机向实验板传输数据实验

上位机传输数据，观察实验板对应 LED 灯的亮灭。

(1) 画出数据传输的状态图，如图 5-1-6 所示。

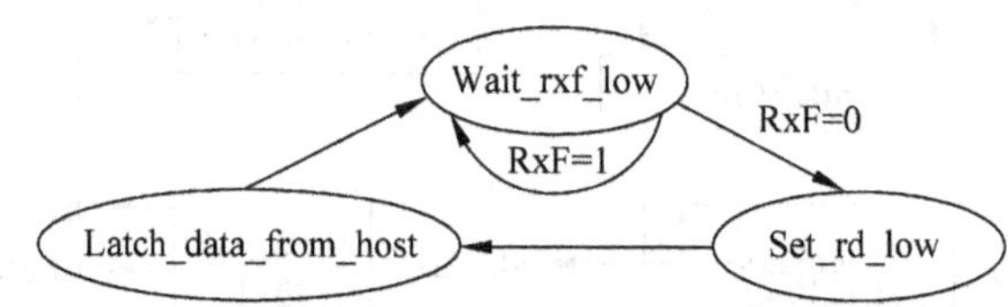

图 5-1-6　上位机向实验板传输数据实验的状态图

(2) 依据状态图编写程序如下：

```
library IEEE;
use IEEE.std_logic_1164.all;
entity usbdownload is
port
    (   clk :in     std_logic;                              --时钟信号
          din :in      std_logic_vector(7 downto 0);        --数据总线
         rxf:in   std_logic;                                --输入"0",有数据待接收
          rd :out      std_logic;                           --输出"0",上位机输出数据
        dout:out      std_logic_vector(7 downto 0));
end entity;
architecture bhv of usbdownload is
    type state is (wait_rxf_low,set_rd_low,latch_data_from_host);
    signal current_state,next_state:     state;
begin
process(clk)
begin
    if clk'event and clk = '1' then
```

```
            current_state <= next_state;
        end if;
end process;
process(clk)
begin
    if clk'event and clk = '1' then
    case current_state is
when wait_rxf_low       => rd <= '1';
        if rxf  =  '0' then
          next_state <=  set_rd_low;
        else next_state <=  wait_rxf_low;
          end if;                    -- 当 rxf 输出 0 时,表示要数据待接收,下一状态变为 set_rd_low
when set_rd_low      =>     rd <=  '0';
       next_state <=  latch_data_from_host;
-- 当状态为 set_rd_low 时,rd 输出 0.通知芯片要接收数据
when latch_data_from_host => dout(7 downto 0)<= din(7 downto 0);
    next_state <=  wait_rxf_low;
end case;
end if;
end process;
end bhv;
```

(3) 仿真验证结果如图 5-1-7 所示。

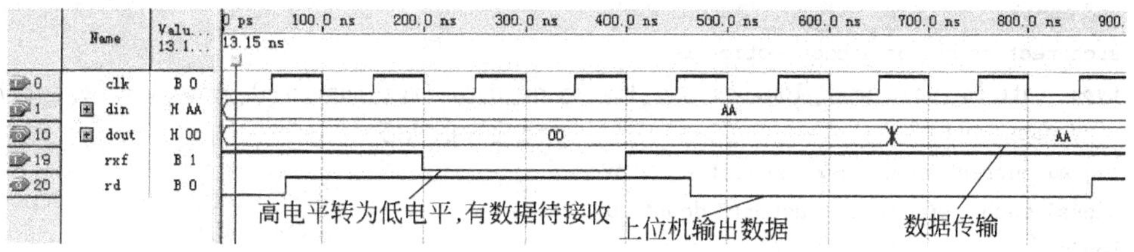

图 5-1-7　上位机向实验板传输数据实验仿真图

(4) 管脚分配如表 5-1-1 所示。

表 5-1-1　上位机向实验板传输数据实验的管脚绑定情况表

clk	Din[0]-Din[7]	rxf	rd	Dout[0]-Dout[7]
55	7～14	19	20	86 87 88 89 20 91 92 95

(5) 在串口调试中输入 AA 和 55,看对应的数码管是否显示正确? 为什么选择输入 AA 和 55?

2. 上位机与实验板互相通信实验

上位机输出数值,实验板对数值不做处理,返回给上位机。

(1) 画出数据传输的状态图。

上位机与实验板通信图如图 5-1-8 所示。

(2) 依据状态图编写程序 USBconnection. vhd。

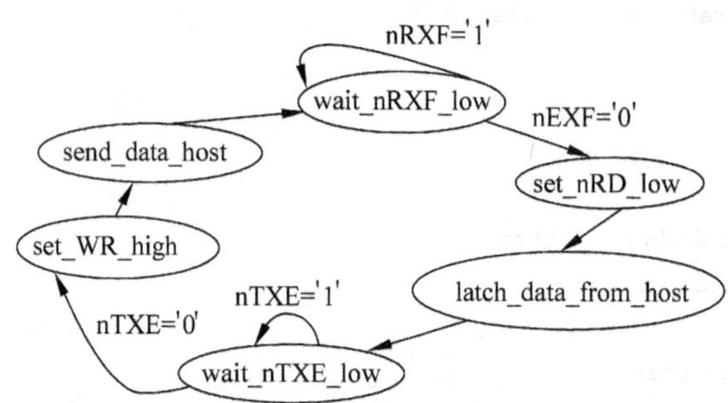

图 5-1-8　上位机与实验板互相通信实验状态图

```
library IEEE;
use IEEE.std_logic_1164.all;
entity usbconnection is
port
(      clk :in     std_logic;
       din :in      std_logic_vector(7 downto 0);
       nrxf:in      std_logic;
       nrd :out     std_logic;
       ntxe: in     std_logic;
       wr :out     std_logic;
       dout:out      std_logic_vector(7 downto 0));
end entity;
architecture bhv of usbconnection is
type state is (wait_nrxf_low,set_nrd_low,latch_data_from_host,wait_ntxe_low,set_wr_high,
send_data_host);                                          --定义的状态
signal current_state,next_state:     state;
signal temp : std_logic_vector(7 downto 0);
begin
process(clk)
begin
        if clk'event and clk = '1' then
          current_state <= next_state;
      end if;
end process;
process(clk)
begin
     if clk'event and clk = '1' then
     case current_state is
     when wait_nrxf_low  =>
               nrd <=  '1';
               wr <=  '0';
          if nrxf  =  '0' then --
          next_state <=  set_nrd_low;                   --当 nrxf 为 0 时，说明有数据待接收，状态由 wait_
                                                          nrxf_low 变为 set_nrd_low
          else next_state <=  wait_nrxf_low;
          end if;
```

```
            when set_nrd_low =>
                nrd <= '0';                          -- nrd 变为 0,上位机输出数据
                wr <= '0';
            next_state <= latch_data_from_host;
        when latch_data_from_host      =>
            nrd <= '0';
            wr <= '0';
            temp(7 downto 0)<= din(7 downto 0); -- 数据进行接收
            next_state <= wait_ntxe_low;
    when wait_ntxe_low                =>
        nrd <= '1';
        wr <= '0';
        if ntxe = '0'then                            -- 当 ntex 变为 0 时,可以发送数据
        next_state <= set_wr_high;
        else next_state <= wait_ntxe_low;
        end if;
    when set_wr_high =>
        nrd <= '1';
        wr <= '1';                                   -- wr 输出 1,发送数据到上位机
        next_state <= send_data_host;
    when send_data_host               =>
        nrd <= '1';
        wr <= '0';--
        dout(7 downto 0)<= temp(7 downto 0);   -- 数据进行发送
        next_state <= wait_nrxf_low;
    when others                       =>
        nrd <= '1';
        wr <= '0';
        dout <= "ZZZZZZZZ";
        next_state <= wait_nrxf_low;
    end case;
    end if;
    end process;
    end bhv;
```

(3) 完成电路设计。电路图如图 5-1-9 所示。

(4) 下载工程主实验板,并通过通信终端验证。

① 正确安装驱动后,打开设备管理器,查看端口号为 com4,如图 5-1-10 所示。

② 打开软件 sscom,如图 5-1-11 所示。选择端口号为 com4。

③ 打开文件,文件内为要测试的数据,单击“发送”按钮,实验板会接收数据,返回结果,如图 5-1-12 所示。

④ 程序中对数值未进行处理,直接返回发送的数值,可以看出,前后的结果完全一致。

⑤ 除发送文件外,也可以对单个数值进行发送,如图 5-1-13 所示。在字符串文本框中输入字符 A5(选中“HEX 发送”复选框,表示发送十六进制；如果不选,则表示发送二进制)。实验板返回 A5。

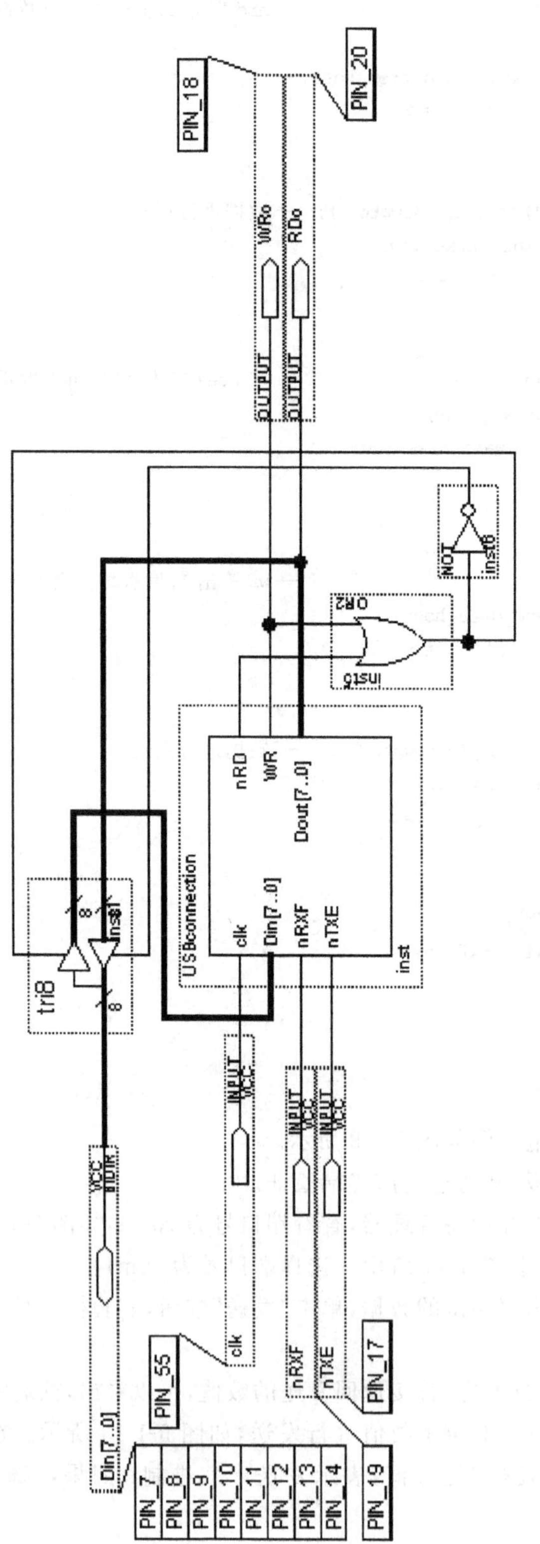

图 5-1-9 上位机与实验板互相通信实验总图

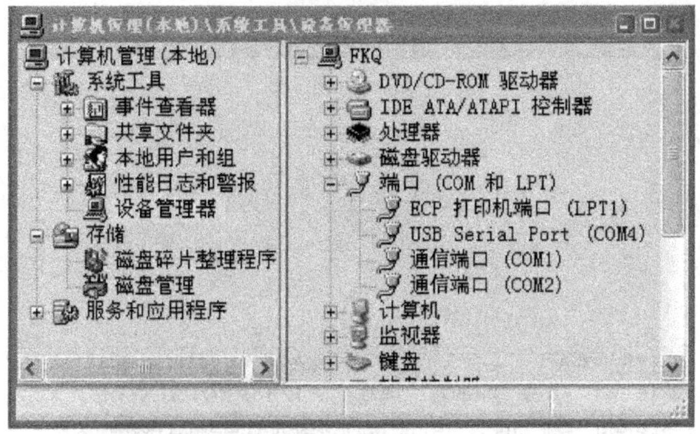

图 5-1-10　从设备管理器中查看端口号

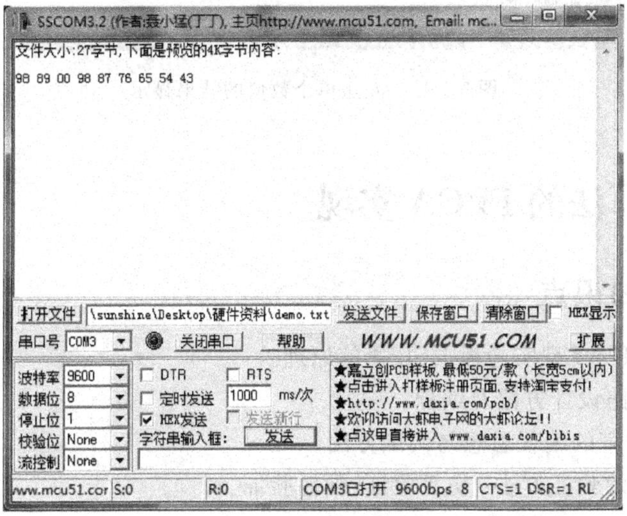

图 5-1-11　选择串口的端口号

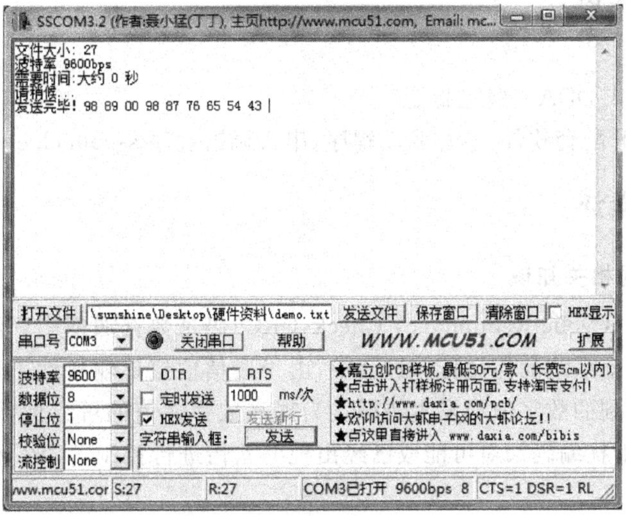

图 5-1-12　发送测试数据文件的结果显示

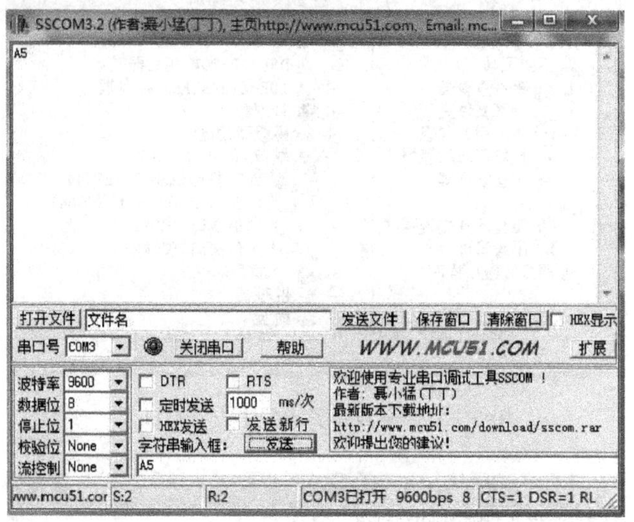

图 5-1-13　发送单个数值的结果显示

5.2　CRC 算法的 FPGA 实现

5.2.1　基本知识点

(1) 便携式 DDA-I 型实验板 USB 通信原理。

(2) 状态机电路设计方法及编程。

(3) VHDL 语言的编程思想与调试方法。

(4) 电路设计的验证方法：仿真验证、硬件验证。

(5) CRC 算法的实现过程。

5.2.2　实验设备

(1) PC 一台。

(2) 自制便携式 DDA-I 型实验板。

(3) Quartus Ⅱ 配套软件，芯片驱动程序，串口调试程序 sscom32.exe。

5.2.3　实验概述

1. CRC 算法的相关知识

循环冗余校验(Cyclic Redundancy Check，CRC)码是数据通信中广泛应用的一种差错检测码。在数字通信系统的信息传递过程中，由于通信信道传输特性不理想以及噪声的影响而导致接收端收到的数字信号发生错误。为提高数字通信的可靠性，降低传输过程中的误码率，常通过抗干扰编码来对可能或已经出现的差错进行控制。CRC 码是其中的一种信道编码技术。

CRC 校验的基本思想是利用线性编码理论，在发送方根据需要传送的 k 位二进制序列，以一定的规则产生 r 位校验用的监督码(即 CRC 码)，附在原始信息后面，构成一个新的二进制代码序列共 $n=k+r$ 位，然后发送出去。在接收方，根据信息码和 CRC 码之间所遵循的规则进行校验，以确定传送中是否出错。这个规则，在差错控制理论中称为"生成多项式"。

2. 实例

CRC 编码实际上是一个循环移位的模 2 运算，表 5-2-1 给出了除法过程。

表 5-2-1　除法过程

```
01010010001000000 除以 110101 变量 p
  110101
   111000←变量 d
   110101
     110100←变量 d
     110101
          110000←变量 d
          110101
             10100←产生的余数放在变量 c
```

通过对于模 2 除法的研究，可以得到如下方法：

(1) 假定 p 为 n 位二进制数把信息码后面加上 n－1 位的 0，此实验中 p 为 6 位，即在输入的信息码后面加上 00000。把这个 17 位的被除数放入 input 中。

(2) 在得到被除数 input 之后，设计一个在被除数上移动的 n 位数据滑块变量 d，把 input 中的最高位开始逐次复制 n 位给变量 d。

(3) 如果 d 的最高位为 1，由变量 d 和变量 p 做异或运算；如果 d 的最高位为 0 则不运算或者做多余的异或 0 的运算。

(4) 把滑块变量 d 往后滑动一位。

(5) 循环步骤(3)和(4)11 次。

(6) 执行步骤(3)。

(7) 得到余数 c，把 c 转成信号输出。

5.2.4　实验内容

上位机输出数值，便携式 DDA-I 型实验板对数值进行 CRC 运算，返回给上位机。

(1) 画出实验状态图，如图 5-2-1 所示。

(2) 编写程序。

① USBconnection.vhdl。

```
library IEEE;
use IEEE.std_logic_1164.all;
use IEEE.std_logic_unsigned.all;
entity usbconnection is
port
   ( clk :in     std_logic;
     din :in     std_logic_vector(7 downto 0);
     nrxf:in     std_logic;
```

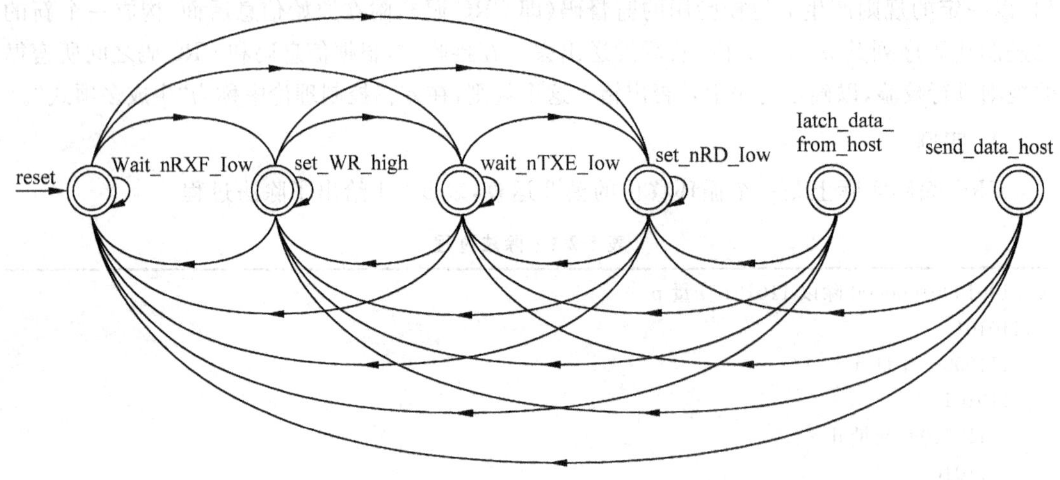

图 5-2-1　实验状态图

```
    nrd :out     std_logic;
    ntxe:in     std_logic;
    wr  :out     std_logic;
    dout:out     std_logic_vector(7 downto 0));
        --b_out:out     std_logic_vector(4 downto 0);
end entity;

architecture bhv of usbconnection is
type state is (wait_nrxf_low,set_nrd_low,latch_data_from_host,wait_ntxe_low,set_wr_high,
send_data_host);--定义的状态
    signal current_state,next_state:     state;
    signal o:std_logic_vector(4 downto 0);
    signal input:std_logic_vector(13 downto 0);
    signal p:std_logic_vector(5 downto 0);
    signal a_in:std_logic_vector(8 downto 0);
    signal b_out:std_logic_vector(4 downto 0);
begin
    process(clk)
    begin
        if clk'event and clk='1' then
            current_state<= next_state;
        end if;
    end process;
    process(clk)
    begin
        if clk'event and clk='1' then
            case current_state is
            when wait_nrxf_low                 =>
                nrd<= '1';
                wr<= '0';
                if nrxf = '0' then --
                    next_state<= set_nrd_low;
                --当nrxf为0时,说明有数据待接收,状态由wait_nrxf_low变为set_nrd_low
```

```
            else next_state <= wait_nrxf_low;
            end if;
        when set_nrd_low                =>
            nrd <= '0';                          -- nrd 变为 0,上位机输出数据
            wr <= '0';
            next_state <= latch_data_from_host;
        when latch_data_from_host       =>
            nrd <= '0';
            wr <= '0';
            a_in(7 downto 0)<= din(7 downto 0);  -- 数据进行接收
            next_state <= wait_ntxe_low;
        when wait_ntxe_low              =>
            nrd <= '1';
            wr <= '0';
            if ntxe = '0' then                   -- 当 ntex 变为 0 时,可以发送数据
                next_state <= set_wr_high;
            else next_state <= wait_ntxe_low;
            end if;
        when set_wr_high                =>
            nrd <= '1';
            wr <= '1';                           -- wr 输出 1,发送数据到上位机
            next_state <= send_data_host;
        when send_data_host             =>
            nrd <= '1';
            wr <= '1';
            dout(4 downto 0)<= o(4 downto 0);    -- 数据进行发送
            dout(7 downto 5)<= "000";
            next_state <= wait_nrxf_low;
        when others                     =>
            nrd <= '1';
            wr <= '1';
            dout <= "ZZZZZZZZ";
            next_state <= wait_nrxf_low;
        end case;
    end if;
end process;

process(clk)
    variable d:std_logic_vector(5 downto 0);
    variable c:std_logic_vector(4 downto 0);
begin
        p<="110101";                             -- 生成多项式
        c:="00000";                              -- 补位
    input<=a_in&c;
    d(5):=input(12);
    d(4):=input(11);
    d(3):=input(10);
    d(2):=input(9);
    d(1):=input(8);
    d(0):=input(7);
        for i in 7 downto 1 loop                 -- 前 7 次运算
```

```
                if d(5) = '0' then
                    for j in 4 downto 0 loop
                    c(j) := d(j) xor '0';
                    end loop;
                else
                    for j in 4 downto 0 loop
                    c(j) := d(j) xor p(j);
                    end loop;
                end if;
                d := c&input(i - 1);
            end loop;
            if d(5) = '0' then
                for j in 4 downto 0 loop
                c(j) := d(j) xor '0';
                end loop;
            else
                for j in 4 downto 0 loop
                c(j) := d(j) xor p(j);
                end loop;
            end if;
            o<=c;
            b_out<=o;
        end process;
end bhv;
```

② road_sel. vhdl。

```
library IEEE;
use IEEE.std_logic_1164.all;
entity road_sel is
    port(
        wr,nrd      :in std_logic;
        sel          :out std_logic
        );
end entity;
architecture bhv of road_sel is
begin
    process(wr)
    begin
        if wr = '1'then
            sel<='1';
        elsif nrd = '0'then
            sel<='0';
            else
            sel<='1';
        end if;
    end process;
end bhv;
```

(3) 完成电路设计电路图如图 5-2-2 所示。

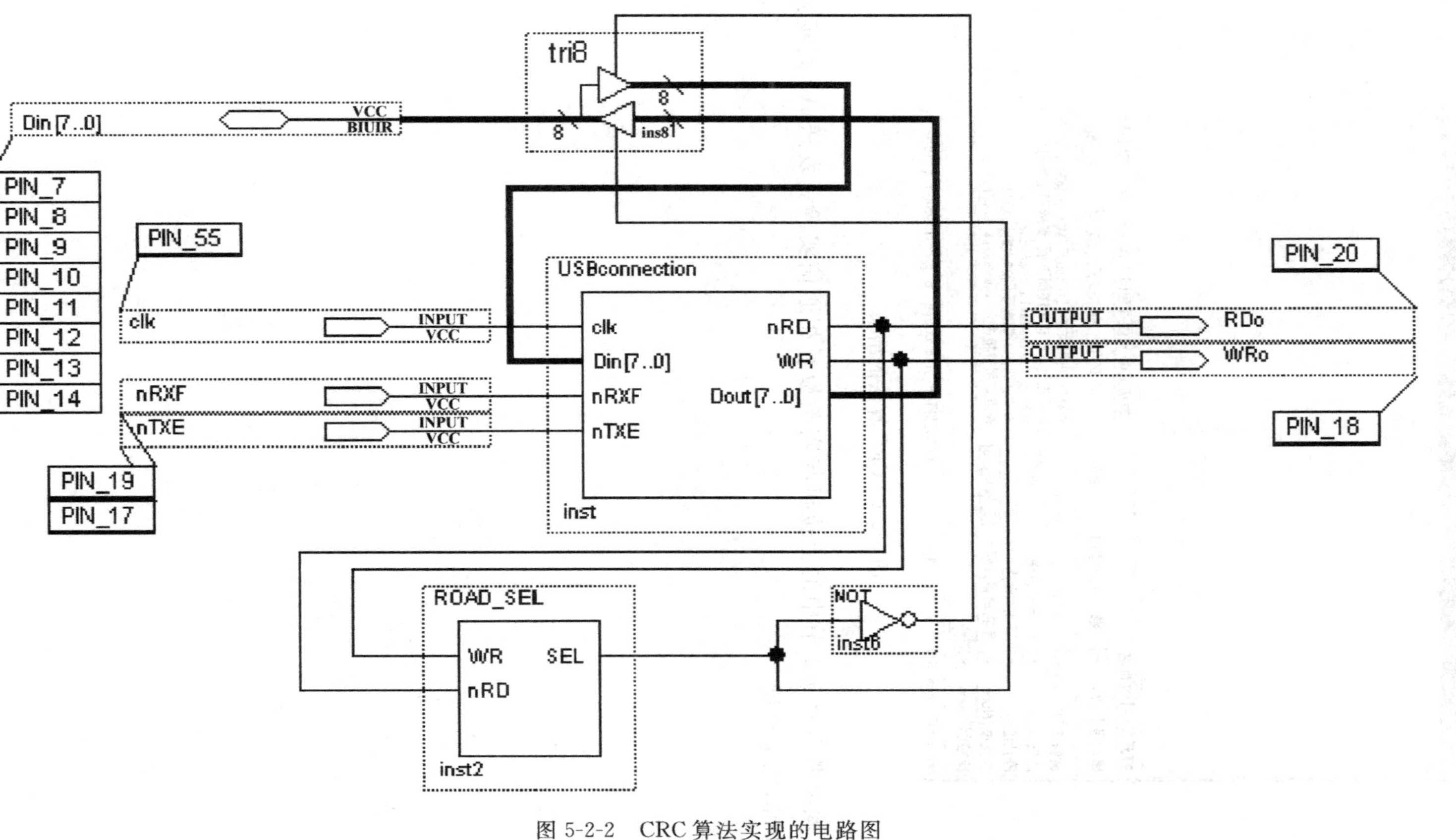

图 5-2-2　CRC 算法实现的电路图

(4) 下载验证观察结果,如图 5-2-3 所示。

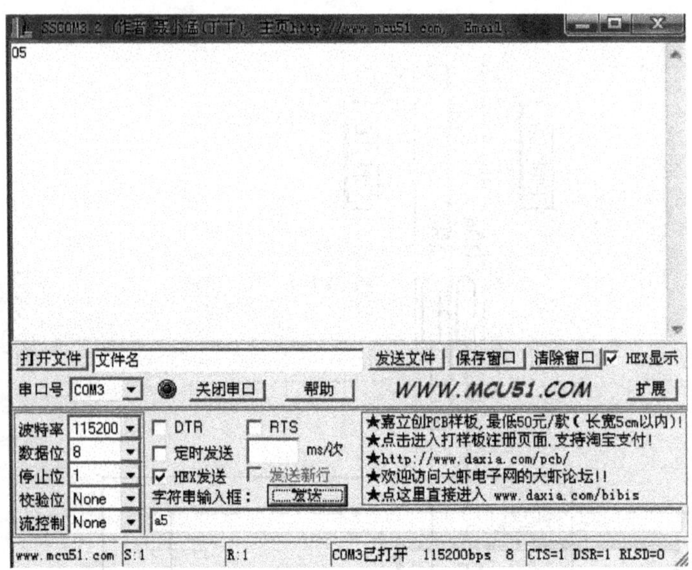

图 5-2-3 CRC 算法的结果

操作步骤参考实验 5.1 节中的上位机与实验板互相通信实验。发送 A5 到实验板,经过计算得到 05,结果正确。

APPENDIX A

常用电子仪器仪表使用简介　附录 A

A1　数字式万用表的使用方法

A1.1　概述

万用表分模拟和数字两大类。数字万用表精度高，使用方便，应用广泛。数字万用表型号多，其基本功能和使用方法相同。现在使用的型号为 VC890D、UT53、DT9001、DT9205 的表都是一种三位半数字万用表，可用检测直流和交流电压、电流、电阻和二极管、晶体管的 hFE 以及电路通断。部分万用表还具有其他测量功能，如电容测量、频率测量、温度测量。

A1.2　使用方法

使用前需先注意表笔位置是否正确，然后将量程开关置于想测量的档位，每次测量不同的信号时应确认万用表的红表笔插孔和功能/量程开关挡位是否正确，特别注意禁止用测量电流的状态测量电压；否则将损坏仪表和被测电路元器件。

使用前还需注意测试表笔插孔旁的符号 ⚠，该符号是警示留意测试电压和电流不要超过指示数字。

注意检查 9V 电池，将电源开关 POWER 按下，假如显示屏显示 [- +] 符号，则表示电池不足，需更换电池，使用完后应将断开电源。

在测量过程中，将读数保持开关 HOLD 压下，即保持显示读数并显示 H 符号，释放该开关，读数变化。

1. 直流电压测量

(1) 将黑表笔插入 COM 插孔，红表笔插入 V/Ω 插孔。

(2) 将“功能/量程开关”置于 DCV 量程范围，将表笔并接在被测负载或信号源上。仪表在显示电压读数时，红表笔所接端的极性也将同时显示。

注意：

① 测量前如果不知被测电压范围，则应将“功能/量程开关”置于最高量程档并逐档调低。

② 如果显示屏只显示 1 或 OL 时，说明被测电压已超过量程，“功能/量程开关”需调高一档。

③ 禁止输入高于 1000V 的电压，即使有可能得到读数，但存在损坏仪表内部线路的危险。

④ 特别注意在测量高压时避免触电。

2. 交流电压测量

(1) 将黑表笔插入 COM 插孔，红表笔插入 V/Ω 插孔。

(2) 将“功能/量程开关”置于 ACV 量程范围，将表笔并接到被测负载或信号源上。

注意：

① 查看“直流电压测量”注意①、②、④。

② 禁止输入高于 700V 电压，即使有可能得到读数，但存在损坏仪表内部线路的危险。

3. 直流电流测量

(1) 将黑表笔插入 COM 插孔，当被测电流在 200mA 以下时将红表笔插入 mA 插孔；被测电流在 200mA～10A 之间，则将红表笔插入 10A 插孔。

(2) 将“功能/量程开关”置于 DCA 量程范围，测试笔串入被测电路中，仪表在显示电流读数时，红表笔所接端的极性也将同时显示。

4. 交流电流测量

(1) 将黑表笔插入 COM 插孔，当被测电流在 200mA 以下时红表笔插入 mA 插孔；如被测电流在 200mA～10A 之间，则将红表笔插入 10A 插孔。

(2) 将“功能/量程开关”置于 ACA 量程范围，测试笔串入被测电路中。

注意：

① 测量前如不知被测电流范围，则将“功能/量程开关”置于最高量程档并逐档调低。

② 如果显示屏只显示 1 或 OL 时，说明被测电流已超过量程，功能/量程开关需调高一档。

③ mA 插孔输入过载时会将内装保险丝熔断，须予以更换，保险丝规格为 0.2A/250V。

④ 10A 插孔无保险丝，测量时间应小于 10s，以避免线路发热影响准确度。

⑤ 检测电流后，将红表笔从电流插孔拔出，以防误操作。

5. 电阻测量

(1) 将黑表笔插入 COM 插孔，红表笔插入 V/Ω 插孔。

(2) 将“功能/量程开关”置于 Ω 量程范围，将测试笔跨接到待测电阻上。

注意：

① 当输入端开路时，仪表显示为过量程状态即显示 1 或 OL。

② 当被测电阻＞1MΩ 以上时，仪表需数秒后方能稳定读数，对于高阻值的测量这是正常的。

③ 检测在线电阻时，须确认被测电路已关断电源同时电容已放完电，方能进行测量。

④ 测量高阻时，尽可能将电阻直接插入 V/Ω 和 COM 插孔，以避免干扰。

6. 二极管测量

(1) 将黑表笔插入 COM 插孔，红表笔插入 V/Ω 插孔(注意红表笔为正极)。

(2) 将"功能/量程开关"置于→⊢档，将测试笔跨接在被测二极管两端。

注意：

① 当输入端开路时，仪表显示为过量程状态。

② 通过被测器件的电流为 1mA 左右。

③ 仪表显示值为正向压降伏特值，当二极管反接时则显示过量程状态。

7. 通断测试

(1) 将黑表笔插入 COM 插孔，红表笔插入 V/Ω 插孔。

(2) 将"功能/量程开关"置于蜂鸣器量程范围(与二极管→⊢测试同量程)，将测试笔跨接在欲检查之电路两端。

(3) 若被检查两点之间的电阻值小于约 50Ω，蜂鸣器便会发出声响。

注意：

① 当输入端开路时，仪表显示为过量程状态。

② 被测电路必须在切断电源状态下检查通断，因为任何负载信号都将会使蜂鸣器发声，导致错误判断。

8. 晶体三极管 hFE 测量

(1) 将"功能/量程开关"置于 hFE 档。

(2) 先认定晶体三极管是 PNP 型还是 NPN 型，然后再将测管 E、B、C 三脚分别插入面板对应的晶体三极管测试插孔内。

(3) 仪表显示的是 HFE 近似值，测试条件为基极电流约 10μA、Vce 约 2.8V。

9. 电容测量

(1) 将"功能/量程开关"置于 Cx 量程范围。未接电容前，仪表一般可缓慢地自动校零，但有时在 2nF 量程上有几个字，属正常。

(2) 将被测电容连接到电容输入 C_X 插口，有必要时请注意极性连接。

(3) 测量大电容时，稳定读数需一段时间。

注意：

不要把一个外部电压或已充电的电容连接到测试端。

A2 示波器的使用方法

A2.1 概述

示波器是一种能直观显示电信号波形的仪器，能显示被测信号随时间变化的关系，还能显示任意两个信号之间的关系。它既可定性观察，又可定量测量。

按示波器的用途和特点，可分为通用示波器和专用示波器；模拟示波器和数字存储示波器。数字存储示波器是采用A/D转换技术，先把模拟信号变成数字量，再存放于半导体存储器中，再进行数字处理和显示。模拟示波器能显示被测信号波形的实质是电子示波管能实现电-光转换。示波器组成部分有示波管及电子枪控制电路、垂直偏转系统、水平偏转系统、电源及校正信号源等。

使用示波器前应仔细阅读使用说明书，被测信号的电压不能超过允许范围。图A2-1所示为示波器结构图。

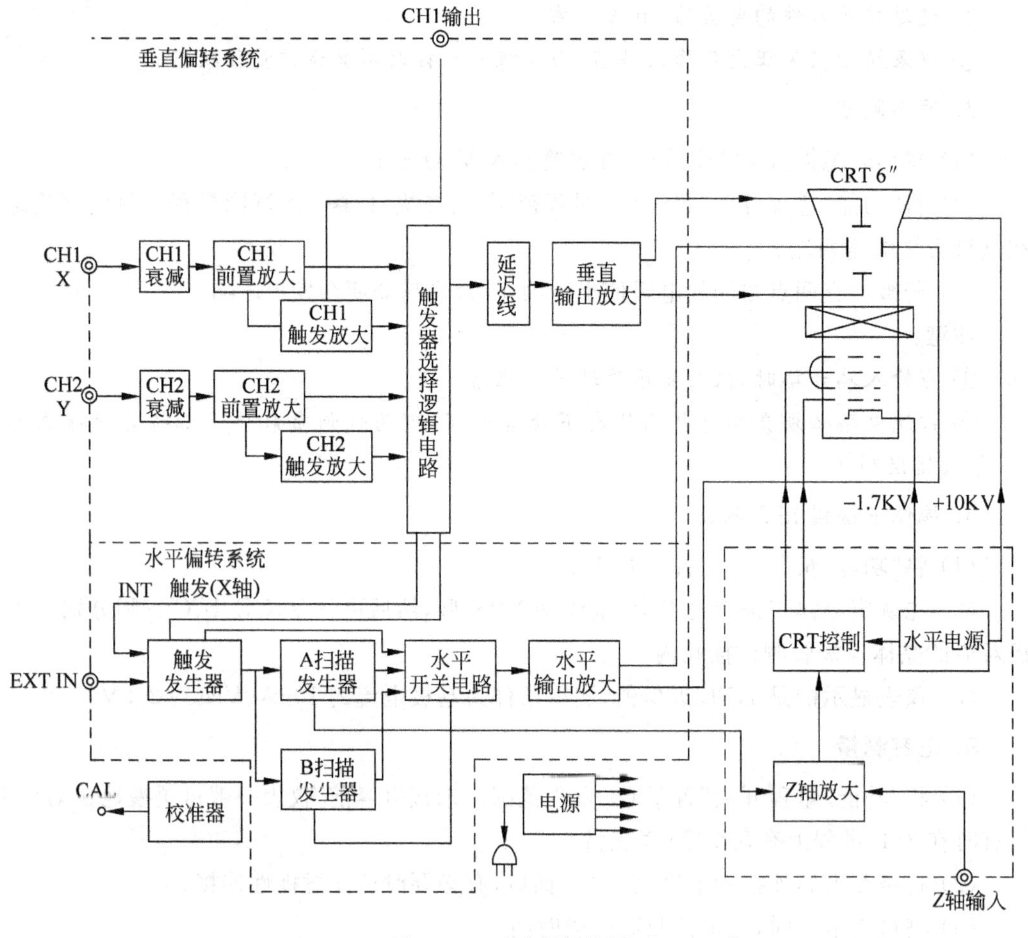

图 A2-1　示波器结构图

A2.2　通用旋钮介绍

下面以YB4320双踪示波器为例介绍示波器的通用旋钮。图A2-2所示为YB4320双踪示波器英汉对照面板图。

1. 调整旋钮

(1) 亮度旋钮(INTENSITY)：调整光点和扫描线的亮度。顺时针方向旋转旋钮，亮度增强。

(2) 聚集旋钮(FOCUS)：调整光迹的清晰程度。测量时需要调节此旋钮，以使波形的

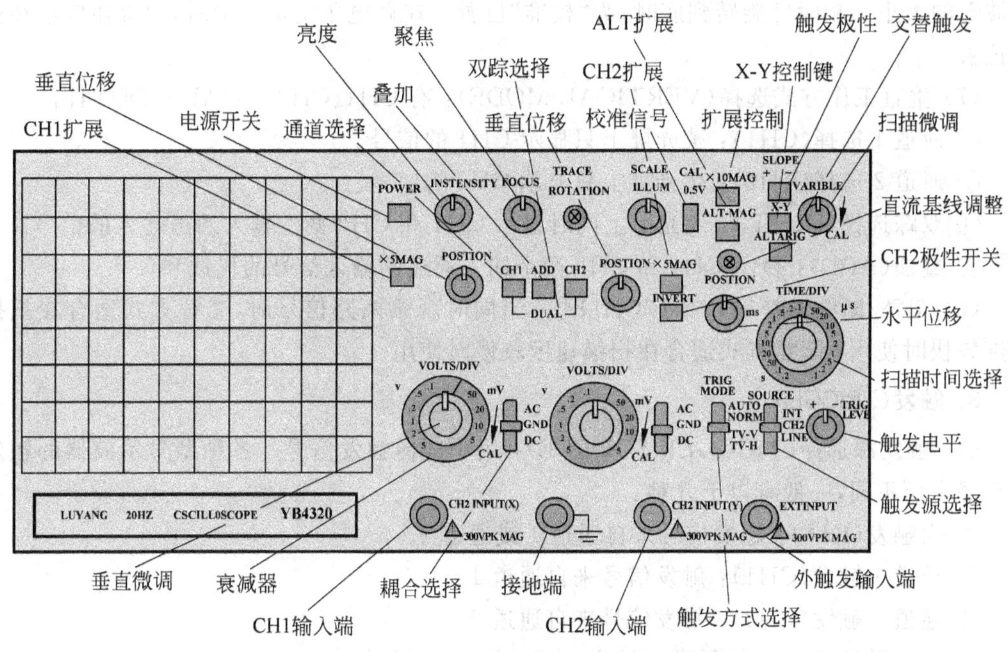

图 A2-2　YB4320 双踪示波器英汉对照面板图

光迹达到最清晰的程度。

光点和扫描线不可调得过亮，否则会导致读数不准，当光点长时间停留不动时，会使荧光屏变黑，产生斑点。

2. 垂直系统

(1) 信号输入通道 1(CH1 INPUT(X))：被测信号的一个输入端。当为 X-Y 方式时，变为 X 通道，X 轴信号由此端输入。

(2) 信号输入通道 2(CH2 INPUT(Y))：被测信号的另一输入端。当为 X-Y 方式时，输入端的信号仍为 Y 轴信号。

(3) 输入耦合(AC-GND-DC)选择开关：用于选择输入信号进入 Y 放大器的耦合方式。

① 当置于 AC 时，输入信号经电容耦合到 Y 放大器，信号中的直流分量被电容阻隔，交流分量可以通过。

② 当置于接地时，输入端对地短路，没有信号输入 Y 通道，通常用于确定(调整)基准电平位置。

③ 当置于 DC 时，输入信号直接耦合到 Y 放大器，用于观测含有直流分量的交流信号或直流电压，频率较低的交流信号(低于 10Hz)也应采用 DC 输入。

(4) Y 位移旋钮(POSITION)：调节光迹在荧屏垂直方向的位置。

(5) 电压灵敏度选择(衰减器)开关(VOLT/DIV)：用于垂直偏转灵敏度的调节。当电压灵敏度微调旋钮在校准位置时，VOLT/DIV 刻度值为荧光屏上每一个大格所代表的电压值。

(6) 电压灵敏度微调旋钮(VARIABLE)：可在电压灵敏度开关两档之间连续调节，改变波形的大小。顺时针旋转到底时，为“校准”位置。在做电压定量测量时，此旋钮应放在校准位置。

(7) 垂直工作方式选择(VERTICAL MODE)：有CH1、CH2、DUAL、ADD四档。

① 通道1选择(CH1)：荧光屏上只显示CH1的信号。

② 通道2选择(CH2)：荧光屏上只显示CH2的信号。

③ 双踪选择(DUAL)：荧光屏上同时显示CH1和CH2两个输入通道输入的信号。

④ 叠加(ADD)：显示CH1和CH2两个输入通道的输入信号的代数和。

(8) 交替/断续选择键(ALT/CHOP)：当同时观察两路信号时，交替方式适合在扫描速度较快时使用；断续方式适合在扫描速度较慢时使用。

3. 触发(TRIGGER)

(1) 触发源选择(TRIGGER SOURCE)：用于选择触发信号。各种型号示波器的触发源选择有所不同，一般有以下几种：

① 内触发(INT)：触发信号来自通道1或通道2。

② 通道1触发(CH1)：触发信号来自通道1。

③ 通道2触发(CH2)：触发信号来自通道2。

④ 电源触发(LINE)：触发信号为50Hz交流电压信号。

⑤ 外触发(EXT)：触发信号来自外触发输入端，用于选择外触发信号。

(2) 极性(SLOP)：选择触发信号的极性。

① “+”表示在触发信号上升时触发扫描电路。

② “-”表示在触发信号下降时触发扫描电路。

(3) 触发电平(LEVEL)旋钮：用于调整触发电平，在荧光屏上显示稳定的波形，并可设定显示波形的起始点(初始相位)。

(4) 触发方式(TRIGGER MODE)按键：用于选择合适的触发方式，通常有以下几种。

① 自动(AUTO)：当没有输入信号或输入信号没有被触发时，荧光屏上仍可显示一条扫描基线。

② 常态(NORM)：当没有触发信号时，处于等待扫描状态，一般用于观测频率低于25Hz的信号或在自动方式时，不能同步时使用。

③ 场信号触发(TV-V)：用于观测电视信号中的场信号。

④ 行信号触发(TV-H)：用于观察电视信号中的行信号。

4. 水平系统

(1) 扫描时基因数(又称为扫描速度)开关(TIME/DIV)：用于设定扫描速度。当扫描微调在校准位置时，其刻度值为屏幕上水平方向每一个大格所代表的时间。

(2) 扫描微调(SWEEP VARIBLE)：可在扫描速度开关两档之间连续调节，改变周期个数。该旋钮逆时针方向旋转到底，扫描速度减慢2.5倍以上。在做定量测量时，该旋钮应顺时针旋转到底，即在校准位置。

(3) 水平移位(POSITION)：用于调节光迹在水平方向的位置，当检测直流信号时，可用来设定零电平基准线。

A2.3 基本操作

(1) 聚焦旋钮置于中间位置,Y 输入耦合方式置于接地(GND),垂直位移(POSITION)旋到中间位置,垂直工作方式(MODE)置于 CH1,触发方式(TRIG MODE)显示自动(AUTO),触发源(SOURCE)置内触发(INT),扫描速度(TIME/DIV)置于 0.5ms/DIV。

(2) 打开电源,顺时针旋转辉度旋钮,调整 Y 位移旋钮,直到显示出光迹。调节聚焦旋钮使光迹最清晰,为使聚焦效果最好,光迹不可调得过亮。

(3) 调整输入耦合方式于 AC,将示波器的校准信号输入至通道 1(CH1),适当调节触发电平旋钮使波形稳定,屏幕上应显示方波信号。将 Y 轴灵敏度旋钮、扫描速度旋钮置于适当位置,若波形在垂直方向占格数、水平方向占格数与校准信号要求的相符,则表示示波器工作基本正常。

A2.4 电压测量

1. 直流电压的测量

电压灵敏度微调放在校准位置,输入耦合方式开关置于 GND,调整 Y 位移旋钮,使光迹对准任一条水平刻度线,此时扫描基线即零基准线。将耦合方式换到 DC,输入直流电压,即根据波形(直线)偏离零基准线的垂直距离 h 和电压灵敏度(VOLT/DIV)旋钮的指示值 Ku,可以算出直流电压的数值,即 U=Kuh。

注意:示波器探头衰减开关如果不是在 $X1$ 的位置,被测电压还要乘一个衰减系数 B,即 $V=k_u hB$。

2. 交流电压的测量

按示波器基本操作步骤 2 调整好示波器,然后输入信号。

测量交流电压分为两种情况:一种是只测量被测信号中的交流分量;另一种是测量含有直流分量的交流信号。

只测量被测信号的交流分量时,应将 Y 输入耦合方式置 AC 位置。输入信号,调节触发电平(LEVEL)旋钮,使波形稳定,调节电压灵敏度(VOLT/DIV)开关,使屏幕上显示的波形幅度适中,便于读数。由波形峰—峰在垂直方向的距离 h 和 VOLT/DIV 的指示值 K_u(微调在校准位置),就可以计算出电压的峰—峰值 Up-p,即 Up-p$=K_u$h。

当被测交流信号含有直流成分时,输入耦合方式应放在 DC,这样才能同时观测到被测信号的交流分量和直流分量。

A2.5 时间测量

用示波器能测量周期信号的频率、周期、波形任意两点之间的时间和两个同频信号的相位差。

1. 周期和频率的测量

将扫描微调旋钮放校准位置,扫描速度(TIME/DIV)开关置于合适的位置,使荧光屏上显示的波形便于观测。调节触发电平(LEVEL)旋钮,使显示的波形稳定;调节 X 位移和 Y 位移,使波形位于荧光屏的中间位置(一般示波器在测量时间时,不宜使用荧光屏的边缘部分），由于此时扫描微调旋钮在校准位置，所以，测量波形一个周期在水平方向的距离 d，乘以扫描速度旋钮档位 TIME/DIV 的指示值 K_t，就可以计算出信号的周期 T 和频率 f，即 $T = d\,K_t$，$f=\frac{1}{T}$。

2. 脉冲信号时间参数的测量

(1) 脉冲宽度的测量

定义脉冲宽度为上升沿的 50%到下降沿的 50%所对应的时间，用 τ 表示，脉冲宽度 d 的测量方法：$\tau = dK_t$。脉冲宽度的测试方法，如图 A2-3 所示。

(2) 脉冲上升、下降沿时间的测量

定义脉冲的上升时间为脉冲波形上升沿的 10%～90%所对应的时间，用 t_r 表示；下降时间为下降沿的 90%～10%所对应的时间，用 t_f 表示。t_r 和 t_f 的测量方法：$t_r = K_t d$，$t_f = K_t d1$。

3. 两个同频信号相位差的测量

(1) 双线法

垂直工作方式置于双踪显示(DUAL)，分别调节两通道的位移旋钮，使两条时基线重合，选择作为测量基准的信号为触发源信号，两个被测信号分别由 CH1 和 CH2 输入，在屏幕上可显示出两个信号波形，如图 A2-4 所示。

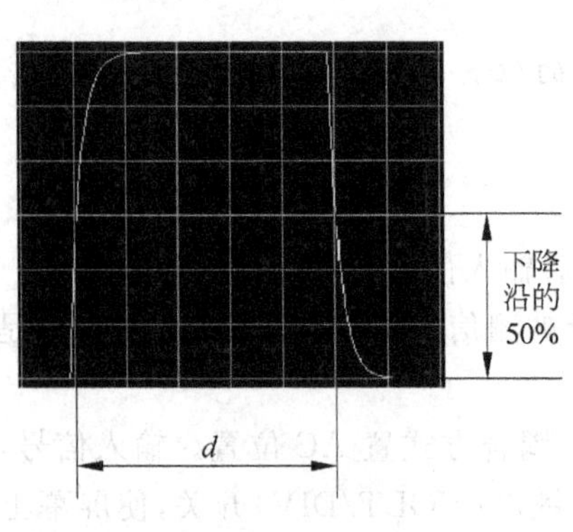

图 A2-3　脉冲宽度的测量方法

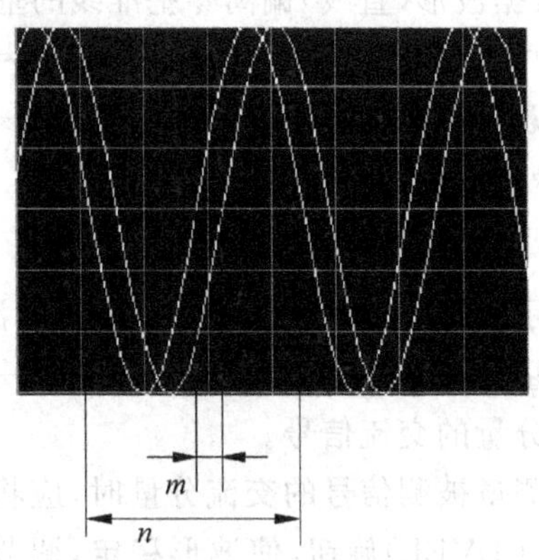

图 A2-4　双线法测量相位差

测量出波形一个周期在水平方向的长度 n 及两个信号波形与 X 轴相交对应点的水平距离 m，可由下式计算出两个信号间的相位差 φ，即

$$\varphi = \frac{360}{n} \cdot m$$

通常为读数方便，可调节扫描微调旋钮，使信号的一个周期占 9 格(DIV)，每格表示的相角为 40°(/DIV)，则相位差 φ 为

$$\varphi = 40^\circ \cdot m$$

用双线法测量相位差时，应使两条时基线严格与 X 轴重合。

(2) 椭圆法(李沙育图形)

示波器选择 X-Y 工作方式，这时的两个输入通道，一个为 X 输入通道；另一个为 Y 输入通道。输入耦合开关接地(GND)，调节位移旋钮，使光点位于荧光屏中心或某一个水平、垂直线的交叉点上(建立坐标系原点 O)。输入耦合开关置于 AC,接入信号,调节电压灵敏度(VOLT/DIV)旋钮,使显示的波形大小适当,如图 A2-5 所示。

测出图中 a 和 b 的长度,由下式可计算出相位差为:

$$\varphi=\arcsin\frac{a}{b}$$

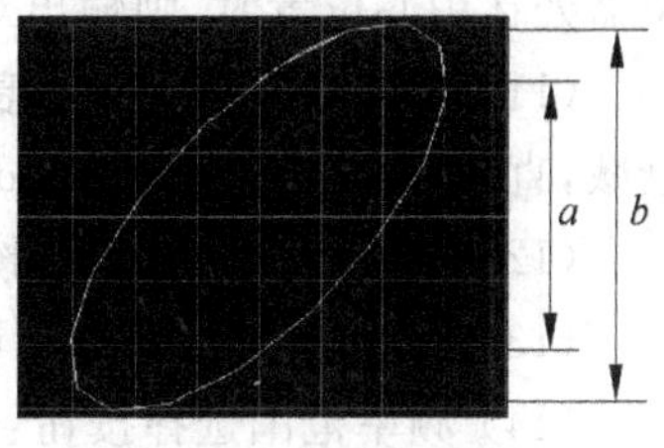

图 A2-5　椭圆法测量相位差

A2.6　注意事项

(1) 辉度不宜调得过亮,且光点不应长时间地停留在一点上,以免损坏荧光屏。通电后若暂时不观测波形,应将辉度调暗。

(2) 定量观测波形时,尽量在屏幕的中心区域进行,以减小测量误差。

(3) 测试过程中,应避免手指或人体其他部位接触信号输入端,以免对测试结果产生影响。

(4) 若示波器暂停使用并已关上电源,如需继续使用时,应待数分钟后再开启电源,以免烧坏保险丝。

A3　EE1641D 函数信号发生器

EE1641D 型函数信号发生器/计数器能输出连续信号、扫频信号、函数信号、脉冲信号、单脉冲等多种信号,并具有外部测频功能,信号频率范围 0.2Hz～2MHz。

A3.1　前面板说明

(1) 频率显示窗口:4 位半数码管显示输出信号的频率或外测频信号的频率,单位有 Hz 和 kHz 两个。

(2) 幅度显示窗口:三位数码管显示函数输出信号的峰—峰幅度值,单位有 $V_{p\text{-}p}$ 和 $mV_{p\text{-}p}$ 两个。

以上两个窗口显示的值为信号的实际测量值,其单位是自动转换,小数点自动定位。

(3) 扫描宽度调节旋钮(WDTH):调节此电位器可以改变内扫描的时间长短。当外测频时,逆时针旋到底(绿灯亮),为外输入测量信号经过低通开关进入测量系统。

(4) 扫描速率调节旋钮(RATE):调节此电位器可调节扫频输出的扫频范围。当外测频时,逆时针旋到底(绿灯亮),为外输入测量信号经过衰减 20dB 进入测量系统。

(5) 外部输入插座(INPUT):当"扫描/计数"功能键选择在外扫描状态(EXT SWEEP)或外测频功能(EXT COUNT)时,外扫描控制信号或外测频信号由此输入。

(6) TTL 信号输出器(TTLOUT):输出标准的 TTL 幅度的脉冲信号,输出阻抗为 600Ω。

(7) 函数信号输出端(50Ω):输出多种波形受控的函数信号,输出幅度 $20V_{p\text{-}p}$(1MΩ 负载),$10V_{p\text{-}p}$(50Ω 负载)。

(8) 函数信号输出幅度调节旋钮(AMPL):调节范围 20dB。

(9) 函数信号输出信号直流电平预置调节旋钮(OFFSET):调节范围 −5V～+5V

(50Ω负载),当电位器处在中心位置时,则为0电平。

(10) 输出波形对称性调节旋钮(SYM):调节此旋钮可改变输出信号的对称性。当电位器处在中心位置时,则输出对称信号。

(11) 函数信号输出幅度衰减开关(ATT):20dB键和40dB键均不按下,输出信号不经衰减,直接输出到插座口。20dB键和40dB键分别按下,则可选择20dB或40dB衰减。

(12) 函数输出波形选择按钮:可选择正弦波、三角波、脉冲波输出。

(13)"扫描/计数"按钮:可选择多种扫描方式和外测频方式。

(14) 频率范围选择按钮:每按一次此按钮可改变输出频率的1个频段。

(15) 频率微调旋钮:调节此旋钮可微调输出信号频率,调节基数范围为从＜0.2到＞2。

(16) 整机电源开关:此按键按下时,机内电源接通,整机工作。此键释放为关掉整机电源。

(17) 单脉冲按键:控制单脉冲输出,每揿动一次此按键,单脉冲输出(17)输出电平翻转一次。

(18) 单脉冲输出端:单脉冲输出由此端口输出。

(19) 功率输出端:提供＞4W的间频信号功率输出。此功能仅对×100、×1k、×10k档有效。

A3.2 函数信号输出(50Ω)

(1) 以终端连接50Ω匹配器的测试电缆,由前面板插座(50Ω)输出函数信号。

(2) 由频率选择按钮选定输出函数信号的频段,由频率微调旋钮调整输出信号频率,直到所需的工作频率值。

(3) 由波形选择按钮选定输出函数的波形分别获得正弦波、三角波、脉冲波。

(4) 由信号幅度调节旋钮(AMPL)和信号输出幅度衰减开关(ATT)选定和调节输出信号的幅度。

(5) 由信号直流电平预置调节旋钮(OFFSET)选定输出信号所携带的直流电平。

(6) 波形对称性调节旋钮(SYM)可改变输出脉冲信号空度比,与此类似,输出波形为三角或正弦时可使三角波调变为锯齿波,正弦波调变为正与负半周分别为不同角频率的正弦波形,且可移相180°。

A3.3 TTL脉冲信号输出

(1) 除信号电平为标准TTL电平外,其重复频率、调控操作均与函数输出信号一致。

(2) 以测试电缆(终端不加50Ω匹配器)由输出插座(TTLOUT)输出TTL脉冲信号。

A3.4 内扫描/扫频信号输出

(1)"扫描/计数"按钮选定为内扫描方式(INT)。

(2) 分别调节扫描宽度调节旋钮(WDTH)和扫描速率调节旋钮(RATE)获得所需的扫描信号输出。

(3) 函数输出插座(50Ω)、TTL脉冲输出插座(TTLOUT)均输出相应的内扫描的扫频信号。

A3.5　外扫描/扫频信号输出

(1)"扫描/计数"按钮选定为外扫描方式(EXT SWEEP)。

(2) 由外部输入插座(INPUT)输入相应的控制信号,即可得到相应的受控扫描信号。

A3.6　外测调频功能检查

(1)"扫描/计数"按钮选定为外计数方式(EXT COUNT)。

(2) 用本机提供的测试电缆,将函数信号引入外部输入插座(INPUT),观察显示频率应与"内"测量时相同。

A4　自制 HBE 硬件技术基础电路实验箱

本实验箱是面向高校计算机、通信、信息安全、智能等信息类专业的硬件基础电路实验平台,由一块大型(435mm×325mm×2mm)单面敷铜印制线路板制成,正面丝印有清晰的各部件、元器件的图形、线条和字符,反面则是其相应的印制线路板图。板上设有各集成块插座及镀合金叠插座等几百个元器件,实验电路连接采用高可靠、高性能的自锁紧插件;同时板上还装有四路直流稳压电源、信号源以及控制、显示等部件。实验板放置并固定在体积为 0.46m×0.36m×0.14m 的喷塑箱内,箱体右侧设有带保险丝管(0.5A)的 220V 单相电源三芯插座、电源总开关;箱内设有降压变压器,供 5 路开关直流稳压电源之用(输出 4 路)。

实验箱操作板布局如图 A4-1 所示,可分三部分,中间部分是实验电路区,可供搭接实验电路,主要包括器件插座及连接线叠插座、元器件库等;上面部分是信号指示区,其接口连接到实验电路的输出端,包括十六位逻辑电平显示电路、动态和静态数码显示电路、蜂鸣器;下面部分是信号源区,其接口连接到实验电路的输入端,包括十六位逻辑电平输出电路、脉冲信号源、4 路直流稳压源。具体说明如下:

(1) 集成电路插座包括高性能双列直插式圆孔插座(DIP)13 只(其中 20P,1 只;18P,1 只;16P,4 只;14P,5 只;8P,2 只);PLCC44 插座 1 只,40P 高性能双列直插式活动插座 2 只。

(2) 连接线插座包括 460 个高可靠的锁紧式、防转、叠插式插座,它们与集成电路插座、镀银针管座以及其他固定器件、线路等已在印制面连接好。正面板上有黑线条连接的地方,表示内部(反面)已接好。

该类插件,其插头与插座的导电接触面很大,接触电阻极其微小(接触电阻≤0.003Ω,使用寿命>10000 次以上),插头与插头之间可以叠插,从而可形成一个立体布线空间,使用方便。

(3) 分立元件插座包括 50 多根镀银长铜针管插座(与相应的锁紧插座已在印制面连通),供实验时接插电位器、电阻、电容等分立元件之用。

(4) 静态数码管显示电路包括 2 组 BCD 码二进制 7 段译码器 74LS48 与相应的共阴 LED 数码显示管(它们在反面已连接好)。只需接通+5V 直流电源,并在每一位译码器的 4 个输入端 A、B、C、D 处加入 4 位 0000～1001 之间的代码,数码管即显示出 0～9 的十进制数字。

(5) 动态数码显示电路由 6 位共阴 LED 数码管及其位驱动电路组成。

图 A4-1　实验箱的操作板布局图

(6) 十六位逻辑电平输出电路由十六个逻辑开关及相应的逻辑电路和输出插口组成。当开关按下时，输出为高电平(3.6V)，相应的 LED 灯点亮；当开关断开时，输出为低电平(0V)，相应的 LED 灯熄灭。

(7) 十六位逻辑电平显示电路由十六个 LED 指示灯及其逻辑电路和输入插口组成。当输入口接高电平时，所对应的 LED 指示灯亮红色，输入口接低电平时，所对应的 LED 指示灯亮绿色，如果输入处于 2V 左右的不高不低的电平位，LED 指示灯熄灭。

(8) 脉冲信号源包括固定频率信号源和可调频率信号源。固定频率信号源输出频率稳定的方波信号，幅度为 3.5V。共有 4 路，频率分别为 5M、1M、500k、100k。

可调频率信号源输出的方波信号频率连续可调，其输出频率由频率范围选择波段开关的位置(L，M，H)决定，通过频率细调电位器进行细调。LED 灯指示是否有脉冲信号输出。

(9) 单次脉冲源当按一次单次脉冲按键时，其输出口“⊔”和“⊓”分别输出一个负、正单次脉冲信号，并有 LED 灯 L 和 H 指示。

(10) TTL 与 RS232 电平转换电路在打开＋5V 电源开关时，通过 MAX232 实现 TTL 与 RS232 间的电平转换。

(11) 直流稳压电源提供±5V(1A)和±3～±315V(0.5A) 四路直流开关稳压电源，每路电源有独立的电源开关和输出插座及相应的 LED 指示。4 路电源有短路报警指示装置，当输出短路时，会发出报警声，相应的 LED 熄灭。

(12) 实验用器件库主要有蜂鸣器一只，电阻 100Ω、470Ω、1kΩ、4.7kΩ、10kΩ 各一只，电位器 100kΩ、10kΩ、1kΩ 各一个，电容 0.01μF、0.1μF、0.47μF、4.7μF、47μF 各一只，二极管 IN4007 二只，精密电位器 1kΩ、10kΩ、100kΩ 各一只，按键二只；DB-15、IDC10 插座各一只。

该实验装置资源丰富，具有实验功能强，实用，灵活，且接线可靠，操作快捷，维护简单等优点，比较适合信息类及相关专业的硬件技术基础电路实验。

APPENDIX B

附录 B 电路仿真软件 Multisim 操作简介

Multisim 是基于图形界面的仿真工具，适用于初级的电路仿真设计工作，是电子电路计算机仿真设计与分析的基础，本节以 NI Multisim 10 为演示软件，简单介绍 Multisim 的基本操作、菜单栏、元件库、仪器仪表的使用及其电路分析方法。

NI Multisim 10 是美国国家仪器公司(NI，National Instruments)推出的 Multisim 新版本，提供了全面集成化的设计环境，完成从原理图设计输入、电路仿真分析到电路功能测试等工作。

NI Multisim 10 元件库提供了数千种电路元件供实验选用，同时也可新建或扩充已有的元件库；虚拟测试仪器仪表有万用表、函数信号发生器、双踪示波器、直流电源、波特图仪、数字信号发生器、逻辑分析仪、逻辑转换器、失真仪、频谱分析仪、网络分析仪及 Agilent 仿真仪器等；可完成电路的瞬态分析和稳态分析、时域和频域分析、器件的线性和非线性分析、电路的噪声分析和失真分析、离散傅里叶分析、电路零极点分析、交直流灵敏度分析等电路分析方法；可设计、测试和演示的电路包括电工学、模拟电路、数字电路、射频电路及微控制器和接口电路等。

NI Multisim 10 提供了与印刷电路板设计自动化软件 Protel 及电路仿真软件 PSpice 之间的文件接口，支持 VHDL 和 Verilog HDL 语言的电路仿真与设计。

B1 Multisim 基本操作

1. 基本界面

选择开始→程序→National Instruments→Circuit Design Suite 10.0→Multisim 命令，启动 Multisim 10，可以看到 Multisim 10 的基本界面，如图 B1-1 所示。

Multisim 的主窗口如同一个实际的电子实验台。电路工作区位于屏幕中央区域最大的窗口，在电路工作区上可将各种电子元件和测试仪器仪表连

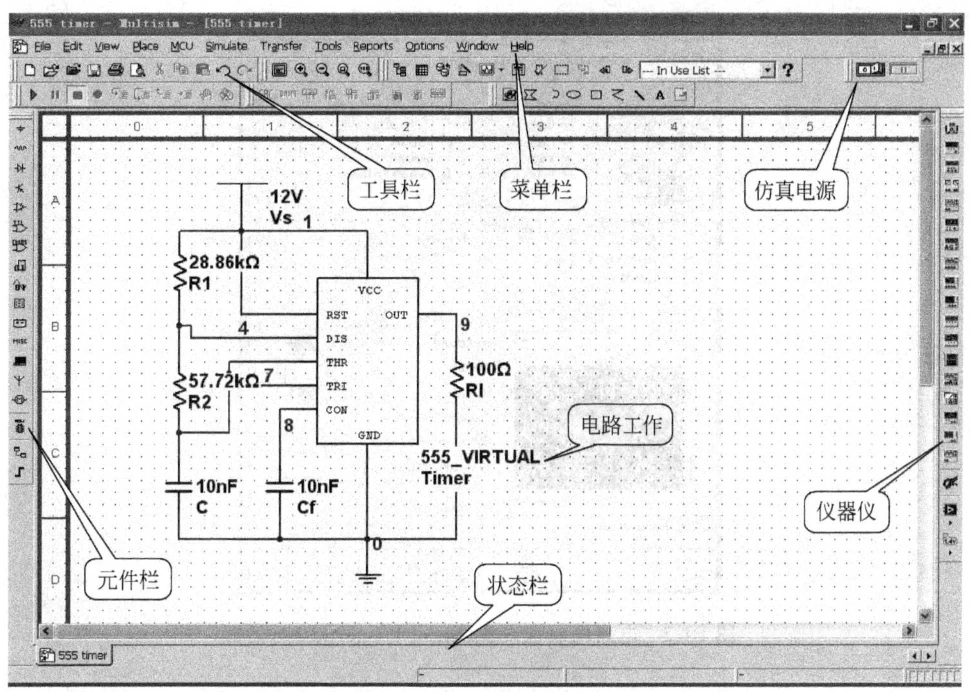

图 B1-1　Multisim10 的基本界面

接成实验电路。电路工作窗口上方是菜单栏、工具栏。从菜单栏可以选择电路连接、实验所需的各种命令。工具栏包含了常用的操作命令按钮，通过鼠标操作即可方便地使用各种命令。工具栏属于浮动窗口，不同用户显示会有所不同，用户可通过 View 菜单设置，也可用鼠标右击工具栏进行选择，单击工具栏不放，可随意拖动。电路工作窗口两边是元件栏和仪器仪表栏，元件栏存放着各种电子元件，仪器仪表栏存放着各种测试仪器仪表，用鼠标操作可以很方便地从元件和仪器库中提取实验所需的各种元件及仪器、仪表到电路工作窗口并连接成实验电路。按下电路工作窗口右上方的“启动/停止”开关或“暂停/恢复”按钮可以方便地控制实验的进程。

2. 文件基本操作

与 Windows 常用文件操作类似，Multisim 中文件操作命令包括：New—新建文件、Open—打开文件、Save—保存文件、Save As—另存文件、Print—打印文件、Print Setup—打印设置和 Exit—退出等相关的文件操作。这些操作可以在菜单栏 File 的子菜单下选择，也可以应用快捷键或工具栏的图标进行快捷操作。

3. 电路图属性的设置

选择 Options→Sheet Properties 命令，打开 Sheet Properties 对话框，如图 B1-2 所示。该对话框有 6 个选项，可设置工作台界面与电路显示方式。

(1) Circuit 选项，Show 区可选择电路各种参数，如 labels：是否显示元件的标志；RefDes：是否显示元件编号；Values：是否显示元件数值；Initial Condition：选择初始化条件；Tolerance：选择公差。Color 区的 5 个按钮用来选择电路工作区的背景、元件、导线等的颜色。

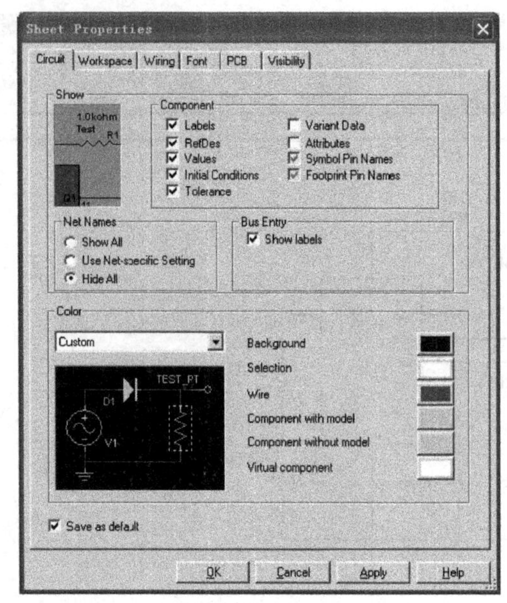

图 B1-2　电路图属性设置(Sheet Properties)对话框

(2) Workspace 选项,Show 区选择电路工作区显示方式,如 Show Grid:是否显示格点;Show Page Bounds:是否显示页面分隔线;Show border:是否显示边界。Sheet size 区实现图纸大小和方向的设置。

(3) Wring 选项,设置导线线宽及总线模式。Wire Width:选择线宽;Bus Width:选择总线线宽;Bus Wiring Mode:选择总线模式。

(4) Font 选项,选择字型。

(5) PCB 选项,选择与制作电路板相关的命令。

(6) Visibility 选项,选择可视选项。

4. 元件基本操作

(1) 元件的选择与放置:选择 Place→Component 命令或单击元件工具栏中要选择的元件库图标,打开元件选择对话框 Select a Component,在元件库对话框中选择所需的元件,拖曳到适当的位置单击放置器件。

(2) 元件特性参数:双击该元件,或者选择 Edit→Properties 命令,在弹出的元件特性对话框中,设置或编辑元件的各种特性参数。元件不同,每个选项下对应不同的参数。例如,NPN 三极管的选项为:Label 标识;Display 显示;Value 数值;Pins 管脚。

在电路仿真过程中,通过键盘上设置的按键修改交互式元件的参数值,可立即查看修改后的仿真结果。

(3) 元件操作:选中元件,然后单击鼠标右键弹出菜单,执行菜单中的操作命令,其命令和功能如图 B1-3 所示。

5. 导线的操作

(1) 连接导线:在两个元件之间,先将鼠标指向一个元件的端点使其出现一个小圆点,按下鼠标左键并拖曳出一根导线,拉住导线并指向另一个元件的端点使其出现小圆点,然后

(a) 菜单　　(b) 说明

图 B1-3　元件操作

释放鼠标左键，则导线连接完成。

(2) 连线的删除与改动：将鼠标指向元件与导线的连接点使出现一个圆点，按下左键拖曳该圆点使导线离开元件端点，释放左键，导线自动消失，完成连线的删除。也可将拖曳移开的导线连至另一个接点，实现连线的改动。

(3) 改变导线的颜色：用鼠标指向该导线，单击右键可以出现菜单，选择 Change Color 选项，出现颜色选择框，然后选择合适的颜色即可。

(4) 在导线中插入元件：将元件直接拖曳放置在导线上，然后释放即可插入元件在电路中。

(5) "连接点"的使用："连接点"是一个小圆点，单击 Place Junction 可放置节点。一个"连接点"最多可连接来自四个方向的导线。可直接将"连接点"插入连线中。

(6) 节点编号：在连接电路时，Multisim 自动为每个节点分配一个编号。是否显示节点编号可由 Options→Sheet Properties 对话框的 Circuit 选项设置。选择 RefDes 选项，可选择是否显示连接线的节点编号。

6. 电路文本注释编辑

为对电路的功能、使用说明等进行描述，可在电路工作区放置文本框、注释，或在文本描述框中输入文字。注释和文本描述框在需要查看时可打开，不需要时关闭，不占用电路窗口空间，可依据需要修改文字的大小和字体。

(1) 放置文本框：选择 Place→Text 命令或使用 Ctrl＋T 快捷操作，在电路工作区放置文本框，输入文字。双击文字块，可随时修改输入的文字。用鼠标指向文字块，单击鼠标右键，在弹出的菜单中选择 Color 命令，选择需要的颜色。

(2) 输入注释：选择 Place→Comment 命令放置注释，双击注释打开 Comment

Properties 对话框，在其中输入需要说明的文字。

(3) 在文本描述框输入文字：选择 View→Circuit Description Box 命令或使用快捷操作 Ctrl+D，打开电路文本描述框。选择 Tools→Description Box Editor 命令，输入需要说明的文字，如图 B1-4 所示。

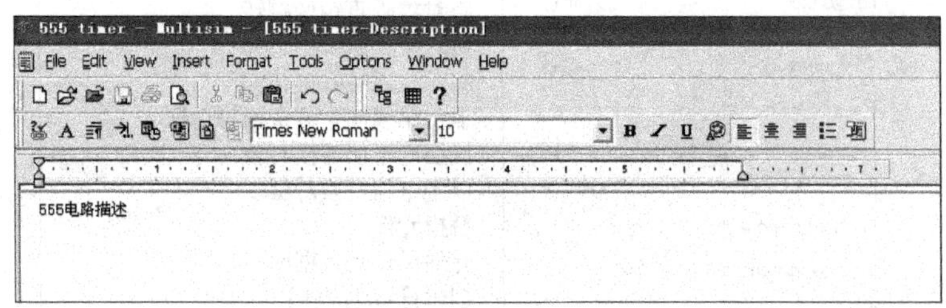

图 B1-4　在文本描述框输入文字

7. 图纸标题栏编辑

选择 Place→Title Block 命令，在打开对话框的查找范围处指向 Multisim→Titleblocks 目录，在该目录下选择一个 *.tb7 图纸标题栏文件，放在电路工作区。用鼠标指向文字块，单击鼠标右键，在弹出的菜单中选择 Properties 命令，打开 Title Block 对话框，如图 B1-5 所示。

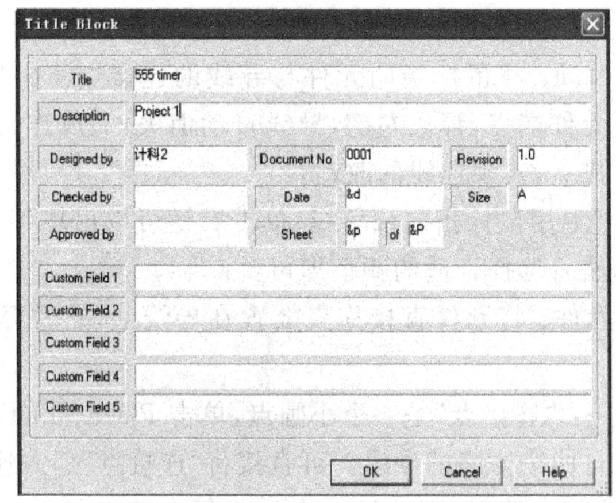

图 B1-5　图纸标题栏设置对话框

8. 子电路创建

子电路是用户建立的一个电路模块，可存放在自定元件库中供电路设计时反复调用。利用子电路可使大型的、复杂系统的设计模块化、层次化，提高设计效率与设计文档的简洁性、可读性，实现设计的重用，缩短产品的开发周期。

首先在电路工作区连接好一个电路，选择 Place→HB/SB Connecter 命令，放置输入输出符号，将其与子电路的输入输出信号端进行连接。然后用拖框操作(按住鼠标左键，拖动)将电路选中，这时框内元件全部选中。用鼠标器单击 Place →New Subcircuit 菜单选项，即出现子电路对话框，输入子电路名称和输入输出信号端数，单点 OK 按钮，生成一个子电路图标。

选择 File→Save 命令，可以保存生成的子电路，供调用、修改。

B2 Multisim 菜单栏

Multisim 10 的菜单栏包括了该软件的所有操作命令。主菜单栏位于界面上方共 12 个。从左至右依次为 File(文件)、Edit(编辑)、View(窗口)、Place(放置)、MCU(微控制器)、Simulate(仿真)、Transfer(文件输出)、Tools(工具)、Reports(报告)、Options(选项)、Window(窗口)和 Help(帮助)。

1. File 菜单

File 菜单提供文件操作命令，如打开、保存和打印等，File 菜单中的命令及功能说明如图 B2-1 所示。

2. Edit 菜单

Edit 菜单在电路绘制过程中，提供对电路和元件进行剪切、粘贴、旋转等操作命令，Edit 菜单中的命令及功能说明如图 B2-2 所示。

(a) 菜单　　(b) 说明

图 B2-1　File 菜单下的操作命令

(a) 菜单　　(b) 说明

图 B2-2　Edit 菜单栏下的操作命令

3. View 菜单

View 菜单提供控制仿真界面上显示内容的操作命令，其命令及功能说明如图 B2-3 所示。

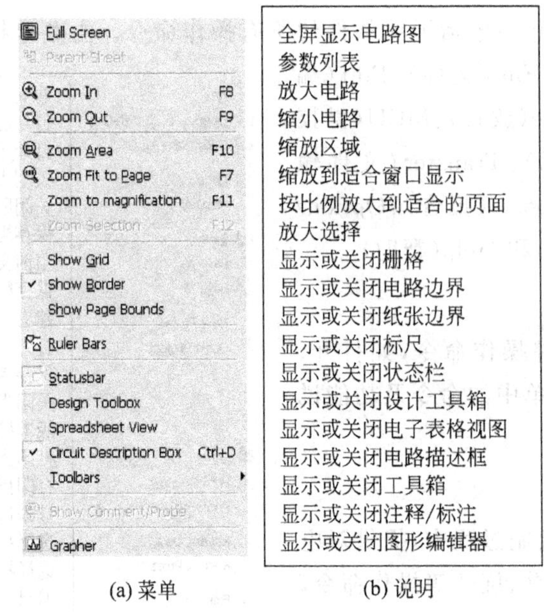

(a) 菜单　　(b) 说明

图 B2-3　View 菜单栏下的操作命令

4. Place 菜单

Place 菜单提供在电路工作窗口内放置元件、连接点、总线和文字等命令，Place 菜单中的命令及功能说明如图 B2-4 所示。

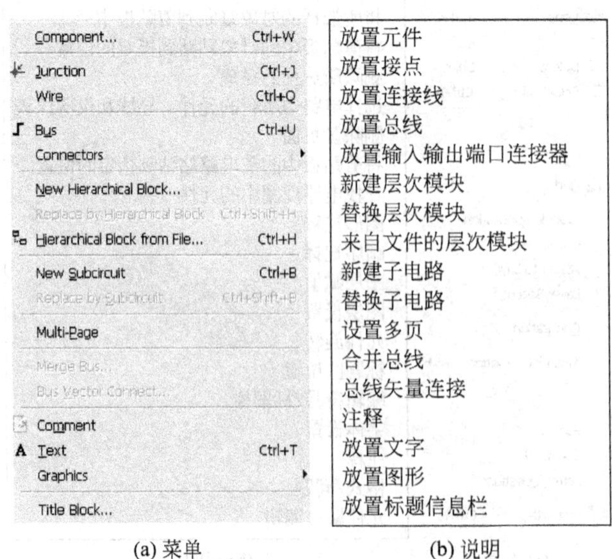

(a) 菜单　　(b) 说明

图 B2-4　Place 菜单栏下的操作命令

5. MCU 菜单

MCU 菜单提供在电路工作窗口内 MCU(微控制器)的调试操作命令，MCU 菜单中的命令及功能说明如图 B2-5 所示。

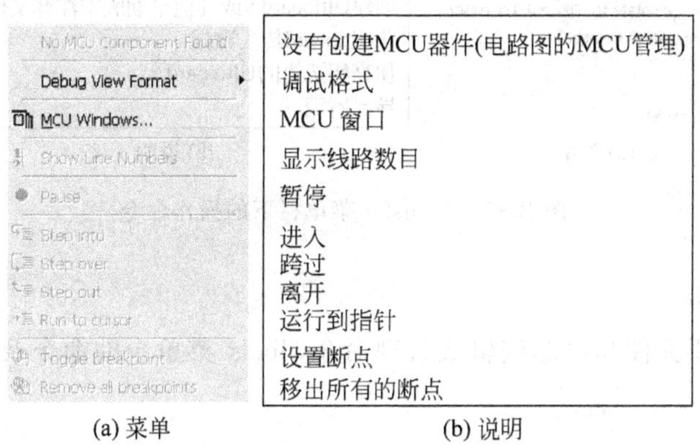

(a) 菜单　　(b) 说明

图 B2-5　MCU 菜单栏下的操作命令

6. Simulate 菜单

Simulate 菜单提供电路仿真设置与操作命令，Simulate 菜单中的命令及功能说明如图 B2-6 所示。

(a) 菜单　　(b) 说明

图 B2-6　Simulate 菜单栏下的命令

7. Transfer 菜单

Transfer 菜单提供传输命令，可完成对其他 EDA 软件需要的文件格式的输出。Transfer 菜单中的命令及功能说明如图 B2-7 所示。

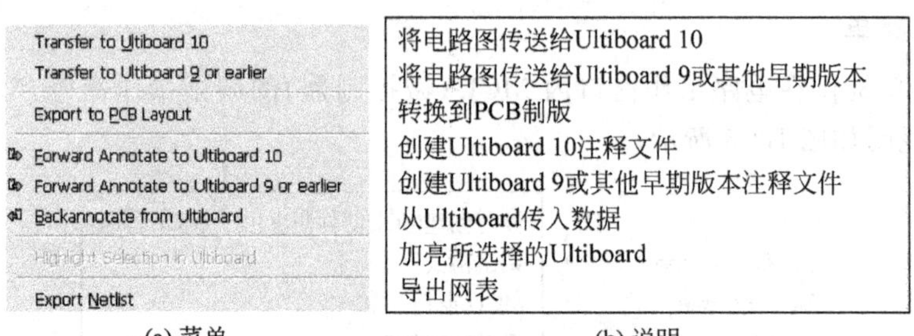

(a) 菜单　　(b) 说明

图 B2-7　Transfer 菜单栏下的操作命令

8. Tools 菜单

Tools 菜单提供元件和电路编辑或管理命令，Tools 菜单中的命令及功能说明如图 B2-8 所示。

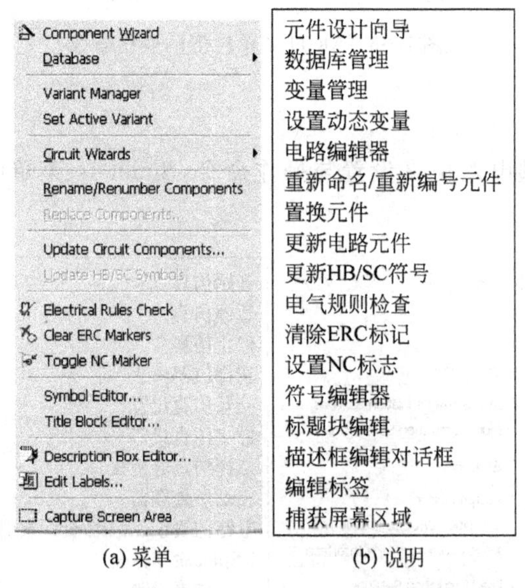

(a) 菜单　　(b) 说明

图 B2-8　Tools 菜单栏下的操作命令

9. Reports 菜单

Reports 菜单提供材料清单等报告命令，Reports 菜单中的命令及功能说明如图 B2-9 所示。

10. Options 菜单

Options 菜单提供电路界面和电路某些功能的设定命令，Options 菜单中的命令及功能说明如图 B2-10 所示。

11. Window(窗口)菜单

Window(窗口)菜单提供窗口操作命令，Window 菜单中的命令及功能说明如图 B2-11 所示。

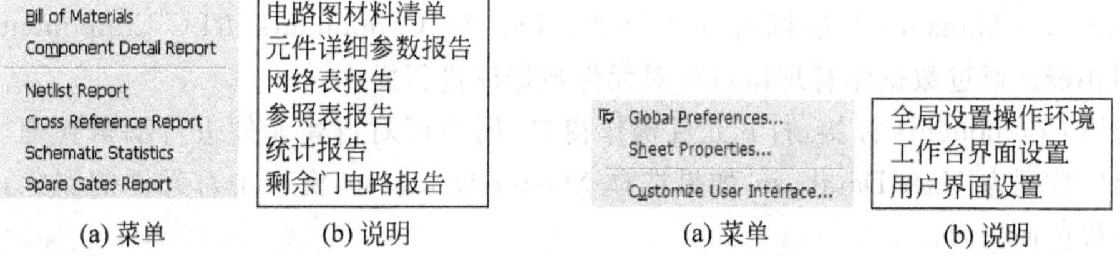

(a) 菜单　(b) 说明　(a) 菜单　(b) 说明

图 B2-9　Reports 菜单栏下的操作命令　图 B2-10　Options 菜单栏下的操作命令

12. Help 菜单

Help 菜单为用户提供在线技术帮助和使用指导，Help 菜单中的命令及功能说明如图 B2-12 所示。

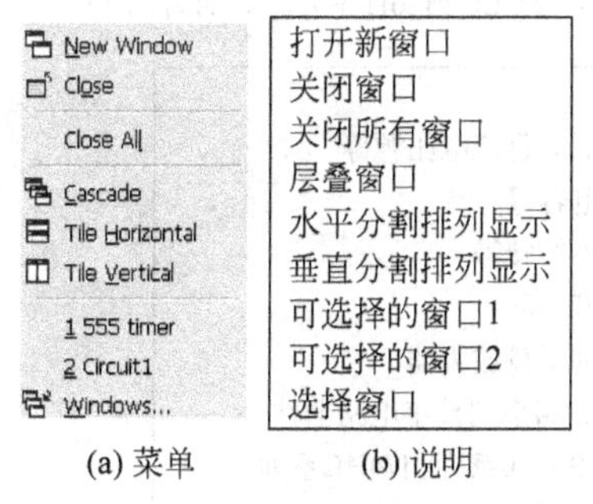

(a) 菜单　(b) 说明

图 B2-11　Window 菜单栏下的操作命令

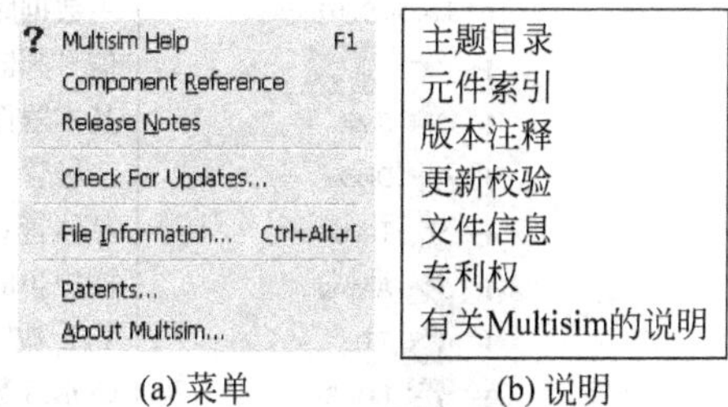

(a) 菜单　(b) 说明

图 B2-12　Help 菜单栏下的操作命令

B3　Multisim 元件

1. 元件的管理

Multisim 10 提供了丰富的元件，众多的元件通过元件数据库以开放的形式进行管理，用户能自己添加所需要的元件。选择 Tools→Database Managerment 命令打开数据库管理界面，如图 B3-1 所示。

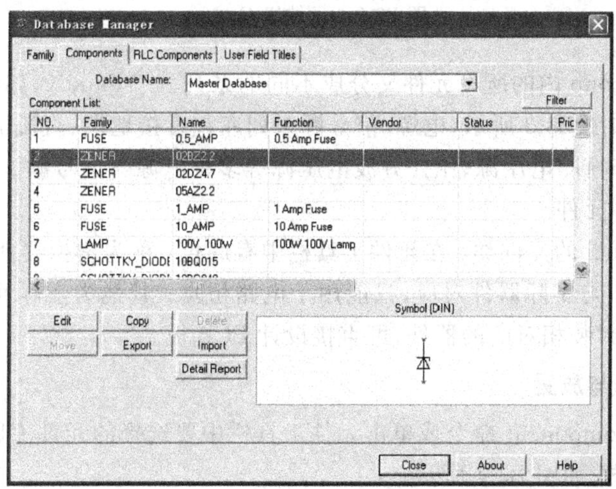

图 B3-1　Database Manager 数据库管理界面

Database Manager 对话框有 4 个标签：Family、Conponents、RLC Conponents、User Field Tiltes。通过数据库管理窗口可对元件数据库进行操作。

选择 Components 标签，打开元件操作窗口，用户可对自建元件进行编辑管理，这时要选择用户数据库 User Database，如果选择 Master Database，窗口中对元件的删除，移动按钮变成灰色而失效。

Multisim 根据元件库的来源及应用特性，将元件按不同的数据库 Database，不同的组 Group，不同的系列（族）Family 进行分类。

元件数据库 Database 分 3 类，Master Database 为 multisim 提供的元件库，不允许用户修改；Corporate Database 为元件公司提供的元件库；User Database 为用户创建元件的数据库。

元件组 Group 常用的有 17 个，主数据库元件组及其说明如图 B3-2 所示。

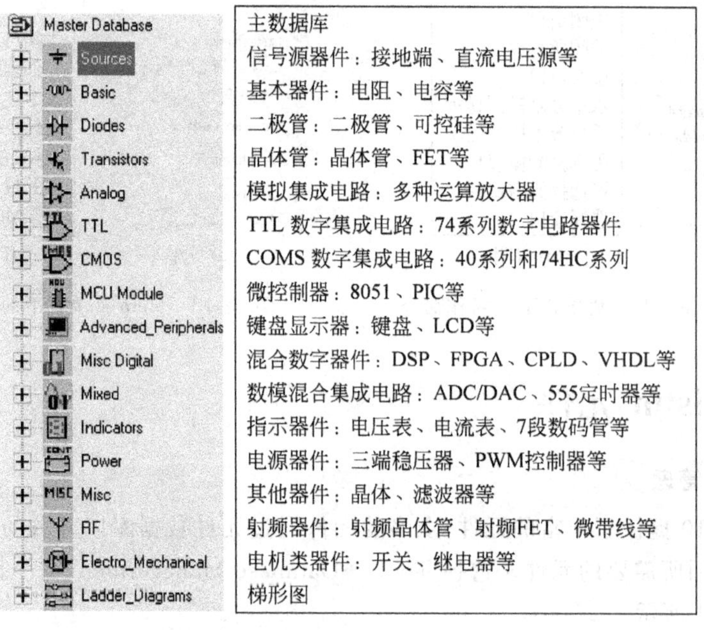

图 B3-2　元件组 Group

同一元件组 Group 内的所有元件又分成不同的系列（族）Family，如电源/信号源系列、基本器件系列等，如图 B3-3 所示，电源/信号源系列库包含接地端、直流电压源（电池）、正弦交流电压源、方波（时钟）电压源、压控方波电压源等多种电源与信号源。基本器件系列库包含电阻、电容等多种元件。

后缀标有 Virtual 的元件类，在元件工具栏中有底色，称为虚拟器件，虚拟元件可根据需要改变参数值，不与实际器件对应，只能用于电路仿真；其他为实际元件，实际元件是与实际的型号、参数、封装相对应的器件，可直接设计 PCB 板。

2. 元件的选择与放置

选择 Place→Component 命令或单击元件工具栏中要选择的元件库图标，可打开 Select a Component 对话框 如图 B3-4 所示。

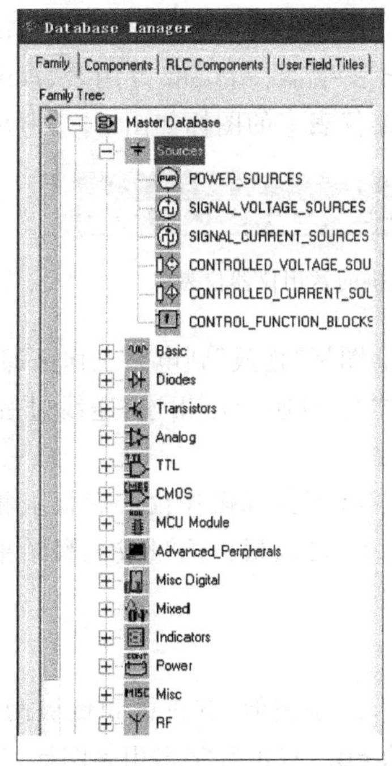

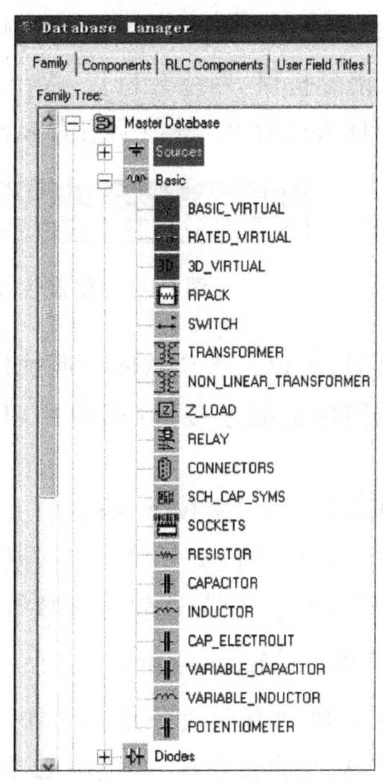

图 B3-3　元件系列 Family

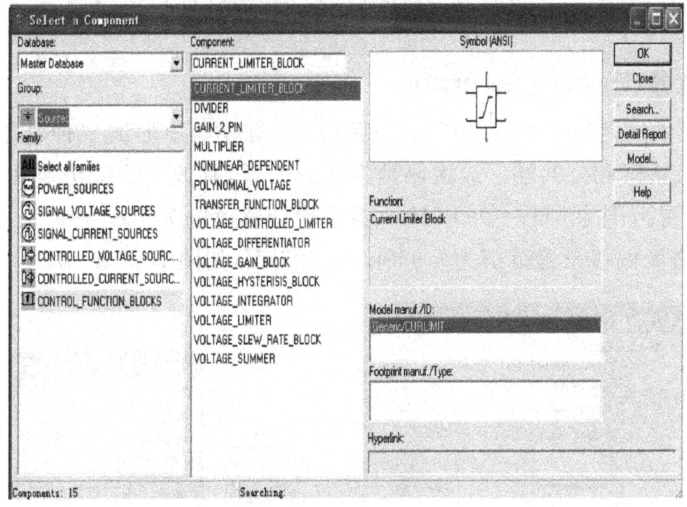

图 B3-4　元件选择对话框

通过 Database 下拉列表框，选择元件库；通过 Group 下拉列表框，选择元件组；在 Family 列表框，确定元件系列后，该系列的元件显示在右边列表框中，单击选择所需的元件，拖曳到适当的位置单击放置器件。

B4　Multisim 仪器仪表的使用

Multisim 提供了各类常用的仪器仪表，如数字万用表、失真度仪、函数发生器、瓦特表、双通道示波器、四通道示波器、波特图仪、频率计、字信号发生器、逻辑分析仪、逻辑转换器、IV 分析仪、频谱分析仪、网络分析仪、Agilent 信号发生器、Agilent 万用表、Agilent 示波器。仪器仪表以图标方式存在，每种类型有多台。仪器仪表库的图标如图 B4-1 所示。

图 B4-1　仪器仪表栏中提供的常用仪器仪表

选用仪器时，用鼠标将仪器库中所选用的仪器图标“拖放”到电路工作区即可，类似元件的拖放。仪器图标上的连接端(接线柱)与相应电路的连接点相连，连线过程类似元件的连线。

设置仪器参数时，双击仪器图标，打开仪器面板，用鼠标操作仪器面板上相应按钮及参数设置对话窗口的设置数据。在测量或观察过程中，可以根据测量或观察结果来改变仪器仪表参数的设置，如示波器、逻辑分析仪等。

1. 数字万用表(Multimeter)

Multisim 提供的万用表外观和操作与实际万用表相似，有正极和负极两个引线端，可测交直流电流 A、交直流电压 V、电阻 Ω 和分贝值 dB。双击数字多用表图标，放大数字多用表面板，有功能选择按钮。单击数字多用表面板上的设置(Settings)按钮，则弹出参数设置对话框窗口，可以设置数字多用表的电流表内阻、电压表内阻、欧姆表电流及测量范围等参数，如图 B4-2 所示。

2. 函数发生器(Function Generator)

Multisim 提供的函数发生器可产生正弦波、三角波和矩形波三种电压信号源，有三个引线端口：负极、正极和公共端。放大函数发生器面板，有波形选择按钮和相应波形参数设置窗口。频率设置范围为 1Hz～999THz；占空比调整范围为 1%～99%；幅度设置范围为 1μV～999kV；直流偏移设置范围为－999kV～999kV，如图 B4-3 所示。

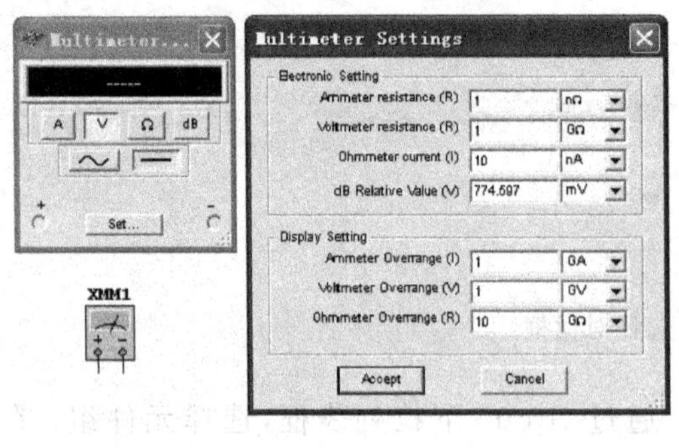

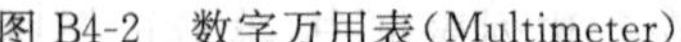
图 B4-2　数字万用表(Multimeter)

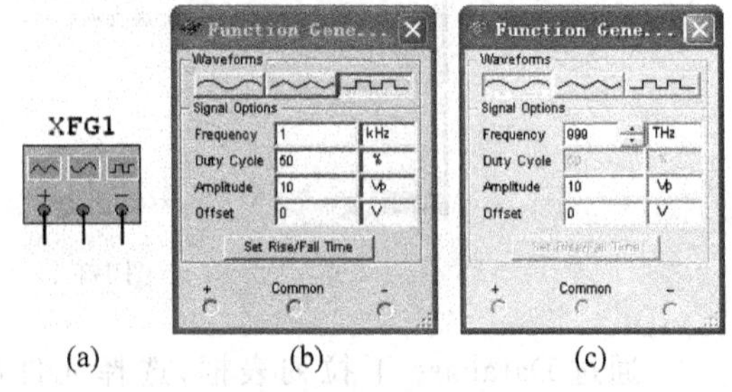

图 B4-3　函数发生器(Function Generator)

3. 瓦特表(Wattmeter)

Multisim 提供的瓦特表可测量电路的交流或者直流功率，有四个引线端口：电压正极和负极、电流正极和负极，电压输入端与测量电路并联连接，电流输入端与测量电路串联连接，如图 B4-4 所示。

4. 双通道示波器(Oscilloscope)

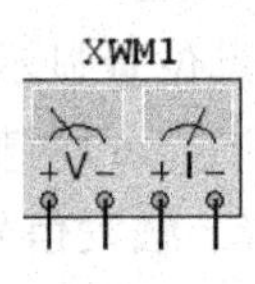

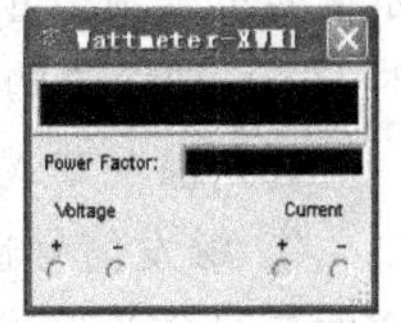

图 B4-4　瓦特表(Wattmeter)

Multisim 提供的双通道示波器与实际示波器的外观及其操作基本相同,可用来观察一路或两路信号波形的形状,分析被测周期信号的幅值和频率,输入端口有A通道输入、B通道输入、外触发端及各自接地端。用示波器检测函数发生器输出信号如图B4-5所示。

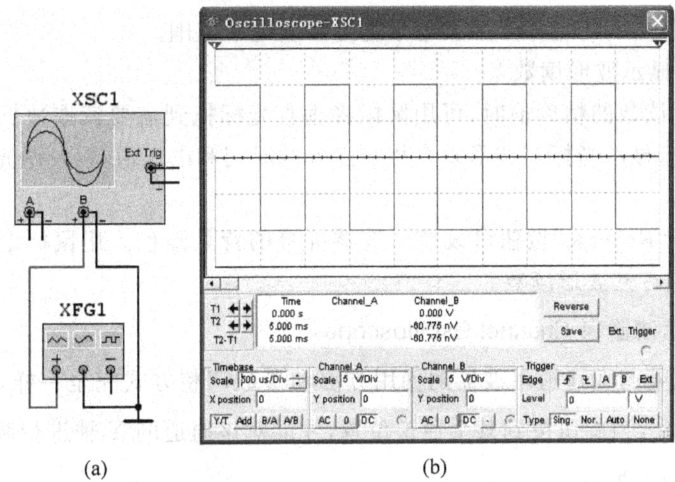

(a)　　　　(b)

图 B4-5　双通道示波器(Oscilloscope)的使用

(1) 时基(Time base)控制部分的调整

① 时间基准：X轴刻度显示示波器的时间基准,其基准为0.1fs/Div～1000Ts/Div可供选择。

② X轴位置控制：X轴位置控制X轴的起始点。当X的位置调到0时,信号从显示器的左边缘开始,正值使起始点右移,负值使起始点左移。X位置的调节范围是−5.00～+5.00。

③ 显示方式选择：显示方式选择示波器的显示,可以从"幅度/时间(Y/ T)"切换到"A通道/ B通道(A/ B)"、"B通道/ A通道(B/ A)"或"Add"方式。

- Y/T方式：X轴显示时间,Y轴显示电压值。
- A/ B、B/ A方式：X轴与Y轴都显示电压值。
- Add方式：X轴显示时间,Y轴显示A通道、B通道的输入电压之和。

(2) 示波器输入通道(Channel A/B)的设置

① Y轴刻度：Y轴电压刻度范围是$1f_V$/Div～$1000T_V$/Div,可以根据输入信号大小来选择Y轴刻度值的大小,使信号波形在示波器显示屏上显示出合适的幅度。

② Y轴位置(Y position)：Y轴位置控制Y轴的起始点。当Y的位置调到0时,Y轴的起始点与X轴重合,如果将Y轴位置增加到1.00,Y轴原点位置从X轴向上移一大格,若将Y轴位置减小到−1.00,Y轴原点位置从X轴向下移一大格。Y轴位置的调节范围是−3.00～+3.00。改变A、B通道的Y轴位置有助于比较或分辨两通道的波形。

③ Y轴输入方式：Y轴输入方式即信号输入的耦合方式；当用AC耦合时,示波器显

示信号的交流分量。当用 DC 耦合时，显示的是信号的 AC 和 DC 分量之和；当用 0 耦合时，在 Y 轴设置的原点位置显示一条水平直线。

(3) 触发方式(Trigger)调整

① 触发信号选择：触发信号选择一般选择自动触发(Auto)，选择 A 或 B，则用相应通道的信号作为触发信号。选择 EXT，则由外触发输入信号触发。选择 Sing 为单脉冲触发。选择 Nor 为一般脉冲触发。

② 触发沿(Edge)选择：触发沿可选择上升沿或下降沿触发。

③ 触发电平(Level)选择：触发电平选择触发电平范围。

(4) 示波器显示波形读数

要显示波形读数的精确值时，可用鼠标将垂直光标拖到需要读取数据的位置。显示屏幕下方的方框内，显示光标与波形垂直相交点处的时间和电压值，以及两光标位置之间的时间、电压的差值。

用鼠标单击“Reverse”按钮可改变示波器屏幕的背景颜色。用鼠标单击“Save”按钮可按 ASCII 码格式存储波形读数。

5. 四通道示波器(4 Channel Oscilloscope)

四通道示波器与双通道示波器的使用方法和参数调整方式完全一样，只是多了一个通道控制器旋钮，当旋钮拨到某个通道位置，才能对该通道的 Y 轴进行调整。四通道示波器的使用如图 B4-6 所示。

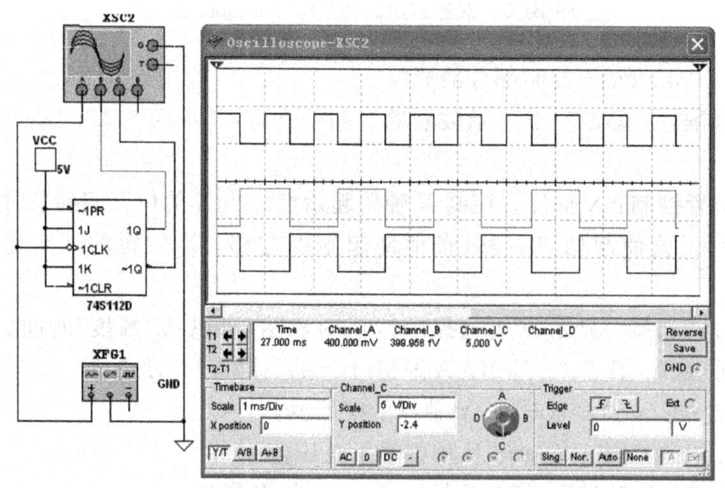

图 B4-6 四通道示波器的使用

6. 波特图仪(Bode Plotter)

波特图仪可用来测量和显示电路的幅频特性与相频特性，类似于扫频仪，有 In 和 Out 两对端口，其中 In 端口的＋和－分别接电路输入端的正端和负端；Out 端口的＋和－分别接电路输出端的正端和负端。使用波特图仪时，必须在电路的输入端接入 AC(交流)信号源，测试一阶 RC 滤波电路如图 B4-7 所示。

波特图仪控制面板分为 Magnitude(幅值)或 Phase(相位)的选择、Horizontal(横轴)设

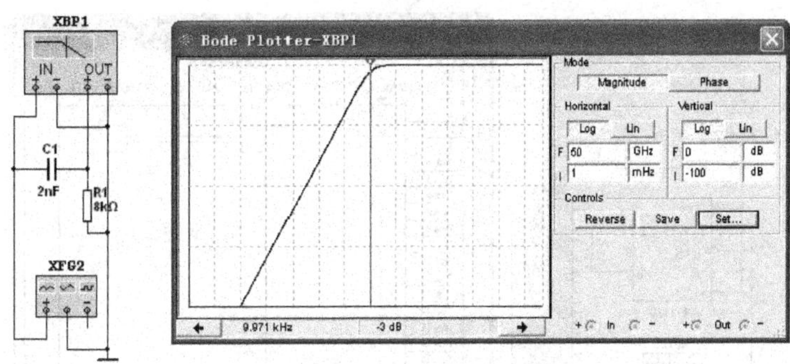

图 B4-7　用波特图仪测量一阶 RC 滤波电路

置、Vertical(纵轴)设置、显示方式的其他控制信号，面板中的 F 指的是终值，I 指的是初值，Log 指坐标以对数(底数为 10)的形式显示，Lin 则指坐标以线性的结果显示。

7. 频率计(Frequency couter)

频率计主要用来测量信号的频率、周期、相位，脉冲信号的上升沿和下降沿。其图标、面板以及使用如图 B4-8 所示。使用过程中应注意依据输入信号的幅值调整频率计的 Sensitivity(灵敏度)和 Trigger Level(触发电平)。

8. 数字信号发生器(Word Generator)

数字信号发生器是一个通用的数字激励源编辑器，可以多种方式产生 32 位的字符串，在数字电路的测试中应用非常灵活。左侧是控制面板，右侧是数字信号发生器的字符窗口。控制面板分为 Controls(控制方式)、Display(显示方式)、Trigger(触发)、Frequency(频率)等部分，如图 B4-9 所示。

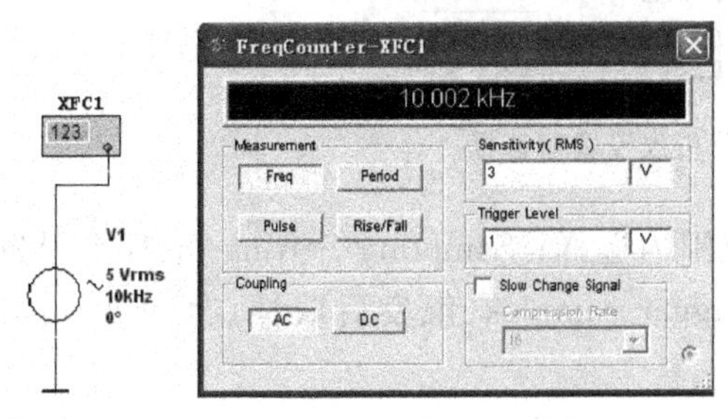

图 B4-8　频率计(Frequency couter)

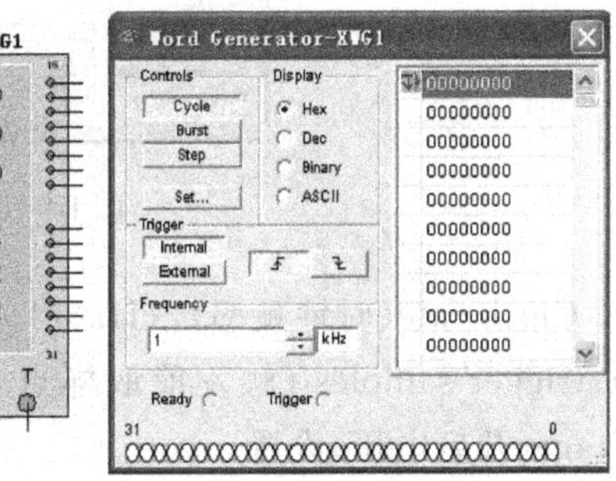

图 B4-9　数字信号发生器(Word Generator)

9. 逻辑分析仪(Logic Analyzer)

逻辑分析仪用于对数字逻辑信号的高速采集和时序分析，可同步记录和显示 16 路数字信号，连接端口有：16 路信号输入端、外接时钟端 C、时钟限制 Q 以及触发限制 T。Logic Analyzer 面板上半部分是显示窗口，下半部分是逻辑分析仪的控制窗口，控制信号有：Stop(停止)、Reset(复位)、Reverse(反相显示)、Clock(时钟)设置，Trigger(触发)设置，如图 B4-10 所示。

16 路输入的逻辑信号的波形以方波形式显示在逻辑信号波形显示区，波形显示的时间

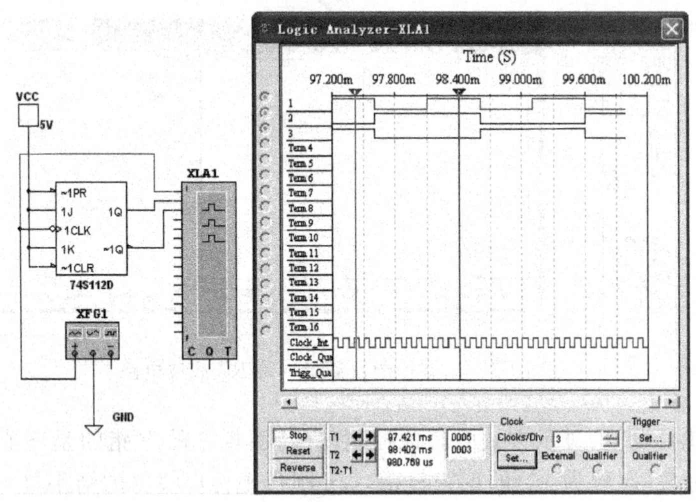

图 B4-10 逻辑分析仪(Logic Analyzer)

轴刻度可通过面板下边的 Clocks per division 设置。读取波形的数据可以通过拖放读数指针完成,在面板下部的两个方框内显示指针所处位置的时间读数和逻辑读数(4 位十六进制数)。

Clock setup(时钟设置)对话框如图 B4-10A 所示。Clock Source,(时钟源)选择外触发或内触发。

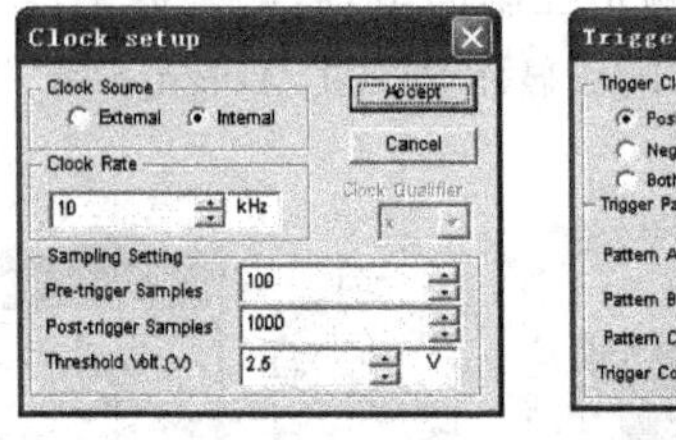

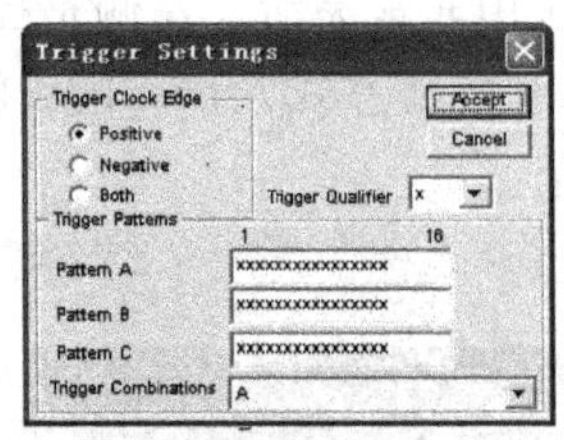

图 B4-10A 逻辑分析仪设置对话框

Clock rate(时钟频率),1Hz～100MHz 范围内选择;Sampling Setting(取样点设置),Pre-trigger samples (触发前取样点)、Post-trigger samples(触发后取样点)和 Threshold voltage(开启电压)设置。

Trigger Setting(触发设置)对话框,如图 B4-10A 所示。Trigger Clock Edge(触发边沿),Positive(上升沿)、Negative(下降沿)、Both(双向触发)。Trigger patterns(触发模式),由 A、B、C 定义触发模式,在 Trigger Combination(触发组合)下有 21 种触发组合可以选择。

10. 逻辑转换器(Logic Converter)

Multisim 提供的一种虚拟仪器——逻辑转换器。实际中无此仪器,逻辑转换器可在逻辑电路、真值表和逻辑表达式之间进行转换。有 8 路信号输入端,1 路信号输出端,如图 B4-11 所示。

6 种转换功能依次是:逻辑电路转换为真值表、真值表转换为逻辑表达式、真值表转换

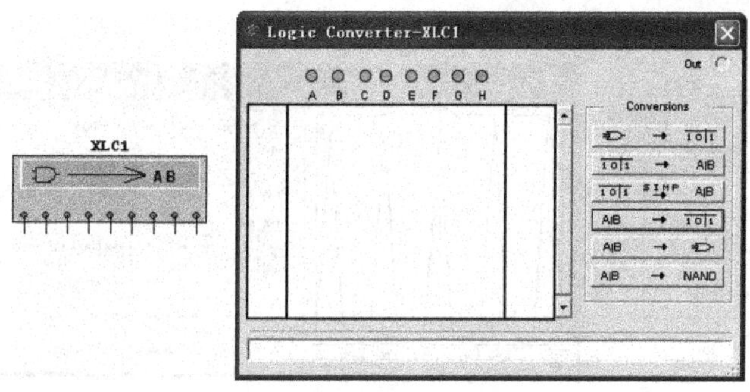

图 B4-11 逻辑转换器(Logic Converter)

为最简逻辑表达式、逻辑表达式转换为真值表、逻辑表达式转换为逻辑电路、逻辑表达式转换为与非门电路。

11. IV 分析仪(IV Analyzer)

IV 分析仪用于分析晶体管的伏安特性曲线,如二极管、NPN 管、PNP 管、NMOS 管、PMOS 管等器件。IV 分析仪相当于实验室的晶体管图示仪,需将晶体管与连接电路完全断开,才能进行 IV 分析仪的连接和测试。IV 分析仪有三个连接点,实现与晶体管的连接,如图 B4-12 所示,IV 分析仪面板左侧是伏安特性曲线显示窗口;右侧是功能选择。

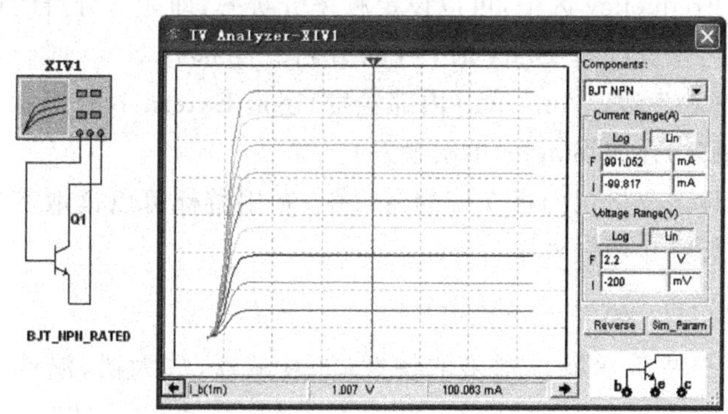

图 B4-12 IV 分析仪(IV Analyzer)

12. 失真度仪(Distortion Analyzer)

失真度仪专门用来测量电路的信号失真度,失真度仪提供的频率范围为 20Hz~100kHz。面板最上方给出测量失真度的提示信息和测量值,如图 B4-13 的左图所示,Fundamental Freq(分析频率)处可以设置分析频率值;在 Controls(控制模式)区域中,THD 设置分析总谐波失真,SINAD 设置分析信噪比,Settings 设置分析参数。

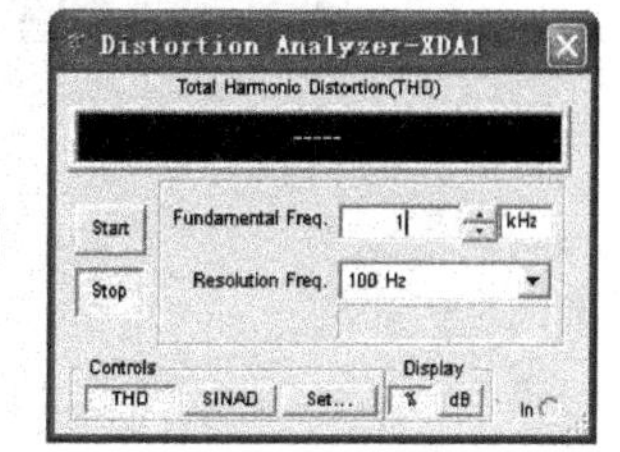

图 B4-13 失真度仪(Distortion Analyzer)

13. 频谱分析仪(Spectrum Analyzer)

频谱分析仪用于分析信号的频域特性,其频域分析范围的上限为 4GHz。分析 1kHz 方波信号的频谱如图 B4-14 所示。

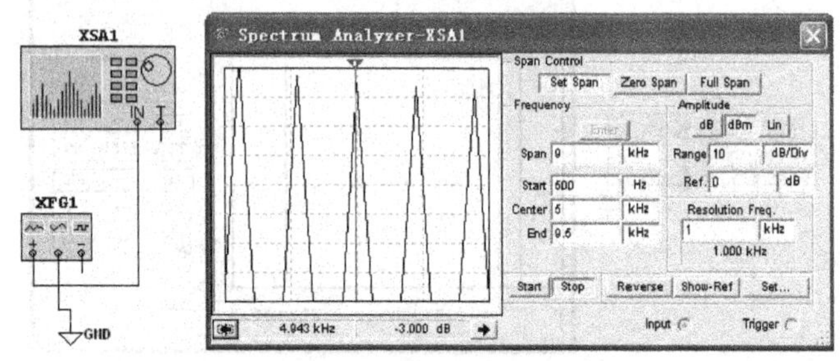

图 B4-14　频谱分析仪(Spectrum Analyzer)

在 Span Control 区中,当选择 Set Span 时,频率范围由 Frequency 区域设定。当选择 Zero Span 时,频率范围仅由 Frequency 区域的 Center 栏位设定的中心频率确定。

当选择 Full Span 时,频率范围设定为 0～4GHz。

在 Frequency 区中,Span 设定频率范围。start 设定起始频率。Center 设定中心频率。End 设定终止频率。

在 Amplitude 区中,当选择 dB 时,纵坐标刻度单位为 dB。当选择 dBm 时,纵坐标刻度单位为 dBm。当选择 Lin 时,纵坐标刻度单位为线性。

在 Resolution Frequency 区中,可以设定频率分辨率,即能够分辨的最小谱线间隔。

在 Controls 区中,当选择 Start 时,启动分析。当选择 Stop 时,停止分析。当选择 Trigger Set 时,选择触发源是 Internal(内部触发)还是 External(外部触发),选择触发模式是 Continue(连续触发)还是 Single(单次触发)。

频谱图显示在频谱分析仪面板左侧的窗口中,利用游标可以读取其每点的数据并显示在面板右侧下部的数字显示区域中。

14. 网络分析仪(Network Analyzer)

网络分析仪用于测量双端口网络的特性,如衰减器、放大器、混频器、功率分配器等。Multisim 提供的网络分析仪可以测量电路的 S 参数,并计算出 H、Y、Z 参数,如图 B4-15 所示。

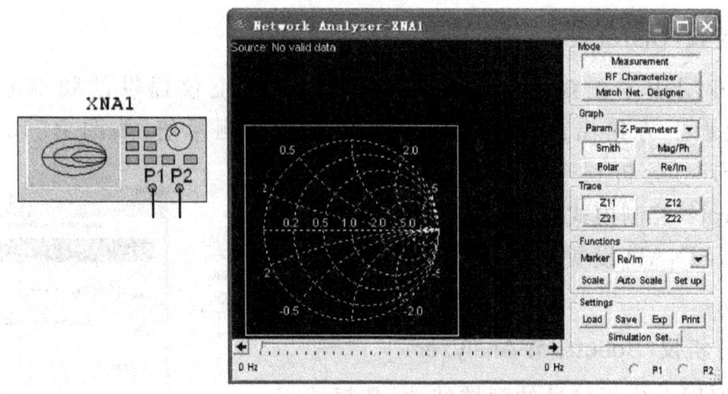

图 B4-15　网络分析仪(Network Analyzer)

在 Mode 区中：提供分析模式。

在 Graph 区中：选择要分析的参数及模式，可选择的参数有 S 参数、H 参数、Y 参数、Z 参数等。模式选择有 Smith(史密斯模式)、Mag/Ph(增益/相位频率响应，波特图)、Polar(极化图)、Re/Im(实部/虚部)。

在 Trace 区中：选择需要显示的参数。

在 Functions 区中：功能选择，Marker 提供了数据显示窗口的三种显示模式：Re/Im 为直角坐标模式；Mag/Ph(Degs)为极坐标模式；dB Mag/Ph(Deg)为分贝极坐标模式。

在 Settings 区中：提供数据管理。

15. 仿真 Agilent 仪器

仿真 Agilent 仪器有三种：Agilent 信号发生器、Agilent 万用表、Agilent 示波器。这三种仪器与真实仪器的面板，按钮、旋钮操作方式完全相同。

(1) Agilent 信号发生器

Agilent 信号发生器的型号是 33120A，其图标和面板如图 B4-16 所示，这是个高性能 15 MHz 的综合信号发生器。Agilent 信号发生器有两个连接端，上方是信号输出端，下方是接地端。单击最左侧的电源按钮，即可按照要求输出信号。

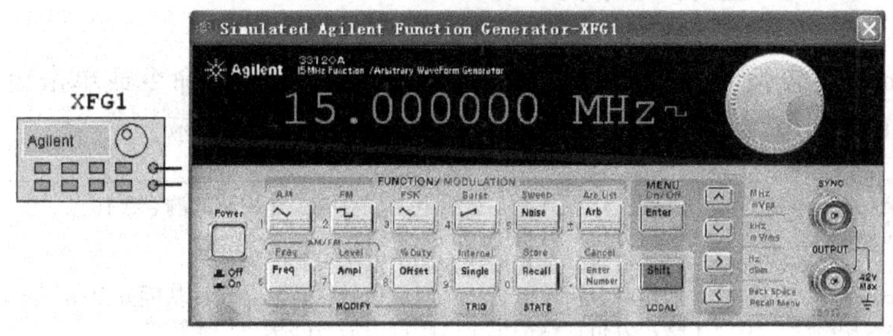

图 B4-16　Agilent 信号发生器

(2) Agilent 万用表

Agilent 万用表的型号是 34401A，其图标和面板如图 B4-17 所示，这是个高性能 6 位半的数字万用表。Agilent 万用表有 5 个连接端，应注意面板的提示信息连接。单击最左侧的电源按钮，即可使用万用表，实现对各种电类参数的测量。

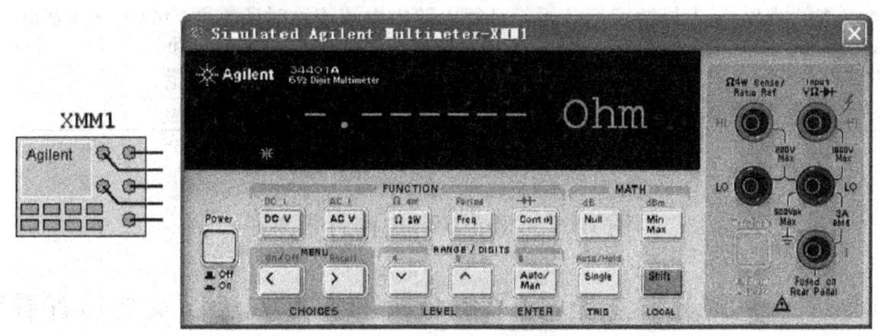

图 B4-17　Agilent 万用表

(3) Agilent 示波器

Agilent 示波器的型号是 54622D，图标和面板如图 B4-18 所示，这是个 2 模拟通道、16

个逻辑通道、100-MHz 的宽带示波器。Agilent 示波器下方的 18 个连接端是信号输入端，右侧是外接触发信号端、接地端。单击电源按钮，即可使用示波器，实现各种波形的测量。

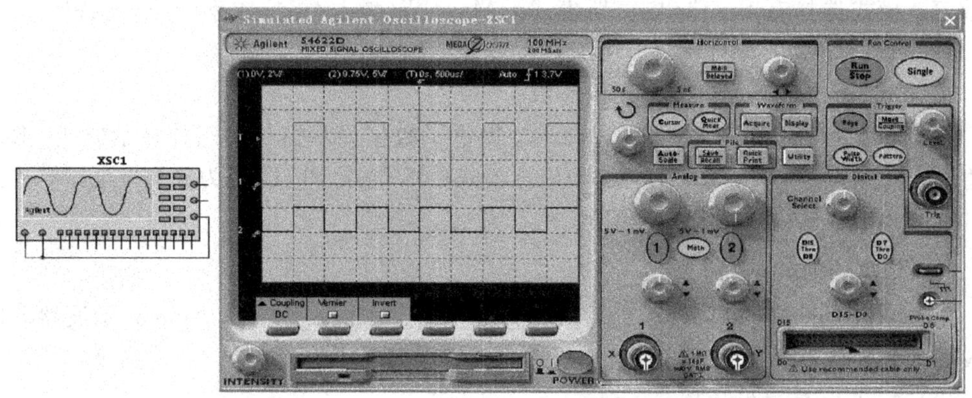

图 B4-18　Agilent 示波器

B5　Multisim 电路分析方法

Multisim 具有较强的分析功能，选择 Simulate→Analysis 命令或单击设计工具栏的图标，可以弹出电路分析菜单。分析菜单及功能说明如图 B5-1 所示。

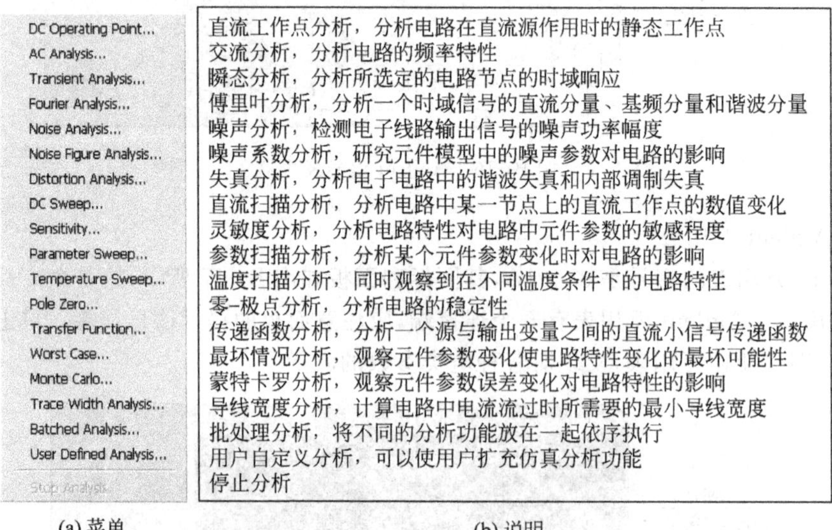

(a) 菜单　　(b) 说明

图 B5-1　Multisim 电路分析菜单

正确使用 Multisim 的分析功能，应了解分析的设置方法以及如何查看和处理分析结果。每个分析都有详细的选项供用户设置，当激活一个分析时，在 Multisim 图形记录器中将显示该分析结果。选择 View→Grapher 命令，打开 Grapher View 窗口，可以完成查看、调整、保存及输出分析图形和图表等功能。下面简要说明直流工作点分析、交流分析、瞬态分析、傅里叶分析的使用方法。

1. 直流工作点分析(DC Operating Point)

在进行直流工作点分析时，电路中的交流源将被置零，电容开路，电感短路。选择Simulate→Analysis→DC Operating Point命令，打开DC Operating Point Analysis对话框，该对话框有Output、Analysis Options和Summary 3个选项，如图B5-2所示。

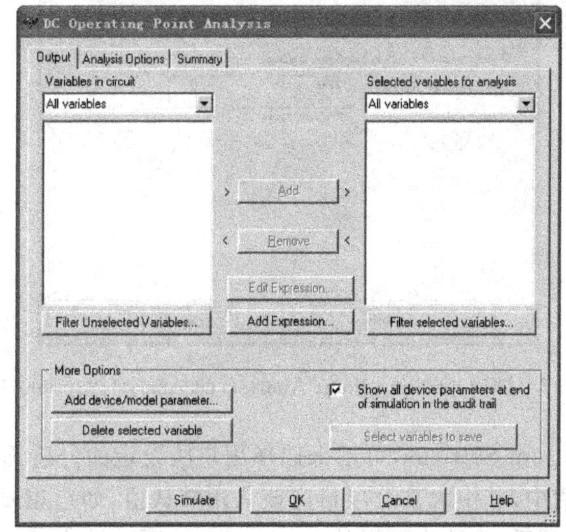

图B5-2　DC Operating Point Analysis的Output选项

(1) Output选项用来选择需要分析的节点和变量。

在Variables in Circuit栏中列出的是电路中可用于分析的节点和变量。单击Variables in circuit窗口中的下箭头按钮，给出可选变量类型表：Voltage and current 电压和电流变量；Voltage电压变量；Current电流变量；Device/Model Parameters元件/模型参数变量；All variables电路中的全部变量。

单击该栏下的Filter Unselected Variables按钮，可增加一些变量。

在More Options选项区中，单击Add device/model parameter可在Variables in circuit栏内增加某个元/模型的参数，弹出Add device/model parameter对话框。在Add device/model parameter对话框，可在Parameter Type栏内指定所要新增参数的形式；然后分别在Device Type栏内指定元件模块的种类、在Name栏内指定元件名称(序号)、在Parameter栏内指定所要使用的参数。Delete selected variables按钮可以删除已通过Add device/model parameter按钮选择到Variables in circuit栏中的变量。首先选中需要删除变量，然后单击该按钮即可删除该变量。

在Selected variables for analysis栏中列出的是确定需要分析的节点。默认状态下为空，用户需要从Variables in circuit栏中选取，方法是：首先选中左边的Variables in circuit栏中需要分析的一个或多个变量，再单击Add按钮，则这些变量出现在Selected variables for analysis栏中。如果不想分析其中已选中的某一个变量，可先选中该变量，单击Remove按钮即将其移回Variables in circuit栏内。Filter Selected Variables筛选Filter Unselected Variables已经选中，并且放在Selected variables for analysis栏的变量。

(2) Analysis Options选项用来设定分析参数，包含SPICE Options区和OtherOptions

区，如图 B5-3 所示，建议使用默认值。

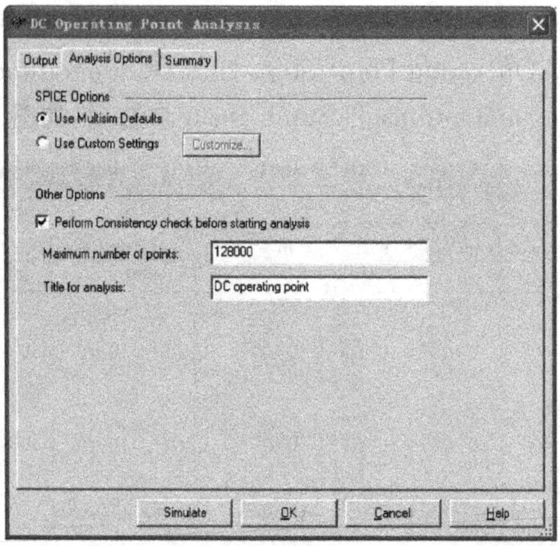

图 B5-3　DC Operating Point Analysis 的 Analysis Options 选项

如果选择 Use Custom Settings，可用来选择用户所设定的分析选项。可供选取设定的项目已出现在下面的栏中，其中大部分项目应该采用默认值，如果想要改变其中某一个分析选项参数，则在选取该项后，再选中下面的 Customize 选项。选中 Customize 选项将出现另一个窗口，可以在该窗口中输入新的参数。单击左下角的 Restore to Recommended Settings 按钮，即可恢复默认值。

(3) Summary 选项给出了所有设定的参数和选项，用户可检查确认所要进行的分析设置是否正确。

单击 OK 按钮可以保存所有的设置。单击 Cancel 按钮即可放弃设置。单击 Simulate 按钮即可进行仿真分析，得到仿真分析结果。

2. 交流分析(AC Analysis)

交流分析用于分析电路的频率特性。需先选定被分析的电路节点，在分析时，电路中的直流源将自动置零，交流信号源、电容、电感等均处在交流模式，输入信号也设定为正弦波形式。若把函数信号发生器的其他信号作为输入激励信号，在进行交流频率分析时，会自动把它作为正弦信号输入。因此输出响应也是该电路交流频率的函数。

选择 Simulate→Analysis→AC Analysis 命令，打开 AC Analysis 对话框，该对话框有 Frequency Parameters、Output、Analysis Options 和 Summary 4 个选项，其中 Output、Analysis Options 和 Summary 3 个选项与直流工作点分析的设置一样，Frequency Parameters 选项卡如图 B5-4 所示。

在 Frequency Parameters 参数设置选项中，可确定分析的起始频率、终点频率、扫描形式、分析采样点数和纵向坐标(Vertical scale)等参数。Start frequency：设置分析的起始频率，默认设置为 1Hz；Stop frequency(FSTOP)：设置扫描终点频率，默认设置为 10GHz；Sweep type：设置分析的扫描方式，包括 Decade(十倍程扫描)和 Octave(八倍程扫描)及 Linear(线性扫描)，默认设置为十倍程扫描(Decade 选项)，以对数方式展现；Number of points per decade：设置每十倍频率的分析采样数，默认为 10；Vertical Scale：选择纵坐标

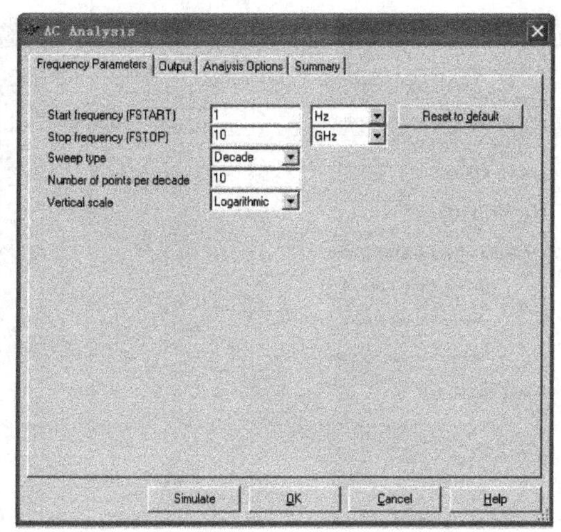

图 B5-4 AC Analysis 的 Frequency Parameters 选项卡

刻度形式：坐标刻度形式有 Decibel(分贝)、Octave(八倍)、Linear(线性)及 Logarithmic(对数)形式，默认设置为对数形式。

单击 Reset to default 按钮，即可恢复默认值。按下 Simulate 按钮，即可在显示图上获得被分析节点的频率特性波形。交流分析的结果，可以显示幅频特性和相频特性两个图。如果用波特图仪连至电路的输入端和被测节点，同样也可以获得交流频率特性。

在对模拟小信号电路进行交流频率分析的时候，数字器件将被视为高阻接地。

3. 瞬态分析(Transient Analysis)

瞬态分析是指对所选定的电路节点的时域响应，即观察该节点在整个显示周期中每一时刻的电压波形。在进行瞬态分析时，直流电源保持常数，交流信号源随着时间而改变，电容和电感都是能量储存模式元件。

选择 Simulate→Analysis→Transient Analysis 命令，打开 Transient Analysis 对话框，该对话框有 Analysis Parameters、Output、Analysis Options 和 Summary 4 个选项，其中 Output、Analysis Options 和 Summary 3 个选项与直流工作点分析的设置一样，Analysis Parameters 选项卡如图 B5-5 所示。

在 Initial conditions 区的下拉列表框中，选择初始条件。Automatically determine Initial conditions：由程序自动设置初始值；Set to zero：初始值设置为 0；User defined：由用户定义初始值；Calculate DC operating point：通过计算直流工作点得到的初始值。

在 Parameters 选项区可以对时间间隔和步长等参数进行设置。Start time：设置开始分析的时间；End time：设置结束分析的时间；Maximum time step settings：设置分析的最大时间步长；Minimum number of time points：设置单位时间内的采样点数；Maximum time step(TMAX)：设置最大的采样时间间距；Generate time steps automatically：由程序自动决定分析的时间步长。

在 More Options 选项区，选择 Set initial time step 选项，可以由用户自行确定起始时间步，步长大小输入在其右边栏内，如不选择，则由程序自动约定；选择 Estimate maximum time step based on net list，根据网表来估算最大时间步长。

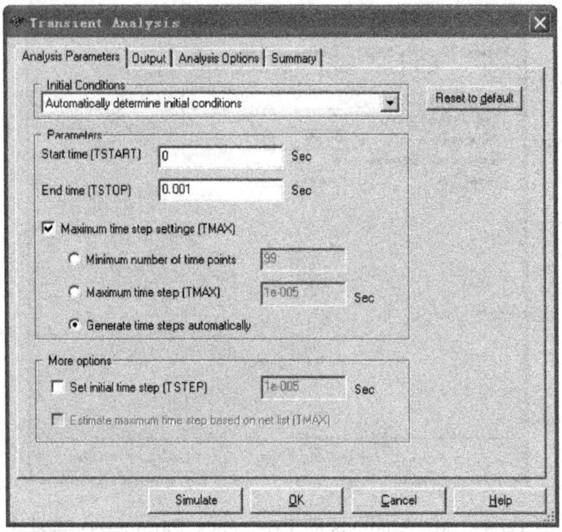

图 B5-5　Transient Analysis 的 Analysis Parameters 选项

单击 Reset to default 按钮，即可恢复默认值。按下 Simulate 按钮，即可在显示图上获得被分析节点的瞬态特性波形。

4. 傅里叶分析(Fourier Analysis)

傅里叶分析方法用于分析一个时域信号的直流分量、基频分量和谐波分量，即把被测节点处的时域变化信号作离散傅立叶变换，求出它的频域变化规律。在进行傅里叶分析时，必须首先选择被分析的节点，一般将电路中的交流激励源的频率设定为基频，若在电路中有几个交流源时，可以将基频设定在这些频率的最小公因数上。如有一个 10.5kHz 和一个 7kHz 的交流激励源信号，则基频可取 0.5kHz。

选择 Simulate→Analysis→Fourier Analysis 命令，打开 Fourier Analysis 对话框，该对话框有 AnalysisParameters、Output、Analysis Options 和 Summary 4 个选项，其中 Output、Analysis Options 和 Summary 3 个选项与直流工作点分析的设置一样，Analysis Parameters 选项如图 B5-6 所示。

在 Sampling options 区可对傅里叶分析的基本参数进行设置。Frequency resolution (Fundamental frequency)：设置基频，如果电路之中有多个交流信号源，则取各信号源频率的最小公倍数，如果不知道如何设置时，可单击 Estimate 按钮，由程序自动设置；Number of：设置希望分析的谐波的次数；Stopping time for sampling：设置停止取样的时间，如果不知道如何设置时，也可以单击 Estimate 按钮，由程序自动设置。单击 Edit transient Analysis 按钮，弹出的对话框与瞬态分析类似，设置方法与瞬态分析相同。

在 Results 区可以选择仿真结果的显示方式。Display phase：显示幅频及相频特性；Display as bar graph：以线条显示出频谱图；Normalize graphs：可以显示归一化的(Normalize)频谱图；Display：选择所要显示的项目，Chart(图表)、Graph(曲线)及 Chart and Graph(图表和曲线)；Vertical scale：选择频谱的纵坐标刻度，其中包括 Decibel(分贝刻度)、Octave(八倍刻度)、Linear(线性刻度)及 Logarithmic(对数刻度)。

在 More Options 区中，Degree of polynomial for interpolation：设置多项式的维数，选

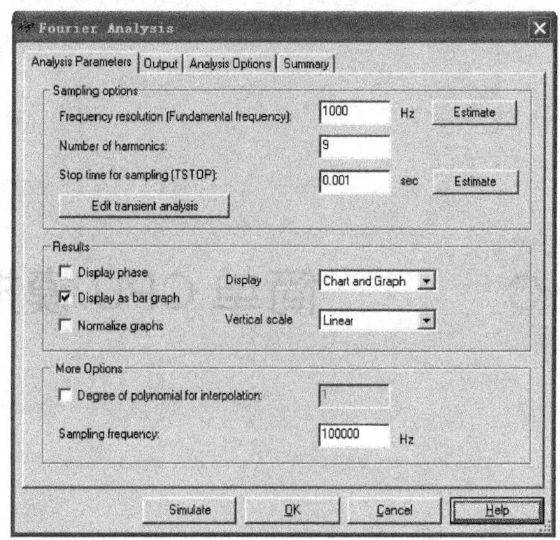

图 B5-6 Fourier Analysis 的 Analysis Parameters 选项

中该选项后，可在其右边栏中输入维数值，多项式的维数越高，仿真运算的精度也越高；Sampling frequency：设置取样频率，默认为100000Hz，如果不知道如何设置时，可单击Stopping time for sampling 区中的 Estimate 按钮，由程序设置。

按 Simulate 按钮，即可在显示图上获得被分析节点的离散傅里叶变换的波形。傅里叶分析可以显示被分析节点的电压幅频特性也可以选择显示相频特性，显示的幅度可以是离散条形，也可以是连续曲线型。

APPENDIX C

附录 C 简单 CPU 模拟器

```
#include <stdio.h>
typedef unsigned short word;                          /* 内存字宽 */
#define mem_size 64                                   /* 内存容量 */
word mem[ mem_size ];
word ir,ar;                                           /* 指令寄存器及地址寄存器 */
word op,m_addr,m_nxt_addr, dr1, dr2, r5, pc;          /* ir_mask 识别 ir[7..5] */
#define ir_mask 0x7
/* ----- 一些重要微指令 ------------------------ */
#define pc_ar_1 ar = (pc++)
#define ram_ar  ar = mem[ar]
#define ram_dr2 dr2 = mem[ar]
#define r5_dr1  dr1 = r5
/* ----- CPU 标志位 ------------------------------ */
int f_halt = 0;
int f_fetch = 1;
/* ----- 功能: 显示 mem 数据 ----------------- */
void showmem()
{
int i;
int w = 0;
for( i = 0; i < mem_size; i++)
    {
      printf( "%0.2x: %0.2x  ", i, mem[ i ] );
      if( w++ == 7 )
        {
          printf( "\n" );
          w = 0;
        }
    }
printf( "\n" );
}
/* ----- 功能: 显示寄存器数据 --------------- */
void showregs()
{
  printf( "pc: %0.2x op: %0.2x m_addr: %0.2x m_nxt_addr: %0.2x \n",pc,op,m_addr,m_nxt_addr);
```

```
  printf( "ar: %0.2x dr1: %0.2x dr2: %0.2x r5: %0.2x \n",ar,dr1,dr2,r5);
}
/* ----- 功能: fetch 微指令 --------------------- */
void fetch()
{
  m_addr = 0x1;
  ar = pc;
  ir = mem[ar];
  pc++;
  m_nxt_addr = 0x2;
}
/* ----- 功能: decode 微指令 ------------------ */
void decode()
{
  m_addr = 0x2;
  op  =  ir;                                          /* 获取指令码 */
  ir  =  (op >> 5) & ir_mask;                         /* 获取指令码高3位 */
     while(f_fetch)
          {
            m_nxt_addr  =  0x8 | ir;                  /* 取出新微地址 */
            f_fetch = 0;
          }
}
/* ----- 功能: 顺序执行微指令 --------------- */
void execute()
{
  m_addr = m_nxt_addr;
  switch( m_addr )
  {
    /* ----- 停机指令 ------------------ */
    case 0x8:
          f_halt  =  1;
          f_fetch = 1;
          printf(" --- over --- \n");
          break;
    /* ----- LDA 指令 ---------------- */
    case 0x9:
          pc_ar_1;
          m_nxt_addr = 0x15;
          break;
    case 0x15:
          ram_ar;
          m_nxt_addr = 0x16;
          break;
    case 0x16:
          r5 = mem[ar];
          m_nxt_addr = 0x1;
          f_fetch = 1;
          break;
    /* ----- STA 指令 ----------------- */
    case 0xa:
```

```
        pc_ar_1;
        m_nxt_addr = 0x17;
        break;
    case 0x17:
        ram_ar;
        m_nxt_addr = 0x18;
        break;
    case 0x18:
        mem[ar] = r5;
        m_nxt_addr = 0x1;
        f_fetch = 1;
        showmem();
        break;
    /* ----- OUT 指令 --------------- */
    case 0xb:
        pc_ar_1;
        m_nxt_addr = 0x19;
        break;
    case 0x19:
        ram_ar;
        m_nxt_addr = 0x1a;
        break;
    case 0x1a:
        printf(" --- out ---    mem[ %0.2x]: %0.2x    \n",ar,mem[ar]);
        printf("\n");
        m_nxt_addr = 0x1;
        f_fetch = 1;
        break;
    /* ----- COM 指令 -------------- */
    case 0xc:
        dr1 = r5;
        m_nxt_addr = 0x1b;
        break;
    case 0x1b:
        r5 = ~dr1;
        m_nxt_addr = 0x1;
        f_fetch = 1;
        break;
    /* ----- JMP 指令 --------------- */
    case 0xd:
        pc_ar_1;
        m_nxt_addr = 0x1c;
        break;
    case 0x1c:
        pc = mem[ar];
        m_nxt_addr = 0x1;
        f_fetch = 1;
        break;
    /* ----- ADD 指令 -------------- */
    case 0xe:
        pc_ar_1;
```

```
            m_nxt_addr = 0x3;
            break;
        case 0x3:
            ram_ar;
            m_nxt_addr = 0x4;
            break;
        case 0x4:
            dr2 = mem[ar];
            m_nxt_addr = 0x5;
            break;
        case 0x5:
            dr1 = r5;
            m_nxt_addr = 0x6;
            break;
        case 0x6:
            r5 = dr1 + dr2;
            m_nxt_addr = 0x1;
            f_fetch = 1;
            break;
        /* ----- AND 指令 --------------- */
        case 0xf:
            pc_ar_1;
            m_nxt_addr = 0x1d;
            break;
        case 0x1d:
            ram_ar;
            m_nxt_addr = 0x1e;
            break;
        case 0x1e:
            dr2 = mem[ar];
            m_nxt_addr = 0x1f;
            break;
        case 0x1f:
            dr1 = r5;
            m_nxt_addr = 0x7;
              break;
        case 0x7:
            r5 = dr1 & dr2;
            m_nxt_addr = 0x1;
            f_fetch = 1;
            break;
        default:
            break;
    }
}
/* ----- 功能: CPU 执行程序 --------------------- */
void run()
{
  showregs();
  getchar();
  while( !f_halt )
```

```
        {
          fetch();
          showregs();
          getchar();
          decode();
          showregs();
          getchar();
          while (!f_fetch)
            {
              execute();
              showregs();
              getchar();
            }
        }
}

int main()
{
  int i;
  file *fp;
  if((fp = fopen("user_prog","rb")) == null)                /* 用户程序文件 user_prog */
    {
      printf("cannot open file!\n");
    }
  for(i = 0;i < mem_size;i++)
    {
      fread(&mem[i],sizeof(word),1,fp);
    }
  printf( "\nmemory:\n" );
  showmem();
  printf( " --- start --- \n" );
  run();
  printf( "\nmemory:\n" );
  showmem();
  getchar();
}
```

APPENDIX D

附录 D 波形 MIF 生成器

```
#include <stdio.h>
#include <stdlib.h>
#include "math.h"
#define M_PI 3.1415926535
/* ----- 功能：正弦波 -------- */
int sine_wave(FILE *p, int maxwords, int depth)
{
  int i,j;
  for (i = 0; i < depth; i++)
          {
            j = (int) ((maxwords/2 - 1) * sin(2 * M_PI * i/depth) + maxwords/2);
            fprintf(p,"\t% - 6d: %d;\n",i,j);
          }
  return 1;
}
/* ----- 功能：余弦波 -------- */
int cosine_wave(FILE *p, int maxwords, int depth)
{
  int i,j;
  for (i = 0; i < depth; i++)
          {
            j = (int) ((maxwords/2 - 1) * cos(2 * M_PI * i/depth) + maxwords/2);
            fprintf(p,"\t% - 6d: %d;\n",i,j);
          }
  return 1;
}
/* ----- 功能：方波 -------- */
int square_wave(FILE *p, int maxwords, int depth)
{
  fprintf(p,"\t[%d..%d] : %d;\n",0,depth/2,0);
  fprintf(p,"\t[%d..%d] : %d;\n",depth/2 + 1,depth - 1,maxwords - 1);
  return 1;
}
/* ----- 功能：三角波 -------- */
int triangle_wave(FILE *p, int maxwords, int depth)
```

```
{
  int i = 0, j = 0, k = 0;
  k = 2 * (maxwords)/depth;
  for (i = 0, j = 0; i < depth; i++)
          {
              fprintf(p,"\t % - 6d: % d;\n",i,j);
              if (i < depth/2)
                  {
                    j += k;
                  }
              else j -= k;
              if (j >= maxwords)
                {
                  j = maxwords - 1;
                }
          }
  return 1;
}
/ * ----- 功能: 锯齿波 -------- * /
int sawtooth_wave(FILE * p, int maxwords, int depth)
{
  int i = 0, j = 0, k = 0;
  k = (maxwords - 1)/(depth - 1);
  for (i = 0, j = 0; i < depth; i++)
          {
              fprintf(p,"\t % - 6d: % d;\n",i,j);
              j += k;
              if (j >= maxwords)
                {
                    j = maxwords - 1;
                }
          }
  return 1;
}
int main(int argc, char * argv[])
{
  int i = 0, j = 0;
  int width = 0;                                          //字位宽
  int depth = 0;                                          //字深度
  int maxwords = 0;                                       //最大值
  char kind  =  0;                                        //波类型
  FILE * fp;
  char filename[128] = {0};
  char mif_name[128] = {0};
  printf("Input filename:\n");                            //输入 mif 文件名
  scanf(" % s",filename);
  sprintf(mif_name, " % s.mif", filename);
  if (!(fp = fopen(mif_name, "w + ")))
  {
      printf("open file error!\n");
      return - 1;
```

```
    }
  printf("\nInput word width:\n");                              //输入字位宽
  scanf(" % d",&width);
  printf("Input word depth:\n");                                //输入字深度
  scanf(" % d",&depth);
  printf("\nInput .mif mode\n [0] sine wave\n [1] cosine wave\n [2] square wave\n [3] triangle
wave\n [4] sawtooth wave\n Your choice:");
  scanf(" % d",&kind);                                          //选择产生波的类型
  maxwords = 1 << width;
  fprintf(fp,"WIDTH = % d;\nDEPTH = % d;\n\nADDRESS_RADIX = UNS;\nDATA_RADIX = UNS;\n\
nCONTENT BEGIN\n",width,depth);
  switch(kind)
  {
      case 1   : cosine_wave(fp,maxwords,depth); break;
      case 2   : square_wave(fp,maxwords,depth); break;
      case 3   : triangle_wave(fp,maxwords,depth); break;
      case 4   : sawtooth_wave(fp,maxwords,depth); break;
      default   : sine_wave(fp,maxwords,depth);
  }
  fprintf(fp,"END;\n");
  fclose(fp);
  printf(".mif generated successful!\n");
  system("PAUSE");
  return 0;
}
```

APPENDIX E

附录 E　基本逻辑元件库

E1 缓冲器

carry	进位基元
cascade	与门或门的级联基元
global　(sclk)	全局同步信号基元
tri	带输出使能(高电平有效)的三态门
opndrn	类似 tri,无输出使能；输入为高电平时输出为高阻
Wire(电路图用)	重命名基元(针对端口或总线)

E2 触发器及锁存器

dff	D 触发器
dffe	带时钟使能的 D 触发器
jkff	JK 触发器
jkffe	带时钟使能的 JK 触发器
latch	锁存器
srff	SR 触发器
srffe	带时钟使能的 SR 触发器
tff	T 触发器
tffe	带时钟使能的 T 触发器

E3 输入输出单元

input	输入基元
output	输出基元
bidir	双向基元

E4　逻辑基元

and	与门；后接数字(2，3，4，6，8，or 12)表示输入个数，例 and3
band(电路图用)	输入端带反相器的与门后接数字(2，3，4，6，8，or 12)表示输入个数
bnand(电路图用)	输入端带反相器的与非门；后接数字同上
bnor(电路图用)	输入端带反相器的或非门；后接数字同上
bor(电路图用)	输入端带反相器的或门；后接数字同上
gnd(电路图用)	地端
nand	与非门；后接数字同上
nor	或非门；后接数字同上
not	非门
or	或门；后接数字同上
vcc(电路图用)	V_{CC}端
xnor	异或非门
xor	异或门

E5　其他基元

constant	常量
param	参数
title block	标题栏

APPENDIX F

附录 F 旧式功能电路库

F1 加法器

8fadd	8 位全加器
8faddb	8 位全加器
7480	闸控全加器
7482	2 位二进制全加器
7483	带快速进位的 4 位二进制全加器
74183	双 1 位全加器
74283	带快速进位的 4 位全加器
74385	带清零的 4 位加减法器

F2 算术逻辑单元

74181	4 位 ALU
74182	先行进位发生器
74381	4 位 ALU/函数发生器
74382	4 位 ALU/函数发生器

F3 缓冲器

Btri	低电平有效三态缓冲器
74240	8 路反相输入三态缓冲器
74240b	带选择功能的 8 路反相输入三态缓冲器
74241	8 路输入三态缓冲器
74241b	带选择功能的 8 路反相输入三态缓冲器
74244	8 路输入三态缓冲器

74244b	带选择功能的8路反相输入三态缓冲器
74365	6路输入三态缓冲器
74366	6路反相输出三态缓冲器
74367	6路输入三态缓冲器
74368	6路反相输出三态缓冲器
74465	8路输入三态缓冲器
74466	8路反相输出三态缓冲器
74467	8路输入三态缓冲器
74468	8路反相输出三态缓冲器
74540	8路反相输出三态缓冲器
74541	8路输入三态缓冲器

F4 比较器

8mcomp	8位数值比较器
8mcompb	8位数值比较器
7485	4位数值比较器
74518	8位恒等比较器
74518b	8位恒等比较器
74684	8位数值/恒等比较器
74686	8位数值/恒等比较器
74688	8位恒等比较器

F5 转换器

74184	BCD码-二进制码转换器
74185	二进制-BCD码转换器

F6 计数器

gray4	4位格雷码计数器
unicnt	4位通用加减计数器/左右移寄存器,带异步置数、载入、清零、级联
16cudslr	16位二进制加减计数器/左右移寄存器,带异步置数
16cudsrb	16位二进制加减计数器/左右移寄存器,带异步置数、清零
4count	4位二进制加减计数器,带同步载入,异步清零、载入
8count	8位二进制加减计数器,带同步载入,异步清零、载入
7468	双十进制计数器
7469	双4位二进制计数器
7490	十进制或二进制计数器,带清零与置数(0~9)

7492	十二进制计数器
7493	4 位二进制计数器
74143	4 位计数器/锁存器/7 段译码器(0～9)
74160	十进制计数器,带同步载入,异步清零
74161	4 位二进制加计数器,带同步载入,异步清零
74162	十进制计数器,带同步载入,同步清零
74163	4 位二进制加计数器,带同步载入,同步清零
74168	同步十进制加减计数器
74169	同步 4 位二进制加减计数器
74176	可预置数的十进制计数器
74177	可预置数的 4 位二进制计数器
74190	十进制加减计数器,带异步置数
74191	4 位二进制加减计数器,带异步置数
74192	十进制加减计数器,带异步清零
74193	4 位二进制加减计数器,带异步清零
74196	可预置数的十进制计数器
74197	可预置数的 4 位二进制计数器
74290	带清零的十进制计数器
74292	可编程的分频器/数字定时器
74293	带清零的 4 位二进制计数器
74294	可编程的分频器/数字定时器
74390	双十进制计数器
74393	双 4 位二进制加计数器,带异步清零
74490	双 4 位二进制计数器
74568	加减十进制计数器,带同步置数、清零,异步清零
74569	4 位二进制计数器,带同步置数、清零,异步清零
74590	8 位二进制计数器,三态缓冲输出
74592	8 位二进制计数器,输入端带寄存器
74668	同步十进制加减计数器
74669	同步 4 位二进制加减计数器
74690	同步十进制计数器带异步清零,输出端带寄存器,多路选择三态缓冲输出
74691	同步 4 位二进制计数器带异步清零,输出端带寄存器,多路选择三态缓冲输出
74693	同步 4 位二进制计数器带同步清零,输出端带寄存器,多路选择三态缓冲输出
74696	同步加减十进制计数器带异步清零,输出端带寄存器,多路选择三态缓冲输出
74697	同步加减 4 位二进制计数器带异步清零,输出端带寄存器,多路选

	择三态缓冲输出
74698	同步加减十进制计数器带同步清零，输出端带寄存器，多路选择三态缓冲输出
74699	同步加减4位二进制计数器带同步清零，输出端带寄存器，多路选择三态缓冲输出

F7 译码器

16dmux	4-16译码器
16ndmux	4-16译码器
7442	BCD-十进制译码器
7443	超3码-十进制译码器
7444	超3格雷码-十进制译码器
7445	BCD-十进制译码器
7446	BCD-7段译码器
7447	BCD-7段译码器
7448	BCD-7段译码器
7449	BCD-7段译码器
74137	3-8译码器带地址锁存器
74138	3-8译码器
74139	双2-4译码器
74145	BCD-十进制译码器
74154	4-16译码器
74155	双2-4译码器/多路选择器
74156	双2-4译码器/多路选择器
74246	BCD-7段译码器
74247	BCD-7段译码器
74248	BCD-7段译码器
74445	BCD-十进制译码器

F8 数字滤波器

74297	数字锁相环滤波器

F9 误码检测核定电路

74630	16位并行EDAC
74636	8位并行EDAC

F10 编码器

74147	10-4BCD 编码器
74148	8-3 编码器
74348	8-3 优先编码器带三态输出

F11 分频器

freqdiv	分频器
7456	分频器
7457	分频器

F12 锁存器

nandltch	/SR 与非锁存器
norltch	SR 或非锁存器
7475	4 位锁存器
7477	4 位锁存器
74116	双 4 位带清零锁存器
74259	8 位带清零可寻址锁存器
74279	四个/SR 锁存器
74373	8 位 D 型带三态输出的锁存器
74373b	8 位 D 型带三态输出的锁存器
74375	4 位锁存器
74549	8 位 2 级流水型锁存器
74604	双路 8 位带三态输出的锁存器
74841	10 位 D 型带三态输出的锁存器
74841b	10 位 D 型带三态输出的锁存器
74842	10 位 D 型带三态输出的锁存器
74842b	10 位 D 型带反相输入三态输出的锁存器
74843	9 位 D 型带三态输出的锁存器
74844	9 位 D 型带反相输入三态输出的锁存器
74845	8 位 D 型带三态输出的锁存器
74846	8 位 D 型带反相输入三态输出的锁存器
74990	8 位回读锁存器

F13　乘法器

mult2	2×2 符号乘法器
mult24	2×4 并行符号乘法器
mult4	4×4 并行符号乘法器
mult4b	4×4 并行符号乘法器
tmult4	4×4 并行无符号乘法器
7497	同步 6 位率乘法器
74261	2 位并行乘法器
74284	4×4 并行无符号乘法器(结果的高 4 位)
74285	4×4 并行无符号乘法器(结果的低 4 位)

F14　多路选择器

21mux	2-1 选择器
161mux	16-1 选择器
2X8mux	2-1 选择器(每路 8 位)
81mux	8-1 选择器
74151	8-1 选择器
74151b	8-1 选择器
74153	双 4-1 选择器
74157	2-1 选择器(每路 4 位)
74158	带反相 2-1 选择器(每路 4 位)
74251	带三态输出的 8-1 选择器
74253	双带三态输出的 4-1 选择器
74257	带三态输出 2-1 选择器(每路 4 位)
74258	带反相三态输出 2-1 选择器(每路 4 位)
74298	可存储的两路 4 位选择器
74352	双 4-1 带反相输出的选择器
74353	双 4-1 带三态反相输出的选择器
74354	带三态输出的 8-1 选择器
74356	带三态输出的 8-1 选择器
74398	可存储的两路 4 位选择器
74399	可存储的两路 4 位选择器

F15　同位产生器/检查器

74180	9 位奇偶同位产生检查器

74180b	9位奇偶同位产生检查器
74280	9位奇偶同位产生检查器
74280b	9位奇偶同位产生检查器

F16 比率乘法器

74167	同步十进制比率乘法器

F17 寄存器

enadff	带使能的 D 触发器
expdff	D 触发器
7470	带置数和清零的与门 JK 触发器
7471	带置数的 JK 触发器
7472	带置数和清零的与门 JK 触发器
7473	双带清零的 JK 触发器
7474	双 D 触发器,带异步置数、清零
7476	双 JK 触发器,带异步置数、清零
7478	双 JK 触发器,带异步置数,共用清零与时钟
74107	双带清零的 JK 触发器
74109	双带置数和清零的 JK 触发器
74112	双下降沿触发 JK 触发器,带置数和清零
74113	双下降沿触发 JK 触发器,带置数
74114	双下降沿触发 JK 触发器,带置数,共用清零与时钟
74171	4位带清零的 D 触发器
74172	多端口带三态输出的寄存器堆
74173	4位D型寄存器
74174	6位 D 触发器,共用清零
74174b	6位 D 触发器,共用清零
74175	4位 D 触发器,共用时钟与清零
74273	8位带异步清零的 D 触发器
74273b	8位带异步清零的 D 触发器
74276	4位 JK 寄存器,共用置数与清零
74374	8位 D 触发器,带三态使能输出
74374b	8位 D 触发器,带三态使能输出
74376	4位 JK 触发器,共用时钟与清零
74377	8位带使能的 D 触发器
74377b	8位带使能的 D 触发器
74378	6位带使能的 D 触发器

74379	4位带使能的 D 触发器
74396	8位存储寄存器
74548	8位2级流水线寄存器,带三态输出
74670	4×4寄存器堆,带三态输出
74821	10位寄存器,带三态输出
74821b	10位寄存器,带三态输出
74822	10位寄存器,带三态反相输出
74822b	10位寄存器,带三态反相输出
74823	9位寄存器,带三态反相输出
74823b	9位寄存器,带三态反相输出
74824	9位寄存器,带三态输出,反相输入
74824b	9位寄存器,带三态输出,反相输入
74825	8位寄存器,带三态反相输出
74825b	8位寄存器,带三态反相输出
74826	8位寄存器,带三态输出,反相输入
74826b	8位寄存器,带三态输出,反相输入

F18 移位寄存器

barrelst	8位桶式移动器
barrlstb	8位桶式移动器
7491	串入串出移位寄存器
7494	4位带异步置数和清零的移位寄存器
7495	4位并行访问移位寄存器
7495	5位移位寄存器
7499	4位移位寄存器,串入并出
74164	串入并出移位寄存器
74164b	串入并出移位寄存器
74165	8位可并行载入的移位寄存器
74165b	8位可并行载入的移位寄存器
74166	8位钟控移位寄存器
74178	4位移位寄存器
74179	4位带清零的移位寄存器
74194	4位带并行载入双向移位寄存器
74195	4位并行访问移位寄存器
74198	8位双向移位寄存器
74199	8位并行访问移位寄存器
74295	4位带三态输出的左右移位寄存器
74299	8位通用移位寄存器/存储器

74350	4 位带三态输出的移位寄存器
74395	4 位带三态输出的可级联的移位寄存器
74589	8 位移位寄存器,带输入锁存,三态输出
74594	8 位移位寄存器,带输出锁存
74595	8 位移位寄存器,带输出锁存,三态输出
74597	8 位移位寄存器,带输入寄存
74671	4 位通用移位寄存器/锁存器,带清零和三态输出
74672	4 位通用移位寄存器/锁存器,带同步清零和三态输出
74673	16 位移位寄存器
74674	16 位移位寄存器

F19　存储寄存器

7498	4 位数据选择存储寄存器
74278	4 位可级联优先寄存器

F20　小规模集成电路

cbuf	互补缓冲器
Inhb	与门,一输入端反相输入
7400	2 输入与非门
7402	2 输入或非门
7404	非门
7408	与门
7410	3 输入与非门
7411	3 输入与门
7420	4 输入与非门
7421	4 输入与门
7423	双 4 输入或非门,带使能
7425	双 4 输入或非门,带使能
7427	3 输入或非门
7428	4 个 2 输入或非门
7430	8 输入与非门
7432	或门
7437	4 个 2 输入与非门
7440	双 4 输入与非门
7450	双与或非门
7451	双与或非门
7452	与或门

7453	与或非门
7454	与或非门
7455	2 路 4 输入与或非门
7464	4-2-3-2 输入与或非门
7486	异或门
74133	13 输入与非门
74134	12 输入带三态输出与非门
74135	4 个异或/同或门
74260	双 5 输入或非门
74386	4 个异或门

F21 真值/补码 I/O 器件

7487	4 位真值/补码 I/O 单元
74265	4 个补码输出单元

APPENDIX G

附录 G　参数式元件库

G1　门

lpm_and	与门
lpm_bustri	三态缓冲器
lpm_clshift	逻辑移位器或桶式移位器
lpm_constant	常量发生器
lpm_decode	译码器
busmux	多选器
lpm_inv	非门
lpm_mux	多选器
lpm_or	或门
lpm_xor	异或门
mux	多选器

G2　算术组件

lpm_abs	绝对值
lpm_add_sub	加减法器
lpm_compare	比较器
lpm_counter	计数器
lpm_divide	除法器
lpm_mult	SR 触发器

G3　存储组件

altdpram(dual_port RAM)	双端口 RAM

csfifo	周期共用 FIFO
dcfifo	双时钟 FIFO
scfifo	单时钟 FIFO
csdpram	周期共用的双端口 RAM
lpm_ff	*D* 触发器或 *T* 触发器
lpm_fifo	单时钟 FIFO
lpm_fifo_dc	双时钟 FIFO
lpm_latch	锁存器
lpm_shiftreg	移位寄存器
lpm_ram_dp	双端口 RAM
lpm_ram_dq	输入输出端分开的 RAM
lpm_ram_io	双向端口的 RAM
lpm_rom	ROM
lpm_dff	*D* 触发器和移位寄存器
lpm_tff	*T* 触发器

G4　其他组件

clklock	锁相环
pll	数字相位检测器
ntsc	NTSC 信息发生器

参 考 文 献

[1] 方恺晴. 基于 EDA 技术的计算机组成原理实验. 长沙：湖南大学出版社，2006.

[2] 刘延飞. 基于 Altera FPGA/CPLD 的电子系统设计及工程实践. 北京：人民邮电出版社，2009.

[3] 徐志军，徐光辉. CPLD/FPGA 的开发与应用. 北京：电子工业出版社，2002.

[4] Weng Fook Lee. VHDL——代码编写和基于 SYNOPSYS 工具的逻辑综合. 孙海平译. 北京：清华大学出版社，2007.

[5] Mark Zwolinski. VHDL 数字系统设计. 李仁发，凌纯清译. 北京：电子工业出版社，2004.

[6] John F Wakerly. 数字设计原理与实践. 林生，金京林译. 北京：机械工业出版社，2004.

[7] John D Carpinelli. 计算机系统组成与体系结构. 李仁发，彭蔓蔓译. 北京：人民邮电出版社，2003.

[8] 周润景，图雅. 基于 Quartus Ⅱ 的 FPGA/CPLD 数字系统设计实例. 北京：电子工业出版社，2007.

[9] 郑亚民，董晓舟. 可编程逻辑器件开发软件 Quartus Ⅱ. 北京：国防工业出版社，2006.

重点大学计算机专业系列教材书目

本系列教材	作　者	书　号
C语言程序设计	李春葆等	9787302144779
C语言程序设计辅导	李春葆等	9787302144465
C语言高级程序设计	张俐等	9787302132875
Java与UML面向对象程序设计教程	刘晓冬等	9787302156451
Java语言程序设计	郎波等	9787302106357
Linux实践及应用	罗文村等	9787302130130
SoC技术原理与应用	郭兵等	9787302125525
UML与软件建模	徐宝文等	9787302118466
Web开发技术及其应用	王成良	9787302162292
Windows汇编语言程序设计实验指导	谭毓安、张雪兰等	9787302171942
电子商务导论	黄晓涛等	9787302111122
多媒体技术与网页设计	陈新龙等	9787302134633
多媒体计算机原理与应用	鲁宏伟等	9787302119708
汇编语言程序设计——从DOS到Windows	张雪兰等	9787302124368
计算机病毒与反病毒技术	张仁斌等	9787302127277
计算机网络工程实践教程——基于Cisco路由器和交换机	陆魁军	9787302141938
计算机网络工程实践教程——基于华为路由器和交换机	陆魁军	9787302122159
计算机网络基础实践教程	陆魁军	9787302116653
计算机语言与程序设计	谌卫军	9787302154341
计算机组成原理	张功萱等	9787302113607
嵌入式系统开发原理与实践	陈文智等	9787302116004
实用数值计算方法	甄西丰	9787302118534
数据结构(C++描述)	金远平等	9787302107989
数据结构教程(第3版)	李春葆等	9787302193791
数据结构教程(第3版)学习指导	李春葆等	9787302193753
数据库系统基础教程	叶小平、汤庸等	9787302142638
数据库系统实验指导教程	汤娜等	9787302125600
数据通信基础	国林等	9787302130659
数字图像处理与分析	刘直芳等	9787302134824
数据挖掘原理与算法(第二版)	毛国君等	9787302158769
网络测试与故障诊断实验教程	曹庆华等	9787302134008
网站设计与建设	刘运臣等	9787302168539
网络协议与网络安全	凌力	9787302157564
微机系统和接口应用技术	朱世鸿	9787302124276
微型计算机技术	田艾平等	9787302105480
微型计算机原理与接口实践	宁飞等	9787302127284
信息安全技术基础和安全策略	薛质、李建华等	9787302140870
信息安全数学基础	陈恭亮	9787302084471
信息与网络安全实验教程	王常吉等	9787302156062
应用系统开发导论	韩伟力、臧斌宇等	9787302163695
中文文本信息处理的原理与应用	苗夺谦等	9787302154983